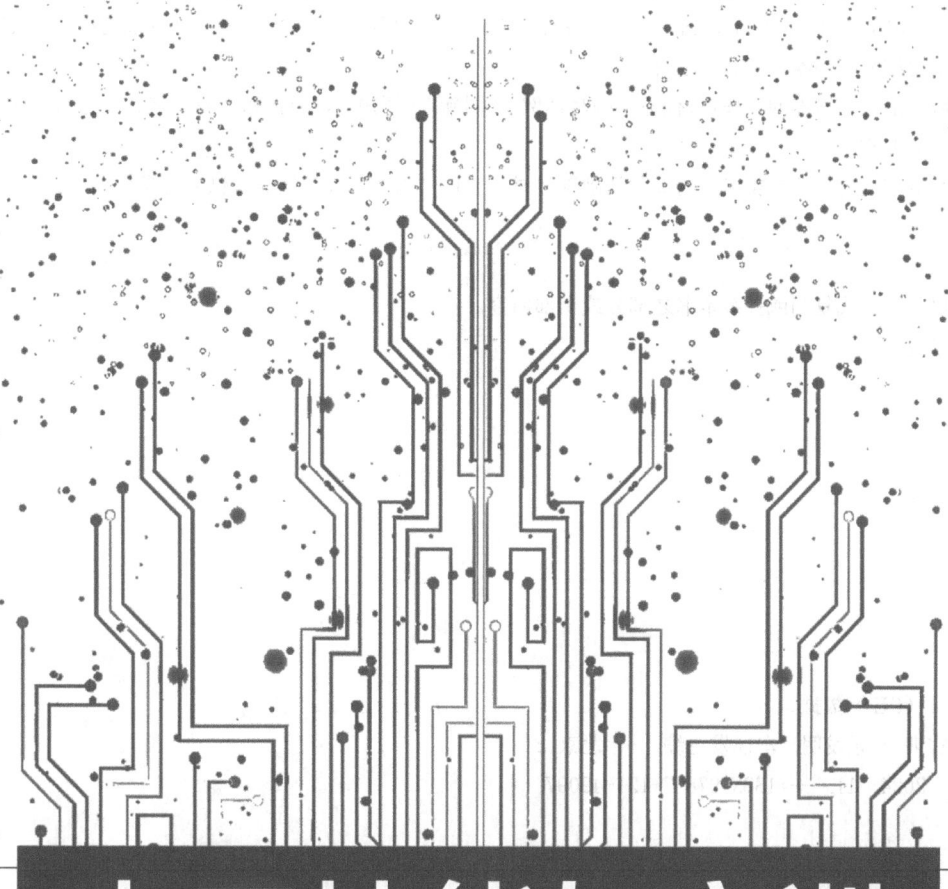

电工技能与实训

主 编 ◎ 乐发明　牟能发
副主编 ◎ 李红松　向　林

电子工业出版社
Publishing House of Electronics Industry
北京·BEIJING

内 容 简 介

本书是职业院校电子信息类专业"电工技能实训"课程教材，主要内容分为安全用电、电工工具与仪表的使用、电工材料的选用、常用低压电器的选用、电工识图、照明电路安装与检修、三相异步电动机控制线路安装与维修、机床电气控制线路分析与检修以及可编程控制器，共 9 个项目。

本书采用适应技能人才培养的"项目+任务"编写体例，"四新"（新知识、新技术、新工艺、新方法）内容入教材，适应"岗课赛证"融通要求。

本书可作为职业院校电子信息类专业的专业基础课教材，也可作为对口升学技能考试复习参考用书。

未经许可，不得以任何方式复制或抄袭本书之部分或全部内容。
版权所有，侵权必究。

图书在版编目（CIP）数据

电工技能与实训 / 乐发明，牟能发主编. -- 北京：电子工业出版社，2024. 11. -- ISBN 978-7-121-49097-2

Ⅰ．TM

中国国家版本馆CIP数据核字第20245809EH号

责任编辑：蒲 玥
印　　刷：涿州市般润文化传播有限公司
装　　订：涿州市般润文化传播有限公司
出版发行：电子工业出版社
　　　　　北京市海淀区万寿路173信箱　邮编：100036
开　　本：880×1 230　1/16　印张：17　字数：424千字
版　　次：2024年11月第1版
印　　次：2025年 8月第2次印刷
定　　价：45.00元

凡所购买电子工业出版社图书有缺损问题，请向购买书店调换。若书店售缺，请与本社发行部联系，联系及邮购电话：（010）88254888，88258888。

质量投诉请发邮件至 zlts@phei.com.cn，盗版侵权举报请发邮件到 dbqq@phei.com.cn。
本书咨询联系方式：（010）88254485，puyue@phei.com.cn。

前言

党的二十大报告明确指出:"深入实施人才强国战略。培养造就大批德才兼备的高素质人才,是国家和民族长远发展大计。""加快建设国家战略人才力量,努力培养造就更多大师、战略科学家、一流科技领军人才和创新团队、青年科技人才、卓越工程师、大国工匠、高技能人才。"电工技能人才是推动电气行业技术创新的重要力量,其水平和数量直接关系到电气行业的健康发展,其技术熟练程度和技能水平直接影响电气设备的安装、调试和维护效率,其专业能力和安全意识直接关系到电气系统的稳定运行和用户的用电安全。

本书是职业院校电子信息类专业"电工技能实训"课程教材,由长期从事专业技能教学、经验丰富的教师和行业专家共同编写而成。为了确保教学内容与实际职业需求紧密相连,编写团队与行业专家进行了深入的沟通与合作,共同分析本专业所涉及的岗位群及其相关的任务与职业能力。在此基础上,确定以照明电路安装与检修、三相异步电动机控制线路安装与维修以及机床电气控制线路分析与检修为三大核心教学主线,内容贴近生产实际,具有较高的可操作性和一定的实用价值。为进一步贴合维修电工(中级)国家职业资格鉴定的要求,本书还紧密结合相关的考证标准进行编写,旨在为学生提供一套全面、系统且实用的知识体系和技能训练方法,帮助学生掌握中级电工所需的基本理论和实操技能,为其职业生涯的进一步发展奠定坚实的基础,培养具备独立思考和解决问题能力的技术技能人才。

本书主要编写思路是变三段式学科课程体系为任务驱动式课程体系,紧紧围绕完成工作任务的需求来选择课程内容;变知识本位为能力本位,以任务与职业能力分析为依据,设定职业能力培养目标;变书本知识的传授为动手能力的培养,以典型任务为载体,结合职业资格证书考核,培养学生的实践动手能力。本书始终坚持"任务驱动"的教学理念,以完成实际工作任务为目标,选择与之紧密相关的课程内容,让学生能够"做前知,做有依,做中思,做有果"。这种编排方式不仅使学生更加明确学习的目的,还能激发其学习兴趣和积极性,确保学生在学习过程中不仅能够获得知识,还能够锻炼和提升自身的实际操作能力,从而真正达到学以致用。

本书的实训内容除注重电工传统的基本技术能力训练外,还突出新技术的学习和训练,力求实现与现代先进技术相结合,与时俱进,不断适应和满足现代社会对电工人才的需求。

本书分为9个项目,各校可根据具体情况分段实施,第一阶段可结合"电工技术基础"课程实施基本的电工实训(包括项目1~项目5以及项目9),第二阶段可结合中级维修电工考证培训进行集中实训(包括项目6~项目8),建议总共安排120学时。

项　　目	学　　时
项目 1　安全用电	4
项目 2　电工工具与仪表的使用	6
项目 3　电工材料的选用	6
项目 4　常用低压电器的选用	16
项目 5　电工识图	6
项目 6　照明电路安装与检修	20
项目 7　三相异步电动机控制线路安装与维修	30
项目 8　机床电气控制线路分析与检修	16
项目 9　可编程控制器	16
合计	120

本书由乐发明和牟能发担任主编，李红松和向林担任副主编。具体编写分工如下：项目 1 由向林编写；项目 2 由刘洪波编写；项目 3 由严华洋编写；项目 4 由李红松、王娟编写；项目 5 由丁汝玲编写；项目 6 由牟能发和向林编写；项目 7 由乐发明和牟能发编写；项目 8 由乐发明和丁汝玲编写；项目 9 由刘洪波、李红松和王娟编写。

由于编者水平有限，书中难免存在疏漏和不妥之处，敬请广大读者批评指正。

为了方便教师教学，本书还配有教学资源包，请有此需要的读者在华信教育资源网注册后免费下载。同时，可通过扫描章首的二维码查阅该项目的辅助教学视频。有问题时请在网站留言板留言或与电子工业出版社联系（E-mail：hxedu@phei.com.cn）。

编　者

目 录

项目1 安全用电 001

    任务1 电流对人体的伤害 001

    任务2 触电与急救 011

项目2 电工工具与仪表的使用 022

    任务1 通用电工工具的使用 022

    任务2 凿孔安装工具的使用 026

    任务3 焊接工具的使用 028

    任务4 钳工工具的使用 029

    任务5 万用表的使用 032

项目3 电工材料的选用 049

    任务1 常用绝缘材料的选用 049

    任务2 常用导电材料的选用 054

    任务3 电工常用安装材料的选用 062

项目4 常用低压电器的选用 073

    任务1 低压刀开关 073

    任务2 低压断路器的选用 075

    任务3 熔断器的选用 085

    任务4 主令电器 089

    任务5 交流接触器的选用 096

    任务6 继电器的选用 101

项目5 电工识图 115

    任务1 电力工程电路图识读 115

    任务2 电工应用识图 125

项目 6 照明电路安装与检修 ·· 135

任务 1 室内照明配线 ·· 135
任务 2 低压配电箱的安装 ·· 145
任务 3 单控灯与双控灯电路的安装 ··· 153
任务 4 荧光灯照明电路的安装 ··· 161
任务 5 单相电能表带照明灯的安装 ··· 164
任务 6 照明电路的常见故障检修 ·· 171

项目 7 三相异步电动机控制线路安装与维修 ··· 178

任务 1 认识三相异步电动机 ·· 178
任务 2 三相异步电动机直接启动线路安装与调试 ·· 181
任务 3 三相异步电动机接触器联锁正反转控制线路安装与调试 ···················· 189
任务 4 三相异步电动机双重联锁正反转控制线路安装与调试 ······················· 193
任务 5 三相异步电动机Y-△降压启动控制线路安装与调试 ·························· 198
任务 6 三相异步电动机反接制动控制线路安装与调试 ································· 205
任务 7 两台三相异步电动机顺序控制线路安装与调试 ································· 210

项目 8 机床电气控制线路分析与检修 ··· 219

任务 1 机床电气设备的故障检修 ·· 219
任务 2 机床电气控制线路的配线与维护 ·· 223
任务 3 X62W 铣床控制电路的分析与检修 ··· 226
任务 4 X62W 铣床常见故障的分析与排除 ··· 233

项目 9 可编程控制器 ·· 240

任务 1 认识可编程控制器 ·· 240
任务 2 认识 FX2 系列 PLC ·· 245
任务 3 用 PLC 控制电动机 ·· 260

项目 1

安全用电

项目目标

1. 掌握安全用电的基本原则与规定，有效提升学生的安全用电素养，为日后生活与工作奠定坚实基础。
2. 掌握安全用电的基本技能，培养学生的动手与实践能力。
3. 树立安全用电意识，增强学生的自我保护能力。
5. 培养团队协作精神，加强学生的沟通能力。
4. 养成良好用电习惯，教育学生遵守规定，实现文明安全用电。

任务 1 电流对人体的伤害

辅助教学微视频

 任务目标

1. 了解电流对人体产生影响的基本原理，以及电流对人体伤害的类型。
2. 了解不同电流强度、持续时间对人体的伤害程度，以及可能导致的长期健康影响。
3. 了解预防电流伤害的基本措施。

 任务实施

一、了解触电事故

触电一般是指人体触及带电体。由于人体是导体，人体触及带电体，电流会对人体造成伤害。

电流通过人体时会产生热量，热量较小时，人体局部组织温度略有升高，但不会影响人体健康。当热量较大时，可使人体温度急剧升高，严重时可损伤人体组织，甚至引起死亡。电流通过人体时，体内还会发生电解、电泳和电渗等化学效应，明显影响人体的功能和反应性。严重时，还能损伤人体组织，危及生命。

另外，电流通过人体时，会刺激人体的组织和器官，引起人体内不同区域及不同器官的反应，如使内脏及组织发生功能改变，甚至引起内分泌系统功能的改变，进而影响到血液循环、机体代谢、组织营养状态等。其中，电流的刺激作用对心脏影响最大，常会引起心室纤

维性颤动，导致心跳停止而死亡。大多数触电死亡是由于心室纤维性颤动而造成的。

电流对人体的伤害，一般分为电击伤和电灼伤两种类型，见表 1-1。

表 1-1　电流对人体伤害的类型

伤害类型	说　明
电击伤	电击伤指电流通过人体时造成的人体内部的伤害，主要破坏人的心脏、肺及神经系统的正常工作，如图 1-1 所示。电击伤的危险性最大，一般死亡事故都是由电击伤造成的
电灼伤	电灼伤指电弧对人体外表造成的伤害，主要是局部的热、光效应，轻者造成皮肤灼伤，严重者可深达肌肉、骨骼，如图 1-2 所示。常见的有灼伤、烙伤和皮肤金属化等，严重时可危及人的生命

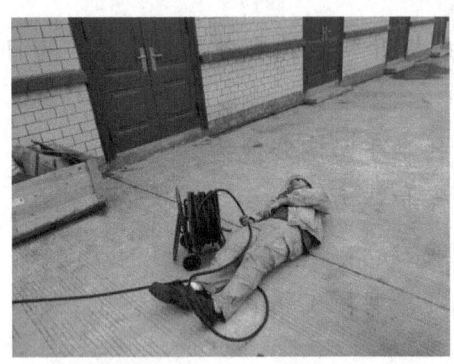 

图 1-1　电击伤实例

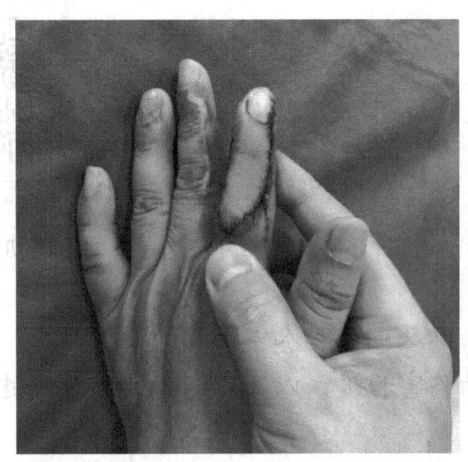 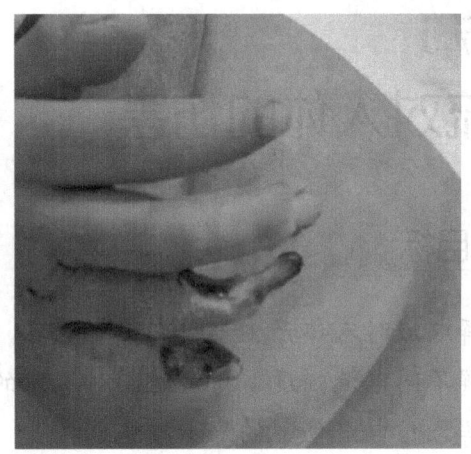

图 1-2　电灼伤实例

记忆口诀

人体为何会触电，是因人体如导线。

加之大地零电位，没有绝缘祸跟随。

电流要向地下跑，如同水往地下流。

近离裸线有危险，接近带电会触电。

电流产生热效应，轻则受伤重要命。

电流伤害有两种，电击伤和电灼伤。

二、了解电流对人体危害的因素

电流对人体造成的危害是多方面的，这些危害的程度与多个因素紧密相关。了解这些因素，可以帮助人们更好地预防和处理电流伤害事故。以下是电流对人体危害的主要因素。

1. 电压高低

电压是电流产生的前提条件。人体所能承受的安全电压一般认为是 36V 以下。当电压超过这一阈值时，电流会通过人体，从而可能造成伤害。电压越高，电流通过人体的可能性越大，造成的伤害也会更严重。

2. 电流大小

电流的大小是决定伤害程度的关键因素。电流越大，对人体的伤害越严重，如图 1-3 所示。人体组织的电阻会随着电流强度的增加而降低，这可能导致更大的电流通过，造成人体组织损伤甚至致命伤害。

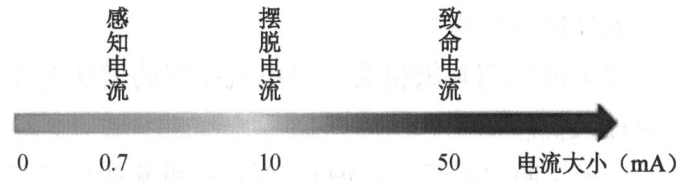

图 1-3 电流大小与人体伤害程度

（1）轻微电流：当人体接触到的电流较小，通常在毫安（mA）级别以下时，人体一般只会感受到轻微的麻木或刺痛感。这种程度的电流通常不会对人体造成严重的伤害。

（2）中等电流：随着电流强度的增加，人体可能会感受到更加强烈的刺痛感，并可能出现肌肉收缩、颤抖或痉挛等症状。这种程度的电流已经开始对人体造成伤害，但通常不会立即致命。

（3）高强度电流：当电流达到较高的强度，如数十毫安至数百毫安时，人体会出现严重的生理反应，如心率加快、呼吸困难、血压上升等。这种强度的电流可能导致人昏迷、休克、心律失常，甚至心搏骤停等严重情况，危及生命。

（4）极高强度电流：当电流强度极高，达到数千毫安甚至更高时，人体组织可能会因电流的热效应而遭受严重烧伤。这种电流强度足以导致瞬间死亡，因为强大的电流会直接破坏心脏、大脑等重要器官的功能。

3. 电流持续时间

电流通过人体的时间也是一个重要因素。即使电流强度不大，但如果持续时间长，人体组织也会因长时间受到电流刺激而受到损伤。长时间的电流作用可能导致细胞受损、组织坏死等严重后果。电流大小与通电时间对人体的影响见表 1-2。

表 1-2 电流大小与通电时间对人体的影响

电流（mA）	通电时间	交流电（50Hz）	直流电
		人体反应	人体反应
0~0.5	连续	无感觉	无感觉
0.5~5	连续	有麻刺、疼痛感、无痉挛	无感觉
5~10	数分钟内	痉挛、剧痛，但可摆脱电源	有针刺、压迫及灼热感
10~30	数分钟内	迅速麻痹，呼吸困难，不能自由活动	压痛、刺痛、灼热强烈，有痉挛
30~50	数秒至数分钟	心跳不规则，昏迷、强烈痉挛	感觉强烈，有剧痛、痉挛
5~100	超过 3min	心室颤动，呼吸麻痹，心脏停搏而停跳	剧痛，强烈痉挛，呼吸困难或死亡

触电时间越长，人体电阻由于出汗等原因降低，导致通过人体的电流增加，触电的危险性也随之增加。引起触电危险的50Hz交流电流和通过电流的时间关系可用下式表示：

$$I = \frac{165}{\sqrt{t}}$$

式中，I表示引起触电危险的电流（mA）；t表示通电时间（s）。

4．电流频率

电流频率对人体的影响是一个复杂的问题，因为频率对人体的作用方式会随着频率的不同而有所变化。一般认为，40~60Hz的交流电对人最危险。随着频率的增加，危险性将降低。当电源频率大于20000Hz时，所产生的损害明显减小，但高压高频电流对人体仍然是十分危险的。以下是电流频率对人体的主要影响。

（1）感知阈值：人体对电流的感知阈值会随着电流频率的增加而提高。这意味着高频电流在较小的强度下就可能被人们感知到。

（2）肌肉刺激：低频电流（通常低于1000Hz）更容易引起肌肉刺激和收缩。这种刺激可能导致疼痛和肌肉疲劳。因此，低频电流在医学应用中常用于肌肉刺激治疗。

（3）热效应：高频电流（如射频）主要产生热效应，因为它们会在人体组织中产生电阻热。这种热效应可能导致人体组织烧伤，尤其是在高功率和高频率的情况下。

（4）神经刺激：电流频率在几千赫到几百千赫之间时，可能会刺激神经系统，产生疼痛或其他感觉。这种刺激在医学中用于疼痛治疗或神经刺激疗法。

（5）生物学效应：高频电流还可能对人体细胞和组织产生非热效应，如改变细胞膜通透性、影响细胞内信号传导等。这些效应可能对细胞功能和健康产生长期影响。

（6）生命危险：虽然高频电流对人体的直接伤害较小，但高频电流可能通过其他方式造成生命危险，如干扰心脏起搏器工作等。

5．电流路径

电流通过人体的路径也是触电危害的一个关键因素。电流通过心脏、大脑等重要器官时可能更加危险，因为这些器官对电流的耐受性较低。电流通过头部可使人昏迷；通过脊髓可能导致瘫痪；通过心脏会造成心跳停止，血液循环中断；通过呼吸系统会造成窒息。

触电时，从左手到胸部是最危险的电流路径；从手到手、从手到脚也是很危险的电流路径；从脚到脚是危险性较小的电流路径。同时，电流通过的途径如果经过体表较薄的部位（如手掌、脚掌等），也可能导致更严重的伤害。

电流路径与通过人体心脏电流的比例关系见表1-3。

表1-3 电流路径与通过人体心脏电流的比例关系

电流路径	左手到脚	右手到脚	左手到右手	左脚到右脚
流经心脏的电流与通过人体总电流的比例（%）	6.4	3.7	3.3	0.4

综上所述，电流对人体的危害与电压高低、电流大小、电流持续时间、电流频率及电流路径等多个因素密切相关。在实际生活和工作中，应严格遵守安全用电规定，确保用电设备的安全性和合规性，以最大限度地减少电流对人体的危害。

三、了解触电的原因及规律

触电是指一定量的电流通过人体,导致人体组织发生损伤或功能障碍,甚至是死亡。触电是一种非常严重的安全事故,需要在日常生活和工作中高度警惕,并采取相应的安全措施来预防触电事故的发生。

1. 触电的主要原因

(1) 对电的认识不够。例如,带电拉高压隔离开关或用手触碰破损的刀闸,容易导致触电;如果是儿童的话,触碰带电的导线也容易触电。

(2) 没有遵守用电的规则。在高压线附近修剪树木、施工或运输大型货物时,如果不遵守安全规定,容易触电;架设供电线路不合规格,如临时急用线路架设过低,或电力线与电话线共用一根线杆,久之绕在一起,在刮风下雨时接电话也可能导致触电。

(3) 生活习惯不好。例如,手湿的情况下去摸插座和开关,容易导致触电。

(4) 设备故障或违规操作。用电设备损坏或不合规格,日常照明用的电灯开关损坏、灯头损坏、插座破损等,可能导致触电。此外,线路不规范,电源进线、临时线路、电力设备不装单独的开关,事故发生后不能立即切断电源,也容易导致触电。如图1-4所示为插座破损的实例。

(5) 维修不完善。例如,大风刮断低压线路之后,维修人员没有及时去现场维修,容易导致触电;胶盖开关破损之后,较长时间没有维修,人在接触的时候也容易触电。

(6) 设备不合格。例如,高压架空线架设高度离房屋等建筑的距离不符合安全距离,高压线和附近树木距离太近;高低压交叉线路,低压线误设在高压线上面。用电设备进出线未包扎好裸露在外;人触及不合格的临时线等。

(7) 其他偶然因素。例如,大风刮断电力线路触到人体;人体受雷击等。

图1-4 插座破损的实例

因此,在日常生活中需要提高对电的认识,遵守用电规则,养成良好的生活习惯,并定期检查和维护用电设备,预防触电事故的发生。

2. 触电事故的一般规律

触电事故往往发生得很突然,且经常在极短的时间内造成严重的后果,死亡率较高。触电事故发生具有一定的规律性。了解这些规律,对于预防触电事故、保护人员安全具有重要意义。

(1) 季节性规律。

触电事故往往在某些季节更为频繁。例如,春季和夏季由于湿度高、温度高,人体出汗多,皮肤电阻降低,同时电气设备的绝缘性能也可能下降,因此触电风险增加。而冬季由于天气寒冷,人们可能更多地使用取暖设备,如果取暖设备使用不当或存在隐患,也容易发生触电事故。

(2) 低压设备多发。

在触电事故中,低压设备(如家用电器、照明设备等)引发的触电事故往往占据较大比例。这是因为低压设备分布广泛,与人们的日常生活密切相关,同时低压设备在使用过程中也存在一定的安全隐患，如设备老化、绝缘损坏等。

（3）移动设备风险。

移动设备（如电动工具、移动式照明设备等）由于其便携性和使用环境的多样性，引发触电风险相对较高。移动设备在使用过程中可能频繁移动，易导致线路破损、接触不良等问题，从而增加触电风险。

（4）触点连接故障。

触点连接不良或故障是引发触电事故的常见原因之一。例如，插头与插座接触不良、开关失灵等，都可能导致电气线路出现异常，从而引发触电事故。

（5）农村用电风险。

农村地区由于电力设施相对薄弱，用电环境较为复杂，触电风险相对较高。例如，农村地区的电气线路可能存在老化、裸露等问题，同时农民在使用农业机械设备时也可能存在操作不当的情况，导致触电事故的发生。

（6）临时工地频发。

临时工地由于用电环境复杂、用电设备多样，且用电设备多为临时安装，存在较大的安全隐患。例如，施工现场的电气线路可能随意拉扯、破损严重，同时施工人员也可能存在安全意识薄弱、操作不规范等问题，导致触电事故频发。

（7）中青年易触电。

中青年人群在触电事故中占比较大。这主要是因为中青年人群在生产、生活中更为活跃，与电气设备的接触机会更多，同时中青年人群的身体素质较好，对电流的反应可能更为敏感，因此触电风险相对较高。

（8）连接部位隐患。

电气线路的连接部位往往存在较大的安全隐患。例如，接头松动、接触不良等问题可能导致电气线路出现异常，从而引发触电事故。同时，连接部位也容易受到外界环境的影响，如潮湿、腐蚀等，进一步增加了触电风险。

为了降低触电事故的发生概率，需要加强对电气设备的日常维护和检查，增强人们的用电安全意识，并采取相应的预防措施，如使用合格的电气设备、定期检查电气线路等，以确保用电安全。

记忆口诀

触电事故有规律，季节变化很明显。
低压触电事故多，农村触电非常高。
便携设备易触电，连接部位事故多。
违章作业误操作，安全措施不完善。

四、了解预防电流伤害的基本措施

电流伤害是一种严重的安全隐患，如果不加以防范，可能导致严重的后果。为了预防电流伤害，需要采取一系列基本措施。

1. 了解用电常识

每个人都应该了解基本的用电常识，包括电流、电压和电阻的概念，以及如何安全地使用电气设备。这有助于人们更好地认识电流对人体的潜在危害，并在日常生活中做出正确的决策。

2. 安装漏电保护器

漏电保护器是一种重要的安全设备，它可以检测电路中的漏电电流，并在检测到漏电时切断电源，从而防止触电事故的发生。因此，在家庭和工作场所中，应该安装漏电保护器，并确保其正常工作。

3. 使用绝缘工具

在操作电气设备时，应使用绝缘工具，如绝缘手套、绝缘垫等。这些工具可以阻止电流通过人体，从而减少触电的风险。特别是在处理高电压设备时，必须使用合格的绝缘工具。

4. 避免潮湿环境

潮湿的环境可能导致电气设备短路或漏电，增加触电的风险。因此，应该避免在潮湿的环境中操作电气设备，特别是在浴室、游泳池等场所。同时，如果电气设备受潮，应立即停止使用，并请专业人员进行检查和维修。

5. 定期检查电气设备

定期检查电气设备是预防电流伤害的重要措施。应该定期检查电气设备的运行状况、电线电缆的完好性以及接地情况等。如果发现电气设备存在问题或安全隐患，应立即停止使用，并及时维修或更换。

6. 雷雨天气防范

在雷雨天气中，电流伤害的风险会增加。因此，应该特别注意防范。在雷雨天气中，应避免使用电气设备，特别是金属外壳的设备。同时，应关闭门窗，避免雷电侵入室内。如果必须在雷雨天气中使用电气设备，应使用带有防雷功能的设备，并确保设备的接地良好。

7. 掌握急救方法

即使采取了上述预防措施，仍然有可能发生触电事故。因此，掌握急救方法是非常重要的。应该了解触电事故的急救流程和步骤，如切断电源、进行心肺复苏等。在发生触电事故时，应迅速采取有效的急救措施，以减少伤亡和损失。

总之，预防电流伤害需要从多个方面入手，只有全面落实以上这些措施，才能有效预防电流伤害的发生，保障生命财产安全。

五、了解触电的形式

根据电流通过人体的路径和触及带电体的方式，最主要的触电形式有单相触电、两相触电和跨步电压触电。此外，感应电压触电、剩余电荷触电和静电触电也是较常见的触电形式。

1. 单相触电

这是最常见的触电方式。当人体某一部分接触带电体的同时，另一部分与大地相连，电流通过人体形成回路，导致触电，这种触电方式称为单相触电。单相触电的几种情形如图1-5所示，图1-5（a）所示是人体同时接触相线和地线，图1-5（b）所示是人的手接触相线，脚与大地接触，图1-5（c）所示是人体接触漏电电气设备的金属外壳。

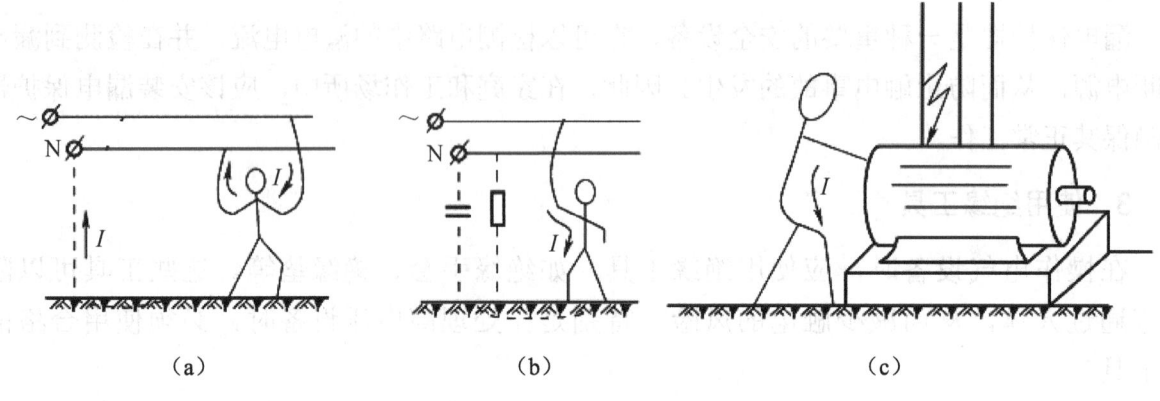

图1-5 单相触电

对于高压带电体，人体虽未直接接触，但由于超过了安全距离，高电压对人体放电，造成单相接地而引起的触电，也属于单相触电。

在低压中性点直接接地的配电系统中，单相触电事故在地面潮湿时易于发生。单相触电是危险的。如高压架线断线，人体触及断线往往会致触电事故。此外，在高压线路周围施工，未采用安全措施，人体触及高压导线触电事故也时有发生。

2. 两相触电

两相触电是指人体的不同部分同时接触两相电源造成的触电。此时，电流从一处电源通过人体流到另一处电源，形成闭合回路，其危险性较大。两相触电时，相与相之间以人体作为负载形成回路电流，如图1-6（a）所示。在高压系统中，人体同时接近不同相的两相带电导体，而发生电弧放电，电流从一相导体通过人体流入另一相导体，构成一个闭合回路，这种触电方式也属于两相触电，如图1-6（b）所示。

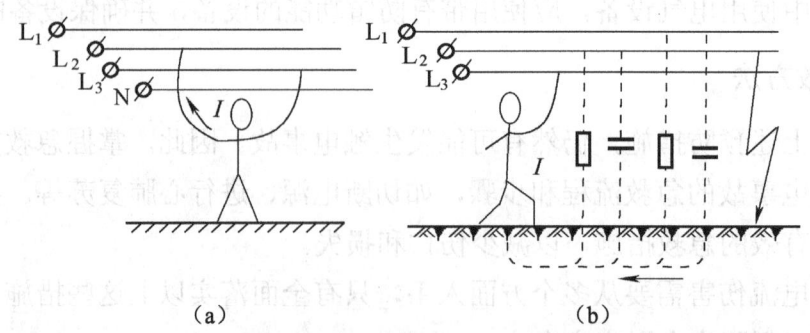

图1-6 两相触电

3. 跨步电压触电

当输电线出现断线故障，电线断落在地时，会导致以此电线落地点为圆心，周围地面将产生一个相当大的电场，离圆心越近电压越高，离圆心越远则电压越低。在距断落电线1m以内的范围，约有68%的电压降；在2～10m的范围，约有24%的电压降；在11～20m的范围，约有8%的电压降；离断落电线20m外，对地电压基本为零。

当人走进距圆心10m以内，双脚迈开时（约0.8m），势必出现电位差，这就称为跨步电压，如图1-7所示。电流从电位高的一脚进入，由电压低的一脚流出，流过人体而使人触电。人体触及跨步电压而造成的触电，称跨步电压触电。

当发觉有跨步电压威胁时，人应赶快把双脚并在一起，或尽快用一条腿或两条腿跳着离开危险区20m以外。下列情况或部位容易发生跨步电压触电。

（1）带电导体，特别是高压导体故障接地处，流散电流在地面各点产生的电位差造成跨步电压触电。

图1-7　跨步电压触电示意图

（2）接地装置流过故障电流时，流散电流在附近地面各点产生的电位差造成跨步电压触电。

（3）输电线路正常时，如有较大工作电流流过接地装置附近，则流散电流在地面各点产生的电位差造成跨步电压触电。

（4）防雷装置接受雷击时，极大的流散电流在其接地装置附近地面各点产生的电位差造成跨步电压触电。

（5）高大设施或高大树木遭受雷击时，极大的流散电流在附近地面点产生的电位差造成跨步电压触电。

4. 静电触电

静电是一种处于静止状态的电荷或者说不流动的电荷（流动的电荷就形成了电流）。当电荷聚集在某个物体上或表面时就形成了静电。当接触金属带电体时就会出现放电现象。静电并不是静止的电，是宏观上暂时停留在某处的电。人体触及带有静电的设备会受到电击，导致伤害，称为静电触电，如图1-8所示。

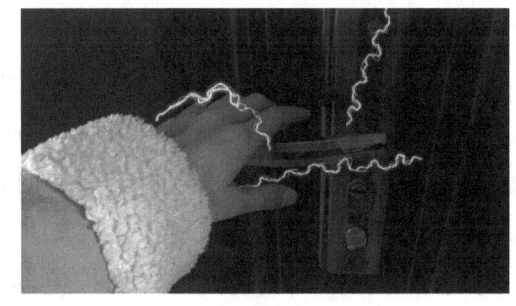

图1-8　静电触电示意图

5. 感应电压触电

停电后的电气设备或线路，受到附近有电设备或线路的感应而带电，称为感应电。人体触及带有感应电压的设备也会受到电击，称为感应电压触电。

6. 剩余电荷触电

当电气设备停电后，由于设备内部电容器或电缆的残余电荷未能释放，人体接触设备时可能会发生触电。

特别指出，无论哪种类型触电，都有危险，非常危险！都有可能对人体造成不同程度的伤害，甚至危及人的生命！为了预防触电事故的发生，应采取有效的安全措施，如定期检查电气设备、确保电气设备接地良好、使用绝缘材料、避免在潮湿或水中操作电气设备等。同时，增强个人的安全意识和操作技能也是预防触电事故的关键。

记忆口诀

安全用电很重要，触电类型要记牢。
单相两相和跨步，安全距离保平安。
静电以及感应电，及时消除有必要。
不懂千万别乱摸，练就技能事故防。

六、了解预防触电措施

1. 安全间距

安全间距是指在带电体与地面之间、带电体与其他设施之间、电气设备之间、带电体与带电体之间保持的一定安全距离。按国家要求将裸露的带电体架高（2.5m以上）或隔离。变压器和有些电气设备正常情况下外壳不带电，当电气设备内部损坏并碰壳后，外壳才可能带电，为防止这类触电事故，需另外采取措施。

2. 接零与接地

（1）保护接零。在1000V以下的中性点直接接地系统中，将电气设备的外壳与供电线路中性点连接即接零。也就是说：在（380/220V）三相四线制供电系统中，将配电变压器二次侧三相绕组末端接在一起的点是中性点，该点不仅在变压器附近接地，使接地电阻不大于4Ω（变压器容量不大于100kV·A时，可不大于10Ω），而且与变压器二次侧绕组的首端（相线）一起引出，作为电力线路的组成部分即中性线。将中性线和电气设备的外壳连接就形成了保护接零。

（2）保护接地。将电气设备的任何部分与地做良好的电气接触即接地，也就是说通过接地线接地。保护接地就是将电气设备的外壳或架构用金属线与地可靠连接。

（3）重复接地。采取保护接零时，除系统的中性点接地外，还必须在中性线上一处或多处进行接地，这就是重复接地。如果不采取重复接地，一旦出现中性线断线，那么接在断线处的用电设备相线碰壳时，保护电器就不会动作，该设备及后面的所有接零设备外壳都存在接近相电压的对地电压。若再采取重复接地，即使中性线偶然断路，带电设备外壳也可通过重复接地装置与系统中性线构成回路，产生接地短路电流，使保护器动作。

（4）工作接地。为了保证电气设备的可靠运行，有时把供电系统中某一点进行接地，这种接地称为工作接地。也就是说，在380/220V三相四线制供电系统中，将配电变压器二次侧三相绕组末端接在一起的中性点接地。工作接地能保证系统的安全，稳定系统的电位。当系统发生单相接地故障时，能限制非故障相的电压升高，避免用电设备遭到损坏。电气接地方式原理图如图1-9所示。

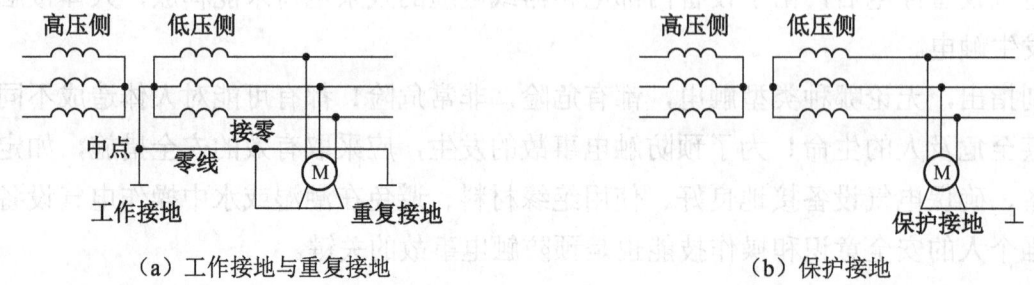

(a) 工作接地与重复接地　　　　　　(b) 保护接地

图1-9　电气接地方式原理图

3. 屏护

屏护是指采用遮栏、围栏、护罩、护盖或隔离板等把带电体同外界隔绝开来，以防止人体触及或接近带电体所采取的一种安全技术措施。在屏护上还要有醒目的带电标识，使人认识到越过屏护会有电击危险而不故意触及。采用屏护进行保护时，设置障碍的主要作用，一是防止工作人员身体无意识地接近带电部分；二是在工作中，无意识地触及运行的电气设备；三是保护电气设备不受损。如图 1-10 所示为屏护措施举例。

图 1-10　屏护措施举例

4. 绝缘

绝缘是用绝缘材料把带电体隔离起来，实现带电体之间、带电体与其他物体之间的电气隔离，使设备能长期安全、正常地工作，同时可以防止人体触及带电部分，避免发生触电事故。

5. 安全电压

安全电压是指不会使人发生电击危险的电压。通过人体的电流决定于加于人体的电压和人体电阻，安全电压就是以人体允许通过的电流与人体电阻的乘积为依据确定的。我国规定的安全电压有效值限值为工频交流有效值 50V，直流 72V。工频交流有效值的额定值是 42V、36V、12V、6V。

采用安全电压并不意味绝对安全，如人体在汗湿、皮肤破裂等情况下长时间触及电源，也可能发生电击伤害。我国标准还推荐，当接触面积大于 $1cm^2$，接触时间超过 1s 时，干燥环境中工频电压有效值的限值为 33V，直流电压的限值为 70V；潮湿环境中工频电压有效值的限值为 16V，直流电压的限值为 35V。

任务 2　触电与急救

任务目标

1. 学会触电事故发生后应采取的紧急救援流程，学会正确的急救技巧，包括现场安全评估、求助呼叫、断电处理等基本步骤。

2. 学会口对口人工呼吸法、人工胸外心脏按压法的基本操作技能，了解这些急救法在触电急救中的重要性，提高在紧急情况下进行急救的能力。

3. 养成良好的电气安全意识和习惯，能够自觉遵守安全规定，减少触电事故的发生，保护自身和他人的安全。

任务实施

一、了解触电急救的原则及方式

1. 触电急救的原则

触电急救的具体要求是应做到"迅速、就地、准确、坚持"八字原则。

迅速——迅速脱离电源。

就地——尽快进行就地抢救。

准确——准确地使用人工呼吸法、人工胸外心脏按压法。

坚持——坚持抢救，1%的希望要尽100%的努力。

触电急救必须分秒必争，立即就地迅速采取相应措施进行抢救，并坚持不断地进行，同时及早与医疗部门联系，争取医务人员接替救治。在医务人员未接替救治前，不应放弃现场抢救，更不能只根据没有呼吸或脉搏擅自判定伤员死亡，放弃抢救。

特别指出：只有医生才有权做出伤员已经死亡的诊断。

2. 触电急救的三种方式

触电急救的方式有自救、互救和医务抢救3种，见表1-4。触电急救的自救、互救和医务抢救是相辅相成的，它们共同构成了触电急救的完整体系。在遇到触电事故时，应该根据具体情况选择合适的急救方式，尽可能减少伤害并保障生命安全。

表1-4 触电急救的方式

急救方式	急救方法
自救	当触电者意识到自己触电时，应尽可能迅速地切断电源。如果无法立即切断电源，触电者可以尝试摆脱电源，如用干燥的木棒或绝缘物体挑开电线，同时保持冷静，避免惊慌失措导致撞伤等更多伤害
互救	当发现有人触电时，救助者应该迅速切断电源。如果无法切断电源，救助者应避免直接接触触电者，以免自己也触电。可以使用绝缘物体，如干燥的木棒或塑料工具，将触电者与电源分开。对于他人触电，首先要让触电者脱离电源，具体方法如下： （1）迅速拉闸或拔掉电源插头或切断电源线，如图1-11（a）所示； （2）迅速用绝缘工具，如干燥的竹、木棍等挑开触电者身上的导线或电气用具，如图1-11（b）所示； （3）站立在干燥的木板、衣物等绝缘物上，戴绝缘手套或裹着干燥衣物拉开导线、电气用具或触电者，如图1-11（c）所示； （4）根据情况，及时拨打120求救电话，如图1-11（d）所示
医务抢救	医务人员到达现场后，应迅速评估触电者的伤情，并采取适当的急救措施。如果触电者出现心脏骤停等严重情况，医务人员应立即进行心肺复苏等紧急处理，并尽快将触电者送往医院接受进一步治疗，如图1-12所示。即使是在送医院的途中也不能停止抢救

(a)及时切断电源

(b)让触电者迅速脱离电源

(c)站在绝缘物上救助触电者

(d)迅速拨打120

图 1-11　触电互救

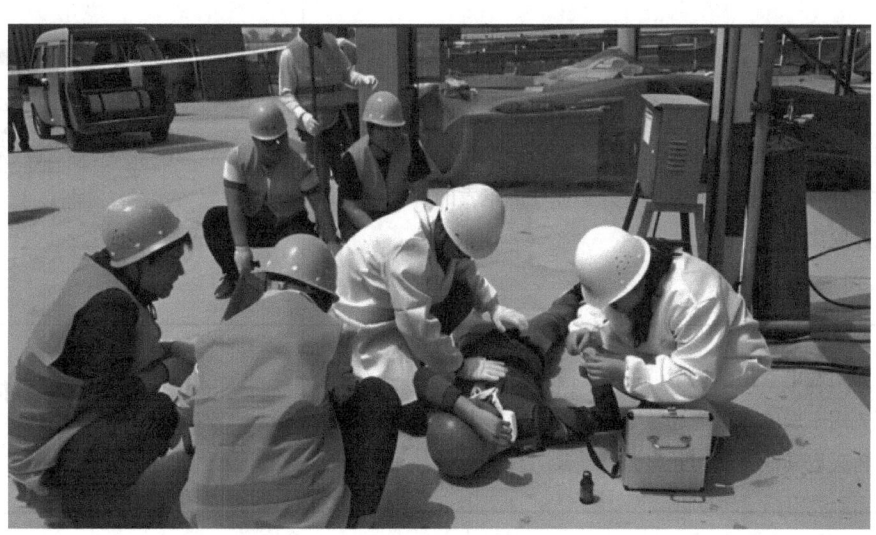

图 1-12　120现场抢救触电者

二、训练：让触电者脱离电源

发现有人触电时，最重要的也是首先应采取的抢救措施是先迅速切断电源，再迅速对症救治。帮助触电者脱离低压电源的方法可用"拉""切""挑""拽""垫"五字来概括，见表1-5。

表1-5　触电者脱离低压电源的方法

方　法	操作方法及注意事项	图　示
拉	就近拉开电源开关。但应注意，普通的电灯开关只能断开一根电线，有时由于安装不符合标准，可能只断开地线，而不能断开电源，人身触及的电线仍然带电，不能认为已切断电源	
切	当电源开关距触电现场较远，或断开电源有困难时，可用带有绝缘柄的工具切断电源线。切断时应防止带电电线断落触及其他人	
挑	当电线搭落在触电者身上或压在身下时，可用干燥的木棒、竹竿等挑开电线，或用干燥的绝缘绳套拉电线或触电者，使触电者脱离电源	
拽	救护人员可戴上手套或在手上包缠干燥的衣物等绝缘物品拖拽触电者，使之脱离电源。如果触电者的衣物是干燥的，又没有紧缠在身上，不至于使救护人直接触及触电者的身体时，救护人才可用一只手抓住触电者的衣物，将其拉开脱离电源	
垫	如果触电者由于痉挛，手指紧握电线，或电线缠在身上，可先用干燥的木板塞进触电者的身下，使其与地绝缘，然后再采取其他办法切断电源	

特别提醒

高压电源电压高，一般绝缘物对救护人员不能保证安全，而且往往电源的高压开关距离较远，不易切断电源。发生高压电击时，应立即通知有关部门停电。

三、训练：判断病情

触电者脱离电源后，施救者立即观察周围情况，判断是否安全。如果此时触电者处于不安全处，需要移动触电者至安全通风处，将伤病人仰卧在坚实的平面上，两脚伸直，两手贴紧身体。判断病情的步骤见表1-6。

表 1-6 判断病情的步骤

步 骤	操 作 内 容	图 示
判断有无意识	在伤病人耳边大声呼唤并轻拍病人的双肩,问:"喂!你怎么了?"如果没有反应,说明触电者没有意识	
检查呼吸、颈动脉搏动	施救者耳朵贴近触电者鼻子听呼吸声,用右手的中指和食指从气管正中环状软骨划向近侧颈动脉搏动处检查脉动,同时观察病人胸部起伏,时间5～10秒钟	
呼救	确认伤病人无意识后,应立即高声呼救:"来人啊!请拨打电话120,喊医生。"	
松解上衣、裤带	解开伤病人的上衣(包括围巾、衣领口、领带等),松开裤带或皮带	

触电病人一般有以下4种症状,可分别给予正确的对症救治。

(1)神志尚清醒,但心慌力乏,四肢麻木。该类病人一般只需将其扶到阴凉通风之处休息,让其自然慢慢恢复。但要派专人照料护理,因为有的病人在几小时后会发生病变而突然死亡。

(2)有心跳,但呼吸停止或极微弱。该类病人应该采用口对口人工呼吸法进行急救。

（3）有呼吸，但心跳停止或极微弱。该类病人应该采用人工胸外心脏按压法来恢复病人的心跳。

（4）心跳、呼吸均已停止者。该类病人的危险性最大，抢救的难度也最大。应该把口对口人工呼吸法和人工胸外心脏按压法两法同时使用，最好是两人一起抢救，如果仅有一人抢救时，应先吹气2～3次，再挤压心脏15次，如此反复交替进行。

 特别提醒

当触电者脱离电源后，应根据触电者的具体情况迅速对症救护，力争在触电后1min内进行救治。国内外一些资料表明，触电后在1min内进行救治的，90%以上有良好的效果，而超过12min再开始救治的，基本无救活的可能。现场应用的主要方法是口对口人工呼吸和体外心脏按压法，严禁打强心针。

四、训练：口对口人工呼吸急救法

口对口人工呼吸法是用人工的方法来代替肺的呼吸活动，使空气有节律地进入和排出肺脏，供给体内足够的氧气，充分排出二氧化碳，维持正常的通气功能。

口对口人工呼吸的基本操作要领是：清理口腔防堵塞，鼻孔朝天头后仰；贴嘴吹气胸扩张，放开口鼻换气畅，如图1-13所示。

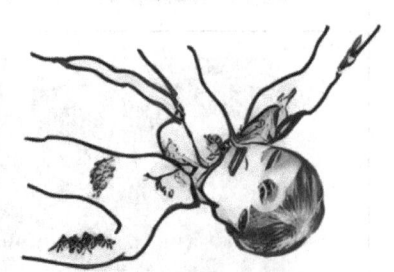
（a）清理口腔防堵塞

（b）鼻孔朝天头后仰

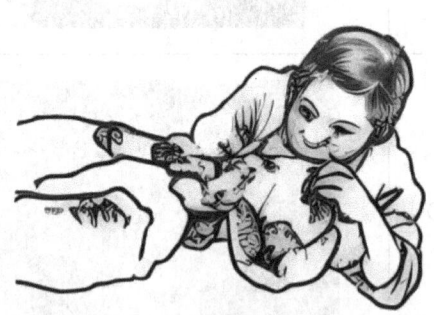
（c）贴嘴吹气胸扩张

（d）放开口鼻换气畅

图1-13 口对口人工呼吸的基本操作要领

学生分组实训，按照以下步骤及方法提示练习口对口人工呼吸法。

1. 开放气道

在进行口对口人工呼吸之前，首先要确保患者的气道畅通。这通常通过仰头举颏法来实现，目的是使患者的头部后仰，以便打开气道。

2. 检查呼吸

在进行急救之前，要迅速检查患者是否有自主呼吸。可以通过观察患者的胸部是否有起伏，或者将耳朵贴近患者的口鼻处听是否有呼吸声来判断。

3. 仰卧体位调整

将患者调整为仰卧位，这有助于保持气道的畅通，并为接下来的急救操作做好准备。

4. 清除口腔异物

在进行人工呼吸之前，必须清除患者口腔内的异物，如呕吐物、分泌物或假牙等，以确保呼吸道畅通无阻。

5. 急救者位置准备

急救者应跪在患者的一侧，与患者的头部保持适当的距离，以便进行人工呼吸操作。

6. 捏住鼻孔并张口

急救者用一只手捏住患者的鼻孔，另一只手托住患者的下颌，使其张口。这有助于确保吹入的气体能够进入患者的肺部。

7. 深吸一口气吹入

急救者深吸一口气，然后用自己的嘴紧紧包住患者的嘴，将气体吹入患者的肺部。每次吹气的时间应持续1～1.5s。吹气时要保持患者的口部封闭，确保气体能够进入肺部。

8. 观察胸部起伏

在吹气后，急救者要观察患者的胸部是否有起伏，以确认气体已经进入肺部。如果没有起伏，可能需要进行进一步的调整或重复吹气。

9. 反复进行吹气

人工呼吸需要反复进行，通常以14～16次/min的频率进行吹气。在吹气过程中，急救者要密切关注患者的情况，并根据需要进行调整。

10. 评估患者情况

在进行口对口人工呼吸的过程中，急救者要不断评估患者的情况。如果患者的自主呼吸恢复，或者有其他救援人员到来，应及时调整急救措施或进行进一步的救治。

 特别提醒

在进行实训操作时，请务必遵循上述步骤和操作方法，确保人工呼吸的有效性和安全性，确保患者得到及时有效的救治。口对口人工呼吸实训操作注意事项如下。

（1）在进行口对口人工呼吸时，要保持冷静，避免过度紧张。

（2）确保患者气道畅通，避免在吹气过程中造成气道损伤。

（3）吹气时应控制适当的力度和速度，避免过度通气或通气不足。

（4）在进行人工呼吸时，要注意保护自己的口鼻部，避免与患者直接接触。

（5）在进行口对口人工呼吸时，吹气量的控制至关重要。一般来说，成年人每次吹气量为 500~600 毫升，儿童为 300~400 毫升。过多或过少的吹气量都可能影响人工呼吸的效果。因此，在实际操作中，应根据患者的年龄和体重调整吹气量，以达到最佳的人工呼吸效果。

五、训练：人工胸外心脏按压急救法

人工胸外心脏按压急救法的原理是用人工机械方法按压心脏，代替心脏跳动，以达到血液循环的目的。凡是触电者心脏停止跳动或不规则地颤动时，可立即用此法急救。要确定正确的按压位置，这是保证胸外按压效果的重要前提。

人工胸外心脏按压法的基本操作要领如图 1-14 所示。

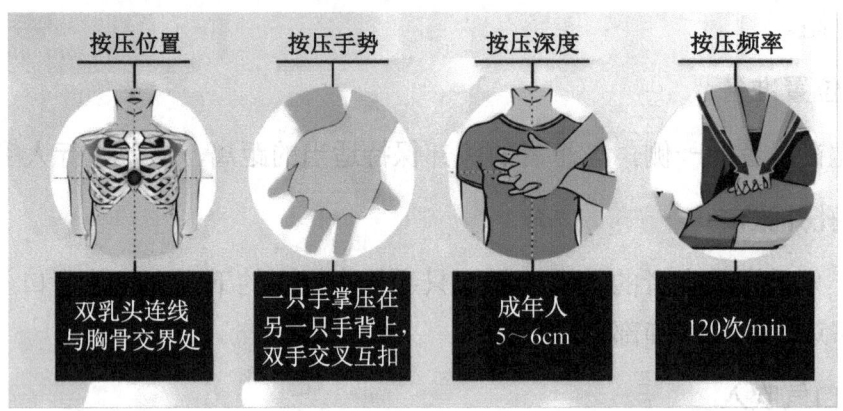

图 1-14 人工胸外心脏按压法的基本操作要领

学生分组实训，按照以下步骤及方法提示练习人工胸外心脏按压急救法。

1．平卧硬平面上

在进行人工胸外心脏按压之前，首先要确保患者平躺在坚硬的平面上，如地板或硬板床上。这样可以避免在挤压过程中由于患者身体移动而导致的不准确或无效地按压。

2．找准按压位置

找准按压位置是确保胸外按压效果的关键。通常，按压位置位于胸骨下缘与两侧肋骨下缘交会的凹陷处，即胸骨中下 1/3 交界处。急救者应用一手掌根部放在按压部位，另一手平行重叠于此手背上，手指并拢，只以掌根部接触按压部位。

3．正确按压方式

急救者应采用垂直向下的方式进行按压，避免前后晃动或左右偏移。按压时要保持稳定而有力的力度，以确保足够的压力传递到心脏。

4．保持呼吸通畅

在进行人工胸外心脏按压时，要确保患者的呼吸道保持通畅。如果患者的呼吸道被异物堵塞，应先进行呼吸道清理，然后再进行胸外按压。

5．按压与放松交替

人工胸外心脏按压需要按压与放松交替进行。每次按压后，急救者应将手掌离开按压部位，让胸部回弹至正常位置，然后再进行下一次按压。放松时要确保手掌完全离开胸部，避免对胸部造成持续压迫。

特别提醒

人工胸外心脏按压的按压频率通常为 100~120 次/min，按压深度应为 5~6cm。急救者在进行按压时要保持稳定的频率和深度，避免过快或过慢、过深或过浅的按压。进行实训操作时，要注意安全和有效性，确保患者得到及时有效的救治。

人工胸外心脏按压实训操作的注意事项如下。

（1）在进行胸外心脏按压时，应保持冷静，避免过度紧张影响操作效果。

（2）确保按压部位准确，避免偏离胸骨中线导致肋骨骨折或气胸等并发症。

（3）在连续按压过程中，应注意观察患者的反应和面色变化，以及时调整按压深度和频率。

（4）若患者同时出现呼吸停止或呼吸微弱的情况，应同时进行口对口人工呼吸，以保证氧气供应。

（5）在急救过程中，应随时与急救服务保持联系，报告患者情况和施救进展，以便专业医疗人员提供远程指导和协助。

项目总结

班级召开安全用电交流会，各小组可围绕以下主题进行发言。

一、主题讨论

（1）安全用电基础知识。

讨论电流、电压、电阻等基本概念，学习安全用电的基本原则和注意事项。

（2）家用电器安全使用。

分析常见家用电器的安全隐患，探讨如何正确使用和维护常见家用电器。

（3）学校用电安全规范。

学习学校内部的电气安全规定，探讨如何在校园内遵守并落实这些规定。

（4）电气事故应急处理。

学习应对电气事故的基本方法和步骤，模拟演练电气事故应急处理流程。

（5）预防措施与自我保护。

探讨预防电气事故的有效措施，学习如何在遇到电气危险时保护自己。

（6）安全用电案例分析。

分析近年来本地发生的电气事故案例，讨论事故原因及预防措施。

二、抢答赛

（一）选择题

1．被电击的人能否获救，关键在于（　　）。

  A．能否尽快脱离电源和施行紧急救护　　B．人体电阻的大小

  C．触电的方式　　　　　　　　　　　　D．及时呼叫 120

2. 当人体触电时，从外部来看（　　）的途径是最危险的。
   A．左手到右手　　　　　　　　　　B．右手到左手
   C．右手到脚　　　　　　　　　　　D．左手到脚

3. 触电人已失去知觉，还有呼吸，但心脏停止跳动，应使用以下哪种急救方法（　　）。
   A．仰卧牵臂法　　　　　　　　　　B．口对口呼吸法
   C．俯卧压背法　　　　　　　　　　D．胸外心脏按压法

4. 国际规定，电压（　　）以下不必考虑防止电击的危险。
   A．36V　　　　　　　　　　　　　　B．65V
   C．25V　　　　　　　　　　　　　　D．48V

5. 电击是指电流对人体（　　）的伤害。
   A．内部组织　　　　　　　　　　　B．表皮
   C．局部　　　　　　　　　　　　　D．神经系统

6. 在触电急救中，对触电者采取胸部按压时，成人伤员按压深度应该保持在（　　）cm。
   A．2～3　　　　　　　　　　　　　B．4～5
   C．≥5　　　　　　　　　　　　　　D．8～9

7. 触电急救对成人进行口对口人工呼吸时，吹气的频率为（　　）次/min。
   A．10～12　　　　　　　　　　　　B．20～24
   C．5～6　　　　　　　　　　　　　D．12～20

（二）判断题

1. 两相触电是指人体两处同时触及两相带电体而发生的触电事故。（　　）
2. 触电人已失去知觉，还有呼吸，但心脏停止跳动，应使用口对口人工呼吸法急救。（　　）
3. 救护人员可以用双手缠上围巾拉住触电者的衣服，把触电者拉开带电体。（　　）
4. 对触电者实施口对口人工呼吸，时间越长，力度越大，救治效果越好。（　　）
5. 胸外按压的时候，应双臂绷直，与触电者胸部垂直。（　　）

三、你问我答

1. 使触电者迅速脱离低压电源的方法有哪些？
2. 触电急救的"八字"基本原则是什么？

四、成果汇报

各小组展示实训成果，并进行交流汇报（用PPT或文字描述均可），回答师生现场提问。

项目评价

由小组内部、教师对小组成员任务完成情况进行评价，评价结果填入任务完成评价表。

安全用电项目完成情况评价表

任务评价指标		自评	小组评价	教师评价
		优☆　良△　中√　差×		
职业素养 （15 分）	团队协作沟通与表达能力			
	工作态度与责任感			
	时间管理与效率			
	职业道德与操守			
知识与技能 （65 分）	基础知识掌握			
	技能操作能力			
	问题解决能力			
	创新思维与表现			
	安全与规范意识			
成果汇报 （20 分）	作品展示（成品展示、PPT 汇报、简报、作业等形式）			
	汇报语言流畅，思路清晰			
评价等级（自评 20%、组评 30%、师评 50%）				

用电安全法规

扫码阅读

项目 2 电工工具与仪表的使用

项目目标

1. 了解电工工具的种类及特点，电工仪表的种类与功能，能根据需要正确选用各种电工工具与仪表。
2. 掌握各类电工工具和电工仪表的正确使用方法，能解决常见电工工具与仪表在使用中的问题和故障。
3. 了解电工工具与仪表的日常维护要求。
4. 培养学生在模拟工作环境中运用电工工具与仪表解决实际问题的能力和创新思维。

任务 1 通用电工工具的使用

任务目标

1. 能识别电工常用的基本工具，掌握每种工具的基本用途和适用场景，能根据不同的维修和安装任务，选择适当的工具。
2. 能理解使用电工工具时的安全准则和预防措施，正确握持和操作工具，避免可能的伤害。
3. 能对电工工具进行定期检查和维护，确保工具的可靠性和性能。

任务实施

电工通用的基本工具属于维修电工必备的工具，包括验电器、钢丝钳、电工刀、螺丝刀和扳手。

一、验电器的使用

1. 低压试电笔

低压试电笔简称电笔，是电工常用的低压验电器，用它可以方便地检查低压线路和电气设备是否带电，其检测电压的范围为 60~500V。为了便于使用和携带，低压试电笔常做成钢笔式或螺丝刀式结构，如图 2-1 所示。

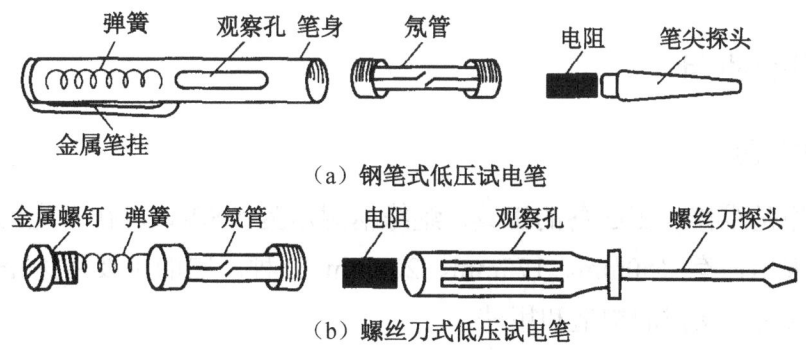

(a) 钢笔式低压试电笔

(b) 螺丝刀式低压试电笔

图 2-1　低压试电笔

钢笔式低压试电笔的弹簧、氖管和电阻依次相连，两端分别与笔尖探头和金属笔挂相接。使用时，笔尖探头接触被测电路或带电体，人的手指接触金属笔挂，这样，电路或带电体与电阻、氖管、人体和大地形成导电回路。当带电体与地之间的电压超过60V时，笔身中的氖管发出红色辉光，表明被测体带电。

注意：

（1）使用低压试电笔前，一定要在有电的电源上检查低压试电笔氖管能否正常发光，确保试电笔无误，方可使用。

（2）在明亮的光线下测试时，不易看清氖管是否发光，应遮光检测。

（3）螺丝刀式低压试电笔的笔尖探头制成了螺丝刀形状，但只能承受很小的扭矩。

2. 高压验电器

高压验电器又称高压测电器，用来检查高压供电线路是否有电。如图 2-2（a）所示为 10kV 高压验电器外形图，它由金属钩、氖管、氖管窗、固紧螺钉、护环和握柄等组成。高压验电器的检查对象为高压电路，操作时应注意以下几点。

（1）高压验电器在使用前，一定要进行试测，证明高压验电器确实良好，方可使用。

（2）使用高压验电器时手应握住握柄，但不得超过护环，如图 2-2（b）所示。

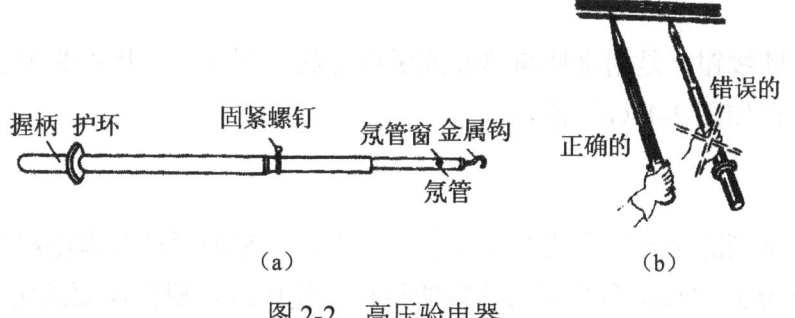

图 2-2　高压验电器

（3）检测时操作人员必须戴符合耐压要求的绝缘手套，身旁要有人监护，不可一个人单独操作。人体与带电体应保持足够的安全距离，检测 10kV 电压时安全距离为 0.7m 以上。

（4）检测时，高压验电器应逐渐靠近被测线路，氖管发亮，说明线路有电；氖管不亮，才可与被测线路直接接触。

（5）在室外使用高压验电器，应注意气候条件。在雪、雨、雾及湿度较大的情况下不能使用，以防发生危险。

二、电工钳的使用

1. 钢丝钳的使用

绝缘柄钢丝钳是维修电工必备的工具。绝缘柄耐压为500V，可在有电的场合使用。钢丝钳的规格以全长表示，有 150mm、175mm、200mm 三种。它的主要用途是剪切导线和钢丝等。如图 2-3 所示为钢丝钳的构造和用法。

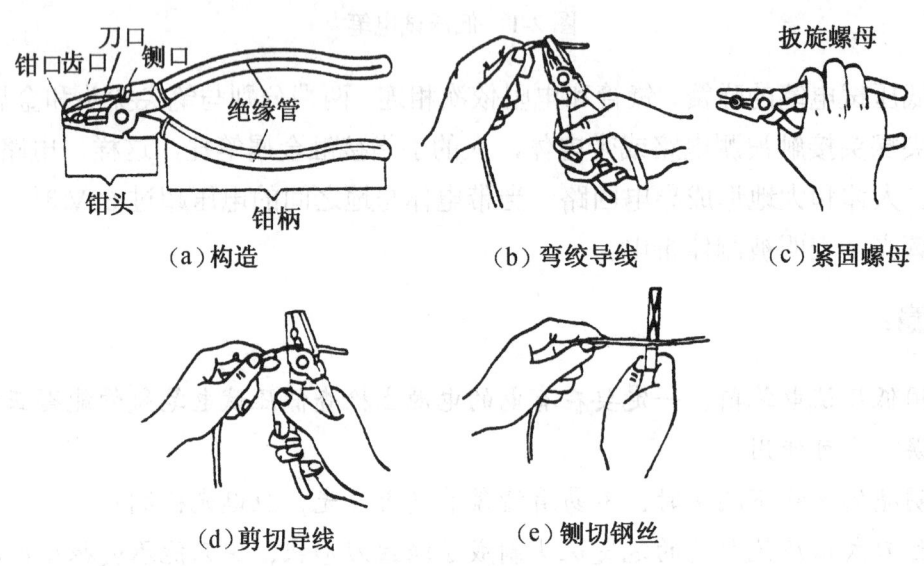

图 2-3　钢丝钳的构造和用法

2. 尖嘴钳

尖嘴钳的头部尖细而长，适用于在狭小的工作空间操作。维修电工多选用带绝缘柄的尖嘴钳，耐压为 500V。其规格以全长表示，有 140mm 和 180mm 两种。主要用途是剪断较细的导线和金属丝，将其弯制成所要求的形状，并可夹持、安装较小的螺钉、垫圈等。尖嘴钳的外形如图 2-4（a）所示。

3. 斜口钳

斜口钳又称断线钳，是用来切断单股或多股导线的钳子，常用的为耐压 500V 带绝缘柄的斜口钳，其外形如图 2-4（b）所示。

4. 剥线钳

剥线钳是用来剥除小直径导线绝缘层的专用工具。它的手柄带有绝缘把，耐压为500V。剥线钳的钳口有 0.5～3mm 多个不同孔径的刃口，使用时，根据需要确定剥去导线绝缘层的长度，按导线芯线的直径大小，将其放入剥线钳相应的刃口。所选的刃口应比芯线直径稍大，用力一握钳柄，导线的绝缘层即被割断。剥线钳的外形如图 2-4（c）所示。

维修电工使用钳子进行带电操作之前，必须检查绝缘把套的绝缘是否良好，以防绝缘损坏，发生触电事故。

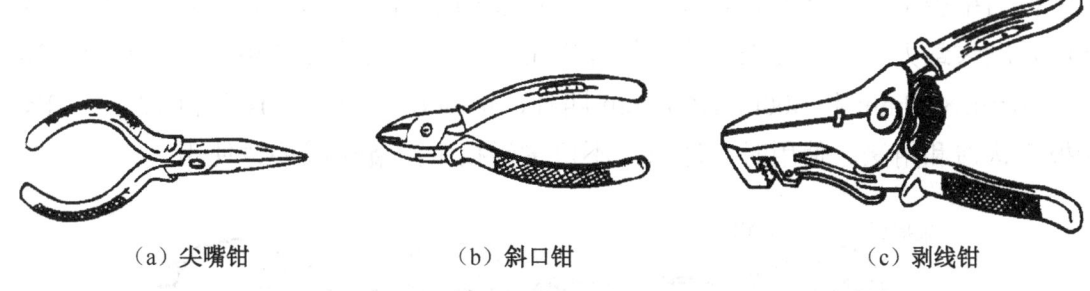

(a) 尖嘴钳　　　　　　(b) 斜口钳　　　　　　(c) 剥线钳

图 2-4　尖嘴钳、斜口钳和剥线钳

三、电工刀的使用

电工刀是电工在安装与维修过程中用来剖削电线电缆绝缘层、切割木台缺口、削制木桩及软金属的工具。电工刀刀柄是无绝缘保护的，不能在带电导线或器材上剖削，以防触电。其外形如图 2-5 所示。

图 2-5　电工刀

四、螺丝刀的使用

螺丝刀又称改锥或起子，它是一种紧固或拆卸螺钉的工具，是维修电工必备工具之一。螺丝刀式样和规格很多，按头部形状可分为一字形和十字形两种；按握柄所用材料分为木柄和塑料柄两种。常见的两种螺丝刀的外形如图 2-6 所示。每一种螺丝刀又分为若干规格。电工多采用如图 2-6 所示的绝缘性能较好的塑料柄螺丝刀。

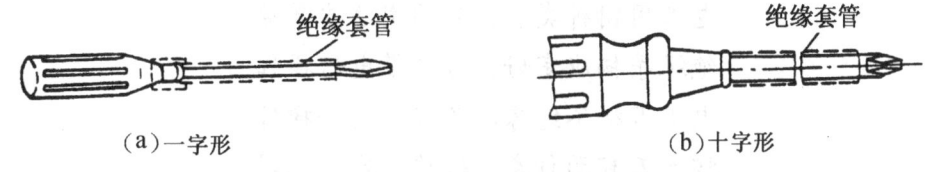

(a) 一字形　　　　　　　　　　　(b) 十字形

图 2-6　螺丝刀

（1）一字形螺丝刀。一字形螺丝刀用来紧固或拆卸一字槽的螺钉和木螺钉，它的规格用握柄以外的刀杆长度来表示，常用的有 50mm、100mm、200mm、300mm、400mm 等规格。

（2）十字形螺丝刀。十字形螺丝刀专供紧固或拆卸十字槽的螺钉和木螺钉，常用的规格有 4 种：Ⅰ号适用于直径范围为 2~2.5mm 的螺钉；Ⅱ号适用于直径范围为 3~5mm 的螺钉；Ⅲ号适用于直径范围为 6~8mm 的螺钉；Ⅳ号适用于直径范围为 10~12mm 的螺钉。除一字形螺丝刀和十字形螺丝刀外，常用的还有多用螺丝刀。它是一种组合工具，握柄和刀体是可拆卸的。它除具有几种规格的一字形、十字形刀体外，还附有一只钢钻，可用来预钻木螺钉的底孔，握柄采用塑料制成。有的多用螺丝刀还具有低压试电笔功能。使用螺丝刀，要选用合适的规格。以小代大，可能造成螺丝刀刃口扭曲；以大代小，容易损坏电气元件。

五、扳手的使用

扳手是用于螺纹连接的一种手动工具，其种类和规格很多，维修电工常用的是活扳手。

活扳手又称活络扳手,是用来紧固和拆卸螺钉或螺母的。它的开口宽度可在一定范围内调节,其规格以长度乘最大开口宽度来表示。维修电工常用的活扳手有 150mm×19mm、200mm×24mm、250mm×30mm 和 300mm×36mm 四种,俗称 6″、8″、10″和 12″。如图 2-7 所示为活扳手构造和用法。使用时应注意,不可拿活扳手当撬棒或手锤使用。

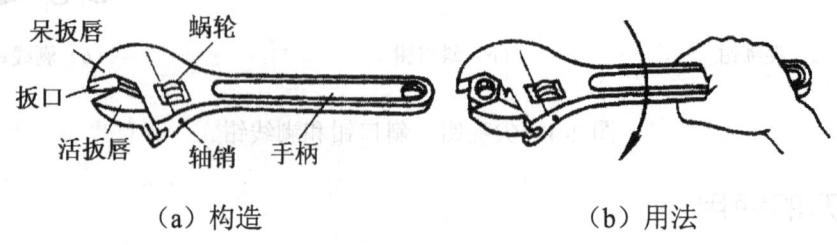

（a）构造　　　　　　　　（b）用法

图 2-7　活扳手构造和用法

注意：使用者对通用电工工具的最基本要求是安全、绝缘良好,活动部分应灵活。基于这一最基本要求,大家平时要注意维护和保养好电工工具,下面予以简单说明。

（1）电工工具要保持清洁、干燥。

（2）在使用电工钳之前,必须确保绝缘手柄的绝缘性能良好,以保证带电作业时的人身安全。若工具的绝缘套管有损坏,应及时更换,不得勉强使用。

（3）对钢丝钳、尖嘴钳、剥线钳等工具的活动部分要经常加油,防止生锈。

（4）电工刀使用完毕,要及时把刀身折入刀柄内,以免刀口受损或危及人身安全。

（5）手锤的木柄不能有松动,以免锤击时影响落锤点或锤头脱落。

记忆口诀

电工用钳种类多,不同用法要掌握。
绝缘手柄应完好,方便带电好操作。
电工刀柄不绝缘,不能带电去操作。
螺丝刀有两种类,规格一定要选对。
使用电笔来验电,握法错误易误判。
松紧螺栓用扳手,受力方向不能反。
手锤敲击各工件,一定瞄准落锤点。

任务 2
凿孔安装工具的使用

任务目标

1. 能根据工作需求选择合适的凿孔安装工具。
2. 能安全使用与交流电源连接的电动工具。
3. 能对凿孔安装工具进行日常清洁和维护。

一、冲击电钻的使用

冲击电钻简称冲击钻。它具有两种功能：当调节开关置于"钻"的位置时，可以作为普通电钻使用；当调节开关置于"锤"的位置时，它具有冲击锤的作用，用来在砖结构或混凝土结构建筑物上冲打安装孔。

冲击钻的外形如图2-8所示。一般的冲击钻都装有辅助手柄，所钻安装孔的直径通常在20mm以下，有的冲击钻还可调节转速。使用冲击钻时，选择功能或调节转速时，必须在断电状态下进行。冲击钻电源线为安全性能好的二芯软线，使用时不要求戴橡皮手套或穿电工绝缘鞋，但要定期检查电源线、电机绕组与机壳间的绝缘电阻值等以保证安全。在混凝土、砖结构建筑物上打孔时要安装镶有硬质合金的冲击钻头。

二、电锤的使用

电锤是一种具有旋转、冲击复合运动机构的电动工具，如图2-9所示。

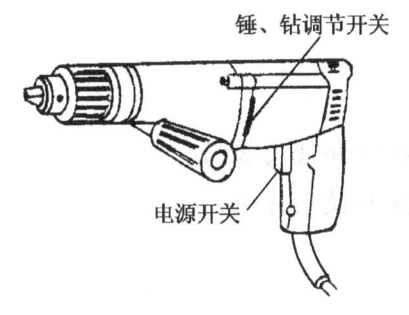
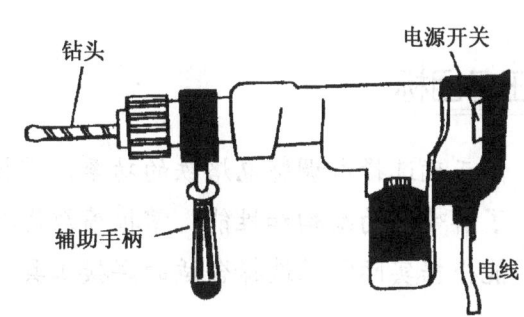

图2-8 冲击钻　　　　　　　　图2-9 电锤

与冲击钻相比，电锤的功能多，可用来在混凝土、砖石结构建筑物上钻孔、凿眼、开槽等；电锤冲击力比冲击钻大，工效高，不仅能垂直向下钻孔，而且能向其他方向钻孔。常用电锤型号为ZIC，钻头直径有16mm、22mm、30mm等规格。使用电锤时，握住两个手柄，垂直向下钻孔，无须用力；向其他方向钻孔也不能用力过大，稍加使劲就可以。电锤工作时进行高速复合运动，要保证内部活塞和活塞转套之间良好润滑，通常每工作4h需注入一次润滑油，以确保电锤可靠地工作。

三、射钉枪的使用

射钉枪又称射钉器，它是利用枪管内弹药爆炸所产生的高压推力，将特殊的螺钉——射钉射入钢板、混凝土和砖墙内，以安装或固定各种电气设备、电工器材。它可以代替凿孔、预埋螺钉等手工劳动，提高工作效率和工程质量，降低成本，是一种先进的安装工具。射钉枪的种类很多，结构大致相同，如图2-10所示为射钉枪结构示意图。整个枪体由前、后枪身组成，中间可以扳折，扳折后前枪身露出弹膛，用来装、退射钉。为使用安全和减少噪声，设置了防护罩和消音装置。根据射入构件材料的不同，可选择使用不同规格的射钉。使用射钉枪时要特别注意安全，枪管内不可有杂物，装入射钉后若暂时不用，必须及时退出，不许拿下前护罩操作，枪管前方严禁有人。

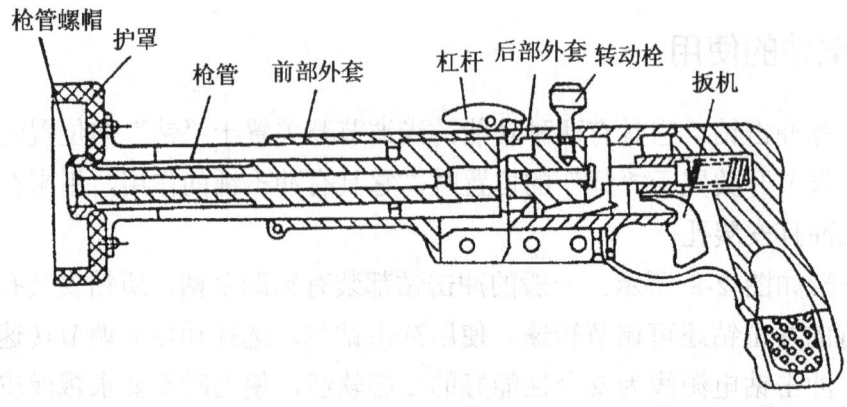

图 2-10　射钉枪结构示意图

任务 3
焊接工具的使用

 任务目标

1. 能正确选择和调整电烙铁的功率，掌握电烙铁的握持和使用技巧。
2. 了解喷灯的结构和性能，掌握喷灯焊接工具的选择与使用方法。
3. 能根据实际需求选择合适的焊接工具。

 任务实施

一、电烙铁的使用

维修电工在安装和维修过程中常常通过锡焊方法进行焊接，即利用受热熔化的焊锡，对铜、铜合金、钢和镀锌薄钢板等材料进行焊接。电烙铁是锡焊的主要工具，它由手柄、电热元件和铜头组成。铜头的受热方式有内热式和外热式两种，其中内热式电烙铁的热利用率较高。

电烙铁的规格是以消耗的电功率来表示的，通常在 20～300W。应根据焊接对象选择适当功率的电烙铁：在装修电子电路时，焊接对象为元器件，一般选用 20～40W 电烙铁；在焊接较粗多股铜芯绝缘线接头时，根据铜芯直径的大小，选用 75～150W 电烙铁；对面积较大工件进行搪锡处理时，要选用功率为 300W 的电烙铁。

电烙铁的握法如图 2-11 所示，电烙铁的基本使用步骤及方法如下。

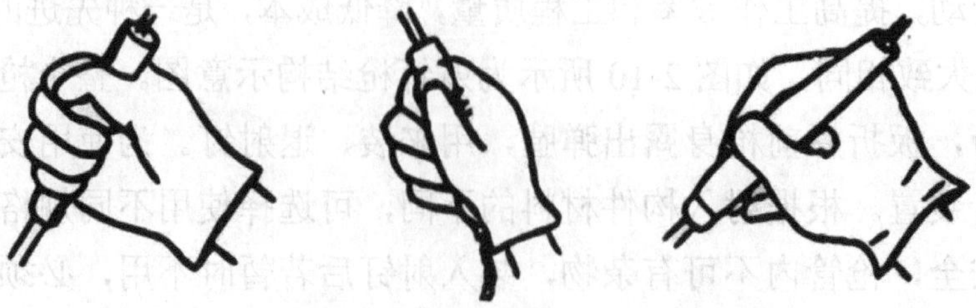

（a）反握法　　（b）正握法　　（c）握笔法

图 2-11　电烙铁的握法

（1）将电烙铁插入电源插座，开启电源，让烙铁头预热至适当的温度。当烙铁头热透后，将焊锡丝放在烙铁头上，使其熔化并附着在烙铁头上，这称为"吃锡"。

（2）将烙铁头贴近待焊接的焊点，保持60°左右的角度，这样有利于焊锡的均匀分布和焊接效果的提升。

（3）将烙铁头紧贴焊点并保持2~3s，使焊锡充分熔化并渗透到焊点中。随后，缓慢抬起烙铁头，让焊锡自然凝固。

（4）在焊点凝固后，将电烙铁放回烙铁架。

二、喷灯的使用

喷灯是一种利用喷射火焰对工件进行加热的工具。锡焊时喷灯用于对电烙铁和工件的加热、大面积铜导线的镀锡，以及其他焊接表面防氧化镀锡等。喷灯的构造如图2-12所示。按使用燃料的不同，喷灯分为煤油喷灯（MD）和汽油喷灯（QD）两种。使用方法如下。

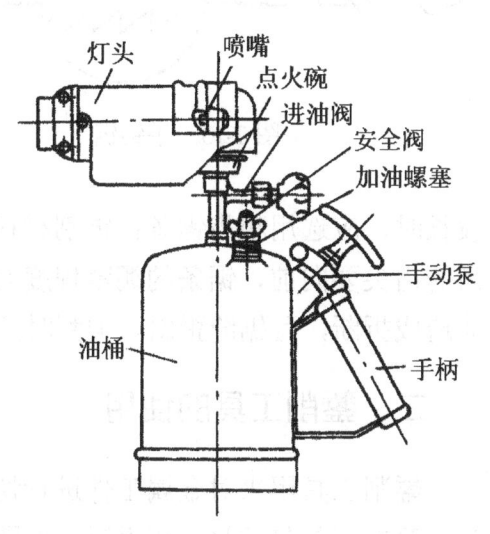

图2-12 喷灯

（1）检查。使用喷灯前应仔细检查油桶是否漏油，喷嘴是否畅通，丝扣处是否漏气等。

（2）加油。经检查正常后，旋下加油螺塞，按喷灯所要求的燃料，注入煤油或汽油。一般加油量不超过油桶的3/4，注油后拧紧螺塞。

（3）预热。加油后进行预热，即在点火碗内倒入汽油，点火将喷嘴加热，使燃料气化。

（4）喷火。经预热后调节进油阀，点燃喷火。用手动泵打气，喷灯正常工作。

（5）熄火。熄灭喷灯应先关闭进油阀，直到火焰熄灭，再慢慢旋松加油螺塞，放出油桶内的压缩空气。

使用喷灯时一定要注意安全，不得在煤油喷灯内注入汽油；在加汽油时周围不得有火；打气压力不可过高，喷灯能正常喷火即可；喷灯喷火时喷嘴前严禁站人；喷灯的加油、放油和修理等工作应在喷灯熄灭后进行。

任务4
钳工工具的使用

 任务目标

1. 了解钳工工具的种类，以及各种钳工工具的基本功能和使用范围。
2. 掌握钳工工具的基本操作方法，通过实训操作，提高技能操作的水平。
3. 培养环保意识，学会合理利用资源和减少浪费。

任务实施

一、手钢锯的使用

手钢锯又称手锯,是一种锯割工具,用它来对金属或非金属材料及工件进行分割处理。

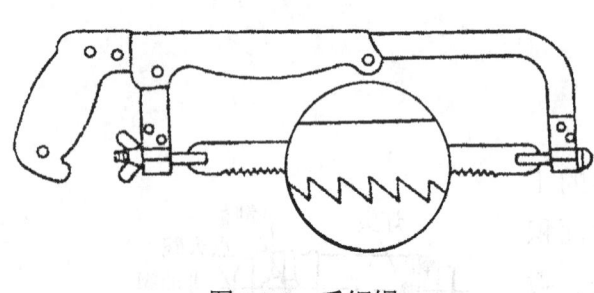

图 2-13 手钢锯

手锯由锯弓和锯条两部分组成,如图 2-13 所示。锯弓的作用是绷紧锯条,它分固定式和可调式两种,常见的多为可调式手锯。锯条是一种有锯齿的薄钢条,根据锯齿牙距的大小,分粗齿、中齿和细齿三种;其长度有 200mm、250mm、300mm 三种规格,其中 300mm 的锯条最多。使用时应根据所锯材料正确选择锯条。通常,锯割材料较软或锯缝较长时,应选用粗齿锯条;锯割材料硬或为薄板料、管料,应选用细齿锯条。安装锯条时锯齿的齿尖要向前,锯条的绷紧程度要适当。锯条拉得太紧,容易崩断;锯条太松,也会因弯曲造成折断,且锯缝歪斜。锯割时拉送速度不要过快,压力不要过大,应有节奏地进行。

二、錾削工具的使用

錾削工具用来对金属工件进行切削加工,主要是清除金属表面的凸缘、毛刺和分割材料等。錾削工具包括錾子和手锤,如图 2-14 所示。

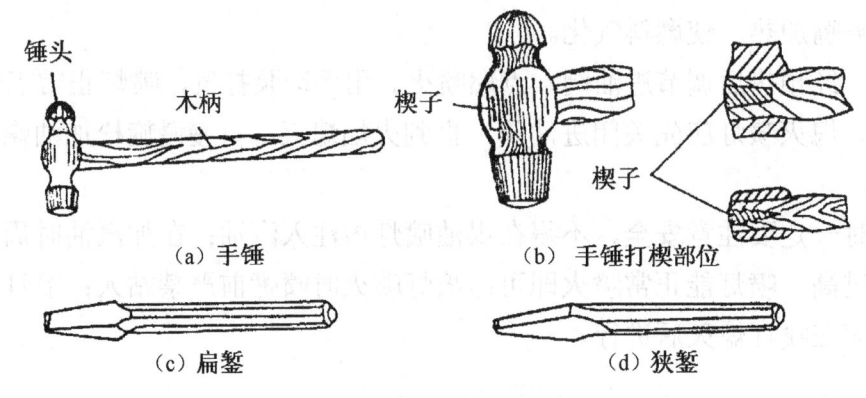

(a) 手锤　　　　　(b) 手锤打楔部位

(c) 扁錾　　　　　(d) 狭錾

图 2-14 錾削工具

(1) 錾子又称凿子,是錾削的切削工具。它是用工具钢锻打成型后进行刃磨,经淬火和回火处理而制成的,具有合理的几何形状和较高的硬度。常用錾子有扁錾和狭錾两种。

扁錾又称阔錾,切削刃较宽,略呈圆弧状,用来切除金属材料的凸缘、毛刺和飞边,也可进行小平面的粗加工,应用广泛。

狭錾切削刃狭窄,主要用来分割曲线形状的板料。

(2) 手锤又称榔头,是钳工常用的敲击工具,它由锤头和木柄两部分组成。锤头用碳素工具钢作材料,经淬硬处理制成。木柄选用较坚硬的木材制作,长度在 300~350mm。

注意：工作前应认真检查锤头是否装牢，如有松动或木柄损坏，要及时加固或更换；錾子要经常磨刃，保持切削刃锋利；錾子头部出现毛刺和飞边，要及时磨去，避免锤击时飞溅伤人；挥锤时要注意身后，以防伤人。

三、锉刀

锉刀是对工件进行锉削加工的工具，通常在工件完成錾削、锯割处理后，再用锉刀进行锉削加工，使工件达到图纸要求的尺寸、形状和表面光洁度。

锉刀的工作面有齿纹，齿纹有单齿纹和双齿纹两种。单齿纹锉刀，锉削阻力较大，适用于加工软金属材料。双齿纹锉刀的齿纹是两个方向交叉排列的，锉屑呈碎粒状，适用于锉削硬脆金属材料。不同锉刀的齿纹间距不同，齿距大的适用于粗加工；齿距小的适用于精加工。锉刀的规格是以齿纹间距和锉刀长度来表示的。通常把锉刀分为三类，使用时按用途来选择。

（1）普通锉：应用最广泛的锉刀，按其断面形状分为平锉、方锉、三角锉和圆锉等多种。普通锉的断面形状如图2-15（a）所示。

（2）特种锉：主要用于加工具有特殊形状表面的工件，其断面形状与加工工件表面的形状相适应。

（3）什锦锉：又称整形锉，主要用于修整工件精细的部位。什锦锉的长度在120～180mm，每组由5件、6件、8件、10件或12件各种形式的锉刀所组成。可根据不同的场合，选用适当规格的什锦锉。什锦锉的外形与断面如图2-15（b）所示。

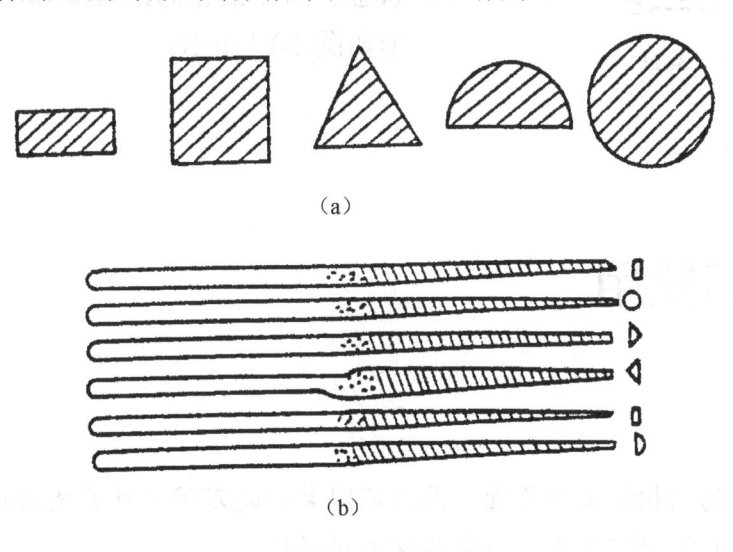

图2-15 普通锉、什锦锉

四、台虎钳的使用

台虎钳又称虎钳或台钳，是常用的夹持工具，用于配合锯割、锉削等工作，是维修电工常用工具。台虎钳分固定式和回转式两种，如图2-16所示。其规格以钳口宽度来表示，常用的有100mm、125mm和150mm等多种。台虎钳安装在工作台上，应使钳身的工作面位于工作台之外，工作台高度一般为800～900mm。

注意：台虎钳必须牢固地固定在工作台上，活动部分要经常加油保持润滑；夹持工件不可过大、过长，否则需支架支持；不可用钢管接长摇柄，或用手锤敲击摇柄来加大夹持力。

(a) 固定式　　　　(b) 回转式

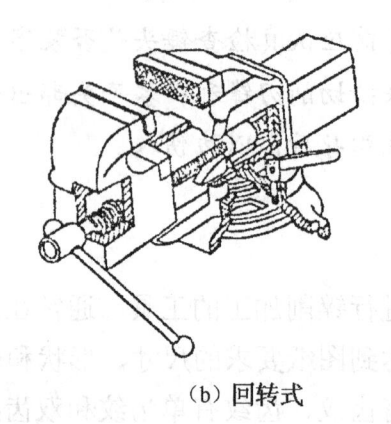

图 2-16　台虎钳

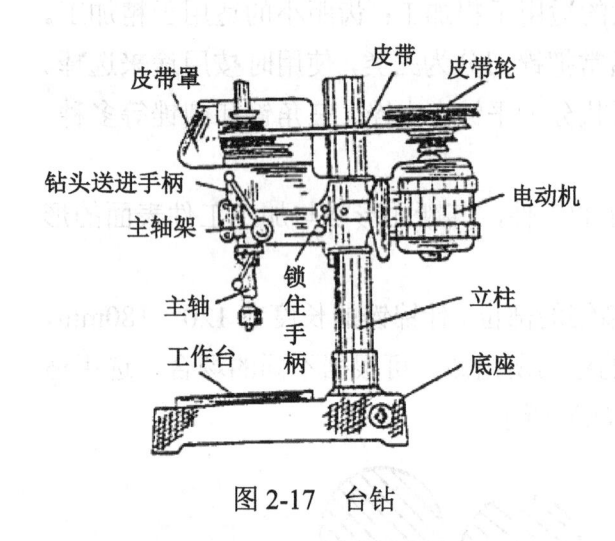

五、台钻的使用

台钻是一种小型钻床，通常安装在工作台上，适合对容易搬动的部件进行钻孔，孔径一般在 12mm 以内。台钻设有调节开关，分三挡转速，变速时要先停车。钻孔时钻床主轴应做顺时针方向转动。

使用台钻钻孔，台钻和加工部件都处于稳定状态，因此钻孔的位置准确，孔形标准。台钻外形如图 2-17 所示。

图 2-17　台钻

任务 5　万用表的使用

任务目标

1. 了解万用表的结构和工作原理，熟悉不同类型的万用表及其适用场景。
2. 能正确使用和保护万用表，避免损坏或误操作。
3. 能在万用表的使用过程中发挥创新思维，探索更多应用方法和技巧。

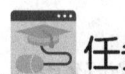

任务实施

一、指针式万用表的使用

1. 指针式万用表的结构

指针式万用表主要由指示部分、测量电路、转换装置三部分组成。

指示部分俗称表头，用以指示被测电量的数值，通常为磁电式微安表。表头是万用表的关键部件，万用表的很多重要性能，如灵敏度、准确度等级、阻尼及指针回零等大多取决于表头的性能。表头的灵敏度是以满刻度偏转电流来衡量的，满刻度电流越小，表示表头灵敏度越高。一般万用表表头灵敏度在 10~100μA。

测量电路的作用是把被测的电量转变成适合于表头要求的微小直流电流，它通常包括分流电路、分压电路和整流电路。分流电路将被测的大电流通过分流电阻变换成表头所需的微小电流；分压电路将被测的高电压通过分压电阻变换成表头所需的低电压；整流电路将被测的交流电通过整流转变成表头所需的直流电。

万用表的各种测量种类及量程的选择是靠转换装置来实现的，转换装置通常由转换开关、接线柱、插孔等组成。转换开关有固定触点和活动触点，它位于不同位置，接通相应的触点，构成相应的测量电路。

2．指针式万用表的工作原理

（1）直流电流的测量。万用表的直流电流挡实质上是一个多量程的磁电式直流电流表。它应用分流电路与磁电式仪表（表头）相并联，达到扩大测量电流量程的目的。根据分流电阻越小，所得的测量电流量越大的原理，通过配以不同的分流电阻，就可得到不同的测量量程，如图 2-18（a）所示为多量程直流电流挡原理示意图，分别选用分流电阻 R_1、R_2、R_3，构成相应的直流电流量程。万用表的实际电路多采用闭路式分流电路，如图 2-18（b）所示。在这个电路中，各分流电阻彼此串联，然后再与表头并联，形成一个闭合环路，当转换开关置于不同位置时，表头所配用的分流电阻不同，构成不同量程的挡位。

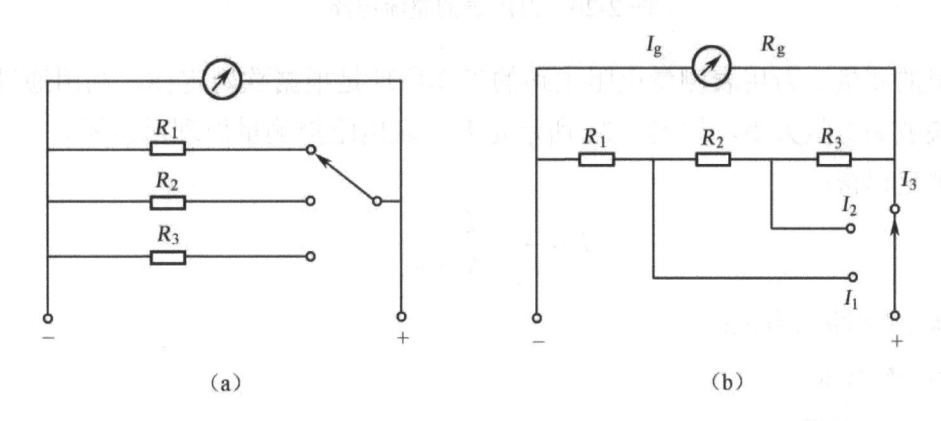

图 2-18 万用表直流电流测量电路

（2）直流电压的测量。万用表的直流电压挡实质上是一个多量程的直流电压表，它应用分压电阻与表头串联，来扩大测量电压的量程。根据分压电阻越大，所得的测量电压量程越大的原理，通过配以不同的分压电阻，构成相应的测量电压量程。

直流电压测量电路通常有三种形式，如图 2-19 所示。图 2-19（a）表示每一量程的分压电阻都是独立的；图 2-19（b）所示为大量程利用小量程的分压电阻；图 2-19（c）所示为以上两种电路的混合形式。

（3）交流电流、交流电压的测量。磁电式仪表本身只能测量直流电流或直流电压，万用表的交流电流挡、交流电压挡采用整流电路，将输入的交流电转变成直流电，实现对交流电的测量。测量量程的扩大与直流挡相同。万用表的整流电路有半波整流和全波整流两种，如图 2-20 所示。现在生产的万用表都采用二极管作整流元件。

(a)　　　　　　　　　　　(b)　　　　　　　　　　　(c)

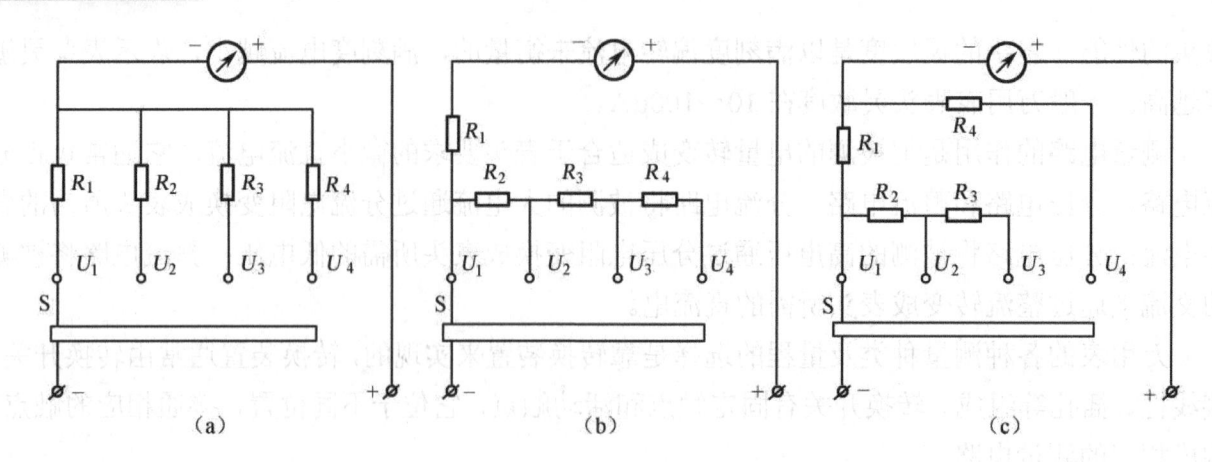

图 2-19　万用表直流电压测量电路

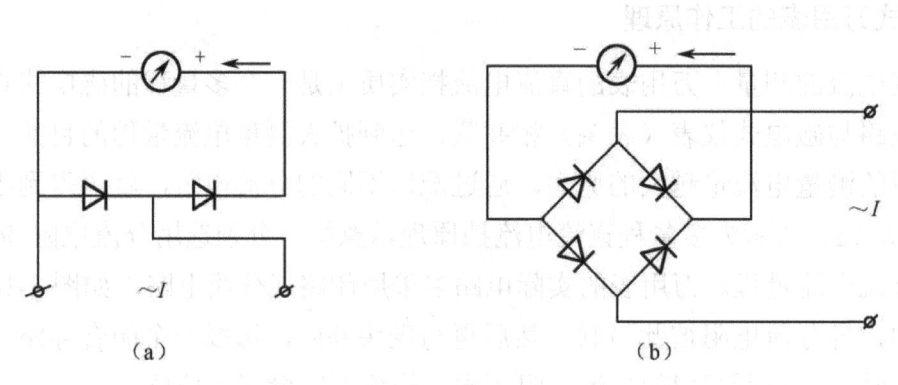

(a)　　　　　　　　　　　(b)

图 2-20　万用表的整流电路

（4）电阻的测量。万用表测量电阻电路的工作原理是根据欧姆定律，利用通过被测电阻的电流来反映被测电阻大小。如图 2-21 所示是万用表电阻挡测量原理示意图。

根据欧姆定律得：

$$I = \frac{E}{R_x + R_1 + R_A}$$

式中　I——被测电路的电流；

　　　E——电池电压；

　　　R_A——表头内阻；

　　　R_1——串联电阻；

　　　R_x——被测电阻。

E、R_A、R_1 为已知数值，电路中电流 I 的大小取决于被测电阻 R_x，即表头指针偏转角由 R_x 决定，通过欧姆挡的标度尺可以反映出被测电阻值 R_x。

当 $R_x=0$ 时，电路中电流最大，指针偏转角也最大，定为满刻度值，即零欧姆值点。当 $R_x=\infty$ 时，电路处于开路状态，电流等于零，指针无偏转，定为欧姆值无限大刻度。当 $R_x=R_1+R_A$ 时，电路中电流恰为最大电流的一半，指针的偏转角为满刻度值的一半，位于标度尺中间。称这时的 R_x 为欧姆挡的中心值。

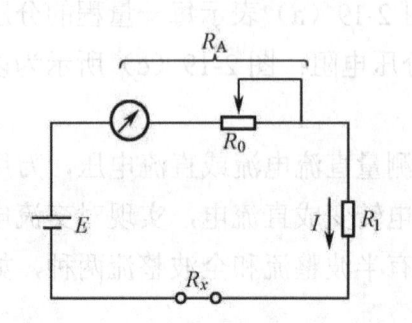

图 2-21　万用表电阻挡测量原理示意图

由电流计算式可见，电流 I 与被测电阻 R_x 不是正比关系，因此欧姆挡标度尺刻度分布不均匀，它的设计都以中间刻度为标准，然后分别求出其他各点 R_x 的刻度值。

图中 R_0 是调零电阻，它的作用是在 $R_x=0$ 时，指针应位于零欧姆值点。但因电池电压不稳定，指针有可能达不到零欧姆值点，这时可改变 R_0 的阻值使指针回到零位，以保证测量的准确度。

为了测量各种阻值的电阻，并使标度尺反映清晰，万用表都设多挡量程，通常有 $R×1$、$R×10$、$R×100$、$R×1k$，有的还设有 $R×10k$、$R×100k$ 等挡。被测电阻增大，会减小表头的电流，为此万用表的高阻挡都采用高电压电池供电。一般 $R×1k$ 以下电阻挡使用 1.5V 电池，$R×10k$ 以上电阻挡使用 6V、9V、15V 和 22.5V 电池。

3. 指针式万用表的灵敏度

灵敏度是万用表的重要性能指标之一，它表示万用表作电压测量时，指针偏转满刻度值取自被测电路的电流值。一般以每伏的内阻表示，即

$$灵敏度 = \frac{电表内阻}{电压量程}$$

灵敏度越高，取自被测电路的电流越小，对被测电路工作状态的影响就越小。

万用表灵敏度与表头灵敏度是一致的。表头的灵敏度越高，作电压测量时满刻度值所取被测电路的电流越小，万用表呈现的内阻越大，万用表灵敏度越高。例如，直流电压量程为 100V 的万用表测量电路，分别选用 100μA 和 50μA 的表头，万用表的内阻是

$$R_1 = \frac{100V}{100μA} = 1MΩ$$

$$R_2 = \frac{100V}{50μA} = 2MΩ$$

所构成万用表的灵敏度分别是

$$灵敏度1 = \frac{1MΩ}{100V} = 10000Ω/V$$

$$灵敏度2 = \frac{2MΩ}{100V} = 20000Ω/V$$

4. MF47 型万用表

MF47 型万用表的外部结构如图 2-22 所示，其表头灵敏度约为 50μA，内阻约为 1700Ω。MF47 型万用表是塑料盒袖珍式万用表，其特点是体积小，携带方便，除具有测量电流、电压和电阻等一般功能外，还有测量晶体管参数、电容值、电感值等附加功能，并且价格低廉。但测量精度较低，耐用性较差。其测量范围如表 2-1 所示。

5. 指针式万用表的测量方法

（1）根据测量对象，将转换开关置于正确位置。先选择测量种类，然后确定测量量程。

（2）根据被测电量的大致范围，选择合适的量程。测量电压、电流时，最好使指针处于刻度尺的二分之一以上位置，得到较准确的读数。

（3）测试表笔连接要正确。通常红色表笔与标有"+"号的接线端相连，黑色表笔与标有"−"号的接线端相连。测量时，红色表笔接被测电路的高电位端，黑色表笔接被测电路低电位端。对于设有高压 2500V 量程的万用表，表笔应与面板所示指定接线端相接。

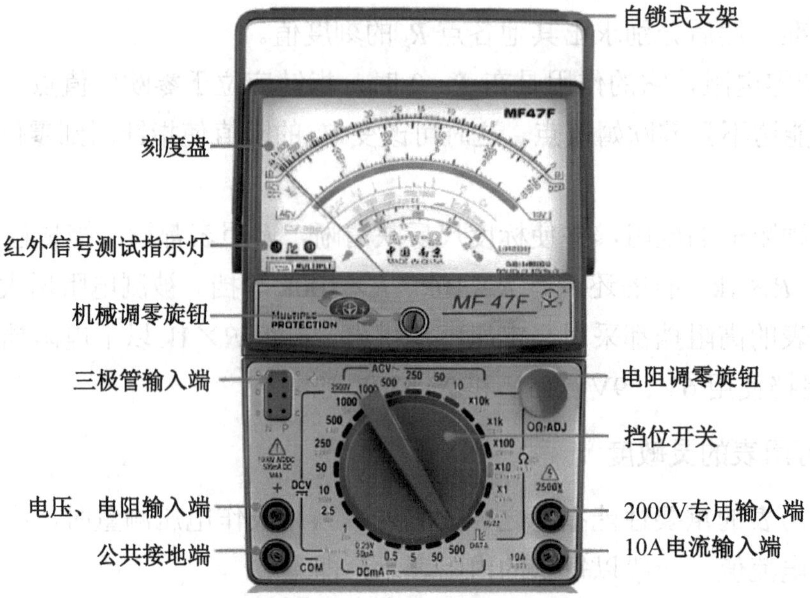

图 2-22 MF47 型万用表的外部结构

表 2-1 MF47 型万用表测量范围

测量项目	量程	灵敏度及电压降	精度	误差表示方法
直流电流	0～0.05mA～0.5mA～5mA～50mA～500mA～5A	0.3V	2.5	以上量限的百分数计算
直流电压	0～0.25V～1V～2.5V～10V～50V～250V～500V～1000V～2500V	20000Ω/V	2.5 5	以上量限的百分数计算
交流电压	0～10V～50V～250V～（45Hz～60Hz～5000Hz）～500V～1000V～2500V（45Hz～65Hz）	4000Ω/V	5	以上量限的百分数计算
直流电阻	$R\times 1$，$R\times 10$，$R\times 100$，$R\times 1k$，$R\times 10k$	$R\times 1$ 中心刻度为 16.5Ω	2.5 10	以标度尺弧长的百分数计算 以指示值的百分数计算
音频电平	−10dB～+22dB	0dB=1mW 600Ω		
晶体管直流电流放大系数	0～300h_{FE}			
电感	20H～1000H			
电容	0.001μF～0.3μF			

（4）测量电压，表笔与被测电路并联。测量电流与被测电路串联。测量电阻，表笔与被测电阻的两端相连。测量晶体管、电容等应将其引出线插入面板上的指定插孔。

（5）测量电阻之前应先进行调零，即两表笔短接，同时转动调零旋钮，使指针位于标度尺的零欧姆值点。每换一电阻挡都要重新调零，如指针不能指到零位，说明电池电压不足，需更换电池。测量电阻时，选择倍率应使指针处于标度尺中间位置，以提高测量的准确度。

（6）万用表的表盘上有多条标度尺，应根据不同的测量对象，观看所对应的标度尺读数。同时要注意标度尺与量程挡的配合，得到正确的测量值。

6．使用指针式万用表的注意事项

（1）注意红黑表笔不能接反。测量元器件的时候，指针式万用笔的黑表笔接电源正极，红表笔接电源负极；红黑表笔插孔的正确插法是红表笔插"+"、黑表笔插"−"。

（2）注意测量挡位与测量对象相符。在表笔连接被测电路时，需观察所选挡位与测量对象是否相符，不能用电流或电阻挡来测电压，这样不仅得不到正确的测量结果，反而会烧坏万用表。测量电流时，应先切断电源，接好连线再行测量以保证安全。

（3）注意测量数据准确。测量元器件的过程中，手不要接触表笔金属部位，以免影响测量精确度或是发生触电等问题。测量电压或电流时，不可带电转动转换开关，以免烧坏万用表。

（4）注意保养万用表。指针式万用表长期搁置不用时，应将电池取出，以防电池电解液渗漏而腐蚀内部电路。

注意：误用电流挡、电阻挡测量电压是造成万用表损坏的主要原因之一。

二、数字式万用表的使用

数字式万用表是采用电子线路完成电压、电流、电阻等的测量，通过液晶显示屏，用数字表示测量值，其测量准确度高，测量值显示明显，是一种先进的测量仪表，目前的应用也较普遍。下面以 DT890B 型数字式万用表为例介绍其测量范围及使用方法。

1. 基本结构

DT890B 型数字式万用表可靠性高，稳定性好，具有防震性能，是一种多功能、多量程的测量仪表，其面板结构如图 2-23 所示，各组成部分功能说明如表 2-2 所示。

图 2-23　DT890B 型数字式万用表面板结构

表 2-2　数字式万用表各组成部分功能说明

结　　构	功　能　说　明
液晶显示器	液晶显示器直接以数字形式显示测量结果。普及型数字式万用表多为 3 1/2 位（三位半）仪表，其最高位只能显示"1"或"0"（0 也可消隐，即不显示），故称半位，其余 3 位是整位，可显示 0～9 全部数字。三位半数字式万用表最大显示值为 1999。 数字式万用表位数越多，灵敏度越高。如 4 1/2（四位半）仪表，最大显示值为 ±19999
功能开关旋钮	功能开关旋钮位于万用表的中间，用来测量时选择测量项目和量程。由于最大显示数为 ±1999，不到满度 2000，所以量程挡的首位数几乎都是 2，如 200Ω、2kΩ、2V…… 数字式万用表的量程比指针式万用表的量程多一些。例如电阻量程从 200Ω 至 200MΩ 有 7 档。除了直流电压、直流电流和交流电压及 h_{FE} 挡外，还增加了指针式万用表少见的交流电流等测量挡

续表

结　构	功 能 说 明
测试插孔	表笔插孔有4个。标有"COM"字样的为公共插孔，通常插入黑表笔。标有"V/Ω"字样插孔应插入红表笔，用以测量电阻值和交直流电压值。 测量交直流电流有两个插孔，分别为"A"和"10A"，供不同量程选用，使用时也应插入红表笔
电源开关	用来开启及关闭表内电源
表笔	与指针式万用表一样，配置有红色和黑色两支表笔

2. 测量范围

DT890B型数字式万用表的测量项目、量程、精确度及分辨力等技术参数如表2-3所示。

表2-3　DT890B型数字式万用表技术参数

项　目	量　程	精　确　度	分　辨　力
直流电压	200mV	±（0.5%读数+1字）	10μV
	2V		1mV
	20V		10mV
	200V		100mV
	1000V	±（0.8%读数+2字）	1V
交流电压	2V	±（0.8%读数+3字）	1mV
	20V		10mV
	200V		100mV
	700V	±（1.2%读数+3字）	1V
直流电流	2mA	±（0.8%读数+1字）	1μA
	20mA		10μA
	200mA	±（1.5%读数+1字）	100μA
	20A	±（2%读数+5字）	10mA
交流电流	20mA	±（1.2%读数+3字）	10μA
	200mA	±（2%读数+3字）	100μA
	20A	±（3%读数+7字）	10mA
电阻	200Ω	±（0.8%读数+3字）	0.1Ω
	2kΩ	±（0.8%读数+1字）	1Ω
	20kΩ		10Ω
	200kΩ		100Ω
	2MΩ		1kΩ
	20MΩ	±（1%读数+2字）	10kΩ
	200MΩ	±（5%读数+10字）	100kΩ
电容	2000pF	±（4%读数+3字）	1pF
	20nF		10pF
	200nF		100pF
	2μF		1nF
	20μF		10nF

3. 操作时注意事项

（1）测量前，应根据测量项目把黑、红两表笔插入万用表相应的插孔，通常黑表笔插入COM插孔，红表笔依据测量项目插入V/Ω、mA、20A插孔。

（2）测量前，将转换开关置于测量项目的所需量程。

（3）DT890B 型数字式万用表有自动关机的功能，该表停止使用或停留在某一挡位的时间超过 30min 时，电源自动切断，万用表停止工作。若要重新开启电源，应重复按动电源开关两次。

（4）将电源开关置于 ON 状态，显示屏应有数字或符号显示。若出现低电压符号，应更换机内的 9V 电池。

（5）测量时显示屏只显示"1"，表示量程选择偏小，应将转换开关置于更高量程。

（6）测量时，应注意量程的上限，测量电流和电压超过测量量程的上限，会造成熔断器熔断及仪表的损伤。

4．测量方法

（1）直流电压的测量。

① 将黑表笔插入 COM 插孔，红表笔插入 V/Ω 插孔；

② 将转换开关置于直流电压挡（V—）的合适量程；

③ 将表笔与被测电路并联，红表笔接被测电路高电位端，黑表笔接被测电路低电位端，则显示屏显示测量数据。

（2）交流电压的测量。

① 将黑表笔插入 COM 插孔，红表笔插入 V/Ω 插孔；

② 将转换开关置于交流电压挡（V～）的合适量程；

③ 将表笔与被测电路并联，则显示屏显示测量数据。

（3）直流电流的测量。

① 将黑表笔插入 COM 插孔。当测量值小于 200mA 时，红表笔插入"mA"插孔。当测量值大于 200mA 时，红表笔插入"20A"插孔；

② 将转换开关置于直流电流挡（A—）的合适量程；

③ 将表笔与被测电路串联，红表笔接被测电路高电位端，黑表笔接被测电路低电位端，则显示屏显示测量数据。

（4）交流电流的测量。

① 将黑表笔插入 COM 插孔，红表笔插入"mA"或"20A"插孔，与直流电流的测量选择相同；

② 将转换开关置于交流电流挡（A～）的合适量程；

③ 将表笔与被测电路串联，则显示屏显示测量数据。

（5）电阻的测量。

① 将黑表笔插入 COM 插孔，红表笔插入 V/Ω 插孔；

② 将转换开关置于电阻挡的合适量程；

③ 将红、黑表笔分别与被测电阻相接，则显示屏显示测量数据。

（6）电容的测量。

① 将转换开关置于电容挡的合适量程；

② 将待测电容器接线脚插入 cx 插孔，则显示屏显示测量数据。

(7) 二极管的测试。

① 将黑表笔插入 COM 插孔，红表笔插入 V/Ω 插孔；

② 将转换开关置于二极管 ➤⊢ 位置；

③ 将红表笔与二极管正极相连，黑表笔与二极管的负极相连，则显示屏显示二极管正向压降近似值。

(8) 三极管 h_{FE} 的测试。

① 将转换开关置于三极管放大倍数 h_{FE} 位置；

② 将 PNP 型或 NPN 型三极管三个引脚分别插入面板右上方对应插孔，则显示屏将显示出 h_{FE} 近似值。

三、钳形电流表的使用

钳形电流表又叫钳形表，是一种用于测量正在运行的电子线路电流大小的仪表。在测量电流时，通常需将被测电路断开，才能使电流表或互感器的一次侧串联到电路中去；而使用钳形电流表测量电流时，可以在不断开电路的情况下进行，使用很方便，这是钳形电流表的最大特点。

钳形电流表有模拟指针式和数字式两种。标准型的检测范围：交流、直流均在 20A 到 200A 或 400A 左右，也有可以检测到 2000A 大电流的产品。钳形电流表测量的准确度较低。

1. 钳形电流表的结构

钳形电流表在不切断电路的情况下可进行电流的测量，是因为它具有一个特殊的结构——可张开和闭合的活动铁芯，如图 2-24 所示。捏紧钳形电流表铁芯开关，铁芯张开，被测电路可穿入铁芯内；放松铁芯开关，铁芯闭合，被测电路作为铁芯的一组线圈。

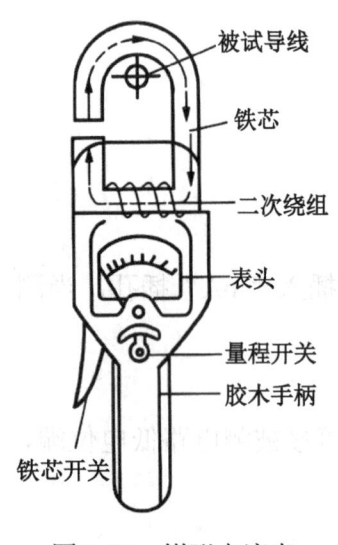

图 2-24 钳形电流表

2. 钳形电流表的工作原理

钳形电流表实质上是由一个电流互感器、铁芯开关和一个整流式磁电系有反作用力仪表所组成的。钳形电流表的工作原理和变压器一样。被测电路相当于变压器的一次绕组，铁芯上设有变压器的二次绕组，并与电流表相接。这样，被测电路通过的电流使二次绕组产生感生电流，电流表指针发生偏转，从而指示出被测电流的数值。

钳形交直流电流表具有电磁式仪表的结构，穿入钳口铁芯中的被测电路作为励磁线圈，磁通通过铁芯形成回路。仪表的测量机构受磁场作用发生偏转，指示出测量数值。因电磁式仪表不受测量电流种类的限制，所以可以测量交流电流和直流电流。

3. 常用的几种钳形电流表

钳形电流表分为钳形交流电流表和钳形交直流电流表两类，有的还可测量交流电压。如表 2-4 所示，给出了几种钳形表的型号和测量范围。

表 2-4 常用钳形表的型号和测量范围

名称型号	量程范围	准确度
MG4-AV 型交流钳形表	电流：0～10A～30A～100A～300A～1000A 电压：0～150V～300V～600V	2.5
MG20 型钳形交直流电流表	电流：0～100A～200A～300A～400A～500A～600A	不超于测量上限的±5%
MG24 型交流钳形表	电流 0～5A～25A～50A～250A 电压：0～300V～600V	2.5
MG25 型袖珍三用钳形表	交流电流：0～5A～25A～50A～100A～250A 交流电压：0～300V～600V 电阻：0～5kΩ	2.5
MG28 型交直流多用钳形表	交流电流：0～5A～25A～50A～100A～250A～500A 交流电压：0～50V～250V～500V 直流电压：0～50V～250V～500V 直流电流：0～0.5mA～10mA～100mA 电阻：0～1kΩ～10kΩ～100kΩ	
MG36 型交直流多用钳形表	交流电流：0～50A～100A～250A～500A～1000A 交流电压：0～50V～250V～500V 直流电压：0～50V～250V～500V 直流电流：0～0.5mA～10mA～100mA 电阻：0～10kΩ～100kΩ～1MΩ	
T-301 型钳形交流电流表	电流：0～10A～25A～50A～100A～250A～600A～1000A	2.5
T-302 型交流钳形表	电流：0～10A～50A～250A～1000A 电压：0～250V～300V～500V～600V	2.5

4．钳形电流表使用方法

（1）测量前要机械调零。

（2）选择合适的量程，先选大量程，后选小量程或看铭牌值估算。

（3）如图 2-25 所示，当使用最小量程测量，其读数还不明显时，可将被测导线绕几匝，匝数要以钳口中央的匝数为准，则

$$读数=指示值×量程/满偏×匝数$$

图 2-25 钳形表测量较小电流的方法

（4）测量完毕，要将转换开关放在最大量程处。

（5）测量时，应使被测导线处在钳口的中央，并使钳口闭合紧密，以减少误差。

5．使用钳形电流表的注意事项

（1）钳形电流表只限于被测电路的电压不超过600V时使用。

（2）要选择合适的量程，不可用小量程测量大电流。如果被测电流无法估计时，应把钳形电流表的量程置于最大挡位，然后根据被测指示值，由大变小，转换到合适的挡位。转换量程挡位时应在不带电的情况下进行，以免损坏仪表。

（3）测量时应注意与带电部分的安全距离，以免发生触电事故。

四、摇表的使用

摇表是用来测量大电阻值和绝缘电阻值的仪表，它的标度尺单位是"兆欧"，用"MΩ"表示，所以也称兆欧表或高阻表。

1．摇表的工作原理

摇表由两大部分构成，一部分是手摇发电机，另一部分是磁电式比率表。手摇发电机的作用是提供一个便于携带的高电压测量电源，电压范围为500～5000V。磁电式比率表是测量两个电流比值的仪表，与前面所述的普通磁电式指针仪表结构不同，它不是用游丝来产生反作用力矩的，而是与转动力矩一样，由电磁力产生反作用力矩。

如图2-26所示为摇表的外形及工作原理示意图。F为手摇发电机，通过摇动手柄产生交流高压，经二极管整流，提供测量用直流高压。磁电式比率表主要部分由一个磁钢和两个转动线圈组成。因转动线圈内的圆柱形铁芯上开有缺口，由磁钢构成一个不均匀磁场，中间磁通密度较高，两边较低。两个转动线圈的绕向相反，彼此相交成固定的角度，连同指针都固接在同一转轴上。转动线圈的电流是采用软金属丝——导丝引入。当有电流通过时，转动线圈1产生转动力矩，转动线圈2产生反作用力矩，两者转向相反。

(a) 外形图　　(b) 工作原理示意图

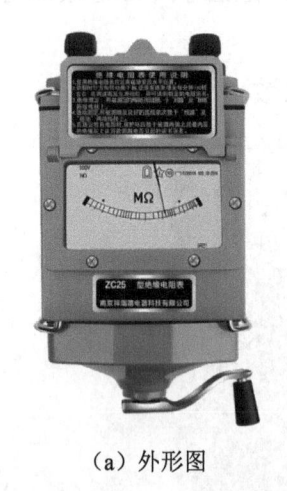

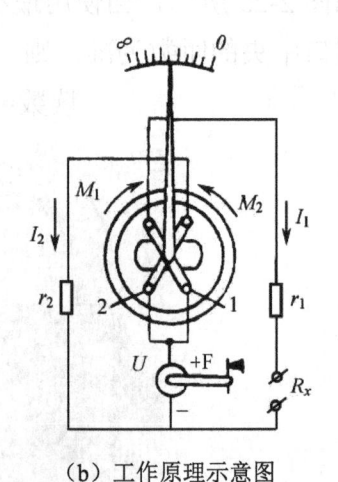

图2-26　摇表的外形及工作原理示意图

当被测电阻 R_x 未接入时，摇动手柄发电机产生供电电压 U，这时转动线圈2有电流 I_2 通过，产生一个逆时针方向的力矩 M_2。在磁场的作用下，转动线圈2停止在中性面上，摇表指针位于"∞"位置，即被测电阻呈无限大。

当接入被测电阻 R_x 时,转动线圈 1 在供电电压 U 的作用下,有电流 I_1 通过,产生一个顺时针方向的转动力矩 M_1,转动线圈 2 产生反作用力矩 M_2,在 M_1 的作用下指针将偏离"∞"点。当转动力矩 M_1 与反作用力矩 M_2 相等时,指针即停止在某一刻度上,指示出被测电阻的数值。

指针所指的位置与被测电阻的大小有关,R_x 越小,则 I_1 越大,转动力矩 M_1 也越大,指针偏离"∞"点越远;在 $R_x=0$ 时,I_1 最大,转动力矩 M_1 也最大,这时指针所处位置即摇表的"0"刻度;当被测电阻 R_x 的数值改变时,I_1 与 I_2 的比值将随着改变,M_1、M_2 力矩相互平衡的位置也相应地改变。由此可见,摇表指针偏转到不同的位置,指示出被测电阻 R_x 不同的数值。

从摇表的工作过程看,仪表指针的偏转角决定于两个转动线圈的电流比率。发电机提供的电压是不稳定的,它与手摇速度的快慢有关。当供电电压变化时,I_1 和 I_2 都会发生相应的变化,但 I_1 与 I_2 的比值不变。所以发电机转动速度稍有变化时,也不致引起测量误差。

2. 摇表的选择

要根据所测量的电气设备决定选用摇表的最高电压和测量范围。测量额定电压在 500V 以下的设备时,宜选用 500~1000V 的摇表;额定电压为 500V 以上时,应选用 1000~2500V 的摇表。在选择摇表的量程时,不要使测量范围过多地超出被测绝缘电阻的数值,以免产生较大的测量误差。通常,测量低压电气设备的绝缘电阻值时,选用 0~500MΩ 的摇表;测量高压电气设备、电缆时,选用 0~2500MΩ 的摇表。有的摇表标度尺不是从零开始的,而是从 1MΩ 或 2MΩ 开始刻度的,这种表不宜用来测量低压电气设备的绝缘电阻值。如表 2-5 所示为测量几种电气设备绝缘电阻值时确定摇表电压的参考数值。

表 2-5 测量电气设备绝缘电阻值与摇表电压的选定

被 测 对 象	被测设备的额定电压（V）	所选兆欧表的电压（V）
线圈的绝缘电阻值	500 以下	500
线圈的绝缘电阻值	500 以上	1000
发电机线圈的绝缘电阻值	380 以下	1000
电力变压器、发电机、电动机线圈的绝缘电阻值	500 以上	1000~2500
电气设备绝缘电阻值	500 以下	500~1000
电气设备绝缘电阻值	500 以上	2500
瓷瓶、母线、刀闸的绝缘电阻值		2500~5000

3. 摇表测量的注意事项

电气设备的绝缘电阻值都比较大,尤其是高压电气设备处于高电压工作状态,测量过程中保障人身及电气设备安全至关重要,同样测量结果的可靠性也非常重要。测量时,必须注意以下几点。

（1）测量前必须切断电气设备的电源,并接地短路放电,以保证人身和电气设备的安全,获得正确的测量结果。

（2）对于有可能感应出高电压的电气设备,要采取措施,消除感应高电压后再进行测量。

（3）被测电气设备表面要处理干净,以获得测量的准确结果。

（4）摇表与被测电气设备之间的测量线应采用单股线,单独连接;不可采用双股绝缘绞线,以免绝缘不良而引起测量误差。

(5)摇表的检查。测量前应对摇表进行检查,即进行一次开路和短路试验。在摇表未接上被测电阻 R_x 之前摇动手柄到额定转速,指针应指在"∞"的位置;然后用测量线将"线路""接地"接线端短接,缓慢摇动手柄,指针应指在"0"处,如图 2-27 所示。通过上述检查,如果指针不能指到"∞"及"0"处,说明摇表存在故障,检修后才能使用。

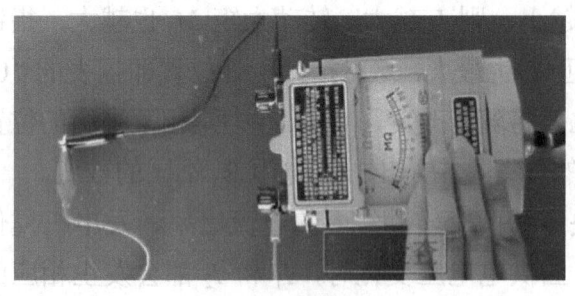

(a)短路试验　　　　　　　　　　(b)开路试验

图 2-27　摇表的检查

4. 摇表测量

(1)测量时摇表应放置平稳,并远离带电导体和磁场,以免影响测量的准确度。

(2)摇表上有三个接线端,即"线路"接线端,标有字母 L;"接地"接线端,标有字母 E;"保护环"接线端,标有字母 G。测量时,被测电阻 R_x 的两端分别与 L 和 E 接线端相连。如图 2-28(a)所示为测量电路绝缘电阻值时摇表的连线,E 接线端可靠接地,L 接线端与被测线路相连;如图 2-28(b)所示为测量电机绝缘电阻值的连线,E 接线端接机壳,L 接线端接电机绕组;如图 2-28(c)所示为测量电缆绝缘电阻值的连线,E、L 接线端除分别与导电线芯和电缆外壳相接外,摇表保护环 G 接线端要与电缆壳芯之间的绝缘层相接。

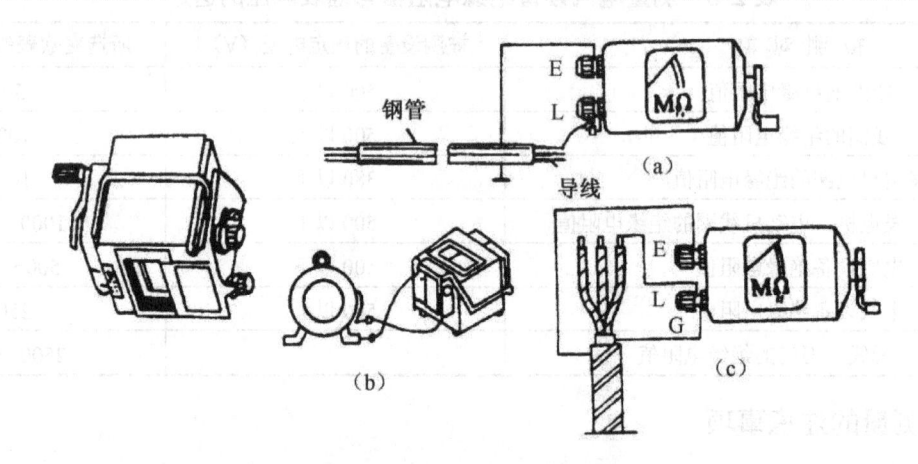

图 2-28　摇表的接线方法

保护环直接与发电机的负极相连,它的接入可以消除因表面漏电而引起的测量误差。

(3)测量时,转动手柄要平稳,应保持 120r/min 的转速。电气设备的绝缘电阻值随着测量时间的长短不同,通常采用 1min 后的指针指示为准,测量中如果发现指针指零,则应停止转动手柄,以防表内线圈过热而被烧毁。

(4)在摇表停止转动和被测电气设备放电以后,才可用手拆除测量连线。

5. 常用摇表

摇表的种类很多,表 2-6 列出了几种摇表的额定电压和测量量程。

表 2-6　常用摇表的额定电压和测量量程

型　号	额定电压（V）	测量量程（MΩ）	准　确　度
ZC-7	100	0～200	1.0
	250	0～500	1.0
	500	1～500	1.0
	1000	2～2000	1.0
	2500	5～5000	1.5
ZC-11-1	100	0～500	1.0
ZC-11-2	250	0～1000	1.0
ZC-11-3	500	0～2000	1.0
ZC-11-4	1000	0～5000	1.0
ZC-11-5	2500	0～10 000	1.0
ZC-11-6	100	0～20	1.0
ZC-11-7	250	0～50	1.0
ZC-11-8	500	0～1000	1.0
ZC-11-9	1000	0～2000	1.0
ZC-11-10	2500	0～2500	1.5
ZC-25-1	100	0～100	1.0
ZC-25-2	250	0～250	1.0
ZC-25-3	500	0～500	1.0
ZC-25-4	1000	0～1000	1.0

表中介绍的几种摇表，都是用手摇发电机来提供测量电源的。除此以外，还有用晶体管直流变换器提供测量电源的，构成测量大电阻值和绝缘电阻值的兆欧表。这类兆欧表的特点是额定电压高、测量范围广。

项目总结

班级召开电工工具与仪表的使用交流会，各小组可围绕以下主题进行发言。

一、主题讨论

1. 电工工具分类与特点

（1）基础工具：螺丝刀、扳手、钳子等，这些工具结构简单，但使用频率极高，是电工日常工作中的得力助手。

（2）测量工具：万用表、钳形表、摇表等，用于测量电压、电流、电阻等电参数，是电工诊断电路问题的关键设备。

（3）安装与维护工具：剥线钳、电烙铁、绝缘胶带等，用于电线的处理、连接与保护。

（4）特殊工具：电钻、切割机等，用于特殊环境下的作业，如打孔、切割等。

2. 仪表种类与功能

电工使用的仪表同样种类繁多，常见的有以下几种。

（1）万用表：可测量电压、电流、电阻、电容、频率等多种电参数。

（2）钳形表：非接触式测量电流，特别适用于大电流的测量。

（3）功率表：用于测量电路中的功率、功率因数等参数。

（4）示波器：用于测试信号的波形、频率等，是电路调试的重要工具。

3. 安全使用注意事项

（1）绝缘保护：确保工具与仪表有良好的绝缘性能，避免触电。

（2）使用环境：在干燥、无尘的环境中使用，避免高温、高湿等恶劣条件。

（3）定期检查：定期对工具和仪表进行检查，确保其处于良好状态。

4. 工具的选择与保养

根据工作需求选择合适的工具，并定期进行保养。

（1）清洁：保持工具的清洁，避免油污和灰尘。

（2）润滑：定期对工具的活动部分进行润滑，确保其运转顺畅。

（3）存储：将工具妥善存储，避免受潮和撞击。

5. 仪表的校准与维护

为确保仪表的准确性，应定期进行校准和维护。

（1）校准：按照厂家推荐的周期和方法进行校准，确保仪表的准确性和可靠性。

（2）维护：定期检查仪表的内部元件和连接线，确保其正常工作。

6. 实际操作技巧

在使用电工工具和仪表时，掌握一些实用技巧可以提高工作效率和安全性。

（1）正确使用工具：熟悉工具的使用方法，避免误操作。

（2）合理选择仪表量程：根据待测参数的大小选择合适的量程，避免过载。

（3）注意测量精度：了解仪表的精度等级和误差范围，合理使用测量结果。

7. 行业案例分析

通过实际案例分析，可以深入了解电工工具和仪表在实际工作中的应用和重要性。例如，在某电力公司的设备检修中，电工使用万用表和钳形电流表快速准确地定位了故障点，提高了检修效率。又如，在某建筑工地的电气安装中，电工使用电钻和切割机高效完成了打孔和切割任务，保证了工程进度。这些案例都充分体现了电工工具和仪表在电气行业中的重要作用。

二、抢答赛

（一）选择题

1．以下工具或仪表中通常用于测量交流电压的是（　　）。

　　A．螺丝刀　　　　　　　　　　B．剥线钳
　　C．万用表　　　　　　　　　　D．老虎钳

2．使用电工刀时，下列措施中是必要的是（　　）。

　　A．佩戴防护眼镜　　　　　　　B．使用力气尽可能大
　　C．快速完成切割　　　　　　　D．不使用绝缘垫

3．钳形电流表主要用于测量（　　）。

A．直流电流　　B．交流电流　　C．电阻　　D．电压

4．摇表的接线端标有（　　）。
A．接地 E、线路 L、保护环 G　　B．接地 N、导通端 L、绝缘端 G
C．接地 E、导通端 L、绝缘端 G　　D．接地 N、通电端 G、绝缘端 L

5．测量电压时应将万用表（　　）电路。
A．串联接入　　B．并联接入
C．并联接入或串联接入　　D．混联接入

6．用万用表测量电阻值时，应使指针指示在（　　）。
A．欧姆刻度最右　　B．欧姆刻度最左
C．欧姆刻度中心附近　　D．欧姆刻度三分之一处

7．使用摇表时，下列做法不正确的是（　　）。
A．测量电气设备绝缘电阻值时，可以带电测量
B．测量时摇表未接线前先转动摇表做开路试验，看指针是否在∞处，再把 L 和 E 短接，轻摇发电机，看指针是否为 0，若开路指∞，短路指 0，说明摇表是好的
C．摇表测完后应立即使被测物放电
D．测量时摇动手柄的速度由慢逐渐加快，并保持 120r/min 左右的转速 1min 左右，这时的读数较为准确

8．用钳形电流表测量时，量程置于 5A，被测导线在钳口绕了三圈，此时表的读数为 4A，则被测导线中交流电流的有效值是（　　）。
A．1A　　B．2A　　C．3A　　D．5A

9．在进行电工工作时，以下工具中专门用来剥线的是（　　）。
A．试电笔　　B．钢丝钳　　C．剥线钳　　D．老虎钳

（二）判断题

1．电工在使用仪表前，应该先检查仪表的校准有效期。（　　）
2．钳形电流表主要用于测量电路的电流。（　　）
3．使用电烙铁时，可以不考虑工作环境的通风情况。（　　）
4．钳形电流表使用完后，必须把其量程开关置于最大量程位置。（　　）
5．严禁在被测电阻带电的情况下，用万用表欧姆挡测量其电阻值。（　　）

三、你问我答

1．电工在哪些场合需要使用万用表？
2．钳形电流表有什么特点？使用时应注意什么？
3．简述用摇表测量绝缘电阻值的操作过程及注意事项。
4．如何对电工工具进行保养与维护？
5．如何使用螺丝刀正确拧紧螺钉？
6．请结合实际案例，说明常用电工工具在电气维修中的应用。

四、成果汇报

各小组展示实训成果,并进行交流汇报(用 PPT 或文字描述均可),回答师生现场提问。

项目评价

由小组内部、教师对小组成员任务完成情况进行评价,评价结果填入任务完成评价表。

电工工具与仪表的使用项目完成情况评价表

任务评价指标		自评	小组评价	教师评价
		优☆ 良△ 中√ 差×		
职业素养 (15分)	团队协作沟通与表达能力			
	工作态度与责任感			
	时间管理与效率			
	职业道德与操守			
知识与技能 (65分)	基础知识掌握			
	技能操作能力			
	问题解决能力			
	创新思维与表现			
	安全与规范意识			
成果汇报 (20分)	作品展示(成品展示、PPT汇报、简报、作业等形式)			
	汇报语言流畅,思路清晰			
评价等级(自评20%、组评30%、师评50%)				

拓展阅读

电工执业要求

扫码阅读

项目 3

电工材料的选用

项目目标

1. 了解各类电工材料的性能特点及应用场景。
2. 掌握电工材料选用的适用性、可靠性、经济性等基本原则。
3. 能根据工程需求,对电工材料进行合理的性能评估。
4. 学习如何在材料选用中考虑环保因素,推动绿色电工材料的应用。

任务 1

常用绝缘材料的选用

任务目标

1. 了解绝缘材料的基本概念、分类及其在工程中的应用。
2. 熟悉绝缘材料的结构、性能特点及其与导电材料的关系。
3. 通过实际案例了解不同绝缘材料在不同电气工程中的应用情况。
4. 能根据实际工程需要合理选用绝缘材料,并注重环保意识的培养。

任务实施

一、绝缘材料

绝缘材料又称电介质,其电阻率大于 $10^7 \Omega \cdot m$(某种材料制成的长度为 1m、横截面积为 $1mm^2$ 的导线的电阻,叫作这种材料的电阻率)。它在外加电压的作用下,只有微小的电流通过,这就是通常所说的不导电物质。

绝缘材料的主要功能是能将带电体与不带电体相隔离,将不同电位的导体相隔离,以确保电流的流向或人身的安全。在某些场合,还起支撑、固定、灭弧、防晕、防潮等作用。

二、绝缘材料的种类

绝缘材料种类繁多,按其形态可分为气体绝缘材料、液体绝缘材料和固体绝缘材料三大类。维修电工常见的主要是固体绝缘材料。

气体绝缘材料——包括空气、氮气、六氟化硫、二氧化碳等。

液体绝缘材料——主要有矿物绝缘油、合成绝缘油、变压器油、电容器油等。

固体绝缘材料——有机绝缘材料、无机绝缘材料和混合绝缘材料。有机绝缘材料主要有橡胶、树脂、麻、丝、漆、塑料等，有较好的机械强度和耐热性能。无机绝缘材料主要有云母、石棉、大理石、电瓷、玻璃等，其耐热性能和机械强度都优于有机绝缘材料。混合绝缘材料是由无机绝缘材料和有机绝缘材料经加工后制成的各种成型绝缘材料，常用作电器的底座、外壳等。

除此之外，生活中还有一些其他固体绝缘材料，如纸板、木材等。这些材料具有良好的物理力学性能和化学稳定性，在各个领域有着广泛的应用。

总的来说，不同种类的绝缘材料具有不同的特点和适用范围，选用时需要根据具体工程项目需求进行综合考虑。

三、绝缘材料的基本性能

绝缘材料的品质在很大程度上决定了电工产品和电气工程的质量及使用寿命，而其品质的优劣与它的物理、化学、机械和电气等性能有关，这里仅就其中的耐热性、绝缘强度、机械性能作一简要的介绍。

1．耐热性

耐热性是指绝缘材料承受高温而不改变介电、机械、理化等特性的能力。通常，电气设备的绝缘材料长期在热态下工作，其耐热性是决定绝缘性能的主要因素。

绝缘材料在高温环境工作，其性能往往在短时间内显著恶化，如温升使绝缘材料软化，使绝缘塑料因增塑剂挥发而变硬变脆等。绝缘材料在长时间的使用过程中，会发生物理变化和化学变化，使电气性能和机械性能变差，这就是通常所说的老化。影响绝缘材料老化的原因很多，热是主要因素，温度过高会加速绝缘材料的老化过程。因此对各种绝缘材料都规定了使用时的极限温度，并将绝缘材料按其正常运行条件下允许的最高工作温度，分成七个耐热等级，如表 3-1 所示。

表 3-1 绝缘材料的耐热等级

级　别	绝 缘 材 料	极限工作温度（℃）
Y	木材、棉花、纸、纤维等天然的纺织品，以醋酸纤维和聚酰胺为基础的纺织品，以及易于热分解和熔化点较低的塑料（脲醛树脂）	90
A	工作于矿物油中的和用油或油树脂复合胶浸过的 Y 级材料，漆包线、漆布、油性漆、沥青漆等	105
E	聚酯薄膜和 A 级材料复合而成的材料，如玻璃布、油性树脂漆、聚乙烯醇缩醛高强度漆包线、乙酸乙烯耐热漆包线	120
B	聚酯薄膜，经合适树脂黏合式浸渍涂覆的云母、玻璃纤维、石棉等，聚酯漆包线	130
F	以有机纤维材料补强和石棉带补强的云母片制品，玻璃丝和石棉，玻璃漆布，以玻璃丝布和石棉纤维为基础的层压制品，以无机材料补强和石棉带补强的云母粉制品，化学热稳定性较好的聚酯和醇酸类材料，复合硅有机聚酯漆	155
H	无补强或以无机材料补强的云母制品、加厚的 F 级材料、复合云母、有机硅云母制品、硅有机漆、硅有机橡胶聚酰亚胺复合玻璃布、复合薄膜、聚酰亚胺漆等	180
C	不采用任何有机黏合剂及浸渍剂的无机物，如石英、石棉、云母、玻璃和电瓷材料等	180 以上

2. 绝缘强度

绝缘材料在高于某一极限数值的电压作用下,通过电介质的电流将会突然增加,这时绝缘材料被破坏而失去了绝缘性能,这种现象称为电介质的击穿。电介质发生击穿时的电压称为击穿电压。单位厚度的电介质被击穿时的电压称为绝缘强度,也称击穿强度,单位为 kV/mm。

需要指出,固体绝缘材料一旦被击穿,其分子结构发生改变,即使取消外加电压,它的绝缘性能也不能恢复到原来的状态。

常用绝缘材料的绝缘强度如表 3-2 所示。

3. 机械性能

绝缘材料的机械性能有多项指标,其中主要一项是抗张强度,它表示绝缘材料承受力的能力。常用绝缘材料的主要性能表 3-2 所示。

表 3-2 常用绝缘材料的主要性能

材 料 名 称	绝缘强度(kV/mm)	抗张强度(kg/cm^2)	材 料 名 称	绝缘强度(kV/mm)	抗张强度(kg/cm^2)
瓷	8~25	180~240	电木	10~30	350~770
玻璃	5~10	140	软橡胶	10~24	70~140
云母	15~78	—	硬橡胶	20~38	250~680
石棉	5~53	520(经)	绝缘布	10~54	135~290
棉纱	3~5	—	纤维板	5~10	560~1050
纸板	8~13	350~700(经) 270~550(纬)	干木材	5~7	485~750
			矿物油	25~57	—

四、绝缘纤维制品的选用

常用的绝缘纤维制品由植物纤维、无碱玻璃纤维和合成纤维制成,包括的品种有绝缘纸和绝缘纸板、玻璃纤维制品、浸渍纤维制品、绝缘层压板等。其中维修电工常用的有绝缘纸(板)和浸渍纤维制品。

1. 绝缘纸(板)

绝缘纸分植物纤维纸和合成纤维纸两类。植物纤维纸由未漂白的硫酸盐木浆经抄纸而成,主要品种有电缆纸、电话纸、电容器纸、卷缠纸和浸渍纸等。合成纤维纸由合成纤维抄纸而成,主要品种有聚酯纤维纸、耐高温纤维纸等。

2. 浸渍纤维制品

浸渍纤维制品以绝缘纤维材料为底材,浸以绝缘漆制成。经过浸漆,漆填充了纤维材料的毛孔和空隙,并在制品表面形成一层光滑的漆膜,与原纤维材料相比,浸渍纤维制品的机械强度、电气性能、耐潮性能、耐热等级都有显著提高。常用的浸渍纤维制品有漆布和漆管。

(1)漆布。漆布按其底材分为棉漆布、漆绸、玻璃漆布和玻璃纤维合成交织漆布等几类,分别由相应的底材浸以不同的绝缘漆制成。它主要用作电机、电器的衬垫和线圈的绝缘。常用的是 2432 醇酸玻璃漆布,具有良好的电气性能和耐热性、防霉性。

图 3-1　黄蜡管

使用漆布时，要包绕严密，不可出现皱褶和气囊，不能出现机械损伤，以免影响其电气性能。当漆布与浸渍漆相接触时，应注意两者的相溶性。

（2）漆管。绝缘漆管是由棉、涤纶、玻璃纤维管浸以不同的绝缘漆制成的，其耐热、耐油及柔软性能均取决于所用底材和浸渍漆。它主要用作电机、电器的引出线或连接线的绝缘套管。

常用的漆管是 2730 醇酸玻璃漆管，通常称黄蜡管，具有良好的电气性能和机械性能，耐油、耐热、耐潮性好，适用于电机、电器、仪表、无线电等装置的布线绝缘和机械保护，如图 3-1 所示。

五、电工用塑料、橡胶和绝缘薄膜的选用

1. 电工用塑料

塑料是由合成树脂或天然树脂、填充剂、增塑剂和添加剂等配合而成的高分子绝缘材料。它有密度小、机械强度高、介电性能好、耐热、耐腐蚀、易加工等优点，在一定的温度压力下可以加工成各种规格、形状的电工设备绝缘零件，是主要的导线绝缘和护层材料。

根据所用树脂类型，塑料可分为热固性塑料和热塑性塑料两类。

（1）热固性塑料：热固性塑料在热压成型后，成为不熔不溶的固化物，热固性塑料只能塑制一次。

常用热固性塑料有酚醛塑料、酚醛玻璃纤维塑料、脲醛塑料等。

（2）热塑性塑料：热塑性塑料在热压或热挤成型后，仍具有可熔可溶性，可反复多次成型。常用热塑性塑料如下。

① 苯乙烯-丁二烯-丙烯腈共聚物（ABS）。这就是常用的 ABS 塑料，它由苯乙烯、丁二烯和丙烯腈共聚而成。呈象牙色不透明体，有良好的综合性能，主要用于制作各种仪表和电动工具的外壳、支架、接线板等。

② 聚酰胺 1010。俗称尼龙，由癸二酸与癸二胺聚缩而成，呈白色的半透明体，在常温下具有较高的机械强度，良好的冲击韧性、耐磨性、自润滑性和较好的电气性能，主要用来制作插座、线圈骨架、接线板及机械零部件等，也常用来作绝缘护套、导线绝缘护层等。

③ 聚苯乙烯（PS）。由苯乙烯聚合而成，是无色透明体，有优良的电气性能，主要用作各种仪表外壳、开关按钮、线圈骨架、绝缘垫圈、绝缘套管等。

④ 聚甲基丙烯酸甲酯（PMMA）。PMMA 由甲基丙烯酸甲酯单体聚合而成，俗称有机玻璃。它是可透光的无色透明体，其电气性能优良，适于制作仪表零件、绝缘零件、接线柱及读数透镜等。

⑤ 聚氯乙烯（PVC）。聚氯乙烯是由氯乙烯聚合而得到的柔软塑料，具有优良的电气性能，主要用作电线电缆的绝缘保护层，用作绝缘时耐压等级为 10kV。PVC 按耐温条件可分为 65℃、80℃、90℃、105℃四种，护层级耐温 65℃。

⑥ 聚乙烯（PE）。聚乙烯具有优良的电气性能，主要用作通信电缆、电力电缆的绝缘和

护层材料。

2. 电工用橡胶

橡胶分天然橡胶和合成橡胶。

（1）天然橡胶：天然橡胶由橡胶树分泌的浆液制成，主要成分是聚异戊二烯，其抗张强度、抗撕性和回弹性一般比合成橡胶好，但不耐热，易老化，不耐臭氧，不耐油和不耐有机溶剂，且易燃。天然橡胶适合制作柔软性、弯曲性和弹性要求较高的电线电缆绝缘和护套，长期使用温度为60～65℃，耐电压等级可达6kV。

（2）合成橡胶：合成橡胶是碳氢化合物的合成物，主要用作电线电缆的绝缘和护套材料。

3. 绝缘薄膜

绝缘薄膜是由若干高分子聚合物，通过拉伸、流涎、浸涂、车削碾压和吹塑等方法制成的。选择不同材料和方法可以制成不同特性和用途的绝缘薄膜。电工用绝缘薄膜厚度为0.006～0.5mm，具有柔软、耐潮、电气性能和机械性能好的特点，主要用作电机、线圈、电线电缆的绝缘，以及电容器介质。

六、绝缘胶带的选用

电工用绝缘胶带有三类：织物胶带、薄膜胶带和无底材胶带。

织物胶带是以无碱玻璃布或棉布为底材，涂以胶黏剂，再经烘焙、切带而成的。薄膜胶带是在薄膜的一面或两面涂以胶黏剂，再经烘焙、切带而成的。无底材胶带是由硅橡胶或丁基橡胶和填料、硫化剂等经混炼、挤压而成的。绝缘胶带多用于导线、线圈的绝缘，其特点是在缠绕后自行黏牢，使用方便，但应注意保持黏面清洁。

常用绝缘胶带有黑胶布、聚氯乙烯胶带和涤纶胶带。

（1）黑胶布：又称绝缘胶布带、黑包布、布绝缘胶带，是电工用途最广，用量最多的绝缘胶带。黑胶布是在棉布上刮胶、卷切而成的。胶浆由天然橡胶、炭黑、松香、松节油、重质碳酸钙、沥青及工业汽油等制成，有较好的沾着性和绝缘性能。它适用于交流电压380V以下（含380V）的电线、电缆做包扎绝缘，在-10～+40℃环境范围使用。使用时，不必借用工具即可撕断，操作方便。外形如图3-2所示。

黑胶布主要技术性能如下。

绝缘强度在交流50Hz、1000V电压下持续1min而不击穿；不含有对铜、铝导线起腐蚀作用的有害物质，如果使铜线芯变成蓝黑色、铝芯附有白色粉末物质，则说明该黑胶布有质量问题，不应使用。

图3-2 黑胶布

黑胶布的宽度有10mm、15mm、20mm、25mm、50mm五种规格，常用的是20mm的黑胶布。

（2）聚氯乙烯胶带：这是常说的塑料绝缘胶带，它是在聚氯乙烯薄膜上涂敷胶浆卷切而成的，其外形与黑胶布类似，如图3-3（a）所示。塑料绝缘胶带绝缘性能、黏着力及防水性均比黑胶布好，并且具有多种颜色，它可代替黑胶布。除了包扎电线电缆外，还可用于密封保护层。但使用时不易用手撕断，需用电工刀或剪刀切割。

（a）聚氯乙烯胶带　　　　　　　　　　　（b）涤纶胶带

图 3-3　聚氯乙烯胶带和涤纶胶带

（3）涤纶胶带：是在涤纶薄膜上涂敷胶浆卷切而成的，如图 3-3（b）所示。其基材薄、强度高且透明，防水性更好，化学稳定性优良。涤纶胶带的用途比塑料绝缘胶带广泛，除可包扎电线电缆外，常用来做密封保护层及捆扎物件。使用时需用剪刀或刀片划痕，然后撕断。

任务 2
常用导电材料的选用

任务目标

1. 了解常用导电材料的结构和性能特点。
2. 掌握根据工程项目需求选择导电材料的原则和方法。
3. 通过任务和实践活动，培养学生的实践能力和解决问题的能力。

任务实施

一、导电材料

导电材料是相对绝缘材料而言的，能够通过电流的物体称为导电材料，其电阻率与绝缘材料相比大大降低，一般都在 $0.1\Omega \cdot m$ 以下。导电材料的主要用途是输送和传递电流。

导电材料分为一般导电材料和特殊导电材料。一般导电材料又称良导体材料，是专门传送电流的金属材料。要求其电阻率小、导热性优、线胀系数小、抗拉强度适中、耐腐蚀、不易氧化等。常用的良导体材料主要有铜、铝、铁、钨、锡、铅等，其中铜和铝是优良的导电材料，主要用于制造电线电缆。

电线电缆的品种很多，按照性能、结构、制造工艺及使用特点分为以下五类：裸导线、电磁线、电气设备用电线电缆、电力电缆、通信电线电缆。一般电工常用的是前四类。在产品型号中，铜的标志是 T，铝的标志是 L，有时铜的标志 T 可以省略，在产品型号中没有标明 T 或 L 的就是表示铜。

二、裸导线的选用

裸导线是指没有绝缘层的导线,裸导线分裸单线(单股导线)和裸绞线(多股绞合线)两种。裸单线按其截面形状分为圆形截面的圆形裸单线或称圆单线和非圆形截面的裸单线。

将多根圆单线绞合在一起的绞合线称为裸绞线。裸绞线比较柔软并具有一定的机械强度,主要用作架空线。其表示方法是将股数和直径写在一起,如7×2.11表示用7股直径为2.11mm的圆单线绞合而成。

裸导线有利于散热,一般用于野外的高压线架设。为了增加抗拉力,一些铝绞线的中心是钢绞线,称为"钢芯铝线"。

常用的裸导线有:LJ-铝绞线、TJ-铜绞线、GJ-钢绞线、LGJ-钢芯铝绞线。用得较多的是:LJ-铝绞线、LGJ-钢芯铝绞线两种。

三、电磁线的选用

电磁线是一种在金属线材上覆盖绝缘层的导线,广泛用来绕制电机、变压器、电气设备的绕组或线圈。其材质有铜线或铝线,外形有圆形或扁形。按绝缘特点和用途分为漆包线、绕包线和特种电磁线等。

1. 电磁线型号的含义

电磁线型号的含义如下。

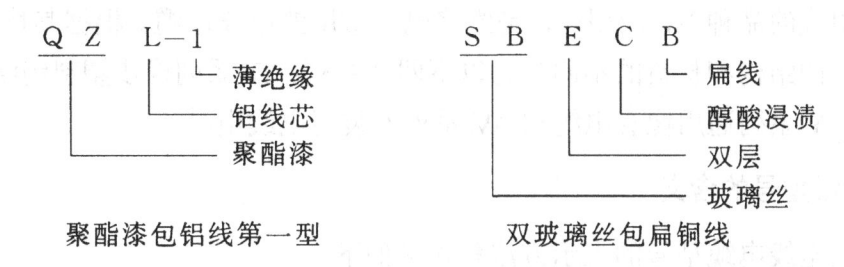

```
QZL-1                    SBECB
│││ └ 薄绝缘              ││││└ 扁线
││└─ 铝线芯               │││└─ 醇酸浸渍
│└── 聚酯漆               ││└── 双层
                          │└─── 玻璃丝
聚酯漆包铝线第一型         双玻璃丝包扁铜线
```

2. 漆包线

漆包线是电磁线的一种,由铜材或铝材制成,其外涂有绝缘漆作为绝缘保护层,如图3-4所示。漆包线特别是漆包铜线,漆膜均匀、光滑柔软,有利于线圈的自动绕制,广泛用于中小型电工产品中。

漆包线有很多种,按漆膜及作用特点可分为普通漆包线、耐高温漆包线、自粘漆包线、特种漆包线等,其中普通漆包线是一般电工常用的品种,如Q型油性漆包线、QQ型缩醛漆包线、QZ型聚酯漆包线。

3. 绕包线

绕包线也是电磁线的一种,它是在漆包线或导线芯上用天然丝、玻璃丝、绝缘纸或合成薄膜等再绕包一层绝缘层而制成的,通常所说的纱包线、丝包线都属于绕包线,如图3-5所示。

图 3-4　漆包线　　　　　　　　　　　　　图 3-5　绕包线

四、电线电缆的选用

电气设备用电线电缆品种繁多，按用途可分为通用电线电缆和专用电线电缆两大类。由于使用条件和技术特性不同，电气设备用电线电缆的结构也不相同。结构简单的电线电缆由导电线芯和绝缘层构成，一般的电线电缆由导电线芯、绝缘层和保护层构成，特殊的电线电缆还设有屏蔽层、加强芯、外护层等。

导电线芯由铜材或铝材制成，线芯的根数有单根和多根之分，股数最多的有几千根。

绝缘层的主要作用是电绝缘，对于没有保护层的电线电缆还起机械保护的作用。绝缘层大都为橡胶和塑料材质，其耐热等级决定电线电缆的允许工作温度。

保护层主要起机械保护作用，它对电线电缆的使用寿命有很大影响，大多数电线电缆采用橡胶和塑料作保护层材料，也有使用玻璃丝编织成保护层的。

通用电线电缆的品种多，应用广，是维修电工常用的电线电缆。根据其特性及导电线芯、绝缘层、保护层的结构和材料的不同分为以下四个系列：B 系列橡皮塑料绝缘电线、R 系列橡皮塑料软线、Y 系列通用橡套电缆和 AV 系列安装用电线电缆。

1. 电线电缆型号的含义

电气设备用电线电缆型号的表示方法和含义如下。

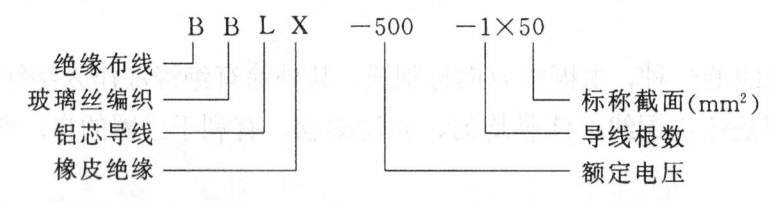

```
            B B L X   -500   -1×50
绝缘布线 ────┘ │ │ │     │       │
玻璃丝编织 ────┘ │ │     │       └── 标称截面(mm²)
铝芯导线 ──────┘ │       └────────── 导线根数
橡皮绝缘 ────────┘       
                         └────────── 额定电压
```

型号中的字母含义如表 3-3 所示。

表 3-3　电气设备用电线电缆型号中字母含义

分类代号或用途	绝缘	护套	派生
A——安装线	Z——纸	V——聚氯乙烯	P——屏蔽
B——绝缘布线	V——聚氯乙烯	H——橡套	R——软
F——飞机用低压线	F——氟塑料	B——编织套	S——双绞
Y——一般工业移动电器用线	Y——聚乙烯	L——腊克	B——平行
K——控制电缆	X——橡皮	N——尼龙套	D——带形
T——天线	ST——天然丝	SK——尼龙丝	T——特种
HR——电话软线	SE——双丝包	VZ——阻燃聚氯乙烯	P1——缠绕屏蔽

2. B系列橡皮塑料绝缘电线

B表示绝缘电线，该系列电线的特点是结构简单、质量轻、价格较低。它适用于各种动力配电和照明电路，并可用作大中型电气设备的安装线。B系列绝缘电线交流工作电压为500V，直流工作电压为1000V。常用品种如表3-4所示。

表3-4 常用B系列橡皮塑料绝缘电线品种

产品名称	型号 铜芯	型号 铝芯	长期最高工作温度（℃）	用途
橡皮绝缘电线	BX[①]	BLX	65	固定敷设于室内（明敷、暗敷或穿管），也可用于室外，或作设备内部安装用线
氯丁橡皮绝缘电线	BXF[②]	BLXF	65	同BX型，耐气候性好，适用于室外
橡皮绝缘软电线	BXR		65	同BX型。仅用于安装时要求柔软的场合
橡皮绝缘和护套电线	BXHF[③]	BLXHF	65	同BX型。适用于较潮湿的场合制作室外进户线，可代替老产品铅包电线
聚氯乙烯绝缘电线	BV[④]	BLV	65	同BX型。但耐湿性和耐气候性较好
聚氯乙烯绝缘软电线	BVR		65	同BV型。仅用于安装时要求柔软的场合
聚氯乙烯绝缘和护套电线	BVV[⑤]	BLVV	65	同BV型。用于潮湿和机械防护要求较高的场合，可直埋土壤中
耐热聚氯乙烯绝缘电线	BV-105[⑥]	BLV-105	105	同BV型。用于45℃及以上高温环境中
耐热聚氯乙烯绝缘软电线	BVR-105		105	同BVR型。用于45℃及以上高温环境中

① "X"表示橡皮绝缘； ② "XF"表示氯丁橡皮绝缘； ③ "HF"表示非燃性橡套；
④ "V"表示聚氯乙烯绝缘； ⑤ "VV"表示聚氯乙烯绝缘和护套； ⑥ "105"表示耐温105℃。

3. R系列橡皮塑料软线

R表示软线，该系列软线的线芯是由多根细铜线绞合而成的，它除具备B系列绝缘线的特点外，其线体比较柔软。R系列软线大量用作日用电器、仪器仪表的电源线，小型电气设备和仪器仪表内部的安装线，以及照明电路中的灯头线、灯管线。常用软线品种如表3-5所示。

表3-5 常用R系列橡皮塑料软线品种

产品名称	型号	工作电压（V）	长期最高工作温度（℃）	用途及使用条件
聚氯乙烯绝缘软线	RV RVB[①] RVS[②]	交流250 直流500	65	供各种移动电器、仪表、电信设备、自动化装置接线用，也可用作内部安装线。安装时环境温度不低于-15℃
耐热聚氯乙烯绝缘软线	RV-105	交流250 直流500	105	同RV型。用于45℃及以上高温环境中
聚氯乙烯绝缘和护套软线	RVV	交流500 直流1000	65	同RV型。用于潮湿和机械防护要求较高，以及经常移动、弯曲的场合
丁腈聚氯乙烯复合物绝缘软线	RFB[③] RFS	交流250 直流500	70	同RVB、RVS型。但低温柔软性较好
棉纱编织橡皮绝缘双绞软线 棉纱编织橡皮绝缘软线	RXS RX	交流250 直流500	65	室内日用电器、照明用电源线
棉纱编织橡皮绝缘平行软线	RXB	交流250 直流500	65	室内日用电器、照明用电源线

① "B"表示两芯平行； ② "S"表示两芯绞型； ③ "F"表示复合物绝缘。

4．Y 系列通用橡套电缆

Y 表示移动电缆，这一系列也称移动电缆。它是以硫化橡胶作为绝缘层，以非燃氯丁橡胶作为护套，具有抗砸、抗拉和能承受较大机械应力的特点。Y 系列电缆适用于在一般场合下作为各种电气设备、电动工具、仪器和照明电器等的移动式电源线。根据其能承受机械外力的不同，分为轻型、中型、重型三种类型，长期最高工作温度为 65℃。常用移动电缆的品种如表 3-6 所示。

表 3-6　常用 Y 系列通用橡套电缆品种[①]

产品名称	型号	交流工作电压（V）	特点和用途
轻型橡套电缆	YQ[②]	250	轻型移动电气设备和日用电器电源线
	YQW[③]		同上。具有耐气候和一定的耐油性能
中型橡套电缆	YZ[④]	500	各种移动电气设备和农用机械电源线
	YZW		同上。具有耐气候和一定的耐油性能
重型橡套电缆	YC[⑤]	500	同 YZ 型。能承受较大的机械外力作用
	YCW		同上。具有耐气候和一定的耐油性能

[①] 表中产品均为铜导电线芯；　　[②]"Q"表示轻型；　　[③]"W"表示户外型；
[④]"Z"表示中型；　　　　　　[⑤]"C"表示重型。

5．AV 系列安装用电线电缆

安装用电线电缆包括很多种类，AV 系列安装用电线电缆和电器安装线是主要两类，电工常用的是 AV 系列聚氯乙烯绝缘安装用电线。

AV 系列聚氯乙烯绝缘安装用电线的型号、名称、适用范围和使用特性如表 3-7 所示。

表 3-7　AV 系列聚氯乙烯绝缘安装用电线型号、名称、适用范围和使用特性

型号	名称	额定电压（V）	芯数	标称截面（mm²）	适用范围	使用特性
AV	铜芯聚氯乙烯绝缘安装电线	300/300	1	0.03～0.4	适用于交流额定电压 U_0/U 为 300V/300V 及以下电器、仪表和电气设备及自动化装置作安装用电线	U_0/U 为 300V/300V。AV-105 型及 AVR-105 型应不超过 105℃，其他型号应不超过 70℃
AVR	铜芯聚氯乙烯绝缘安装软电线	300/300	1	0.035～0.4		
AVRB	铜芯聚氯乙烯绝缘平行安装软电线	300/300	2	0.12～0.2		
AVRS	铜芯聚氯乙烯绝缘绞型安装软电线	300/300	2	0.12～0.2		
			2	0.08～0.4		
AVVR	铜芯聚氯乙烯绝缘聚氯乙烯护套安装软电线	300/300	3～24	0.12～0.4		
AV-105	铜芯耐热 105℃聚氯乙烯绝缘安装电线	300/300	1	0.03～0.4		
AVR-105	铜芯耐热 105℃聚氯乙烯绝缘安装软电线	300/300	1	0.035～0.4		

6．电力电缆

输配电用的电缆称为电力电缆。电力电缆通常埋设于地下管道或沟道中，不需要大线路

走廊，占地少；不受气候和环境影响，送电性能稳定；维护工作量小，安全性好。与架空输出线相比，造价高，输送容量受到限制。

电力电缆由导电线芯、绝缘层和保护层三个主要部分构成，如图3-6所示。

导电线芯又称缆芯，通常采用高导电率的铜或铝制成，截面有圆形、半圆形、扇形等多种，均有统一的标称等级。线芯有单芯、双芯、三芯和四芯几种。单芯和双芯电缆一般用来输送直流电和单相交流电；三芯电缆用来输送三相交流电；四芯电缆用于中性点直接接地的三相四线制配电系统，中性线线芯截面较小。当线芯截面大于 $25mm^2$ 时，通常采用多股导线绞合，经压紧成型，以便增加电缆的柔软性并使结构稳定。

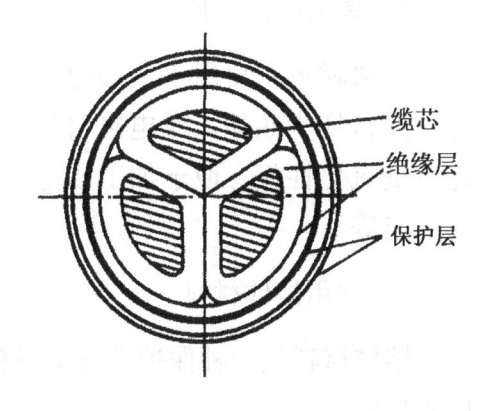

图 3-6　电力电缆结构图

绝缘层的主要作用是防止漏电和放电，将线芯与线芯、线芯与保护层互相绝缘和隔开。绝缘层通常采用纸、橡皮、塑料等材料，其中纸绝缘应用最广，它经过真空干燥再放到松香和矿物油混合的液体中浸渍以后，缠绕在电缆导电线芯上。对于双芯、三芯和四芯电缆，除每相线芯分别包有绝缘层外，在它们绞合后外面再用绝缘材料作绕包绝缘。

电缆外面的保护层主要起机械保护作用，保护导电线芯和绝缘层不受损伤。保护层分内保护层和外保护层。内保护层保护绝缘层不受潮湿并防止电缆浸渍剂外流，常用铝或铅、塑料、橡胶等材料制成。外保护层保护绝缘层不受机械损伤和化学腐蚀，常用的有沥青保护层、钢带铠等几种。

常用电力电缆按所用绝缘材料可分为纸绝缘、橡皮绝缘、聚氯乙烯塑料绝缘和交联聚乙烯绝缘电力电缆。

五、特殊导电材料的选用

特殊导电材料是相对一般导电材料而言的，它不是以输送电流为目的，而是为实现某种转换或控制而接入电路中的。

常见的特殊导电材料有电阻材料、电热材料、熔体材料等。

1. 常用电阻材料

电阻材料是用于制造各种电阻元件的合金材料，又称为电阻合金。其基本特性是具有高的电阻率和很低的电阻温度系数。

常用的电阻合金有康铜丝、新康铜丝、锰铜丝和镍铬丝等。康铜丝以铜为主要成分，具有较高的电阻系数和较低的电阻温度系数，一般用于制作分流、限流、调整等电阻器和变阻器。新康铜丝是以铜、锰、铬、铁为主要成分，不含镍，是一种新电阻材料，性能与康铜丝相似。锰铜丝是以锰、铜为主要成分，具有电阻系数高、电阻温度系数低及电阻性能稳定等优点，通常用于制造精密仪器仪表的标准电阻、分流器及附加电阻等。镍铬丝以镍、铬为主要成分，电阻系数较高，除可用作电阻材料外，还是主要的电热材料，一般用于电阻式加热仪器及电炉。

2. 常用电热材料

电热材料主要用于制造电热器件及电阻加热设备中的发热元件，作为电阻接入电路，将电能转换为热能。对电热材料的要求是电阻率要高，电阻温度系数要小，耐高温，在高温下抗氧化性好，便于加工成型等。常用电热材料主要有镍铬合金、铁铬铝合金及高熔点纯金属等。

3. 常用熔体材料

熔体材料是一种保护性导电材料，作为熔断器的核心组成部分，具有过载保护和短路保护的功能。

熔体一般都做成丝状或片状，称为保险丝或保险片，统称为熔丝，是维修电工经常使用的电工材料。

（1）熔体的保护原理。

接入电路的熔体，当正常电流通过时，它仅起导电作用。当发生过载或短路时，导致电流增加，由于电流的热效应，会使熔体的温度逐渐上升或急剧上升，当达到熔体的熔点温度时，熔体自动熔断，电路被切断，从而起到保护电气设备的作用。

（2）熔体材料的种类和特性。

熔体材料包括纯金属材料和合金材料，按其熔点的高低，分为两类：一类是低熔点材料，如铅、锡、锌及其合金（有铅锡合金、铅锑合金等），一般在小电流情况下使用；另一类是高熔点材料，如铜、银等，一般在大电流情况下使用。

常用熔体材料的特性如下。

① 银。具有高导电性、高导热性、耐腐蚀、延展性好的特点，可以加工成各种尺寸精确和外形复杂的熔体。银用作高质量要求的电力及通信设备上熔断器的熔体。

② 锡和铅。熔断时间长，宜作小型电动机和普通照明电路保护用的慢速熔体。

③ 铜。熔断时间短，金属蒸气少，有利于灭弧，但熔断特性不稳定，只用作要求较低的熔体。

④ 钨。可作自复式熔断器的熔体。故障出现时切断电路起保护作用，故障消除后自动恢复接通，并可多次使用。

⑤ 铅合金熔体。铅合金熔体是最常见的熔体材料。如铅锑熔丝，含铅98%以上、锑0.3%~1.3%；铅锡熔丝，含铅95%、锡5%或含铅75%、锡25%。在照明电路及其他一般场合使用。

⑥ 铋、铅、锡、镉、汞合金熔体。由以上五种材料按不同比例组合，可以得到低熔点的熔体材料，熔点范围为20℃~200℃，对温度反应敏感，可用于保护电热设备。

铜熔丝的规格如表3-8所示。

表3-8 铜熔丝的规格

直径(mm)	标称截面(mm²)	额定电流(A)	熔断电流(A)	直径(mm)	标称截面(mm²)	额定电流(A)	熔断电流(A)
0.234	0.043	4.7	9.4	0.70	0.385	25	50
0.254	0.061	5	10	0.80	0.5	29	58
0.274	0.059	5.5	11	0.90	0.6	37	74

续表

直径(mm)	标称截面(mm^2)	额定电流(A)	熔断电流(A)	直径(mm)	标称截面(mm^2)	额定电流(A)	熔断电流(A)
0.295	0.068	6.1	12.2	1.00	0.8	44	88
0.315	0.078	6.9	13.8	1.13	1.0	52	104
0.345	0.093	8	16	1.37	1.5	63	125
0.376	0.111	9.2	18.4	1.60	2	80	160
0.417	0.137	11	22	1.76	2.5	95	190
0.457	0.164	12.5	25	2.00	3	120	240
0.508	0.203	15	29.5	2.24	4	140	280
0.559	0.245	17	34	2.50	5	170	340
0.60	0.283	20	39	2.73	6	200	400

铅熔丝的规格如表3-9和表3-10所示。

表3-9 铅熔丝的规格（铅≥98%、锑0.3%～1.5%）

直径(mm)	标称截面(mm^2)	额定电流(A)	熔断电流(A)	直径(mm)	标称截面(mm^2)	额定电流(A)	熔断电流(A)
0.08	0.005	0.25	0.5	0.98	0.75	5	10
0.15	0.018	0.5	1.0	1.02	0.82	6	12
0.20	0.031	0.75	1.5	1.25	1.23	7.5	15
0.22	0.038	0.8	1.6	1.51	1.79	10	20
0.25	0.049	0.9	1.8	1.67	2.19	11	22
0.28	0.062	1	2	1.75	2.41	12	24
0.29	0.066	1.05	2.1	1.98	3.08	15	30
0.32	0.080	1.1	2.2	2.40	4.52	20	40
0.35	0.096	1.25	2.5	2.78	6.07	25	50
0.36	0.102	1.35	2.7	2.95	6.84	27.5	55
0.40	0.126	1.5	3	3.14	7.74	30	60
0.46	0.166	1.85	3.7	3.81	11.40	40	80
0.52	0.212	2	4	4.12	13.33	45	90
0.54	0.229	2.25	4.5	4.44	15.48	50	100
0.60	0.283	2.5	5	4.91	18.93	60	120
0.71	0.40	3	6	5.24	21.57	70	140
0.81	0.52	3.75	7.5				

表3-10 铅熔丝的规格（铅75%、锡25%）

直径(mm)	近似类规线号	额定电流(A)	熔断电流(A)	直径(mm)	近似类规线号	额定电流(A)	熔断电流(A)
0.508	25	2	3.0	1.63	16	11	16.0
0.559	24	2.3	3.5	1.83	15	13	19.0
0.61	23	2.6	4.0	2.03	14	15	22.0
0.71	22	3.3	5.0	2.34	13	18	27.0

续表

直径（mm）	近似类规线号	额定电流（A）	熔断电流（A）	直径（mm）	近似类规线号	额定电流（A）	熔断电流（A）
0.813	21	4.1	6.0	2.65	12	22	32.0
0.915	20	4.8	7.0	2.95	11	26	37.0
1.22	18	7	10.0	3.26	10	30	44.0

（3）熔体的选用。

熔体材料的选用要根据电器特点、负载电流大小、熔断器类型等多种因素确定。选用熔体的主要参数是熔体的额定电流，其原则是当电流超过电气设备正常值一定时间后，熔体应熔断；在电气设备正常运行和正常短时间过电流时，熔体不应熔断。通常按下面三种情况分别确定熔体的额定电流。

① 对于输配电线路，熔体的额定电流应略小于或等于线路的计算电流值；

② 对于变压器、电炉、照明和其他电阻性负载，熔体的额定电流值应稍大于实际负载电流值；

③ 对于电动机，应考虑启动电流的因素，熔体的额定电流值为电动机额定电流的 1.5～2.5 倍。

任务 3

电工常用安装材料的选用

任务目标

1. 了解电工安装中常用的材料种类，掌握各种材料的基本特性。
2. 掌握材料选用的基本原则，包括性能匹配、成本效益、环保可持续等。
3. 了解如何选择适应不同环境条件的电工安装材料。
4. 关注电工安装材料领域的技术更新和发展趋势，提升学生在材料选用方面的专业素养。

任务实施

一、塑料安装材料的选用

塑料安装材料具有质量轻、强度高、阻燃性、耐酸碱、抗腐蚀能力强的优点，并具有优异的电气绝缘性能，尤为突出的是这类材料造型美观，色彩柔和，非常符合室内布线要求。

塑料安装材料除可作为普通室内安装布线器材，还适宜在潮湿或有酸、碱等物质的场合使用。

1. 塑料安装座

塑料安装座是用来代替木制的圆台或方木，作为安装灯座、插座、开关等电气装置的，呈圆形的称为塑料圆台，呈方形的称为塑料方木，其外形如图 3-7 所示。

塑料安装座采用新型钙塑材料塑制，与木制的圆台、方木一样可以在上面钉钉子，可以切削，可以拧木螺丝钉，其绝缘性能和防水性能都优于木制的圆台和方木。安装座表面上有穿线孔四个，中央有木螺钉安装孔一个，并标有安装就位线。底壁四周还各有一条薄壁结构，可根据安装的需要削成穿线孔或槽板孔。

塑料圆台有 70mm 和 95mm 两种规格，塑料方木的规格是 70mm。

需要说明的是，塑料安装座不适宜用在高温及受强烈阳光照射的场合，否则容易老化，降低使用寿命。

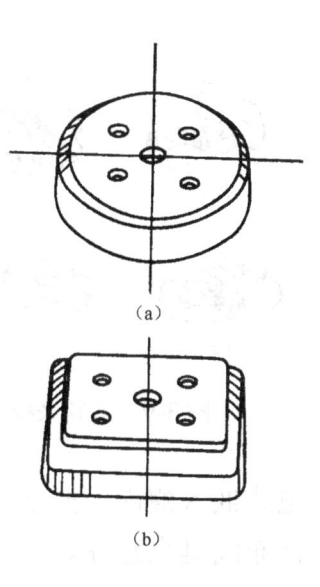

图 3-7　塑料安装座

2. 塑料槽板

塑料槽板用来代替木槽板，是用于室内明敷布线的安装器材。它以聚氯乙烯树脂粉为主，加入阻燃剂、增塑剂及其他助剂加工而成，又称阻燃 PVC 槽板或合成树脂槽板。塑料槽板具有良好的机械性能和电气性能，呈乳白色，光洁美观，规格齐全，应用广泛。

塑料槽板由槽盖板和槽底板两部分组成，新产品盖板与底板通过卡口直接配合，无须用胶黏合。槽底板内部有的设有隔板，盖板和底板的厚度为 1.2～2.5mm，宽和高有各种规格。如图 3-8 所示为塑料槽板外形和截面图。

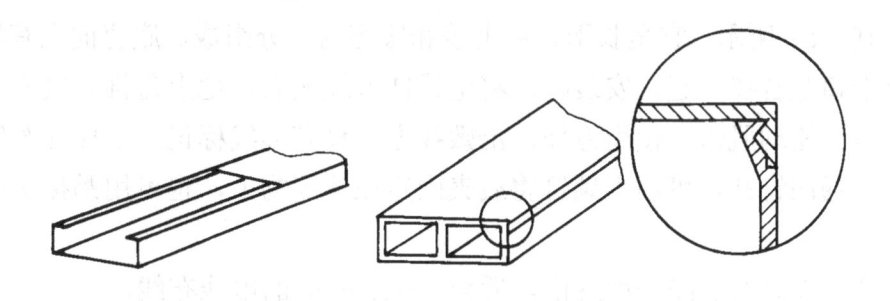

图 3-8　塑料槽板外形和截面图

使用塑料槽板，先将槽底板用圆钉、木螺钉或水泥钉固定，配线之后，将槽盖板嵌入盖板卡口即可。

为了使塑料槽板布线的转弯、分引、延长等驳接更为方便和美观，专门为塑料槽板设计了各种配件，主要有角弯、三通、槽线盒等。布线时根据所用塑料槽板的规格选择相应的配件。

需要注意的是，塑料槽板使用的环境温度不能低于 15℃。

3. 塑料线夹和线卡

塑料线夹和线卡的品种很多，通常宜在室内一般场合使用，多用于小截面的电线布线。

（1）塑料夹板：外形与瓷夹板相同，用来固定 BV、BLV、BX、BLX 型塑料绝缘和橡皮绝缘电线，常用作室内明敷布线。

塑料夹板用塑料制成，分上下两片，呈长形，中间有穿木螺钉的钉孔，下片有线槽，槽内有一条 0.5mm 高的筋，电线嵌入后不易滑动。如图 3-9 所示为单线、双线、三线塑料夹板的外形。塑料夹板适合 1～2.5mm² 的电线布线，用 4mm×25mm 的螺钉固定。

(2）圆形单芯线夹：这种线夹用改性聚苯乙烯塑料制作，用来固定 BV、BLV、BX、BLX 型塑料绝缘电线和橡皮绝缘电线，适于在潮湿及有酸碱腐蚀的场合使用。

圆形单芯线夹由上盖和底座两部分用螺纹组合而成，呈圆形，像一个瓶盖。底座面上有线槽，有一个线槽的称单线线夹；有两个线槽的称双线线夹；有三个线槽的称三线线夹。图 3-10（a）所示为圆形单芯单线线夹外形图。底座中心有一个未穿通的钉孔，除了可用环氧树脂胶黏接外，也可用木螺钉将线夹底座固定在建筑物上。安装底座后，将电线嵌入槽内，把上盖旋入底座，电线就被压紧。底座两边沿敷线方向有准线标记，以保证布线挺直整齐。

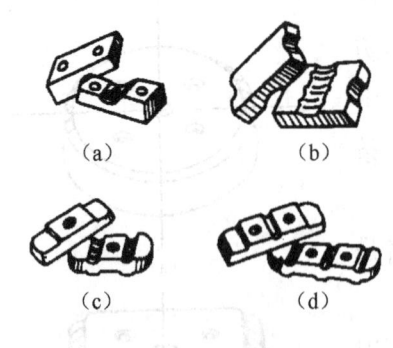

图 3-9　塑料夹板

（3）长形单芯线夹：这种线夹也是用改性聚苯乙烯塑料制成的，其适合布线的种类和使用场合与圆形单芯线夹相同。长形单芯线夹由底座，盖子和尼龙螺钉组成，呈长形，中间凸出，外形如图 3-10（b）所示。底座面上有线槽，安装时将电线嵌入槽内，盖上盖子，旋紧尼龙螺钉。底座两边沿敷线方向有准线标记，以保证布线挺直整齐。底座中心有未穿通的钉孔，可以用木螺钉将其固定在建筑物上，也可用环氧树脂胶黏接在建筑物上。

长形单芯线夹有双线和三线两种规格，适用于 1~2.5mm² 的电线布线。

（4）推入式单芯线夹：这种线夹的用途和使用场合与圆形单芯线夹、长形单芯线夹相同，其外形如图 3-10（c）所示。它呈长形，由上盖和底座两部分组成。底座面上有线槽，座与上盖的两边通过卡口组合在一起。安装时，将电线嵌入线槽后，把上盖推入底座卡口，电线就被压紧，不会自行松动脱落，使用方便。沿敷线方向设有准线标记，以保证布线挺直整齐。底座中心有未穿通的钉孔，可用木螺钉将线夹固定在建筑物上，也可用黏接法固定线夹于建筑物上。

推入式单芯线夹只有三线一种规格，适合 1~2.5mm² 的电线布线。

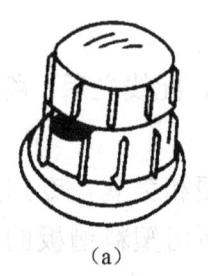

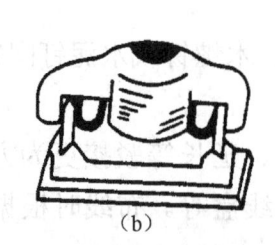

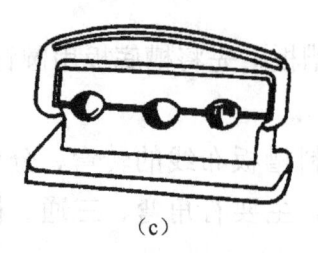

图 3-10　塑料单芯线夹

（5）塑料护套线夹：这种线夹是用改性聚苯乙烯塑料制成的，主要用来固定 BLVV、BVV 型护套线，适用于潮湿或有酸碱物质的场合。

塑料护套线夹有圆形和推入式两种，如图 3-11 所示。圆形护套线夹由上盖和底座两部分组成，通过螺纹组合在一起。使用时护套线嵌入底座后，将上盖旋上，就能将护套线牢固地固定在底座内。推入式护套线夹上下两部分通过两端卡口组合在一起，使用时将护套线嵌入底座后，只需将上部卡子推入，电线就

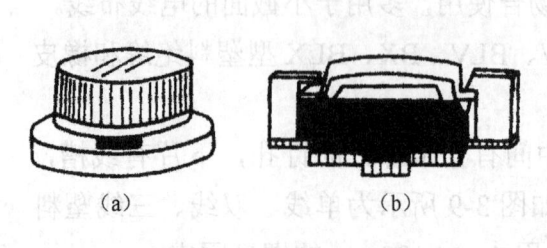

图 3-11　塑料护套线夹

会被压紧，不会自行松脱。线夹底座可用黏接法固定在建筑物上，固定间距小于或等于200mm。线夹两边敷线方向有准线标记，以保证布线挺直整齐。

这两种线夹均有双线和三线两种规格，可分别固定 1~2.5mm² 的双线和三线护套线。

（6）塑料钢钉电线卡：这种线卡由塑料卡和水泥钉组成，用于一般电线、电子通信用导线作室内外明敷布线。其外形有两种，如图 3-12 所示。

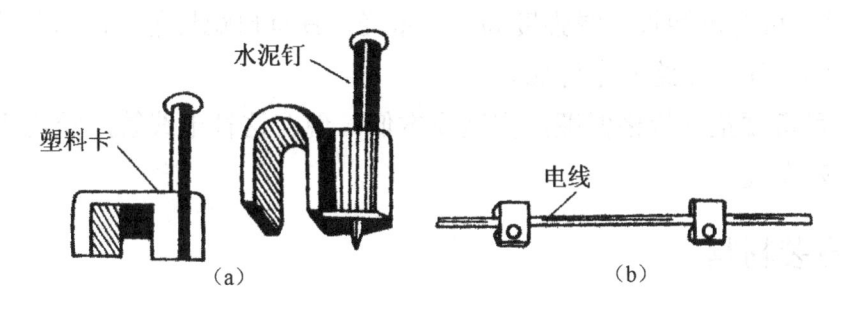

图 3-12　塑料钢钉电线卡

布线时，用塑料卡卡住电线，用锤子将水泥钉钉入建筑物。用塑料钢钉电线卡布线，所用电线的外径要与塑料卡线槽相适应，电线嵌入槽内不能太松也不能太紧。

4．塑料电线管

塑料电线管有多种材质，应用较多的有聚氯乙烯管、聚乙烯管、聚丙烯管等，其中聚氯乙烯管应用最为广泛。电线管配线是电气线路的敷设方式之一，具有安全可靠、保护性能好、检修换线方便等优点。早期的电线管采用金属材料，随着电工材料的发展，工艺不断改进，管材也在变化和更新，出现以塑代钢的电线管。最早使用的是硬塑料电线管，之后又有半硬塑料电线管、波纹塑料电线管推出，性能有所改善，目前普遍采用的是无增塑刚性阻燃PVC塑料电线管，性能更加优良，应用越来越广。

（1）硬型聚氯乙烯管：这种电线管是以聚氯乙烯树脂为主，加入各种添加剂制成的。其特点是在常温下抗冲击性能好，耐酸、耐碱、耐油性能好，但易变形老化，机械强度不如钢管。硬型聚氯乙烯管适合在有酸碱物质的场所作明线敷设和暗线敷设，作明线敷设时管壁的厚度不能小于2mm，暗线敷设不能小于3mm。

（2）聚氯乙烯塑料波纹管：又称 PVC 波纹管，简称塑料波纹管，是一次成型的柔性管材。具有质轻、价廉、韧性好、绝缘性能好、难燃、耐腐蚀、抗老化等优点，其外形如图 3-13 所示。

PVC 波纹管可以用于照明电路、动力线路等明敷或暗敷布线。其规格按公称直径分为以下 8 种：10mm、12mm、15mm、20mm、25mm、32mm、40mm、50mm。

图 3-13　塑料波纹管

（3）半硬型聚氯乙烯管：又称塑料半硬管或半硬管。半硬管比硬型塑料管便于弯制，适宜于暗敷布线。其价格比金属电线管低，目前民用建筑应用较多。

（4）可弯硬塑管：又称可挠硬塑管，它采用增强型无增塑阻燃PVC材料制成，性能优良，是一种新型电工安装材料。

可弯硬塑管的主要特点如下。

① 防腐蚀，防虫害。金属电线管的弱点是易腐蚀，尤其是在有腐蚀性气体和液体的场合，可弯硬塑管有耐一般酸碱的性能，并不含增塑剂，因此无虫害。可见可弯硬塑管在这方面性能优于金属电线管。

② 强度高，可弯性好。可弯硬塑管强度高、韧性好、老化慢，即使外力压扁到它的直径的一半，也不碎不裂。所以可直接用于现浇混凝土工程中，用手工弯曲，工作效率高。

③ 安全可靠。可弯硬塑管绝缘强度高，重量轻，具有自熄性能，同时传热性较差，可避免线路受高热影响，保护线路安全可靠。

除此之外，可弯硬塑管价格低廉，安装成本低。现在这种电线管广泛用于工业、民用建筑中作明敷或暗敷布线。

二、金属安装材料

金属安装材料是电工安装材料的重要部分，包括金属线卡、电线管、安装螺栓、金属型材和各种专用电力金具等。这里介绍照明电路、动力线路常用的金属安装材料。

1. 铝片线卡

铝片线卡又称钢精轧头或铝轧头，用来固定 BVV、BLVV 型护套线。它是用 0.35mm 厚的铝片制成的，中间开有 1～3 个安装孔，其外形如图 3-14（a）所示。

铝片线卡主要用于敷设塑料护套线，作为护套线的支持物，可以直接将塑料护套线敷设在建筑物表面。布线方法简便，在照明电路中应用很广。

铝片线卡可以有两种方法固定：一种是用小钉，通过安装孔将铝片线卡直接钉在木结构的建筑物上；另一种用黏合剂将铝片线卡底座黏接在建筑物表面上，铝片线卡固定在底座上。

线卡的规格有 0 号、1 号、2 号、3 号、4 号、5 号，其长度分别为 28mm、40mm、48mm、59mm、66mm、73mm。

铝片线卡的固定底座有两种。

（1）金属线卡底座：又称钢精轧头底板，专用来穿装铝片线卡，使线卡固定在建筑物上。它是用 0.5mm 厚的镀锌钢板冲制而成的，使用时用黏合剂将其黏接在建筑物表面上，其外形如图 3-14（b）所示。尺寸为长 20mm，宽 7.5mm，高 2.1mm。

（2）塑料线卡底座：又称钢精轧头塑料底座，专供穿装铝片线卡。它是用改性聚苯乙烯塑料制成的，方形座子中间有穿铝片线卡的长方形孔，座面有供嵌入护套线的凹槽，结构简单，使用时可用黏合剂固定在建筑物上。其外形如图 3-14（c）所示。塑料线卡底座适合安装 BVV、BLVV 型 1.0～2.5mm² 的塑料护套线，支距小于或等于 200mm，可使用在潮湿场合。规格有双线和三线两种，双线适用于 1 号铝片线卡，三线适用于 2 号铝片线卡。

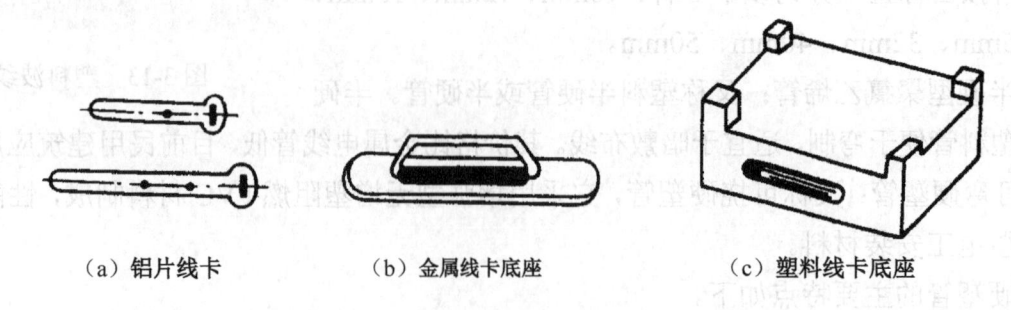

（a）铝片线卡　　（b）金属线卡底座　　（c）塑料线卡底座

图 3-14　铝片线卡

2. 金属软管

金属软管是金属电线管的一种,常用的有镀锌金属软管和防湿金属软管。

(1)镀锌金属软管:就是通常所说的蛇皮管,它为方形互扣无垫料结构,用镀锌低碳钢带卷绕而成。蛇皮管能自由地弯曲成各种角度,在各个方向上均有同样的柔软性,并有较好的伸缩性,其外形如图3-15所示。它主要用于路径比较曲折的电气线路作安全防护用,如大型机电设备电源引线的电线管。

镀锌金属软管以公称内径区分规格,6~100mm共计有17种规格。

(2)防湿金属软管:这种金属软管外观上与镀锌金属软管相同,也为方形互扣结构。区别在于中间衬以经过处理的较细的棉绳或棉线作封闭填料,用镀锌低碳钢带卷绕而成。棉绳应紧密嵌入管槽,在自然平直状态下不应露线。在整根软管中,棉绳不应断线。

防湿金属软管按公称内径有13mm、15mm、16mm、18mm、19mm、20mm、25mm 7种规格。

(3)软管接头:又称蛇皮管接头,专供金属软管与电气设备的连接之用。接头用工程塑料聚酰胺(尼龙)塑制而成,其一端与同规格的金属软管相配合,另一端为外螺纹,可与螺纹规格相同的电气设备、管路接头箱等连接,外形如图3-16所示。

图3-15 镀锌金属软管　　　　　图3-16 软管接头

软管接头有封闭式TJ-38和简易式TJ-350两种型号。TJ-38封闭式软管接头规格10~20mm;TJ-350简易式软管接头规格6~51mm。软管接头的规格是以配用金属软管的公称内径来区分的。

3. 金属电线管

金属电线管按其壁厚分为厚壁钢管和薄壁钢管,简称厚管和薄管,是管道配线重要的安装材料。尽管塑料电线管具有许多优点,但仍有许多场合必须选用金属电线管,以保证电气线路的防护安全。

(1)厚壁钢管:又称水煤气管、白铁管。潮湿、易燃、易爆场所和直埋于地下的电线保护管必须选用厚壁钢管。厚壁钢管有镀锌和黑色管之别,黑色管是没经过镀锌处理的钢管。

(2)薄壁钢管:又称电线管,适合一般场合进行管道配线,也有镀锌管和黑色管之分。

(3)电线管配件:是指管道配线所用的配件。

① 鞍形管卡:用1.25mm厚的带钢冲制而成,表面防锈层有镀锌和烤黑两种,外形如图3-17(a)所示,用来固定金属电线管。鞍形管卡有不同规格,以适应各种电线管的安装固定。

② 管箍：又称管接头，用带钢焊接而成，表面平整，防锈层有镀锌和涂黑漆两种，作连接两根公称口径相同的电线管用。管箍分薄管和厚管管箍两种。外形如图3-17（b）所示。

③ 月弯管接头：又称弯头，用带钢焊接而成，防锈层有镀锌和涂黑漆两种，用来连接两根公称口径相同的管，使管路作90°转弯。外形如图3-17（c）所示。

④ 电线管护圈：又称尼龙护圈，用聚酰胺（尼龙）或其他塑料塑制而成，将它装于电线管管口，使电线电缆不致被管口棱角割破绝缘层。

电线管护圈下端呈管状，外径与电线管管口紧密配合，上端呈圆锥形，且大于管口，不致掉落于电线管内。外形如图3-17（d）所示。护圈分薄管用护圈和厚管用护圈，有各种不同规格，以适合不同规格的电线管。

⑤ 地气接头：又称地线接头、保护接地圈等。将它装在金属电线管上，作为电线管保护接地的接线端子，供连接地线，使整条管路的管壁与地妥善连接，以保证用电安全。它用钢板冲制而成，表面镀锌铜合金防锈。其内径比同规格电线管外径略小，安装在电线管上紧密不松动，保证接触良好。外形如图3-17（e）所示。

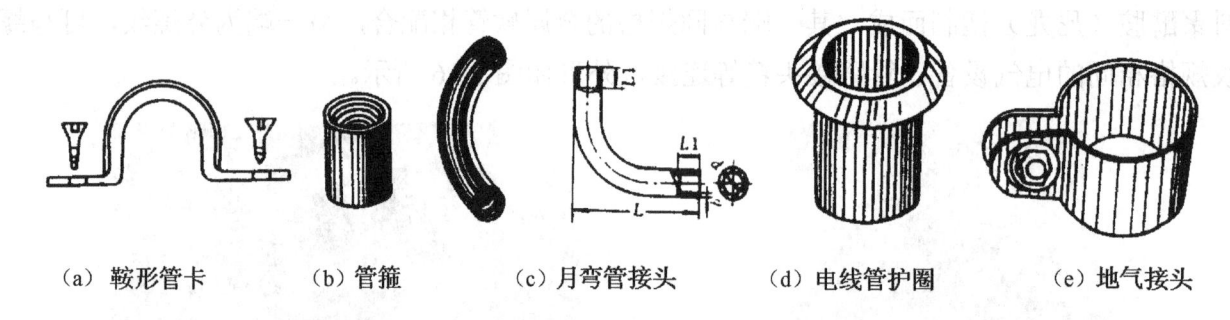

（a）鞍形管卡　（b）管箍　（c）月弯管接头　（d）电线管护圈　（e）地气接头

图3-17　电线管配件

4．膨胀螺栓

在砖或混凝土结构上安装线路和电气装置，常用膨胀螺栓来固定。与预埋铁件施工方法相比，其优点是简单方便，省去了预埋件的工序。按膨胀螺栓所用胀管的材料不同，常用的有钢制膨胀螺栓和塑料膨胀螺栓两种。

（1）钢制膨胀螺栓：简称膨胀螺栓，它由金属胀管、锥形螺栓、垫圈、弹簧垫、螺母五部分组成，如图3-18所示。

图3-18　膨胀螺栓

首先将膨胀螺栓的锥形螺栓套入金属胀管、垫片、弹簧垫，拧上螺母；然后将它插入建筑物的安装孔内，旋紧螺母，螺栓将金属胀管撑开，对安装孔壁产生压力，螺母越旋越紧最后将整个膨胀螺栓紧固在安装孔内。

常用的膨胀螺栓有M6、M8、M10、M12、M16等规格。安装前，用冲击钻打螺栓安装孔，其孔深和直径应与膨胀螺栓的规格相配合。膨胀螺栓钻孔规格如表3-11所示。

表3-11　膨胀螺栓钻孔规格

螺栓规格	M6	M8	M10	M12	M16
钻孔直径（mm）	10.5	12.5	14.5	19	23
钻孔深度（mm）	40	50	60	70	100

(2) 塑料膨胀螺栓：又称塑料胀管、塑料塞、塑料榫，由胀管和木螺钉组成。胀管通常用聚乙烯、聚丙烯等材料制成。塑料膨胀螺栓的外形有多种，常见的有两种，如图 3-19 所示，其中甲型应用较多。

使用时应根据线路或电气装置的负荷，来选择膨胀螺栓的种类和规格。通常，钢制膨胀螺栓承受负荷能力强，用来安装固定受力大的电气线路和电气设备。塑料膨胀螺栓在照明电路中应用广泛，如插座、开关、灯具、布线的支持点都采用塑料膨胀螺栓来固定。

5. 金属型材

电工常用的金属型材主要有成型钢材和铝板。

（1）成型钢材：钢材具有品质均匀、抗拉、抗压、抗冲击等特点，而且具有可焊、可铆、可切割等可加工性，因此在电气工程中作为安装材料得到广泛应用。

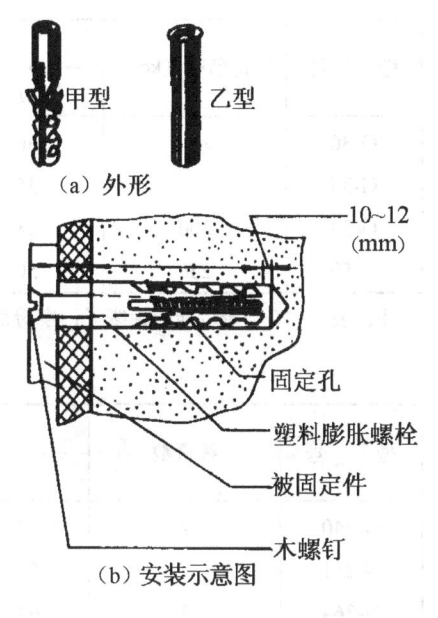

图 3-19　塑料膨胀螺栓

常用的成型钢材有扁钢、角钢、工字钢、圆钢、槽钢、钢板等。

（2）铝板：这也是电气工程中的常用材料，用来制作设备零部件、防护板、垫板等。

三、电瓷安装材料

电瓷是用各种硅酸盐或氧化物的混合物制成的，具有绝缘性能好、机械强度高、耐热性能好，以及抗酸碱腐蚀的优良性能，其安装材料在高低压电气设备、电气线路中被广泛采用。

1. 低压绝缘子

低压绝缘子又称低压瓷瓶，用于绝缘和固定 1kV 及 1kV 以下的电气线路。常用的低压绝缘子有以下三种。

（1）低压针式绝缘子：是低压架空线路常用的绝缘子，适合用电量较大、环境比较潮湿、电压在 500V 以下的交直流架空线路中作导线固定用。

（2）低压蝶式绝缘子：一般用于绝缘和固定 1kV 及 1kV 以下线路的终端、转角等，适用场合与针式绝缘子相同。

（3）低压布线绝缘子：主要有鼓形绝缘子和瓷夹板，多用于绝缘和固定室内低压配电和照明电路，其外形如图 3-20 所示，技术规格如表 3-12 和表 3-13 所示。

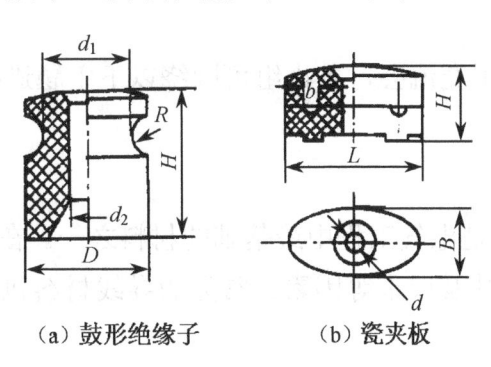

图 3-20　低压布线绝缘子

表 3-12　鼓形绝缘子技术规格

型　号	抗弯负荷（kg）	主要尺寸（mm）					质量（kg）
		H	D	d_1	d_2	R	
G-30		30	30	20	7	5	0.03
G-35		35	35	22	7	7	0.05
G-38	100	38	38	24	8	7	0.06
G-50	250	50	50	34	9	12	0.14

注：表中"G"表示鼓形绝缘子；字母后面的数字表示绝缘子高度。

表 3-13　瓷夹板技术规格

型　号	线槽数	主要尺寸（mm）					每百只质量（kg）
		L	B	b	H	d	
N-240	2	40	20	6	20	6	3.4
N-251	2	51	22	6	24	7	4.4
N-364	3	64	27	8	29	7	9.5
N-376	3	76	30	8	29	7	12.5

注：表中"N"表示瓷夹板；字母后第一位数字表示槽数；后两位数字为产品长度。

（4）瓷管：在导线穿过墙壁、楼板及导线交叉敷设时，用瓷管作保护管。瓷管分直瓷管、弯头瓷管和包头瓷管三种，常用的长度有 152mm、305mm 等，内径有 9mm、15mm、19mm、25mm、38mm 等，其外形如图 3-21 所示。

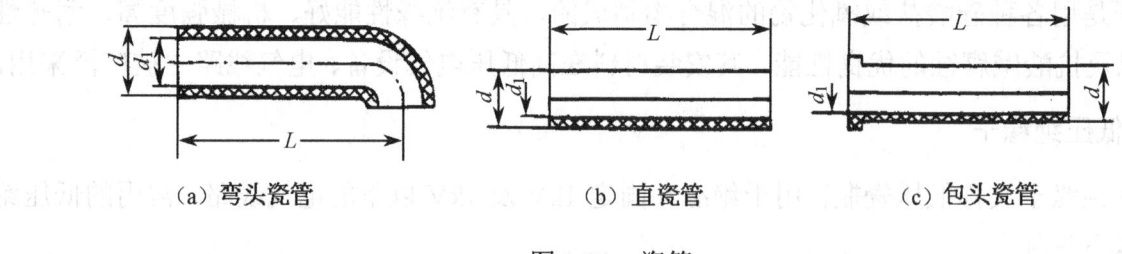

（a）弯头瓷管　　　（b）直瓷管　　　（c）包头瓷管

图 3-21　瓷管

2．高压绝缘子

高压绝缘子用于绝缘和支持高压架空电气线路。常用的有高压针式绝缘子、高压蝶式绝缘子和高压悬式绝缘子。

项目总结

班级召开电工材料的选用交流会，各小组可围绕以下主题进行发言。

一、主题讨论

1．导线材料选择：导线是电气工程中最基础的材料之一。在选择导线时，需要考虑其导电性能、机械强度、耐腐蚀性及成本等因素。常见的导线材料包括铜、铝等，其中铜因其优良的导电性能而被广泛应用。

2．绝缘材料选用：绝缘材料用于隔离带电部分，保证电气系统的安全运行。在选择绝缘材料时，应注重其绝缘强度、耐温性能、机械性能及化学稳定性等。常见的绝缘材料有橡胶、塑料、陶瓷等。

3．电缆及套管挑选：电缆和套管用于传输电能和信号，其选择需要考虑工作电压、电流、环境条件及使用寿命等因素。不同类型的电缆和套管材料，如 PVC、XLPE 等，各有其特点和适用场景。

4．电气连接器件：电气连接器件如端子、接插件等，需要选择具有良好导电性能、机械强度和耐腐蚀性的材料。同时，还需考虑其操作便利性、安全性以及成本等因素。

5．磁性材料应用：磁性材料在电工领域有着广泛的应用，如电机、传感器等。在选择磁性材料时，应注重其磁性能、机械性能及稳定性等。

6．热电材料选取：热电材料用于实现热能和电能之间的转换，如热电偶、热电阻等。在选择热电材料时，需要考虑其热电性能、稳定性以及成本等因素。

7．安全防护材料：安全防护材料用于保护电气设备和人员安全，如防火材料、接地材料等。在选择这些材料时，应特别关注其安全防护性能、耐久性及合规性。

8．材料环保性评估：随着环保意识的日益增强，电工材料的环保性也成了一个重要的考虑因素。在选择电工材料时，应对其环保性进行评估，优先选择符合环保标准、低污染的材料。

二、抢答赛

1．在选择导线材料时，下列因素中不是考虑重点的是（　　）。
　A．导电性能　　　B．机械强度　　　C．耐腐蚀性　　　D．价格
2．下列材料中常用于制作电缆的绝缘层的是（　　）。
　A．铜　　　　　　B．铝　　　　　　C．橡胶　　　　　D．钢铁
3．电气连接器件应具备良好的（　　）性能。
　A．导热性　　　　B．导电性　　　　C．绝缘性　　　　D．弹性
4．在选择开关和插座的材料时，下列因素中最重要的是（　　）。
　A．美观程度　　　B．耐用性　　　　C．颜色　　　　　D．价格
5．磁性材料在电工领域主要用于什么（　　）。
　A．装饰　　　　　B．导热　　　　　C．产生磁场　　　D．绝缘
6．热电偶的主要功能是（　　）。
　A．转换电能和热能　　　　　　　　B．放大电信号
　C．测量温度　　　　　　　　　　　D．控制电流
7．安全防护材料在电气系统中的作用是（　　）。
　A．提高系统效率　　　　　　　　　B．降低能耗
　C．保护设备和人员安全　　　　　　D．增强电磁兼容性
8．下列因素中不是评估电工材料环保性标准的是（　　）。
　A．是否可回收　　　　　　　　　　B．生产过程中的污染
　C．使用过程中的能耗　　　　　　　D．材料的颜色
9．移动式电动工具用的电源线，应选用的导线类型是（　　）。
　A．绝缘软线　　　B．裸铜软编织线　C．绝缘电线　　　D．地埋线
10．工频交流强磁场下应选用（　　）作电磁器件的铁芯。

A．铁镍合金　　　B．铁铝合金　　　C．硅钢片　　　D．铁氧体磁性材料

三、你问我答

1．室内装修时，选择导线截面积大小的依据有哪些？
2．电工设备的绝缘材料有什么作用？
3．说出以下电线电缆的名称：BX、BLX、BXR、BV、BVV、AV、AVVR。
4．观察校园的电力线路布线，看看都采用了哪些安装材料。

四、成果汇报

各小组展示实训成果，并进行交流汇报（用 PPT 或文字描述均可），回答师生现场提问。

项目评价

由小组内部、教师对小组成员任务完成情况进行评价，评价结果填入任务完成评价表。

电工材料的选用项目完成情况评价表

任务评价指标		自评	小组评价	教师评价
		优☆　良△　中✓　差×		
职业素养 （15分）	团队协作沟通与表达能力			
	工作态度与责任感			
	时间管理与效率			
	职业道德与操守			
知识与技能 （65分）	基础知识掌握			
	技能操作能力			
	问题解决能力			
	创新思维与表现			
	安全与规范意识			
成果汇报 （20分）	作品展示（成品展示、PPT 汇报、简报、作业等形式）			
	汇报语言流畅，思路清晰			
评价等级（自评20%、组评30%、师评50%）				

拓展阅读

电工职业道德规范的主要内容

扫码阅读

项目 4

常用低压电器的选用

项目目标

1. 掌握低压电器定义、分类及应用，理解其基本结构与工作原理，熟知其主要参数与性能指标。
2. 掌握低压电器说明书中的性能参数解读技巧，能依据实际需求选择合适的低压电器。熟悉常用低压电器选型的过程和方法。
3. 掌握常用低压电器的日常维护方法和保养技巧。
4. 掌握常用低压电器常见故障的诊断与排除技巧，提升学生的实操与故障解决能力。
5. 培养学生的职业素养，强化安全意识，重视安全生产，预防电气事故。

任务 1 低压刀开关

辅助教学微视频

任务目标

1. 了解低压刀开关的基本概念、分类及应用，理解其在电气系统中的关键作用。
2. 掌握低压刀开关的基本结构及工作原理，理解其额定参数与电气性能之间的关系。
3. 掌握低压刀开关的正确操作方法，以及使用过程中的注意事项，熟悉低压刀开关与其他电气设备配合使用方法。

任务实施

低压刀开关属于手动电器，主要用作不频繁地接通和分断容量不大的低压供电线路，以及作为电源隔离开关，也可以用来直接启动小容量的三相异步电动机。

低压刀开关的种类很多，常用的有开启式负荷开关、铁壳开关、板形刀开关和转换开关。在实际应用中，开启式负荷开关、铁壳开关和板形刀开关逐渐被低压断路器所替代。

一、开启式负荷开关的选用

开启式负荷开关就是通常所说的闸刀开关，其结构和图形符号如图 4-1 所示。闸刀开关的底座为瓷板或绝缘底板，盒盖为绝缘胶木，它主要由闸刀开关和熔丝组成。这种闸刀开关的特点是结构简单，操作方便，因而在低压电路中应用广泛。

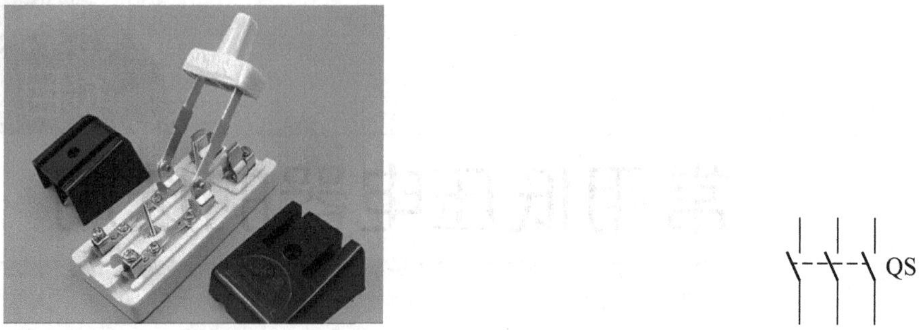

（a）结构图　　　　　　　　　　（b）图形符号

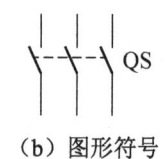

图 4-1　HK 系列闸刀开关和图形符号

常用闸刀开关有 HK 系列，其型号含义如下。

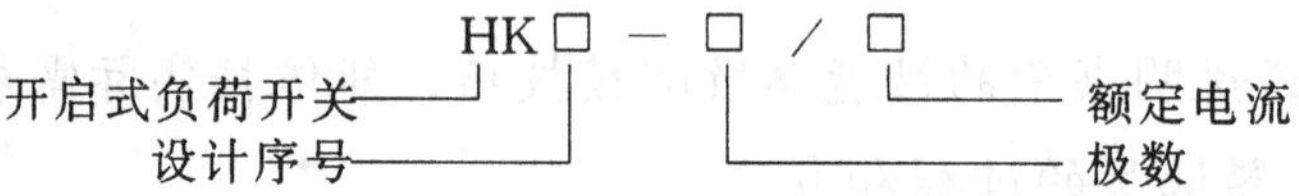

$$\text{HK}\square-\square/\square$$

开启式负荷开关——设计序号——额定电流——极数

开启式负荷开关主要作为照明电路和小容量 5.5kW 及 5.5kW 以下动力电路不频繁启动的控制开关。具体选用方法如下。

（1）用于照明和电热负载时，选用额定电压 220V，额定电流不小于电路所有负载额定电流之和的两极开关。

（2）用于控制电动机的直接启动和停止时，选用额定电压 380V，额定电流不小于电动机额定电流 3 倍的三极开关。

安装闸刀开关时注意电源线应该接在开关夹座，即静触点的一侧，负载线经过熔丝接在闸刀的另一侧；另外，闸刀开关应垂直安装，并且合闸时向上推闸刀。如果反装，闸刀开关容易因振动而误合闸。

二、转换开关的选用

转换开关又称组合开关，它的结构与开启式负荷开关不同，它是通过驱动转轴实现触点的闭合与分断的，也是一种手动控制开关。

如图 4-2 所示为 HZ10-10/3 型转换开关的外形及图形符号。它有三对静触片，分别装在三层绝缘垫板上，并分别与接线柱相连，以便和电源、用电设备相接。三对动触片和绝缘垫板一起套在附有手柄的绝缘杆上，手柄每次转动 90°，使三对动触片同时与三对静触片接通和断开。顶盖部分由凸轮、弹簧及手柄等零件构成操作机构，这个机构由于采用了弹簧储能，可使开关迅速闭合及切断。

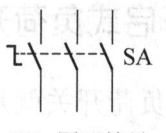

（a）外形　　　　　　　　　　（b）图形符号

图 4-2　HZ10-10/3 型转换开关的外形及图形符号

HZ 系列转换开关型号的含义如下。

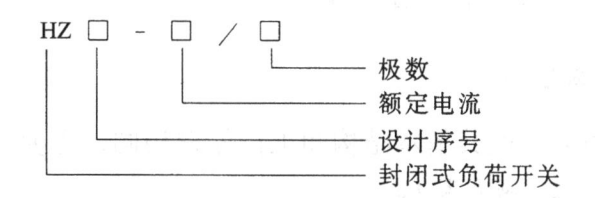

```
HZ □ - □ / □
       │   │   └── 极数
       │   └────── 额定电流
       └────────── 设计序号
└──────────────── 封闭式负荷开关
```

常用的转换开关有 HZ1、HZ2、HZ3、HZ4、HZ10 等系列产品。其中 HZ10 系列转换开关具有寿命长、使用可靠、结构简单等优点。

转换开关多用作机床电气控制线路中的电源引入开关，也可以用于 5kW 以下小容量电动机不经常启、停和正反转的控制。转换开关应根据电源种类、电压等级、所需触点数、接线方式和负载容量进行选用。

任务 2
低压断路器的选用

任务目标

1. 了解低压断路器的基本结构、工作原理及其在电力系统中的作用，熟悉低压断路器的主要类型和特点。
2. 能根据电路参数选择适合的低压断路器。
3. 掌握低压断路器的正确安装方法和步骤。
4. 掌握低压断路器常见故障类型和诊断方法。

任务实施

断路器又称自动空气断路器、自动空气开关或自动开关，俗称自动跳闸，是一种可以自动切断故障线路的保护电器，即当线路发生短路、过载、失压等不正常现象时，能自动切断电路，保护电路和用电设备的安全。

低压断路器的作用是在低压电路中分断和接通负荷电路，常用作供电线路的保护开关、电动机及照明系统的控制开关。

常用低压断路器根据其结构和功能不同分为小型及家用断路器、塑壳式断路器、万能式断路器和漏电保护断路器四类。

低压断路器型号的含义如下。

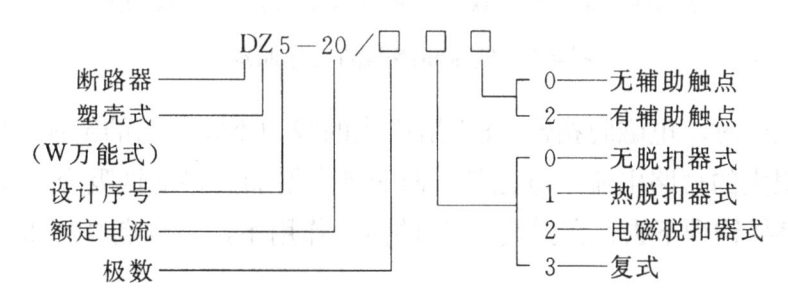

```
DZ 5 - 20 / □ □ □
                │ │ └── 0——无辅助触点
                │ │     2——有辅助触点
                │ └──── 0——无脱扣器式
                │       1——热脱扣器式
                │       2——电磁脱扣器式
                │       3——复式
                └────── 极数
断路器 ──────── DZ
塑壳式 ────────
（W万能式）
设计序号 ──────
额定电流 ──────
```

一、了解低压断路器的结构和工作原理

1. 低压断路器的基本结构

低压断路器的类型很多，但其基本结构和工作原理相同，主要由三个基本部分组成：触点和灭弧系统、各种脱扣器、操作机构。

触点系统是低压断路器的执行元件，用以接通或分断电路。由于分断大的电流，切断时将产生电弧，所以断路器必须设置灭弧装置。

低压断路器设有多种脱扣器，常见的有过载脱扣器、短路脱扣器、欠压脱扣器等。按脱扣动作原理可分为电磁脱扣器和热脱扣器两种。电磁脱扣器可作为短路脱扣器，它的电磁铁线圈串联在主电路中，当电路出现短路时，就吸合衔铁，使操作机构动作，将主触点断开，执行短路保护。热脱扣器可作为过载脱扣器，由双金属片和发热元件组成。发热元件串联在主电路中，当电路过载时，过载电流流过发热元件，使双金属片受热弯曲，导致操作机构动作，将主触点断开，执行过载保护。欠电压脱扣器多为电磁脱扣器，其线圈两端的电压通常就是主电路电压，当电压消失或降低到一定数值以下时，电磁吸引力不足以继续吸合衔铁，在弹簧力的作用下使操作机构动作，执行欠电压保护。

操作机构是执行各个脱扣器动作指令、控制主电路触点接通与切断的装置，通常为四连杆式弹簧储能机构。它有两种操作方式：手动操作和电动操作。低压断路器设有手动脱扣按钮和合闸按钮或分闸与合闸手柄。例如，DZ5型断路器为按钮式断路器，手动脱扣按钮为红色按钮，按下此钮，操作机构动作，手动脱扣，完成分闸；合闸按钮为绿色，按下此钮，操作机构动作，完成合闸。

2. 低压断路器的工作原理

低压断路器的工作原理图如图4-3所示。当按下绿色按钮时，图中的锁扣"3"钩住搭钩"4"，使串联在主电路中的三对主触点闭合，主电路处于接通状态。

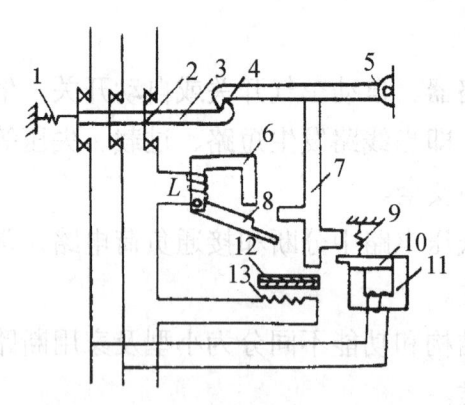

1、9—弹簧；2—主触点；3—锁扣；4—搭钩；5—转轴；6—电磁脱扣器；
7—杠杆；8，10—衔铁；11—欠电压脱扣器；12—双金属片

图4-3 低压断路器的工作原理图

当线路正常工作时，电磁脱扣器"6"所产生的吸力不能使它的衔铁"8"吸合。如果线路发生短路产生很大的短路电流，电磁脱扣器的吸力增加，将衔铁吸合。在衔铁吸合过程中撞击杠杆"7"，将搭钩顶下去，在弹簧"1"的拉力作用下，主触点"2"断开，切断主电源。

如果线路上电压下降或失去电压，欠电压脱扣器"11"的吸力减小或失去吸力，衔铁"10"被弹簧"9"拉开，撞击杠杆，将搭钩顶开，主触点"2"断开，切断主电路。当线路过载时，过载电流使发热元件温度升高，双金属片"12"受热弯曲，将杠杆顶开，主触点断开而切断主电路。

二、认识小型断路器

小型断路器通常指额定电压在500V以下、额定电流在100A以下的小型低压断路器。这一类型断路器的特点是体积小、安装方便、工作可靠，适用于照明电路、小容量的动力设备作过载与短路保护，广泛用于工业、商业、高层建筑和民用住宅等各种场合，逐渐取代开启式闸刀开关。

1. DZ47-60系列小型塑壳式断路器

DZ47-60系列小型塑壳式断路器是目前流行的一种断路器，具有过载与短路双重保护的高分断小型断路器。适用于交流50Hz，单极230V，二、三、四极400V，电流至60A的线路中作过载和短路保护，同时也可以在正常情况下不频繁地通断电气装置和照明电路，尤其适用于工作、商业和高层建筑的照明配电系统。如图4-4所示为DZ47-60系列小型塑壳式断路器外形。

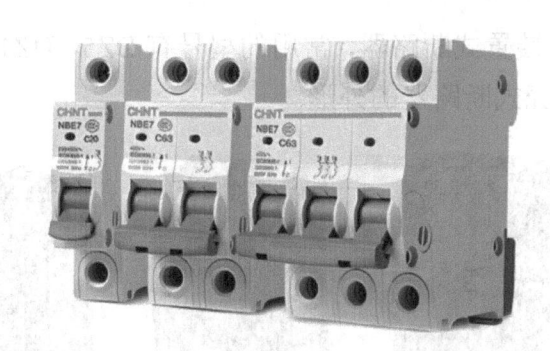

图4-4 DZ47-60系列小型塑壳式断路器外形

（1）DZ47-60系列小型塑壳式断路器的分类。

① 按用途分：DZ47-60C型，用于照明保护；DZ47-60D型，用于电动机保护。

② 按额定电流分：DZ47-60C型有1A，3A，5A，10A，15A，20A，25A，32A，40A，50A，60A；DZ47-60D型有1A，3A，5A，10A，15A，20A，25A，32A，40A。

③ 按极数分：有单极、二极、三极、四极四种。

（2）基本技术规格。DZ47-60系列小型塑壳式断路器的基本技术规格如表4-1所示。

表4-1 DZ47-60系列小型塑壳式断路器的基本技术规格

型号	额定电流（A）	极数	额定电压（V）	分断能力（A）
DZ47-60C型	1～40	1	230/400	6000
		2，3，4	400	
	50～60	1	230/400	4000
		2，3，4	400	
DZ47-60D型	1～40	1	230/400	4000
		2，3，4	400	

低压断路器的机械电气寿命大于4000次。

（3）外形及安装尺寸。DZ47-60系列小型塑壳式断路器为导轨安装，其外形尺寸和安装导轨尺寸如图4-5所示。

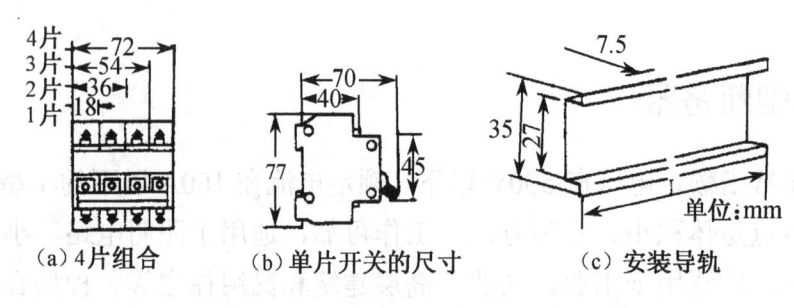

（a）4片组合　　（b）单片开关的尺寸　　（c）安装导轨

图4-5　DZ47-60系列小型塑壳式断路器外形及安装尺寸

小型断路器动触点只能停留在合闸（ON）位置或分闸（OFF）位置。多极断路器为单极断路器的组合，动触点应机械联动，各极同时闭合或断开。垂直安装，手柄向上运动时，触点向合闸（ON）位置方向运动。

常用的小型及家用断路器还有：DZ15系列是国产小型断路器，但体积比DZ47系列大；S060系列是引进德国ABB公司技术制造的小型断路器。

2. 普通塑壳式断路器

普通塑壳式断路器又称装置式断路器，常用的型号有DZ5、DZ10、DZ12、DZ20等系列。如图4-6所示为DZ系列塑壳式断路器的外形。

图4-6　DZ系列塑壳式断路器的外形

（1）DZ20系列塑壳式断路器。

DZ20系列塑壳式断路器额定电流1250A，额定工作电压交流380V、直流220V。在正常工作条件下可作为线路不频繁转换及电动机的不频繁启动之用，对电源、线路及用电设备的过载、短路和欠电压等故障进行保护。

DZ20系列塑壳式断路器包括100A、200A、400A、630A和1250A五个壳架等级的额定电流，按照通断能力分为一般型（T）、较高型（J）和高分断能力型（G）三个级别。它具有较高的分断能力，交流380V可达42kA。它除了有欠电压脱扣器和分励脱扣器外，还具有报警触点和两组辅助触点。

DZ20系列塑壳式断路器的封闭式塑料外壳采用玻璃纤维增强不饱和聚酯新材料，其机械强度、电气绝缘性能优良。

（2）其他普通塑壳式断路器。

TO、TG系列塑壳式断路器适用于交流50Hz或60Hz、额定工作电压660V、额定电流至

600A 的条件下做不频繁线路转换，在线路发生过载、短路及欠压时起跳闸保护作用。

H 系列塑壳式断路器适用于交流 50Hz 或 60Hz、额定工作电压至 380V、直流额定电压至 250V、额定电流至 3000A 的配电线路中，用作线路或电气设备的过载、短路和欠电压保护，以及在正常条件下作不频繁地分断和接通线路用。

M611 型电动机保护用断路器主要用于交流电压至 660V，直流电压至 440V，电流为 0.1～25A 的电路中，作为三相异步电动机的过载、短路保护以及不频繁启动控制用。

三、认识万能式断路器

万能式断路器又称框架式断路器，通常断路器所有部件，如触点系统、各种脱扣器均安装在一个钢制框架内。这种万能式断路器内设多种脱扣器，有较多的结构变化，较高的短路分断能力和较高的稳定性，适合在较大容量的线路中作控制和保护用。如图 4-7 所示为万能式断路器的外形。

图 4-7　万能式断路器的外形

万能式断路器的操作方式有多种，如手动、杠杆传动、电动机传动、电磁铁操作以及压缩空气操作等。内设数量较多的辅助触点，以满足低压断路器自身继电保护及信号指示的需要。它广泛地应用于工企变配电站，作为接通和断开正常工作电流，以及做不频繁的电路转换。

常用的万能式断路器如下。

DW10 系列万能式断路器的额定电压为交流工频 380V 和直流 440V，额定电流有 200A、400A、600A、1000A、1500A、2500A 及 4000A 七个等级，操作方式有直接手柄操作、杠杆操作、电磁铁操作和电动机操作四种，其中 2500A 及 4000A 两个等级的万能式断路器需要采用电动机操作。DW10 系列万能式断路器广泛使用在各种容量的电路中，作为控制和保护用。

DW16 系列万能式断路器适用于交流工频，额定工作电压至 660V，额定电流至 630A 的电路，是 DW10 系列的换代产品。

DW15 系列万能式断路器，适用于交流工频、额定工作电压至 1140V、额定电流至 400A 的陆上和煤矿井下配电线路中，用来分配电能、保护线路及电气设备的过载、短路和欠电压，也可在正常工作条件下作不频繁启动控制。

此外，还有 ME 系列空气断路器、AH 系列断路器、AE 系列断路器，这是引进外国技术生产的断路器。

四、认识漏电保护断路器

漏电保护断路器又称剩余电流保护断路器，是为了防止低压线路中发生人身触电和漏电火灾、爆炸等事故而研制的漏电保护装置。当人身触电或设备漏电时能够迅速切断电路，使人身或设备受到保护。这种断路器具有断路器和漏电保护的双重功能。

漏电保护断路器一般分为单相家用型和工业型两类，如图 4-8 所示。漏电保护有电磁式电流动作型、电压动作型和晶体管或集成电路电流动作型等。

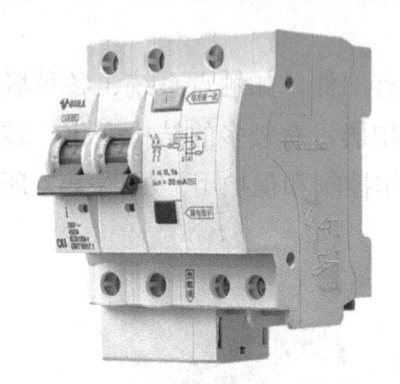

（a）单相家用型 　　　　　　　　　　（b）工业型

图 4-8　漏电保护断路器

1. 结构与工作原理

电磁式电流动作型漏电保护断路器是由断路器和漏电保护装置所组成的，漏电保护装置包括零序电流互感器和漏电脱扣器两部分。如图 4-9 所示为电磁式电流动作型漏电保护装置原理图。

零序电流互感器是用来检测漏电流的，其结构如图 4-10 所示。互感器采用高导磁率的坡莫合金制成环形铁芯。铁芯的原线圈即一次绕组，由两根或几根负载导线穿过铁芯或在铁芯上绕数圈。铁芯的副线圈即二次绕组缠绕一定的匝数。原线圈以单极二线为例，穿过铁芯的两根导线，一根接相线，另一根接地线。若负载线路上没有漏电流存在，那么零序电流互感器的原线圈两根导线上流过的电流大小相等，方向相反，在铁芯中的磁通相抵消，互感器的二次绕组中的感应电动势 E_2 也为零。当负载线路上发生漏电或触电事故时，相线经人体或电气设备与地构成回路，返至地线，这时原线圈两根导线上流过的电流大小不相等，在铁芯中产生的磁通也就不为零，互感器二次绕组中便产生感应电动势 E_2。漏电或触电电流越大，二次感应电动势 E_2 也越大。零序电流互感器作为检测元件，其作用就是把检测到的漏电触电信号变换成二次回路的工作电压 E_2，将 E_2 加在漏电脱扣器线圈上，产生二次回路的工作电流，从而推动脱扣器动作。

漏电脱扣器是漏电保护装置的执行部件，它根据零序电流互感器的输出信号即二次回路的工作电流，决定漏电脱扣器是否动作。

漏电脱扣器有几种不同的结构原理，拍合式漏电脱扣器在正常工作状态时，衔铁处于打开位置，当线圈中有零序电流互感器输出的信号通过并且达到规定的数值时，衔铁被迅速吸合，同时带动和衔铁相连的打击臂，打击臂的机械冲击力使主触点的锁扣脱扣跳闸，完成切断主电路电源的目的。

图 4-9　电磁式电流动作型漏电保护装置原理图　　　图 4-10　零序电流互感器

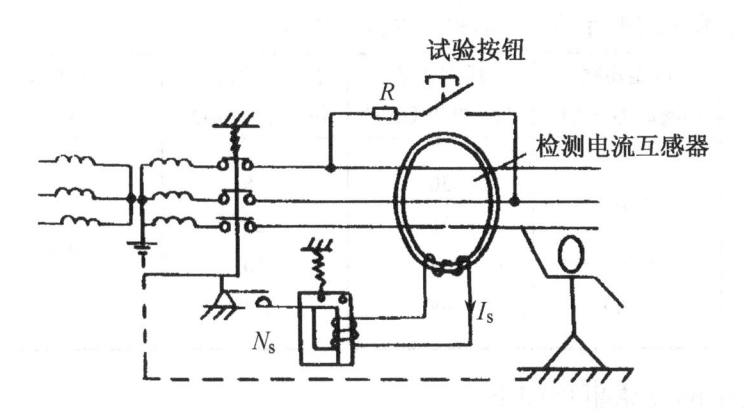

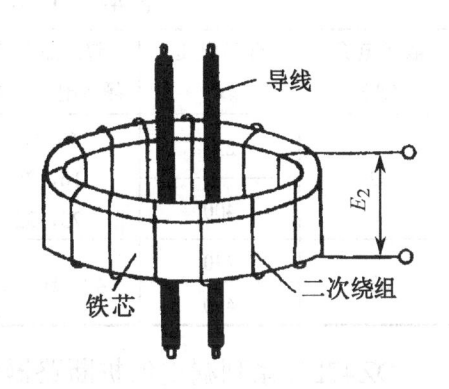

在图 4-9 所示的原理图中，主电路的三相导线一起穿过零序电流互感器铁芯、互感器的二次绕组和漏电脱扣器线圈相接。漏电脱扣器的衔铁借助永久磁铁的磁力被吸住，拉紧了释放弹簧。线路正常运行时，三相电流的矢量和为零，互感器的二次绕组无输出，衔铁保持被吸状态。当出现漏电或人身触电时，漏电或触电电流通过大地回到变压器的中性点，因而三相电流的矢量和不为零，互感器二次绕组产生感应电流，在漏电脱扣器铁芯中出现感应电流的交变磁通。这个交变磁通的正半波或负半波总要抵消永久磁铁对衔铁的吸力，当感应电流达到一定值时，漏电脱扣器释放弹簧的反力使衔铁释放，在释放过程中衔铁联动杠杆打击主触点的锁扣，使其脱扣跳闸，切断主电路。这种释放式电磁脱扣器灵敏度高、动作快，且体积小，能有效地起到触电保护作用。

图 4-9 中的试验按钮是为保证漏电保护断路器长期可靠工作所设的常开测试按钮，与电阻 R 串联后，跨接于两相电路上。选择电阻 R 的值使回路电流等于或略小于规定的漏电动作电流。当按下试验按钮后，漏电保护断路器立即断开，以确认其漏电保护性能完好。通常要求每月测试一次。

2. DZ47LE 系列漏电保护断路器

DZ47LE 系列漏电保护断路器由 DZ47 小型断路器和漏电脱扣器拼装组合而成，适用于交流 50Hz，额定工作电压至 400V，额定电流至 63A 的线路中。漏电保护断路器具有漏电、触电、过载和短路等保护功能，主要用于建筑照明和配电系统的保护。

漏电保护断路器型号的含义如下。

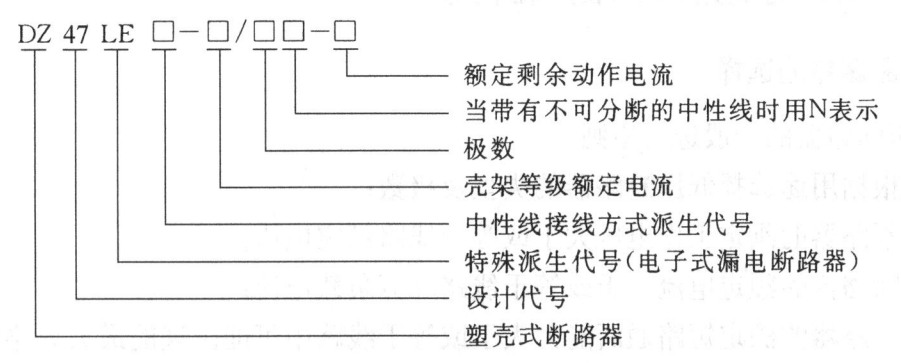

```
DZ 47 LE □-□/□□-□
         │ │ │  │ │
         │ │ │  │ └─ 额定剩余动作电流
         │ │ │  └── 当带有不可分断的中性线时用N表示
         │ │ └──── 极数
         │ └────── 壳架等级额定电流
         └──────── 中性线接线方式派生代号
                   特殊派生代号（电子式漏电断路器）
                   设计代号
                   塑壳式断路器
```

DZ47LE 系列漏电保护断路器的基本技术参数如表 4-2 所示。

表4-2 DZ47LE系列漏电保护断路器的基本技术参数

额定电流（A）	额定电压（V）	过载脱扣器额定电流（A）	额定短路通断能力（A）	额定漏电动作电流（mA）	额定漏电不动作电流（mA）	分断时间（s）
32	230	6，10 16，20 25，32	6000	30 50 100	15 25 50	<0.1
32	400	6，10 16，20 25，32	6000	30 50 100	15 25 50	<0.1
63	230	40，50，63	4500	300	100	<0.1
63	400	40，50，63	4500	300	100	<0.1

DZ47LE系列漏电保护断路器使用的注意事项如下。

（1）DZ47小型断路器与漏电脱扣器拼装成漏电保护断路器后方可通电试验，否则将烧坏内部器件。

（2）在通电检查试验前，应根据电路图，分清电源端和负载端。电源端由断路器N、1、3、5端子引入；负载端由漏电脱扣器N、2、4、6端子接出，不可接错。辅助电源由断路器两侧端子引入，接通辅助电源，漏电脱扣器才能正常工作。

（3）当漏电保护断路器因被控制电路中的故障而自动分闸时，为了恢复电路的正常运行，必须首先查明导致分闸的具体原因，并彻底排除故障。在排查过程中，如果发现是由于漏电动作引起的分闸，那么漏电指示按钮通常会凸起作为指示。此时，在确认故障已排除且电路安全无虞的前提下，需要手动按下漏电指示按钮，将其复位，之后方可尝试合闸操作。

（4）漏电保护断路器在安装并投入运行后，应当定期进行性能检测。通常情况下，建议每月至少进行一次检测。在检测过程中，应按下试验按钮以模拟漏电情况，此时漏电脱扣器应当立即响应并动作，使断路器脱扣，从而切断电路。若此动作正常发生，即可确认漏电保护断路器处于良好工作状态，若试验过程中断路器未能正常脱扣，则需及时查明原因并进行修复或更换，以确保用电环境的安全可靠。

（5）漏电保护断路器主要用于保护当负载侧出现相线与大地之间的漏电情况，或者带电壳体意外与大地接触时迅速切断电源，从而防止触电事故的发生。但是该设备并不能直接保护因同时接触两相线而导致的触电情况，因此，在进行电气作业时，务必严格遵守安全操作规程，采取额外的防护措施，确保人身安全。

其他漏电保护断路器有DZL12、DZL15、DZL16、DZL18等系列。

五、低压断路器的选择、维护和检修

1. 低压断路器的选择

（1）低压断路器的一般选用原则。

① 首先根据用途选择低压断路器的类型及极数；
② 低压断路器的额定工作电压大于或等于线路额定电压；
③ 低压断路器的额定电流大于或等于线路计算负载电流；
④ 低压断路器的额定短路通断能力大于或等于线路中可能出现的最大短路电流，一般按有效值计算；
⑤ 低压断路器欠压脱扣器额定电压等于线路额定电压。

（2）配电用低压断路器的选用。配电用低压断路器作为电源总开关和负载支路开关，在配电线路中分配电能，并对线路中的电线电缆和变压器等提供保护。因此配电用低压断路器的额定电流较大，短路分断能力较大，通常选择万能式断路器。

（3）电动机保护用低压断路器的选用。采用闸刀开关、负荷开关、组合开关、接触器、电磁启动器来控制电动机，其短路保护需要设置熔断器。熔断器一相熔断将导致电动机缺相运行，因而烧毁电动机的事故时有发生。若选择低压断路器来控制和保护电动机，因低压断路器本身就具有短路保护能力，不需要再借助熔断器作短路保护，因此能消除电动机缺相运行的隐患，同时能提高线路运行的安全性和可靠性。电动机保护用低压断路器多选择塑壳式断路器，其参数选择原则如下。

① 长延时动作电流整定值等于电动机的额定电流；
② 6倍长延时动作电流整定值的可返回时间大于或等于电动机的实际启动时间；
③ 瞬时动作电流整定值：对于笼型异步电动机，为8~15倍脱扣器额定电流；对于绕线型异步电动机，为3~6倍脱扣器额定电流。

（4）家用低压断路器的选用。家用低压断路器是指民用照明或用来保护配电系统的断路器。照明电路的容量一般都不大，通常选择塑壳式断路器作为保护装置，主要用来控制照明电路在正常条件下的接通和分断，并提供过载与短路保护。目前较流行的家用低压断路器是小型塑壳式断路器，如DZ47系列、C45系列，住宅建筑、办公楼均采用这一类断路器。其参数选择原则如下。

① 照明电路保护用低压断路器应具有长延时过电流脱扣器，脱扣器的整定值等于或略小于线路的计算负载电流。
② 低压断路器瞬时过电流脱扣器的整定值应等于6倍线路计算负载电流。

2. 低压断路器的使用与维护

（1）低压断路器在安装前应将脱扣器电磁铁工作面的防锈油脂抹净，以免影响电磁机构的动作值。

（2）低压断路器与熔断器配合使用时，熔断器应装于低压断路器之前，以保证使用安全。

（3）电磁脱扣器的整定值一经调好后就不允许随意变动，长期使用后要检查其弹簧是否生锈卡住，以免影响其动作。

（4）低压断路器在分断短路电流后，应在切断上级电源的情况下，及时地检查触点。若发现有严重的电灼痕迹，可用干布擦去；若发现触点烧毛，可用砂纸或细纹锉小心修整，但主触点一般不允许用锉刀修整。

（5）应定期清除低压断路器上的积尘和检查各种脱扣器的动作值，操作机构通常每两年在传动部分加注润滑油。

（6）灭弧室在分断短路电流后或长期使用后，应清除灭弧室内壁和栅片上的金属颗粒和黑烟灰，以保证有良好的绝缘。

3. 低压断路器的故障排除

低压断路器常见故障现象和排除方法如表4-3所示。

表 4-3 低压断路器常见故障现象和排除方法

故 障 现 象	原 因 分 析	排 除 方 法
手动操作低压断路器不能闭合	a. 欠电压脱扣器无电压或线圈损坏 b. 储能弹簧变形，导致闭合力减小 c. 反作用弹簧力过大 d. 机构不能复位再扣	a. 检查线路，施加电压或更换线圈 b. 更换储能弹簧 c. 重新调整弹簧反力 d. 调整再扣接触面至规定值
电动操作低压断路器不能闭合	a. 操作电源电压不符 b. 电源容量不够 c. 电磁铁拉杆行程不够 d. 电动机操作定位开关变位 e. 控制器中整流管或电容器损坏	a. 调换电源 b. 增大操作电源容量 c. 重新调整或更换拉杆 d. 重新调整 e. 更换损坏元件
有一相触点不能闭合	a. 一般型塑壳式断路器的一相连杆断裂 b. 限流断路器拆开机构的可折连杆之间的角度变大	a. 更换连杆 b. 调整到原技术条件规定值
分励脱扣器不能使低压断路器分断	a. 线圈短路 b. 电源电压太低 c. 再扣接触面太大 d. 螺钉松动	a. 更换线圈 b. 调换电源电压 c. 重新调整 d. 拧紧
欠电压脱扣器不能使低压断路器分断	a. 反力弹簧弹力变小 b. 若为储能释放，则储能弹簧弹力变小或断裂 c. 机构卡死	a. 调整弹簧 b. 调整或更换储能弹簧 c. 消除卡死原因（如生锈）
启动电动机时低压断路器立即分断	a. 过电流脱扣器瞬动整定值太小 b. 脱扣器某些零件损坏，如半导体器件、橡皮膜等损坏 c. 脱扣器反力弹簧断裂或脱落	a. 调整瞬动整定值 b. 更换脱扣器或更换损坏零部件 c. 更换弹簧或重新装上
低压断路器闭合后经一定时间自行分断	a. 过电流脱扣器长延时整定值不对 b. 热元件或半导体延时电路元件变化	a. 重新调整 b. 更换
低压断路器温升过高	a. 触点压力过低 b. 触点表面过分磨损或接触不良 c. 两个导电零件连接螺钉松动 d. 触点表面油污或氧化	a. 调整触点压力或更换弹簧 b. 更换触点或清理接触面 c. 拧紧 d. 清除油污或氧化层
欠电压脱扣器噪声大	a. 反作用弹簧反力太大 b. 铁芯工作面有油污 c. 短路环断裂	a. 重新调整 b. 清除油污 c. 更换衔铁或铁芯
辅助开关不通	a. 辅助开关的动触桥卡死或脱落 b. 辅助开关传动杆断裂或滚轮脱落 c. 触点不接触或氧化	a. 拨正或重新装好动触桥 b. 更换传动杆或更换辅助开关 c. 调整触点，清理氧化膜

任务 3
熔断器的选用

任务目标

1. 了解不同类型的熔断器及其特点。
2. 能理解熔断器与负载的匹配关系。
3. 能根据不同类型熔断器的性能特点、适用场合选择合适的熔断器。
4. 了解熔断器的使用寿命和更换周期，确保系统的稳定运行。

任务实施

熔断器是一种最简单而且有效的保护电器。熔断器串联在电路中，当电路或电气设备发生过载和短路故障时，有很大的过载和短路电流通过熔断器，使熔断器的熔体迅速熔断，切断电源，从而起到保护电路及电气设备的作用。

熔断器主要由熔体和安装熔体的熔管（或熔座）两部分组成。熔体是熔断器的主体，最常用的熔体材料是熔丝，熔丝一般用电阻率较高的易熔合金制成，如铅锡合金、铅锑合金等，也有用高熔点的铜制成的熔丝。熔管是熔体的保护外壳，在熔体熔断时还有灭弧作用。

每一种规格的熔体都有额定电流和熔断电流两个参数。通过熔体的电流小于熔体的额定电流时，熔体是不熔断的；当通过熔体的电流超过它的额定电流并达到熔断电流时，熔体便会发热熔断。通过熔体的电流越大，熔体温度上升越快，所以熔断也就越快。熔断电流一般是额定电流的 1.3～2.1 倍。

熔管有三个参数：额定工作电压、额定电流和断流能力。若熔管的工作电压大于其额定工作电压值，当熔体熔断时有可能出现电弧不熄灭的危险。熔管内熔体的额定电流必须小于或等于熔管的额定电流。熔管的断流能力是指熔管能切断的最大电流。当电流超过这个数值时，熔体熔断后电弧有不熄灭的可能。

一、了解熔断器型号及技术数据

1. 熔断器型号的含义

熔断器型号的含义如下。

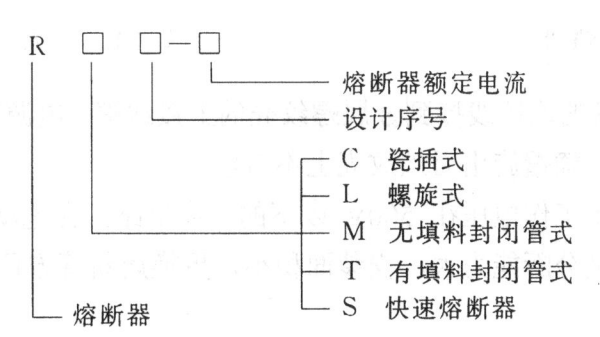

```
R □ □ — □
│ │ │   └── 熔断器额定电流
│ │ └────── 设计序号
│ │         C  瓷插式
│ │         L  螺旋式
│ └──────── M  无填料封闭管式
│           T  有填料封闭管式
└────────── S  快速熔断器
熔断器
```

2. 主要技术数据

（1）额定电压：熔断器长期工作时和分断后能够承受的电压，其电压值一般等于或大于电气设备的额定电压。熔断器的额定电压值有 220V、380V、500V、600V、1140V 等规格。

（2）额定电流：熔断器能长期通过的电流，即在规定的条件下可以连续工作而不会发生运行变化的电流，它取决于熔断器各部分长期工作时的允许温升。熔断器额定电流值有 2A、4A、6A、8A、10A、12A、16A、20A、25A、32A、40A、50A、63A、80A、100A、125A、160A、200A、250A、315A、400A、500A、630A、800A、1000A、1250A 等规格。

（3）额定功率损耗：熔断器通过额定电流时的功率损耗。不同类型的熔断器都规定了最大功率损耗值。

（4）分断能力：熔断器在额定电压及一定的功率因数下切断的最大短路电流。

二、认识常用的熔断器

1. 瓷插式熔断器

瓷插式熔断器又叫瓷插保险，由瓷底座、瓷盖、静触点、动触点及熔丝五部分组成，如图 4-11 所示。熔丝装在瓷盖上两个动触点之间。电源和负载线可分别接在瓷底座两端的静触点上。瓷底座中有一个空腔，与瓷盖突出部分构成灭弧室。RC1 型熔断器的分断能力小，适用于 500V 以下的线路中，这种熔断器价格低廉，熔丝更换比较方便，广泛用于照明和小容量电动机的短路保护。

2. 螺旋式熔断器

螺旋式熔断器主要由瓷帽、熔断管、瓷套、上接线端、下接线端、底座组成，如图 4-12 所示。熔断管中除装有熔丝外，熔丝周围还填满了石英砂，作灭弧用。熔断管的一端有一小红点，当熔丝熔断后，小红点自动脱落，表明熔丝已熔断。安装时将熔断管有红点的一端插入瓷帽，然后一起旋入插座。

图 4-11　瓷插式熔断器

图 4-12　螺旋式熔断器

使用时，将用电设备的连接线接到金属螺纹壳的上接线端，电源线接到底座的下接线端，以保证在更换熔断管时，瓷帽旋出后螺纹壳上不带电。

螺旋式熔断器可用于工作电压在 500V 以下的交流电路，在电动机控制电路中作为过载或短路保护。它的优点是分断能力大，安装面积小，更换熔断管方便，安全可靠。

3. 管式熔断器

管式熔断器有两种：一种是无填料封闭管式熔断器，有 RM2、RM3 和 RM10 等系列；另一种是有填料封闭管式熔断器，有 RT0 系列。

无填料封闭管式熔断器分断流能力大，保护性好，主要用于交流电压 500V、直流电压 400V 以内的电力网和成套配电设备中，作为短路保护和防止连续过载用，如图 4-13（a）所示。

有填料封闭管式熔断器比无填料封闭管式熔断器分断能力大，可达 50kA，主要用于具有较大短路电流的低压配电网，如图 4-13（b）所示。

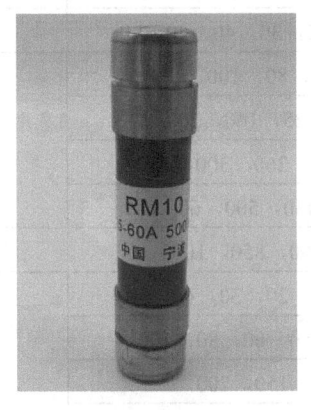

（a）无填料封闭管式 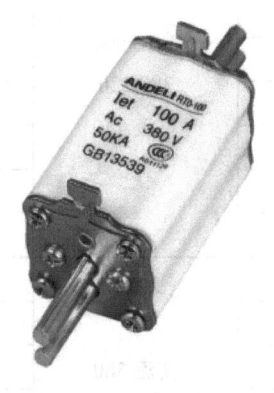　　　　　　（b）有填料封闭管式

图 4-13　管式熔断器

4. 快速熔断器

快速熔断器具有快速熔断的特性，主要用于半导体功率元件或变流装置的短路保护，熔断时间可在十几毫秒以内。常用的快速熔断器有 RS 和 RLS 系列。

如表 4-4 所示为常用熔断器的技术数据，其中 NT 系列熔断器是从德国引进的产品。

表 4-4　常用熔断器的技术数据

型　号	熔断器额定电压（V）	熔断器额定电流（A）	熔体额定电流等级（A）	最大分断能力（A）
RC1A-5	交流三相 380 或单相 220	5	2，5	250
RC1A-10		10	2，4，6，10	500
RC1A-15		15	6，10，15	
RC1A-30		30	15，20，25，30	1500
RC1A-60		60	40，50，60	3000
RC1A-100		100	60，80，100	
RC1A-200		200	120，150，200	
RL1-15	交流 500 380 220	15	2，4，6，10，15	2000
RL1-60		60	20，25，30，35，40，50，60	3500
RL1-100		100	60，80，100	20 000
RL1-200		200	100，125，150，200	50000
RL2-25		25	2，4，6，10，15，20	1000
RL2-60		60	25，35，50，60	2000
RL2-100		100	80，100	3500

续表

型　号	熔断器额定电压（V）	熔断器额定电流（A）	熔体额定电流等级（A）	最大分断能力（A）
RM7-15	交流 380 220 直流 440 220	15	6，10，15	2000
RM7-60		60	15，20，25，30，40，50，60	5000
RM7-100		100	60，80，100	20 000
RM7-200		200	100，125，160，220	
RM7-400		400	200，240，260，300，350，400	
RM7-600		600	400，450，500，560，600	
RM10-15	交流 500 380 220 直流 440 220	15	6，10，15	12 000
RM10-60		60	15，20，25，30，40，50，60	3500
RM10-100		100	60，80，100	10 000
RM10-200		200	100，125，160，200	
RM10-350		350	200，240，260，300，350	
RM10-600		600	350，430，500，600	
RM10-1000		1000	600，700，850，1000	12 000
RT0-50	交流 380 直流 400	50	5，10，15，20，30，40，50	50 000
RT0-100		100	30，40，50，60，80，100	
RT0-200		200	120，150，200	
RT0-400		400	200，250，300，350，400	
RT0-600		600	450，500，550，600	
RT0-1000		1000	700，800，900，1000	
NT-00	交流 500 660	160	4，6，10，16，20，35，40，50，63，100，125，160	120 000
NT-0		250	80，100，125，160，200，224，250	
NT-1		400	125，160，200，224，250，300，315，355，400	
NT-2				
NT-3		630	315，355，400，425，500，630	
NT-4	交流 380	1000	800，1000	100 000

5．熔断器的选择

熔断器的选择要合理，只有正确选择熔断器的熔体和熔管，才能保证输电线路和用电设备正常工作，起到保护作用。

（1）熔体额定电流的选择。

熔体额定电流的选择要根据不同情况的线路而定。

对于没有冲击电流的负载，如照明等电阻性电气设备，熔体的额定电流 $I_{re}=1.1 \times I_e$，I_e 为线路负载的额定电流。

对一台电动机负载的短路保护，熔体的额定电流 $I_{re} \geqslant 1.5 I_e \sim 2.5 I_e$。

对数台电动机合用的熔断器，熔体的额定电流大于等于其中最大容量的一台电动机的额定电流 I_{eMax} 的 1.5～2.5 倍，再加上其余电动机额定电流的总和 ΣI_e，即

$$I_{re} \geqslant (1.5 \sim 2.5) I_{eMax} + \Sigma I_e$$

（2）熔管（或熔座）的选择。

熔管的选择应保证熔管的额定工作电压必须大于或等于线路的工作电压，熔管的额定电

流必须大于或等于所装熔体的额定电流。

任务 4 主令电器

任务目标

1. 了解主令电器的常用符号与图形表示方法，掌握其主要功能特性。
2. 熟知主令电器分类，了解各类主令电器的结构及工作原理。
3. 能根据实际需求选择合适型号和规格的主令电器。

任务实施

主令电器主要用来接通和切断控制电路，以发布指令或信号，达到对电力传动系统的控制或实现程序控制。主令电器的种类繁多，常用的有按钮开关、万能转换开关、主令控制器、位置开关及信号灯等。

一、按钮的选用

按钮是一种以短时接通或分断小电流电路的电器，它不直接控制主电路的通断，而是通过控制电路的接触器、继电器、电磁启动器来操纵主电路。一般按钮具有自动复位的功能。

1. 按钮的结构和图形符号

按钮的结构和符号如表 4-5 所示。

表 4-5 按钮的结构和符号

名　称	常闭按钮（停止按钮）	常开按钮（启动按钮）	复 合 按 钮
结构	弹簧／常闭触点	常开触点	（复合结构）
图形符号	E-╱	E-╱	E-╱╱
文字符号	SB	SB	SB

需要说明的是，按钮的触点允许通过的电流很小，一般不超过 5A。

2. 按钮型号的含义和分类

按钮型号的含义如下。

```
LA□-□□□
   │  │││
   │  ││└─ 结构形式： K——开启式；S——防水式；
   │  │└── 常闭触点数    H——保护式；F——防腐式；
   │  └─── 常开触点数    J——紧急式；X——旋钮式；
   └────── 设计序号      Y——钥匙式；D——带指示灯式；
   │        按钮         DJ——带灯紧急式；B——防爆式；
   └────── 主令电器      E——组合式
```

按钮按操作方式、防护方式及结构特点分为开启式、防水式、防爆式、带灯式等，参见按钮型号中结构形式的字母标注。常见按钮按触点结构位置分为以下三种形式。

（1）常开按钮：又称启动按钮，操作前手指未按下时，触点是断开的，当手指按下时，触点被接通。手指放松后，按钮自动复位。

（2）常闭按钮：又称停止按钮，操作前，触点是闭合的，手指按下时触点断开。手指放松后，按钮自动复位。

（3）复合按钮：又称常开常闭组合按钮，它设有两组触点，操作前有一组触点是闭合的，另一组触点是断开的。当手指按下时，闭合的触点断开，而断开的触点闭合。手指放松后，两组触点全部自动复位。

为了方便识别各按钮的作用，避免误操作，启动按钮用绿色表示，停止按钮用红色表示。

3．按钮颜色的含义

常用按钮的外形如图 4-14 所示。按钮颜色代表的意思有多种，不同颜色的按钮用于表示不同的操作或警告类型，以下是几种常见按钮颜色的含义。

红色按钮：通常表示停止、断开、紧急停车或在紧急情况下操作，如触发报警系统。

图 4-14　常用按钮的外形

绿色按钮：通常表示启动、工作、点动或在安全或正常准备情况下操作。

黄色按钮：通常表示返回的启动、移动出界、正常工作循环或警示。

蓝色按钮：通常表示强制性的操作，如复位或信息查询。

白色或灰色按钮：通常用于除急停以外的一般功能启动。

4．按钮的选择

（1）根据使用场合和具体用途选择按钮的种类。例如，嵌装在操作面板上的按钮可选用开启式；需显示工作状态的按钮可选用光标式；需要防止人员误操作的重要场合的按钮宜用钥匙式；在有腐蚀性气体处的按钮要用防腐式。

（2）根据工作状态指示和工作情况要求，选择按钮的颜色。

（3）根据控制回路的需要选择按钮的数量。如单联钮、双联钮和三联钮等。

二、万能转换开关的选用

万能转换开关是一种多挡的转换开关，其特点是触点多，可以任意组合成各种开闭状态，能同时控制多条电路,所以称为"万能"转换开关。它主要用于各种配电设备的远距离控制,各种电气控制线路的转换、电气测量仪表的换相测量控制。有时也被用作小型电动机的控制开关。

1. 结构原理

万能转换开关有多种系列。如图4-15(a)、图4-15(b)所示为LW5万能转换开关的外形及触点通断示意图。它主要由转动手柄、转轴和多个触点盒叠装而成。每个触点盒中都有一对或几对触点,当转动手柄时,通过转轴和凸轮,带动各触点盒中的触点闭合或断开。由于凸轮的形状不同,各个触点盒中触点的通、断情况不一样。这样就需要列一个表来说明手柄在不同位置时,各个触点盒中的触点通、断情况。如图4-15(c)所示为万能转换开关在控制电路中的图形符号,如图4-15(d)为触点通断表。

在图4-15(c)中,连线有黑点"·",表示这条电路是接通的。例如,将万能转换开关扳到"0"的位置时,所有的电路全部被接通;转至"Ⅰ"位置时,只有1、3电路接通;转至"Ⅱ"位置时,2、4、5、6电路接通。在图4-15(d)中,符号"×"表示触点闭合,没有"×"的空格表示触点断开。

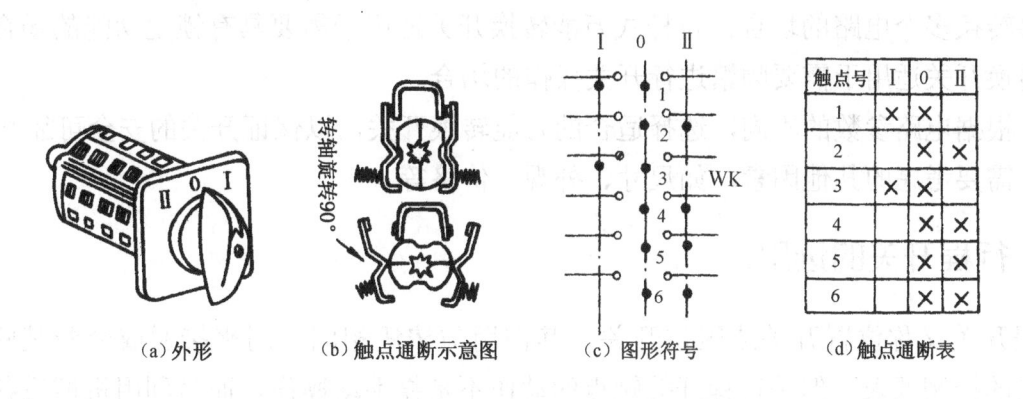

触点号	Ⅰ	0	Ⅱ
1	×	×	
2		×	×
3	×	×	
4		×	×
5		×	×
6		×	×

(a) 外形　　(b) 触点通断示意图　　(c) 图形符号　　(d) 触点通断表

图 4-15　LW5 万能转换开关及图形符号

2. 型号含义和主要技术数据

万能转换开关型号的含义如下。

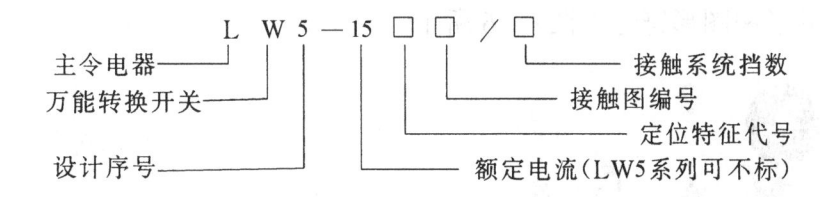

```
         L W 5 - 15 □ □ / □
主令电器 ─┘ │ │   │  │ │   └─ 接触系统挡数
万能转换开关─┘ │   │  │ └───── 接触图编号
设计序号 ─────┘   │  └──────── 定位特征代号
                  └─────────── 额定电流(LW5系列可不标)
```

万能转换开关型号中的定位特征代号用字母表示,用来反映开关手柄操作位置。

万能转换开关的主要技术数据有额定电压、额定电流、额定操作频率、机械寿命和电气寿命等项。

LW5系列万能转换开关的额定电压交流至500V、直流至440V;额定电流为15A;额定操作频率为120次/h;机械寿命为100万次;电气寿命为20万次。

3. 种类和特点

常用万能转换开关的种类和特点如表4-6所示。

表 4-6 常用万能转换开关的种类和特点

型号	额定电压（V）	额定电流（A）	结构特点和主要用途
LW2	AC 220 DC 220	10	挡数1～8，面板为方形或圆形，可用于各种配电设备的远距离控制，电动机换向，仪表换相等
LW5	AC 500 DC 220	15	挡数1～8，面板为方形或圆形，可用于各种配电设备的远距离控制，电动机换向，仪表换相等
LW8	AC 380 DC 220	10	可用于控制电路的转换，配电设备的远距离控制及各种小型电机的控制
LW12	AC 380 DC 220	16	小型开关，主要用于仪表、微电机、电磁阀等的控制
LWX1B	AC 380 DC 220	5	强电小型开关，主要用于控制电路的转换
LW□—10	AC 380，220 DC 220，110	10	唇舌式开关，主要用于控制电路的转换和仪表的换相测量控制

4．万能转换开关的选择

（1）不同的应用场合需要选用不同类型的万能转换开关。例如，旋转式万能转换开关适用于需要转换多个电路的场合；拉杆式万能转换开关适用于需要具有锁定功能的场合；按键式万能转换开关适用于需要频繁进行开关操作的场合。

（2）根据电路参数的不同，选择适合的万能转换开关，以保证开关的安全可靠性。

（3）需要考虑的其他因素，如尺寸、外观、价格等。

三、行程开关的选用

行程开关又称位置开关或限位开关，其作用与按钮相同，用来接通或分断某些电路，达到一定的控制要求。但是行程开关触点的动作不是靠手动操作，而是利用机械设备某些运动部件的挡铁碰压行程开关的滚轮，使触点动作，将机械的位移信号——行程信号，转换成电信号。行程开关广泛应用于顺序控制、变换运动方向、行程、定位等自动控制系统中。

1．行程开关外形和图形符号

行程开关的外形和图形符号如图4-16所示。

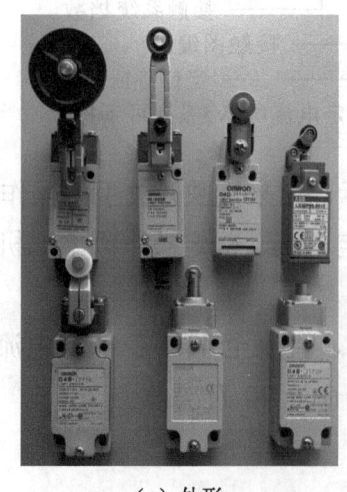

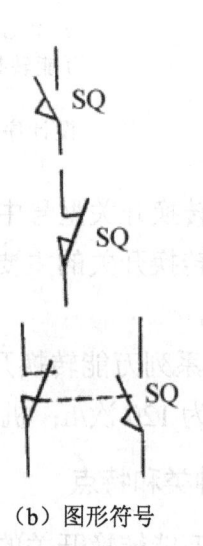

（a）外形　　　　　　　　　　　　　　　　（b）图形符号

图 4-16　行程开关的外形和图形符号

2. 行程开关型号的含义

行程开关型号的含义如下。

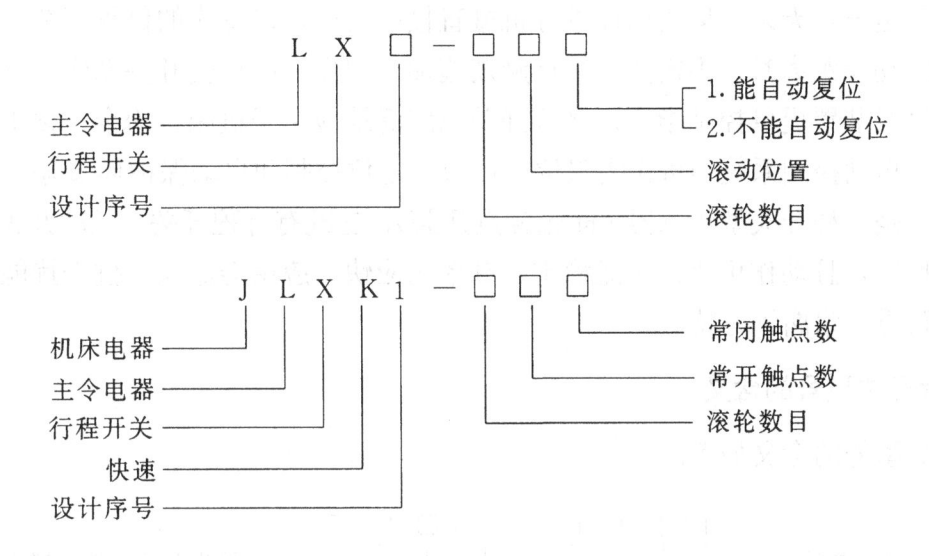

```
    LX□-□□□
              ├─ 1. 能自动复位
              └─ 2. 不能自动复位
主令电器 ──┘    │  │
行程开关 ─────┘    │  滚动位置
设计序号 ──────────┘  滚轮数目


  J L X K 1-□□□
                ├─ 常闭触点数
                ├─ 常开触点数
机床电器 ─┘ │ │ │ │  滚轮数目
主令电器 ───┘ │ │ │
行程开关 ─────┘ │ │
快速 ───────────┘ │
设计序号 ─────────┘
```

3. 结构原理和主要技术数据

行程开关由微动开关、操作机构及外壳等部分组成。当机械设备的挡铁碰压行程开关的滑轮时，通过杠杆、轴、撞块等操作机构，使微动开关的动、静触点动作，使触点断开或闭合，将机械的位移信号转换成电信号，实现对电路的控制。

行程开关的主要技术数据包括额定电压、额定电流、额定发热电流、额定操作频率、机械寿命和电气寿命等项。

4. 行程开关的选择

选择行程开关时，需要考虑以下因素。

（1）控制对象：首先需要明确控制对象是什么，比如是机械设备、自动化设备还是其他类型的设备。不同的控制对象需要不同类型的行程开关。

（2）安装环境：安装环境对行程开关的选择也有很大的影响。如果安装在潮湿、高温、腐蚀性气体等恶劣环境下，需要选择具有防水、防尘、耐高温、耐腐蚀等特性的行程开关。

（3）行程距离：行程距离是指开关触点之间的距离，需要根据控制对象的行程距离来选择合适的行程开关。

（4）负载类型：负载类型包括直流负载、交流负载、感性负载、容性负载等，需要根据负载类型选择合适的行程开关。

（5）额定参数：需要根据电路的额定电压、额定电流等参数选择合适的行程开关，以确保行程开关能够正常工作并保障电路安全。

（6）防护等级：根据使用环境的不同，需要选择不同防护等级的行程开关，以保护开关本身和电路的安全。

（7）其他特殊要求：如果有其他特殊要求，比如需要带指示灯、需要手动复位等，也需要根据要求选择适合的行程开关。

四、接近开关的选用

接近开关是一种无须与运动部件进行机械直接接触而可以操作的位置开关,当物体接近到开关的感应动作距离时,不需要机械接触及施加任何压力即可使开关动作,从而驱动直流电器或给计算机装置提供控制指令,接近开关已广泛地应用于机床、冶金、化工、轻纺和印刷等行业。在自动控制系统中可作为限位、计数、定位控制和自动保护环节等。

接近开关是一种开关型传感器(即无触点开关),它既有行程开关、微动开关的特性,同时具有传感性能,且动作可靠,性能稳定,频率响应快,应用寿命长,抗干扰能力强等、并具有防水、防震、耐腐蚀等特点。

1. 接近开关型号的含义

接近开关型号的含义如下。

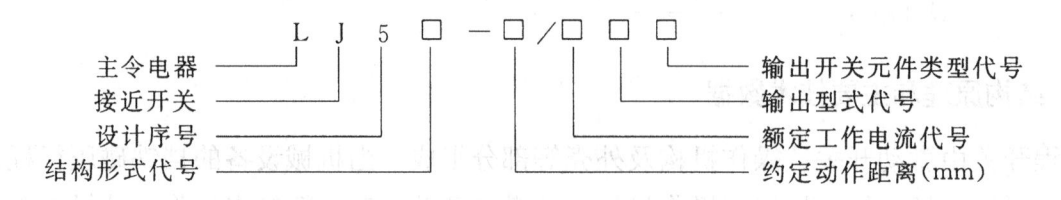

```
              L J 5 □ - □ / □ □ □
主令电器 ──────┘ │ │ │   │   │ │ └──── 输出开关元件类型代号
接近开关 ────────┘ │ │   │   │ └────── 输出型式代号
设计序号 ──────────┘ │   │   └──────── 额定工作电流代号
结构形式代号 ────────┘   └──────────── 约定动作距离(mm)
```

2. 接近开关的工作原理

接近开关的种类很多,可分为高频振荡型、电磁感应型、电容型、永磁型、光电型、超声波型等,其中应用最多的是高频振荡型,它以各种金属为检测体。各种接近开关的组成基本相同,下面以高频振荡型接近开关为例简述其工作原理。

高频振荡型接近开关由感应头、振荡器、检测器、输出器、电源等组成,如图 4-17 所示。感应头为高频振荡回路的线圈,其内部参数受铁磁物质的影响会发生改变。检测器由检波器和鉴幅器等构成。输出器一般由晶闸管或三极管组成。输出器的负载通常为继电器线圈。

当工作时,电源接通,振荡器振荡,检测器使晶闸管或三极管截止,继电器线圈通过的电流达不到动作值而不动作。

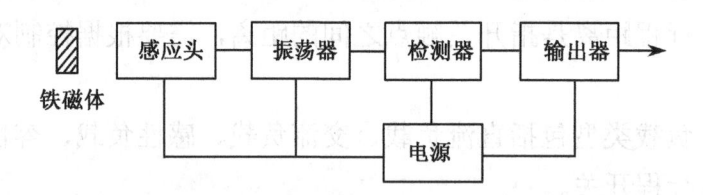

图 4-17 高频振荡型接近开关的原理方框图

当有金属检测体接近感应头时,由于铁磁感应作用,处于高频振荡器线圈磁场中的金属检测体内部产生涡流损耗,使振荡回路因电阻增大、能耗增加,导致振荡减弱,直到停止振荡。这时检测器使晶闸管或三极管导通,继电器线圈得电而开关动作。当金属检测体脱离动作距离时,振荡器恢复振荡,开关恢复原始状态。

3. 接近开关的主要技术数据

(1) 额定工作电压。

（2）额定输出电流。

（3）额定工作距离。

（4）重复精度：由于电路的不稳定性及接近开关自身的影响，检测物体每次接近开关感应头驱使开关动作的位置或行程的误差称为重复精度。

（5）操作频率：采用无触点输出形式的接近开关，其操作频率主要取决于开关本身的电路构成；采用有触点输出形式，则取决于所用继电器的动作频率。

（6）位行程：开关从"动作"到"复位"位置的距离。

4. 接近开关的选择

对于不同的材质的检测体和不同的检测距离，应选用不同类型的接近开关，以使其在系统中具有高的性价比。

（1）当检测体为金属材料时，应选用高频振荡型接近开关。

（2）当检测体为非金属材料时，应选用电容型接近开关。

（3）金属体和非金属要进行远距离检测和控制时，应选用光电型接近开关。

五、信号灯的选用

信号灯又称指示灯，是作为各种信号指示的发光电气元件，是主令电器的一种。信号灯可以代表不同的指示意义，如电源指示、警告指示、正常指示、开机指示、关机指示等。其品种规格非常多，有不同大小的信号灯、不同颜色的信号灯、不同外形的信号灯，以及适合不同电压的信号灯。

信号灯的结构简单、价格低廉、指示作用明了，所以应用非常广泛。

1. 信号灯图形符号和型号的含义

信号灯图形符号如图 4-18 所示。

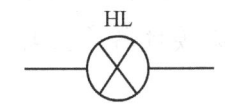

图 4-18 信号灯图形符号

信号灯型号的含义如下。

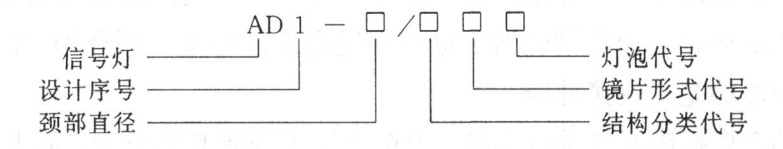

```
        AD 1 - □/□□□
信号灯 ──┘ │   │ │ │ └── 灯泡代号
设计序号 ──┘   │ │ └──── 镜片形式代号
颈部直径 ──────┘ └────── 结构分类代号
```

2. 常用信号灯

常用信号灯的种类、特点和用途如表 4-7 所示。

表 4-7 常用信号灯的种类、特点和用途

型号系列	主 要 特 点	主 要 用 途
AD1	其结构有直接式、变压器降压式、电阻降压式、辉光式，安全性能好、温升低，是全国统一设计的新产品，符合 IEC 标准	配电、控制屏上的指示信号，属通用型

续表

型号系列	主 要 特 点	主 要 用 途
XD	采用 E 型螺口灯泡，体积较小，安装方便，其中 XD13、XD14 为较新产品	配电、控制屏上的指示信号，属通用型
XDN	采用氖、氩辉光灯，功耗小，寿命长	家用电器等小型电气设备上
XDS	为双灯式、互不混淆，可横、竖排列	信号屏上
DH	采用 E 型白炽灯，外形小，电压低	电子仪器设备
LDDH	配用发光二极管，功耗小，体积小	电子仪器设备
DF	小型、矩形	电子仪器设备
XDC	配小型白炽灯，属超小型	电子仪器设备

LDDH 系列信号灯是采用发光二极管作为光源的新型信号灯，是目前广泛使用的一种安全节能产品，其主要优点如下。

（1）体积小。信号灯可用单个或多个发光二极管组成，单个发光二极管的体积只有十几立方毫米，多个组合的体积也可做得很小。

（2）功耗小。发光二极管的工作电流为 mA 级，因此信号灯的总功耗小。

（3）寿命长、工作可靠。

任务 5
交流接触器的选用

任务目标

1. 了解交流接触器的基本结构、工作原理和主要技术数据。
2. 掌握交流接触器在实际应用中的匹配技巧与方法。
3. 能根据应用场景选择合适的交流接触器类型与参数以，培养实践与创新能力。

任务实施

接触器是利用电磁机构代替手动操作的一种自动开关。利用接触器可以实现各种自动控制，因此在自动控制系统中应用非常广泛。接触器主要用于远距离频繁接通和断开交直流主电路及大容量的控制电路。根据接触器主触点通过电流的种类，可分为交流接触器和直流接触器，其中使用较多的是交流接触器。

交流接触器的主要控制对象是电动机，也可以用于控制其他负载，如电焊机、电热装置、照明设备等。

一、交流接触器的型号和图形符号

1. 交流接触器型号的含义

交流接触器型号的含义如下。

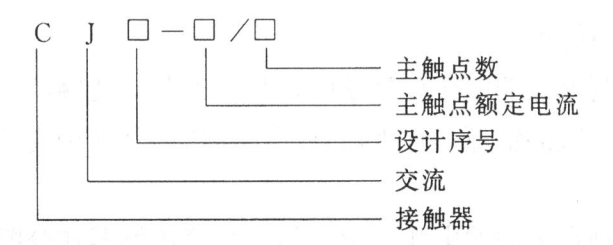

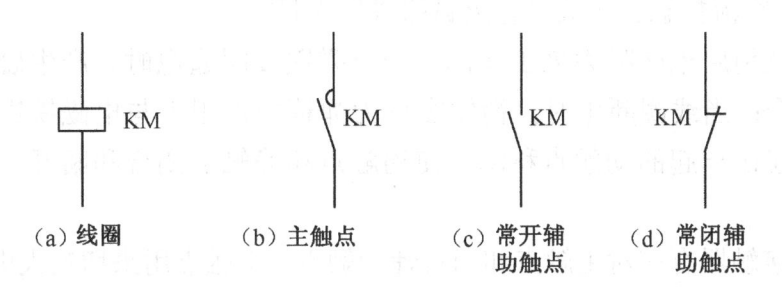

```
CJ□-□/□
       │ │ └─ 主触点数
       │ └─── 主触点额定电流
       └───── 设计序号
C  J
│  └──────── 交流
└─────────── 接触器
```

2. 交流接触器的图形符号

交流接触器的图形符号如图4-19所示。

(a) 线圈　　(b) 主触点　　(c) 常开辅助触点　　(d) 常闭辅助触点

图4-19　交流接触器的图形符号

二、交流接触器的结构和工作原理

交流接触器的品种很多，但结构和工作原理相同，利用电磁吸力和弹簧的反作用力，使触点闭合或断开。如图4-20所示为常用的CJO-20交流接触器的外形和结构原理图。

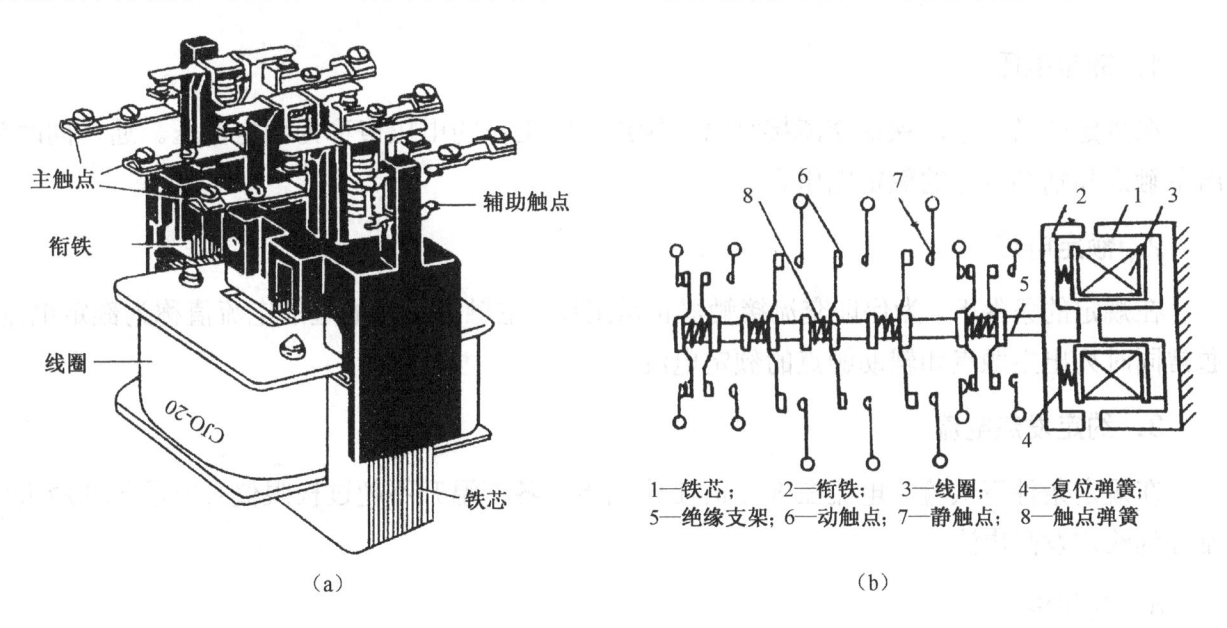

1—铁芯；2—衔铁；3—线圈；4—复位弹簧；
5—绝缘支架；6—动触点；7—静触点；8—触点弹簧

图4-20　常用的CJO-20交流接触器的外形和结构原理图

交流接触器主要由触点、电磁系统和灭弧装置等部分组成。

交流接触器的触点是用来接通或断开电路的，按其触点形状可分为点接触式、线接触式和面接触式三种。为了保持触点之间接触良好，除了在触点处嵌有银片外，在触点上还装有弹簧，以随着触点的闭合逐渐加大触点间的压力。根据触点在电路中的用途，触点分为主触点和辅助触点两种。主触点用以通断电流较大的主电路，通常由常开触点组成；辅助触点用以通断较小电流的控制电路，由常开触点和常闭触点组成。当交流接触器未工作时，处于断开状态的触点称为常开触点，也称动合触点；当交流接触器未工作时，处于接通状态的触点称为常闭触点，也称动断触点。

电磁系统是用来控制触点的闭合和分断的，是由铁芯、线圈和衔铁组成的电磁铁。交流接触器的铁芯上装有一个短路铜环，称为短路环，其作用是减少交流接触器吸合时产生的振动和噪声。

灭弧装置是为消除触点之间的电弧而设计的。交流接触器在分断大电流电路时，往往会在动、静触点之间产生很大的电弧。电弧会烧损触点，延长电流切断时间，甚至引起其他事故，因此交流接触器都采取灭弧措施。容量较小的交流接触器采用具有灭弧结构的触点实现灭弧，容量较大的交流接触器一般设置灭弧栅进行灭弧。

交流接触器是利用电磁吸力来工作的。当电磁铁线圈通电时，产生磁场，在磁场力的作用下将衔铁吸合；当线圈断电时，衔铁在反力弹簧的作用下与电磁铁铁芯分离。衔铁的动作带动与衔铁连在一起的动触点移动，使动触点和静触点闭合和断开，从而控制电路的通或断。

CJO-20 交流接触器有三对主触点和四对辅助触点。主触点用来切换大电流，接在被控制的主电路中。辅助触点只能用来接通或切断小电流，接在控制电路中。交流接触器常开和常闭触点是联动的，即当线圈通电时，常闭触点断开，常开触点随即闭合；当线圈断电时，常开触点断开，常闭触点随即恢复闭合状态。交流接触器的主触点是常开触点，辅助触点有常开的也有常闭的。CJO-20 交流接触器的四对辅助触点有两对是常开的，两对是常闭的。

三、交流接触器的主要技术数据

1．额定电压

在规定的条件下，保证交流接触器主触点正常工作的电压值称为额定电压。通常同时列出主触点和辅助触点的额定电压。

2．额定电流

在规定的条件下，为保证交流接触器正常工作，主触点允许通过的电流值称为额定电流。通常同时列出主触点和辅助触点的额定电流。

3．约定发热电流

在规定条件下试验，电流在 8 小时工作制下，各部温升不超过极限值时所承载的最大电流称为约定发热电流。

4．动作值

动作值是交流接触器的吸合电压值和释放电压值。一般规定吸合电压值在线圈额定电压的 85%及 85%以上，释放电压不高于线圈额定电压的 70%。动作值是保证交流接触器动作可靠的一项主要技术指标。

5．接通与分断能力

交流接触器的接通与分断能力，是指主触点在正常工作情况下所能可靠地接通和分断的电流值。在此电流值下，接通能力是指触点闭合时不会造成触点熔焊的能力，断开能力是指触点断开时不产生飞弧和过分磨损而能可靠灭弧的能力。

6．操作频率

操作频率指接触器每小时的操作次数。不同的控制对象对操作频率有不同的要求，新型号的交流接触器允许的操作频率一般分为 300 次/h、600 次/h、1200 次/h 等几种。

7．电气寿命与机械寿命

电气寿命、机械寿命是指在正常操作条件下的操作次数。通常，机械寿命在百万次以上，电气寿命在十几万次以上。影响电气寿命的主要因素是主触点的电弧烧损。

四、选用交流接触器

1．选用接触器的原则

（1）类型选择：根据负载电流的性质来选择接触器类型，交流负载应选用交流接触器，直流负载应选用直流接触器。

（2）触点额定电压和主触点额定电流选择：触点的额定电压应大于或等于所控制电路的工作电压；主触点的额定电流应大于负载电流。

（3）电磁线圈额定电压的选择：当线路简单及使用电器较少时，可直接选用 380V 或 220V 电压的电磁线圈；如线路复杂，可选择 36V、110V 电压的电磁线圈。

（4）辅助触点参数的选择：选用接触器时应根据系统控制要求，确定所需的触点的种类、数量和组合型号。

2．交流接触器的使用

（1）交流接触器能接通和断开正常负荷电流，不能切断短路电流，因此常与熔断器、断路器、热继电器配合使用。

（2）交流接触器安装前应先检查线圈的额定电压等技术数据是否与实际线路相符。确认无误后方能安装。

（3）检查交流接触器外观，应无机械损伤。手动接触器的活动部分应动作灵活，无卡住现象。

（4）交流接触器应安装在垂直面上，其倾斜角不得超过 5°，以免影响接触器的动作特性。交流接触器与其他电器之间应留有空间，以免飞弧烧坏相邻电器。

（5）交流接触器的安装螺钉应配有弹簧垫圈和平垫圈，拧紧螺钉以防松动。注意不要把零件掉入交流接触器内，以免引起卡阻而烧毁线圈。

（6）做好交流接触器日常维护工作，定期检查交流接触器的零部件，观察安装螺钉、接线螺钉是否松动，可动部分是否灵活，发现问题及时处理。定期清扫交流接触器的触点，使之保持清洁，但触点不能涂油。当触点表面因电弧作用形成金属小珠时应及时清除。当触点磨损严重时，即触点只剩 1/3 时，则应更换。

五、交流接触器的常见故障和处理

交流接触器常见故障现象、可能原因和处理方法如表 4-8 所示。

表 4-8 交流接触器常见故障现象、可能原因和处理方法

故障现象	可能原因	处理方法
吸不上或吸不足 （即触点已闭合而铁芯尚未完全闭合）	① 电源电压过低或波动太大 ② 操作回路电源容量不足或发生断线，配线错误及控制触点接触不良 ③ 线圈技术参数与使用技术条件不符 ④ 产品本身受损，如线圈断线或烧毁，机械可动部分被卡住，转轴生锈或歪斜等 ⑤ 触点弹簧压力与超程过大	① 调高电源电压 ② 增大电源容量，更换线路，修理控制触点 ③ 更换线圈 ④ 更换线圈，排除卡住故障，修理受损零件 ⑤ 按要求调整触点参数
不释放或释放缓慢	① 触点弹簧压力过小 ② 触点熔焊 ③ 机械可动部分被卡住，转轴生锈或歪斜 ④ 反力弹簧损坏 ⑤ 铁芯极面有油污或尘埃黏附	① 调整触点参数 ② 排除熔焊故障，修理或更换触点 ③ 排除卡住现象，修理受损零件 ④ 更换反力弹簧 ⑤ 清理铁芯极面
电磁铁（交流）噪声大	① 电源电压过低 ② 触点弹簧压力过大 ③ 电磁铁歪斜或机械被卡住，使铁芯不能吸平 ④ 极面生锈或因异物（如油垢、尘埃）侵入铁芯极面 ⑤ 短路环断裂或脱落 ⑥ 铁芯极面磨损过度而不平	① 提高操作回路电压 ② 调整触点弹簧压力 ③ 排除机械卡住现象 ④ 清除铁芯极面 ⑤ 调换铁芯或短路环 ⑥ 更换铁芯
线圈过热或烧损	① 电源电压过高或过低 ② 线圈技术参数（如额定电压、频率、通电持续率及适用工作制等）与实际使用条件不符 ③ 操作频率（交流）过高 ④ 线圈制造不良或由于机械损伤、绝缘损坏等 ⑤ 使用环境条件特殊：如空气潮湿，含有腐蚀性气体或环境温度过高 ⑥ 运动部分被卡住 ⑦ 铁芯极面不平	① 调整电源电压 ② 调换线圈或接触器 ③ 选择其他合适的接触器 ④ 更换线圈，排除引起线圈机械损伤的故障 ⑤ 采用特殊设计的线圈 ⑥ 排除卡住现象 ⑦ 清除极面或调换铁芯
触点熔焊过热或灼伤	① 操作频率过高或产品超负载使用 ② 负载侧短路 ③ 触点弹簧压力过小 ④ 触点表面有金属颗粒突起或异物 ⑤ 操作回路电压过低或机械卡住，致使吸合过程中有停滞现象，触点停顿在刚接触的位置上	① 调换合适的接触器 ② 排除短路故障，更换触点 ③ 调整触点弹簧压力 ④ 清理触点表面 ⑤ 提高操作电源电压，排除机械卡住故障，使交流接触器吸合可靠
触点过度磨损	① 交流接触器选用欠妥，在以下场合时，容量不足： （a）反接制动；（b）操作频率过高 ② 三相触点动作不同步 ③ 负载侧短路	① 改用适于繁重任务的交流接触器 ② 调整到同步 ③ 排除短路故障，更换触点

任务 6　继电器的选用

任务目标

1. 了解继电器的基本原理和结构，熟悉不同类型的继电器及其特点。
2. 掌握继电器选用的基本原则和步骤。
3. 熟悉常用继电器的类型、外观结构、工作原理，并能识别、调整、校验继电器。
4. 掌握继电器触点系统知识，包括常开触点、常闭触点及线圈触点位置。
5. 强化学生分析实际问题的能力与方法，全面提升学生的综合素养。

任务实施

继电器是一种根据电学量（如电压、电流）或其他物理量（如温度、时间、转速、压力）的变化，接通或断开控制电路的一种自动电器。

继电器与接触器都是自动接通或切断电路的控制电器，它们的不同之处在于，继电器用于控制小电流电路，结构上不设灭弧装置，它不仅可以在电学量的作用下实现电路的通、断，也可以在其他物理量如温度、压力的作用下实现对电路的控制。

继电器的种类很多，按动作原理可分为电磁式继电器、感应式继电器、热继电器、电动式继电器、电子继电器等，按反应的参数可分为电流继电器、电压继电器、时间继电器、速度继电器、压力继电器等。常用的继电器有电磁式继电器（电流继电器、电压继电器、中间继电器），热继电器，时间继电器和速度继电器。

一、电磁式继电器的选用

1. 电磁式继电器的结构和工作原理

电流继电器、电压继电器和中间继电器都是电磁式继电器，是电气设备中用得最多的一种继电器。电磁式继电器的结构有两种类型，一种是直动式，其结构和小容量的接触器相似，如图 4-21（a）所示；另一种是拍合式，如图 4-21（b）所示为其结构图。线圈不通电时，衔铁靠反力弹簧作用打开，常开触点断开，常闭触点闭合；线圈通电时，衔铁被吸合，常开触点闭合，常闭触点断开。上述结构装上不同线圈后可分别制成电流继电器、电压继电器和中间继电器，所以这一类继电器又统称为通用继电器。

2. 电磁式继电器的主要技术数据

（1）额定参数：工作电压或电流、吸合电压或电流、释放电压或电流。

（2）吸合时间和释放时间：有快动作、正常动作、延时动作三种。

（3）整定参数：继电器人为调节的动作值称为整定值或整定参数，是用户根据需要调节的动作参数。大部分电磁式继电器的整定参数是可调的，如表4-9所示。

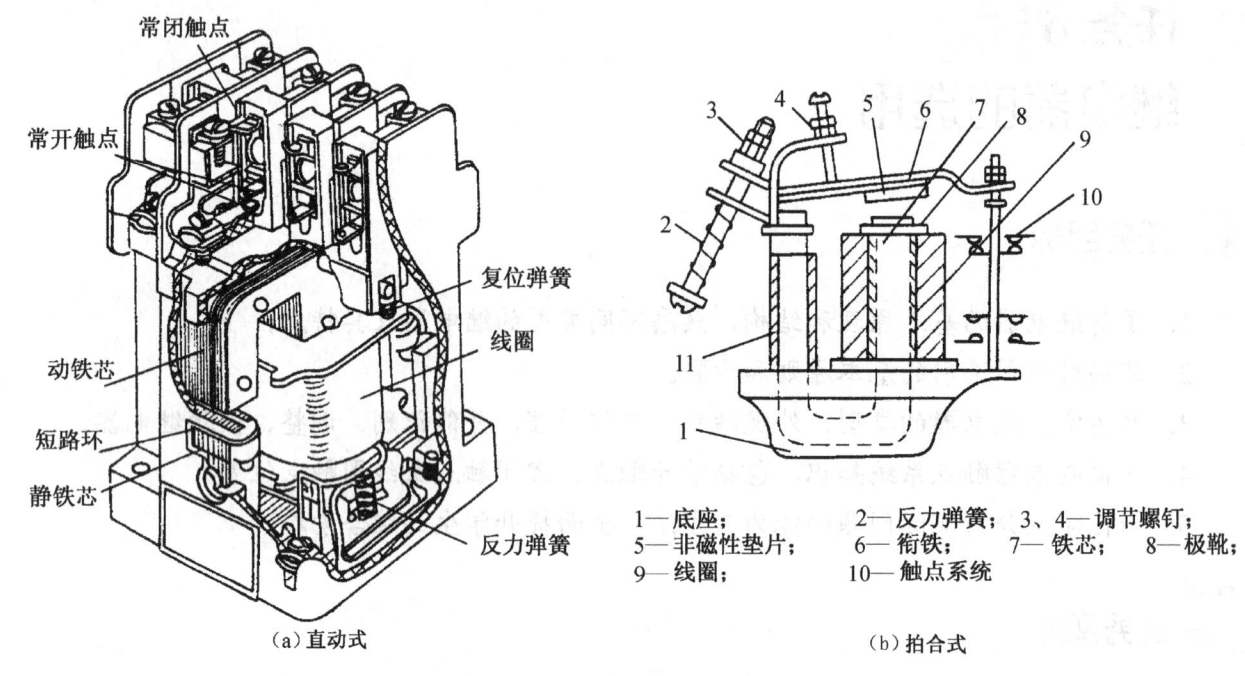

（a）直动式

1—底座； 2—反力弹簧； 3、4—调节螺钉；
5—非磁性垫片； 6—衔铁； 7—铁芯； 8—极靴；
9—线圈； 10—触点系统

（b）拍合式

图4-21 电磁式继电器

表4-9 电磁式继电器的整定参数

继电器类型	电流种类	可调参数	可调参数范围	复位方式
电压继电器	直流	动作电压	吸合电压 30% U_N～50% U_N 释放电压 7% U_N～20% U_N	自动
过电压继电器	交流	动作电压	105% U_N～120% U_N	自动
过电流继电器	交流	动作电流	110% I_N～350% I_N	自动或非自动
	直流		70% I_N～300% I_N	
欠电流继电器	直流	动作电流	吸合电流 30% I_N～65% I_N 释放电流 10% I_N～20% I_N	自动
时间继电器	交流	通电或断电延时	0.2～30s 10～180s	自动
	直流	断电延时	0.3～0.9s 0.8～3s 2.6～5s 4.5～10s 9～15s	

（4）灵敏度：是指整定好的继电器吸合时所必需的最小功率或安匝数。

（5）返回系数：释放电压或电流与动作电压或电流之比。

（6）接通与分断能力：继电器触点通断能力是指通断被控电路的能力，它与被控对象的容量及使用条件有关，是正确选用继电器的主要依据。

此外，还有额定工作制、使用寿命等技术数据。

3. 电流继电器

根据线圈中电流大小而接通或切断电路的继电器称为电流继电器。这种继电器的特点是线圈导线较粗，匝数较少，使用时串联在主电路中。按其动作原理又分为过电流继电器和欠电流继电器。

欠电流继电器在正常工作时，线圈电流使衔铁吸合，当线圈电流降到低于某一整定值时，衔铁释放。

过电流继电器与欠电流继电器相反，在正常工作时电磁铁吸力不足以克服反力弹簧的作用，衔铁处于释放状态。当线圈电流超过某一整定值时，衔铁动作，常开触点闭合，常闭触点断开。过电流继电器应用较多。

（1）电流继电器图形符号及型号。电流继电器的图形符号如表 4-10 所示。

表 4-10 电流继电器的图形符号

继 电 器	线 圈	常 开 触 点	常 闭 触 点
欠电流继电器	KI | I< |	KI	KI
过电流继电器	KI | I> |	KI	KI

电流继电器型号的含义如下。

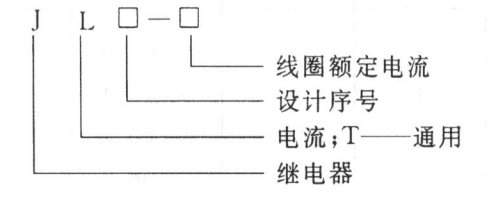

```
J L □ - □
│ │  │   │
│ │  │   └── 线圈额定电流
│ │  └────── 设计序号
│ └───────── 电流；T——通用
└─────────── 继电器
```

（2）常用电流继电器。常用的交直流电流继电器有 JT4、JL12、JL14、JL15、JL18 等系列，如图 4-22 所示为 JT4、JL12 外形结构图。

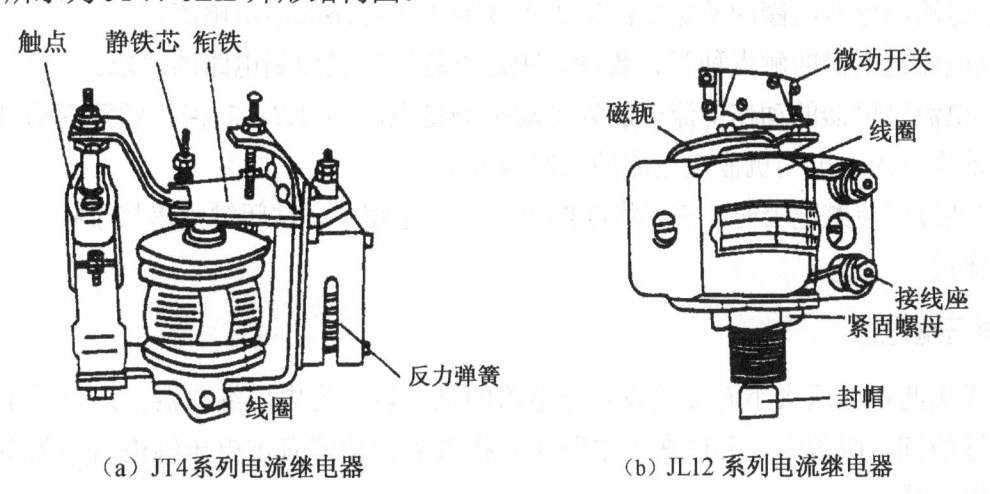

（a）JT4系列电流继电器　　（b）JL12系列电流继电器

图 4-22　电流继电器

如表 4-11 所示是 JT4 系列电流继电器的技术数据。

表 4-11 JT4 系列电流继电器的技术数据

型 号	吸引线圈规格（A）	触点数目	复位方式		动作电流
			自动	手动	
JT4—□□L JT4—□□S（手动复位）	5、10、15、20、40、80、150、300、600	2常开 2常闭 或 1常开 1常闭	自动	手动	吸引电流在线圈额定电流的 110%～350%范围内调节
JT4—□□J	5、10、15、20、40、50、80、100、150、200、300、400、600	1常开 或 1常闭	自动		吸引电流在线圈额定电流的 75%～200%范围内调节

如表 4-12 所示是部分常用电流继电器的技术数据。

表 4-12 常用电流继电器的技术数据

型 号	额定电流（A）	触点数量		触点电压（V）	触点额定电流（A）	用 途
		常开	常闭			
JL12	交直流：5、10、15、20、30、40、60、75、100、150、200、300 12 种	1	1	交流 380 直流 440	5	用于起重机上交直流电动机的过载和过流保护
JL14	交直流：1、1.5、2.5、5、10、15、25、40、60、100、150、300、600、1200、1500 15 种	1 2 —	1 — 2	交流 380 直流 440	5	用于交直流控制电路中作为过电流或欠电流保护
JL15	交直流：1.5、2.5、5、10、15、20、30、40、60、80、100、150、250、300、400、600、800、1200 18 种	1 1	— 1	交流 380 直流 110 220 440	5	用于电力传动系统中的过电流保护

（3）过电流继电器的选择和安装。

① 过电流继电器线圈的额定电流应大于或等于主电路的额定电流。

② 过电流继电器的触点种类、数量、额定电流应满足控制电路的要求。

③ 过电流继电器的动作电流一般为电动机额定电流的 1.7～2 倍；频繁启动时，过电流继电器的动作电流为电动机额定电流的 2.2～2.5 倍。

④ 安装过电流继电器时，需要将线圈串接于主电路中，常闭触点串接于控制电路中，以起到保护作用。

4．电压继电器

根据线圈两端电压大小而接通或断开电路的继电器称为电压继电器。这种继电器的特点是线圈的导线细，匝数多，并联在主电路中。按其动作原理有过电压继电器和欠电压（或零压）继电器之分。

过电压继电器在电压为 1.1～1.15 倍额定电压时动作，对电路进行过电压保护；欠电压继电器在电压为 0.4～0.7 倍额定电压时动作，对电路进行欠电压保护；零压继电器在电压降为 0.05～0.25 倍额定电压时动作，对电路进行零压保护。

电压继电器型号含义如下。

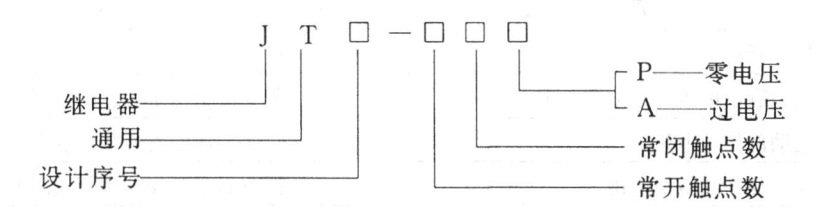

```
JT □-□□□
│  │ │  │└─ P——零电压
│  │ │  │   A——过电压
│  │ │  └── 常闭触点数
│  │ └───── 常开触点数
│  └─────── 设计序号
│  通用
└─ 继电器
```

电压继电器的图形符号与电流继电器相同，只是继电器线圈中通常无字母标注。

5．中间继电器

中间继电器是用来转换控制信号的中间电气元件，常用来放大控制信号或将控制信号同时传给几个控制元件，其结构与电压继电器相同。

中间继电器的触点较多，触点的额定电流有 5A 或 3A，比线圈所允许通过的电流大得多，所以可用来放大控制信号；当线圈通电或断电时，可使多触点同时动作，以便增加控制电路中信号的数量。

中间继电器的图形符号与电压继电器相同。

中间继电器型号的含义如下。

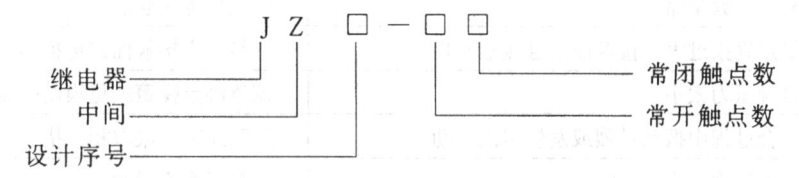

```
JZ □-□□
│  │  │└─ 常闭触点数
│  │  └── 常开触点数
│  └───── 设计序号
│  中间
└─ 继电器
```

中间继电器的品种规格很多，常用的有 J27 系列、J28 系列、JZ11 系列、JZ13 系列、JZ14 系列、JZ15 系列、JZ17 系列、3TH 系列等继电器。

J27 系列中间继电器适用于交流至 550V、电流至 5A 的控制电路，它的结构与直动式交流接触器相同。

JZ11 系列中间继电器采用直动螺管式电磁系统，铁芯和线圈在中央，两侧各有四对触点，其常开或常闭可由用户自行决定组合。

JZ13 系列中间继电器主要在电子线路中用作执行元件，以联系强电控制电路。其控制电压有 6V、12V、24V 等，有两对转换触点，额定容量为交流 220V、1A，电气寿命为 20 万次。

JZ17 系列中间继电器是引进日本 OMRON 公司技术生产的产品，原型号为 MA460N，可用于交流 50Hz，额定电压至 380V、直流额定电压至 220V 的控制电路中。

3TH 系列中间继电器是引进德国西门子公司技术生产的产品，继电器的型号有 3TH80、3TH82、3TH40、3TH42、3TH30。适用于交流 50Hz，额定电压至 660V 的电路中作转换控制。

6．电磁式继电器常见故障现象和处理方法

电磁式继电器常见故障现象、产生原因和处理方法如表 4-13 所示。

表 4-13 电磁式继电器常见故障现象、产生原因和处理方法

故障现象	产生原因	处理方法
通电后不能动作	线圈断路	更换线圈
	线圈额定电压高于电源电压	更换额定电压合适的线圈
	运动部件被卡住	查明卡住的地方并加以调整
	运动部件歪斜和生锈	拆下后重新安装调整及清洗去锈
通电后不能完全闭合或吸合不牢	线圈电源电压过低	调整电源电压或更换额定电压合适的线圈
	运动部件被卡住	查出卡住处并加以调整
	触点弹簧或释放弹簧压力过大	调整弹簧压力或更换弹簧
	铁芯极面不平或严重锈蚀	修整极面及去除锈蚀或更换铁芯
	铁芯分磁环断裂	更换分磁环或更换铁芯
线圈损坏或烧毁	空气中含粉尘、油污、水蒸气和腐蚀性气体，以致绝缘损坏	更换线圈，必要时还要涂覆特殊绝缘漆
	线圈内部断线	重绕或更换线圈
	线圈在超压或欠压下运行而电流过大	检查并调整线圈电源电压
	线圈额定电压比其电源电压低	更换额定电压合适的线圈
	线圈匝间短路	更换线圈
触点严重烧损	负载电流过大	查明原因，采取适当措施
	触点积聚尘垢	清理触点接触面
	触点烧损过大，接触面小且接触不良	修整触点接触面或更换触点
	接触压力太小	调整触点弹簧或更换新弹簧
触点发生熔焊	闭合过程中振动过烈或发生多次振动	查明原因，采取相应措施
	接触压力太小	调整或更换弹簧
	接触面上有金属颗粒凸起或异物	清理触点接触面
线圈断电后仍不释放	释放弹簧反力太小	换上合适的弹簧
	极面残留黏性油脂	将极面揩拭干净
	运动部件被卡住	查明原因后作适当处理
	触点已熔焊	撬开已熔焊的触点并更换新的

二、热继电器的选用

热继电器是利用电流的热效应来切断电路的自动保护电器，在控制电路中，主要用于电动机的过载保护、断相及电流不平衡运行的保护，以及其他电气设备发热状态的控制。

热继电器的类型有多种，其中双金属片式热继电器的结构简单、体积较小、成本较低、应用广泛。

1. 热继电器的型号和图形符号

热继电器型号的含义如下。

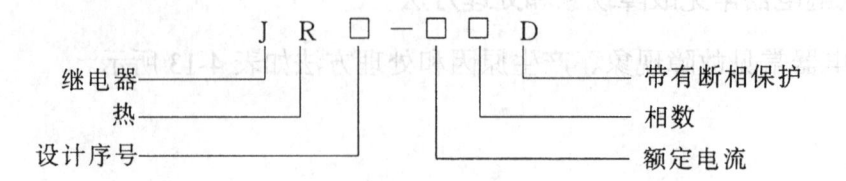

```
        J R □ - □ □ D
        │ │ │   │ │ │
    继电器 │ │   │ │ └─ 带有断相保护
      热 ──┘ │   │ └─── 相数
  设计序号 ──┘   └───── 额定电流
```

热继电器的图形符号如图 4-23 所示。

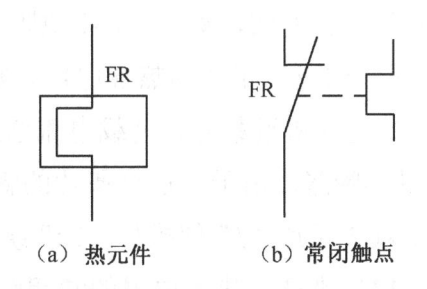

(a) 热元件　　　(b) 常闭触点

图 4-23　热继电器的图形符号

2．热继电器的结构和工作原理

下面以双金属片式热继电器为例，说明其结构及工作原理。如图 4-24 所示为热继电器的外形、结构及工作原理图。

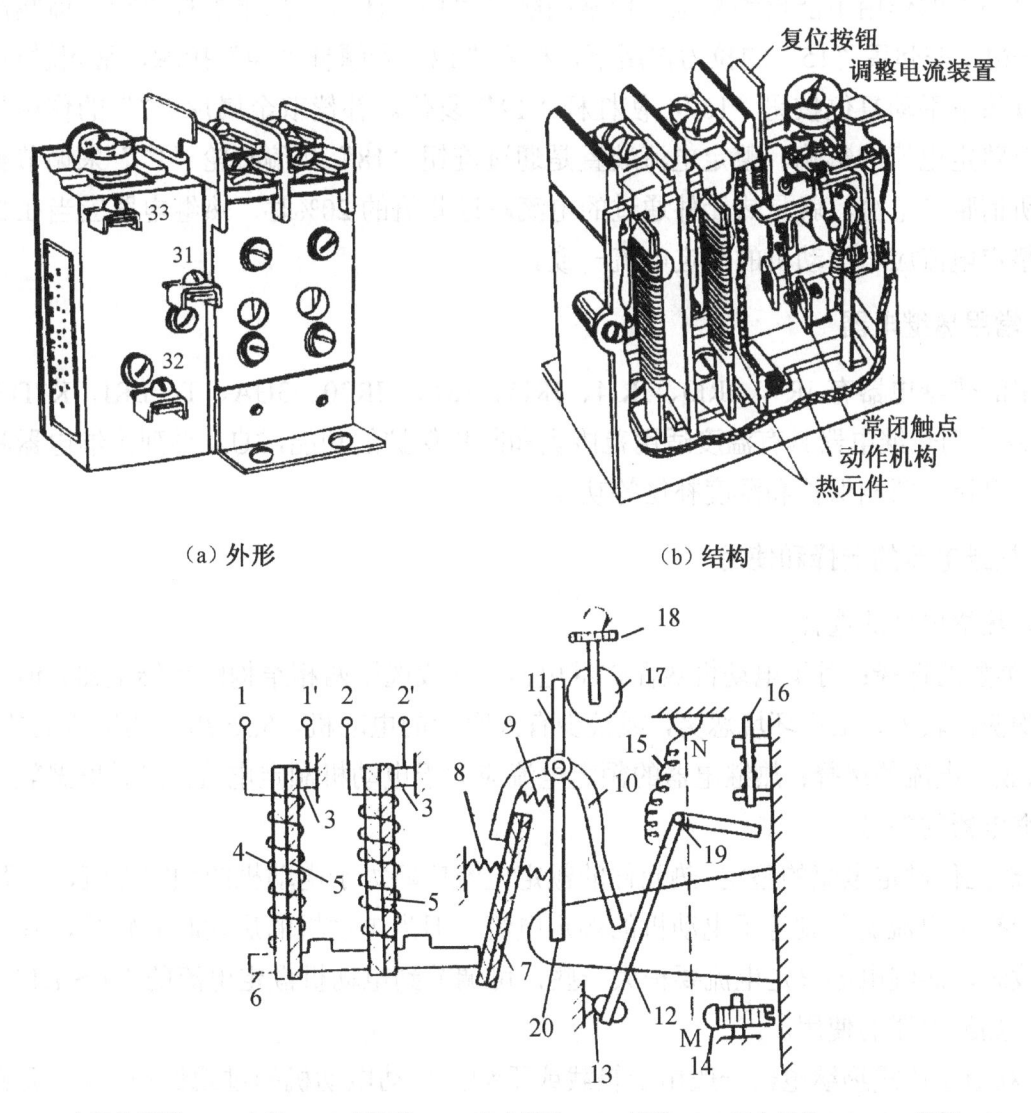

(a) 外形　　　(b) 结构

1—1'，2—2'—电阻丝两端；3—支架；4—电阻丝；5—双金属片；6—导板；7—双金属片；8，9—弹簧；10—推杆；11，20—支架；12—杠杆；13—常闭触点；14—螺杆；15—弹簧；16—手动复位按钮；17—偏心轮；18—旋钮；19—轴

(c)

图 4-24　热继电器的外形、结构及工作原理图

热继电器主要由热元件、触点、动作机构、整定电流装置和复位按钮等部分组成。热元

件是热继电器的重要组成部分,它由双金属片及缠绕在双金属片外面的电阻丝组成。双金属片由两种热膨胀系数不同的金属片焊合而成,使用时,将电阻丝直接串联在电动机的电路中。图 4-24(c)中热元件由两块组成,构成二相结构热继电器。热元件电阻丝两端 1-1′及 2-2′直接串联在电动机的两相电路中。当电动机过载时,过载电流通过串联在电路中的电阻丝"4",使之发热过量,双金属片"5"受热膨胀。由于左边金属片的膨胀系数比右边大,双金属片下端向右弯曲,通过导板"6"推动双金属片"7"使推杆"10"绕轴转动,推杆又推动杠杆"12"绕轴"19"转动,将常闭触点"13"推开。热继电器的常闭触点装在控制电路中,串接在接触器的线圈电路里,当常闭触点"13"断开时,接触器的线圈断电,衔铁释放,接触器的主触点将主电路断开,电动机便切断电源受到保护。热继电器的热元件若是由三块组成,便构成了三相结构的热继电器。

在图 4-24 中,调节螺杆"14",使之前端超过轴线 N—M。当双金属片冷却后,杠杆"12"在弹簧"15"的作用下能自动复位,使常闭触点"13"闭合。如果螺杆"14"前端没有超过轴线 N—M,在弹簧"15"的拉力作用下,杠杆"12"和螺杆"14"接触,常闭触点不闭合。这时必须按下手动复位按钮"16",使杠杆"12"复位。补偿双金属片"7"的作用是补偿环境温度对整定电流的影响。整定电流装置是通过旋钮"18"和偏心轮"17"来调节整定电流值的。所谓整定电流,就是热元件通过的电流超过此值的 20%时,热继电器应当在 20min 内动作。整定电流应与电动机的额定电流一致。

3. 常用热继电器

常用的热继电器有 JR9、JR10、JR14、JR15、JR16、JR20、3UA、T、LR1、K7D 等系列。JR20 系列热继电器具有温度适用范围宽和断相保护的功能,3UA 系列热继电器具有整定电流连续可调、断相保护和温度补偿等功能。

4. 热继电器的选择和使用

(1)热继电器的选择。

① 类型的选择:对于电动机热保护继电器,一般选用两相结构的热继电器。但对于电压的三相均衡性较差,工作环境恶劣,或较少有人照管的电动机,应选用三相结构的热继电器。

② 额定电流的选择:热继电器的额定电流应大于电动机额定电流,然后根据额定电流来确定热继电器的型号。

③ 热元件额定电流的整定:热元件的额定电流应略大于电动机的额定电流,一般情况下,热元件的整定电流调节到等于电动机的额定电流。但当电动机的启动时间较长,或是拖动冲击性负载时,热继电器整定电流要稍大一些,可调节到电动机额定电流的 1.1~1.15 倍。

(2)热继电器的使用。

① 双金属片式热继电器一般用于轻载或不频繁启动电动机的过载保护,因热元件受热变形需要一定的时间,所以热继电器不能作短路保护。对于重载、频繁启动的电动机,可选用过电流继电器作过载和短路保护。

② 热继电器在安装接线前,应清除触点表面污垢,触点表面不允许涂油,保证热继电器动作灵活。热继电器的安装位置应在其他电器的下方,以免受其他电器发热的影响。

三、时间继电器的选用

时间继电器是一种延时或周期性定时接通和切断某些控制电路的继电器。时间继电器的应用范围很广泛,特别是采用继电器-接触器控制的电力拖动系统和各种自动控制系统,其控制过程大多通过时间继电器来实现。

时间继电器的种类很多,按动作原理可分为空气式、电磁式、电动式、电子式等。它们各有特点,适用于不同要求的场合。

按延时方式可分为通电延时、断电延时及重复延时三种方式。通电延时型时间继电器在获得输入信号后,立即开始延时,需等延时完毕,其执行部分才输出信号以操纵控制电路。当输入信号消失后,继电器立即恢复到动作前的状态。断电延时型继电器在获得输入信号后,执行部分立即有输出信号。在输入信号消失后,继电器需要经过一定的延时,才能恢复到动作前的状态。重复延时继电器在接通电源以后,继电器以一定的周期周而复始地连续工作。

1. 时间继电器的型号和图形符号

时间继电器型号的含义如下。

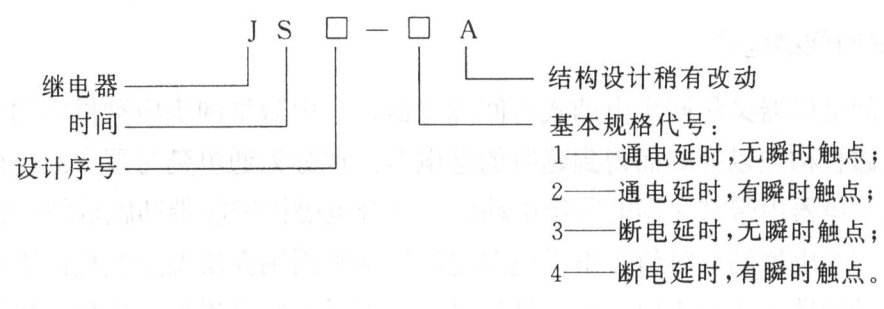

```
        JS□-□A
继电器 ─┘ │ │ └── 结构设计稍有改动
时间 ────┘ │    基本规格代号:
设计序号 ──┘    1——通电延时,无瞬时触点;
                2——通电延时,有瞬时触点;
                3——断电延时,无瞬时触点;
                4——断电延时,有瞬时触点。
```

时间继电器的图形符号如图 4-25 所示。

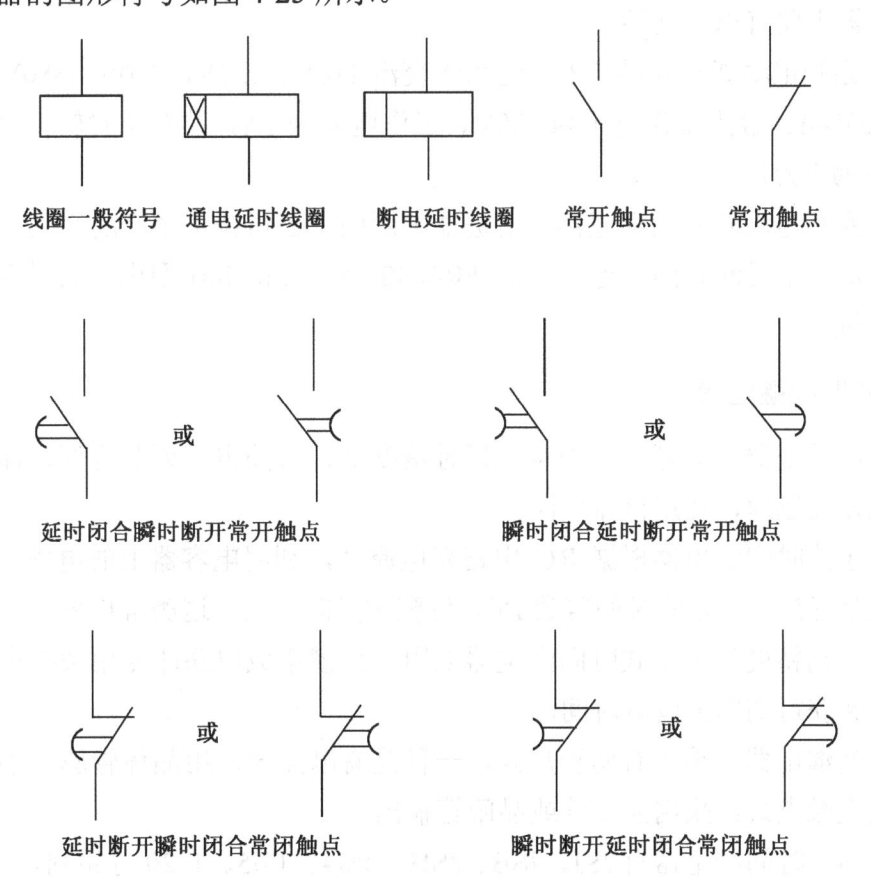

线圈一般符号　通电延时线圈　断电延时线圈　常开触点　常闭触点

延时闭合瞬时断开常开触点　　　瞬时闭合延时断开常开触点

延时断开瞬时闭合常闭触点　　　瞬时断开延时闭合常闭触点

图 4-25　时间继电器的图形符号

2. 空气式时间继电器

空气式时间继电器是利用空气阻尼原理实现延时的。它的结构简单，延时范围较大，在由继电器、接触器组成的控制电路中，空气式时间继电器用得较多。但延时的时间受气温、灰尘等因素的影响，延时的精度不高，而且无刻度，要准确调准延时时间比较困难。因此，空气式时间继电器不适用于对延时精度要求较高的场合。

常用的空气式时间继电器有 JS7 和 JS23 系列时间继电器。

（1）JS7 系列时间继电器：利用小孔节流的原理来获得延时动作，具有通电延时和断电延时两种动作方式，延时范围为 0.4~180s。线圈电压有 36V、127V、220V、380V，触点额定电流为 5A。

（2）JS23 系列时间继电器：全国统一设计的新型空气式时间继电器，它由一个具有四个瞬动触点的中间继电器作为主体，再加上一个延时组件组成。它适用于交流 50Hz、交流电压至 380V，直流电压至 220V 的延时接通和分断控制电路。有通电延时、断电延时两种规格，每种规格都有瞬动触点，延时范围有 0.2~30s、10~180s 两种。线圈电压为交流 110V、220V、380V。操作频率 1200 次/h。

3. 电动式时间继电器

电动式时间继电器又称同步电动式时间继电器，是由微型同步电动机驱动减速齿轮组，并由特殊的电磁机构加以控制而得到延时的继电器，也分为通电延时型和断电延时型两种。通常，电动式继电器由带减速器的同步电动机、离合电磁铁和能带动触点的凸轮组成。

电动式时间继电器的延时值可不受电源电压波动和周围介质温度变化的影响，延时范围大，在零点几秒到数十小时之内。但其结构复杂，不适于频繁操作，价格也较贵。常用的电动式时间继电器主要有以下几种。

（1）JS10 系列电动式时间继电器：适用于交流 110V、127V、220V、380V 的电路，线圈消耗功率约 12V·A。触点工作电压为 220V、工作电流为 1A，共有两对转换触点，复位时间小于 1s，寿命为 1 万次。

（2）7PR 系列电动式时间继电器：引进德国西门子公司技术生产的产品。7PR1040 型电动式时间继电器采用磁滞式同步电动机，7PR4040 型、7PR4140 型电动式时间继电器采用永磁式同步电动机。

4. 电子式时间继电器

电子式时间继电器具有延时范围宽、延时精度高、耐冲击、调节方便、体积小及寿命长等特点，因此发展迅速，使用日益广泛。

传统的电子式时间继电器根据 RC 电路充电原理，利用电容器上的电压逐渐上升获得延时时间。通过改变充电电路的时间常数 RC，可整定延时时间。这类继电器又称为晶体管时间继电器。目前，高精度的电子式时间继电器采用大规模集成电路即专用数字电路，通过晶体振荡和频率分频获得高精度延时时间。

电子式时间继电器的输出有两种形式，一种是有触点式，用晶体管驱动小型电磁式继电器；另一种是无触点式，采用晶体管或晶闸管输出。

常用的晶体管时间继电器有 JSJ、JSB、JS13、JS14、JS15、JS20 等系列。

JSJ 型晶体管时间继电器的电源电压为直流 24V、48V、110V，交流 36V、110V、127V、220V、380V；触点数为 1 常开、1 常闭，交流容量为 380V/0.5A，直流容量为 110V/1A；延时范围为 0.1～60s（延时误差＜±3%）、120～300s（延时误差＜±6%）。

JSl3 型晶体管时间继电器的电源电压为交流 127V、220V、380V；触点不少于 1 常开、1 常闭，其容量为直流 110V/1A；延时时间为 10～180s，延时误差＜±5%。

高精度电子式时间继电器具有延时的高精度及长延时的特点。它选用高性能电子元器件，简化了线路，缩小了体积，提高了可靠性和抗干扰能力，降低了功耗，因此在各种要求高精度、高可靠性自动控制的场合作延时控制用，按要求时间接通和分断电流。常用的采用专用数字电路的高精度电子式时间继电器有 ST3P、ST6P 系列继电器，这是从日本富士公司引进的产品。

四、速度继电器的选用

速度继电器用来对电动机的运行状态进行控制，即当转速达到规定值时继电器触点动作，主要用于电动机控制电路中。

1. 速度继电器的型号和图形符号

速度继电器型号的含义如下。

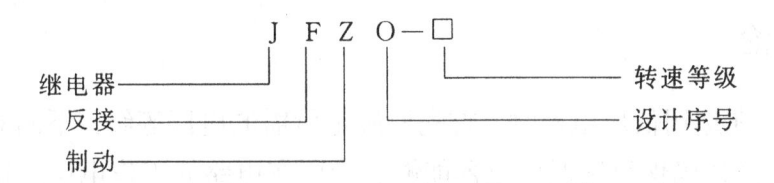

```
J F Z O - □
继电器   转速等级
反接     设计序号
制动
```

速度继电器的图形符号如图 4-26（b）所示。

2. 结构和工作原理

速度继电器的原理结构图如图 4-26（a）所示，它的轴上带有圆柱形永久磁铁，永久磁铁的外边是嵌着鼠笼式绕组的外环，外环可绕轴转动一定角度。

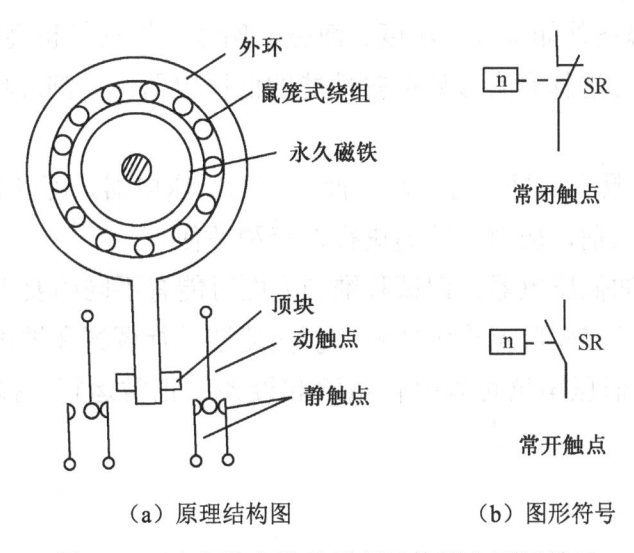

（a）原理结构图　（b）图形符号

图 4-26　速度继电器的原理结构图和图形符号

使用时，速度继电器的轴与被控制电动机的轴相连，当电动机带动速度继电器转动时，旋转的永久磁铁的磁通被外环的鼠笼式绕组切割，在绕组中产生感应电动势和感应电流。感应电流的大小与电动机的速度有关，当电动机转速达到一定数值时，感应电流在相应磁场力作用下，使外环转动。和外环固定在一起的顶块使常开触点闭合，常闭触点断开。速度继电器外环的旋转方向由电动机转动方向确定。因此，顶块可向左或向右拨动触点使其动作。当电动机转速下降到接近零时，顶块恢复到原来的中间位置。

常用的速度继电器有 JY1、JFZ0 型，其主要技术数据如表 4-14 所示。

表 4-14 常用速度继电器的主要技术数据

型 号	触点额定电压(V)	触点额定电流(A)	触点数量		额定工作转速(r/m)	允许操作频率(次/h)
			正转时动作	反转时动作		
JY1	380	2	1 常开 1 常闭	1 常开 1 常闭	100～3600	<30
JFZ0					300～1000 1000～3600	

项目总结

班级召开常用低压电器的选用交流会，各小组可围绕以下主题进行发言。

一、主题讨论

1．电压等级：在选用低压电器时，首先要确定所需的电压等级。不同的低压电器有不同的额定电压范围，必须确保所选低压电器能够适应所在电路的工作电压。错误的电压等级选择可能导致低压电器无法正常工作，甚至损坏。

2．电流等级：电流等级是另一个关键因素。低压电器的额定电流应与电路中的最大工作电流相匹配。如果额定电流过小，则可能导致低压电器过热、烧毁；如果额定电流过大，则可能造成资源浪费。

3．工作条件：工作条件包括电气设备的启动频率、负载类型以及控制方式等。这些因素对低压电器的选择和使用有重要影响，必须仔细考虑。

4．环境条件：环境条件如温度、湿度、海拔、腐蚀、振动等也会影响低压电器的选择。例如，在高温环境中，应选择具有较好散热性能的低压电器；在潮湿环境中，则应选择具有防潮功能的低压电器。

5．厂家信誉：选用具有良好信誉的制造商生产的低压电器，可以确保产品质量、售后服务以及技术支持。在购买前，应对制造商进行调查和评估。

6．调试需求：不同的低压电器在调试和维护方面可能有不同的要求。在选用低压电器时，应考虑到这些需求，以便在实际操作中能够方便快捷地进行调试和维护。

总之，选择正确的低压电器可以确保电路和设备的正常运行，提高系统的安全性和可靠性。

二、抢答赛

（一）选择题

1. 行程开关属于（　　）电器。
   A. 主令　　　　B. 开关　　　　C. 保护　　　　D. 控制
2. 低压断路器的电磁式过电流脱扣器的作用是（　　）。
   A. 短路保护　　　　　　　　　B. 过载保护
   C. 漏电保护　　　　　　　　　D. 缺相保护
3. 低压断路器的热脱扣器的作用是（　　）。
   A. 短路保护　　　　　　　　　B. 过载保护
   C. 漏电保护　　　　　　　　　D. 缺相保护
4. 交流接触器本身可兼作（　　）保护。
   A. 短路　　　　B. 过载　　　　C. 缺相　　　　D. 失压
5. 照明电路熔断器的熔体的额定电流，取线路计算电流的（　　）倍。
   A. 0.9　　　　B. 1.1　　　　C. 1.5　　　　D. 2

（二）判断题

1. 在设计电动机的继电接触器控制系统时，一般不选用低压断路器。（　　）
2. 闸刀开关只用于手动控制容量较小、启动不频繁的电动机的直接启动。（　　）
3. 漏电保护开关由零序电流互感器、漏电脱扣器两部分组成。（　　）
4. 漏电保护断路器不具备过载保护。（　　）
5. 低压熔断器按形状可分为半封闭插入式和无填料封闭管式。（　　）
6. 接触器是一种适合用于远距离频繁接通和分断交直流主电路的自动控制电器。（　　）
7. 继电器一般用来直接控制有较大电流的主电路。（　　）
8. 热继电器利用电流的热效应原理来切断电路以保护电动机。（　　）
9. 按钮开关是一种结构简单，应用广泛的主令电器。（　　）
10. 位置开关又称限位开关或行程开关，作用与按钮开关不同。（　　）

三、你问我答

1. 低压断路器的主要功能是什么？简述其工作原理。
2. 漏电保护断路器有什么特点？由几部分组成？
3. 怎样选择熔断器的熔体和熔管？
4. 主令电器有什么功能？常用的主令电器有哪些？
5. 简述选用交流接触器的原则。
6. 时间继电器有什么功能？通电延时型和断电延时型时间继电器的延时特性有什么不同？
7. 参观电工实训室，熟悉按钮开关、闸刀开关、熔断器、断路器、交流接触器、主令电器、继电器等低压电器的外形和结构,并画出它们的图形符号。

四、成果汇报

各小组展示实训成果,并进行交流汇报(用 PPT 或文字描述均可),回答师生现场提问。

项目评价

由小组内部、教师对小组成员任务完成情况进行评价,评价结果填入任务完成评价表。

常用低压电器的选用项目完成情况评价表

任务评价指标		自评	小组评价	教师评价
		优☆ 良△ 中√ 差×		
职业素养 (15分)	团队协作沟通与表达能力			
	工作态度与责任感			
	时间管理与效率			
	职业道德与操守			
知识与技能 (65分)	基础知识掌握			
	技能操作能力			
	问题解决能力			
	创新思维与表现			
	安全与规范意识			
成果汇报 (20分)	作品展示(成品展示、PPT 汇报、简报、作业等形式)			
	汇报语言流畅,思路清晰			
评价等级(自评 20%、组评 30%、师评 50%)				

拓展阅读

常用变压器

扫码阅读

项目 5

电工识图

项目目标

1. 熟悉电工图纸结构,掌握标题栏、图例、比例尺等关键要素并能解读图纸上的标注、注释,准确识别图纸中的信息。
2. 掌握典型电路的基本工作原理,了解各种电气元件在电路中的作用及其相互影响。
3. 通过综合分析典型的电路图,加深对电工识图的理解,提升应用能力。
4. 加强善于团队协作与沟通,以达到最佳的识图效果。

任务 1 电力工程电路图识读

任务目标

1. 了解电路图的组成、分类、特点和用途。
2. 熟悉电路图绘制规则,会分析电路图中的连接关系,理解电气元件之间的连接方式、电路的通断状态等,进而掌握电路工作原理和性能特点。
3. 能在实际应用中快速准确地识别和选择适合的电气元件。

任务实施

电力工程电路图又称电气工程电路图,简称电路图,它是电力工程的"语言",在电力工程中是表达和交流信息的重要工具,任何电力工程都是依据电路图进行施工的。维修电工应该有意识地从简单到复杂学会识图,根据电路图来检查和维护各种电气设备,根据电路图进行配线和安装电气设备。

电工识图作为电工领域中的一项基础且重要的技能,是每位电工从业者必备的核心能力。通过电工识图的学习,从业者能够更准确地理解电路布局,预测潜在问题,并在实际操作中高效地进行电路的安装、调试与维护。

一、了解电力工程电路图

在初中物理课中讲过:用导线将电源和负载连接起来,构成电路,将电路画在图纸上就形成了电路图。但这种电路图反映的仅是电原理线路,多用于电子技术工程。对于电力工程,这种简单的电路图往往不能反映电气元件的规格、型号、安装要求、线路敷设方式以及其他一些特征，不能作为电气线路安装和维修的依据。维修电工所接触的主要是电力工程电路图，它是按照电气动作原理或安装配线的要求，把所需的电源、电气设备、控制电器及导线连接起来构成电路，然后按国家统一规定的标准和符号画在图纸上形成的。

电力工程电路图反映的是电气工程的技术信息，由于其表达对象、提供信息类型及表达方式的不同，形成了多种不同的电力工程电路图。常见的电力工程电路图有电气系统图、电气原理图和电气装配图三种。

1. 电气系统图

电气系统图又称概略图或框图，它是用符号或带注释的框概括地表示系统或分系统的组成、相互关系及主要特征的一种简图。电气系统图以简洁的方式表达电气设计的总体方案、简要的工作原理和主要组成，其突出特点是简单明了，使电工对电气工程的总体结构和典型线路一目了然。在电气系统图中，通常用单线代表三线构成电气线路图，所以也称为单线系统图。

2. 电气原理图

电气原理图是根据电气系统的工作原理绘制的，用来表示电气系统各部分的相互关系、工作原理及作用，不涉及电气设备和电气元件的实际结构和安装情况。

电气原理图能清楚地反映电流流经的路径、电气设备与控制电器的相互关系和工作原理，它是研究电气工作原理和分析故障的依据。技术人员和电工通过电气原理图能很快地发现接线的错误或运行中的故障。

3. 电气装配图

电气装配图又称电气安装接线图。它是根据电气设备和电气元件的实际结构和安装情况绘制的，用来表示接线方式、电气设备及电气元件的位置、接线场所的形状、特征及尺寸。电气装配图是电力工程施工的主要图纸，它往往与平面布置图画在一起，着眼于电气线路的安装配线。

除此之外，电力工程电路图还有展开接线图、平面布置图、剖面图等。

二、了解电路图的组成

电力工程电路图一般由电路、技术说明和标题栏三部分组成。电路是电路图的主体。

1. 电路

将所需的电源、电气设备和控制电器用导线连接起来，构成闭合回路，以实现电气设备的预定功能，这种回路的总体叫作电路。

电力工程的电路通常分为两部分：主电路和辅助电路，如图 5-1 所示。主电路也叫一次回路，是电源向负载输送电能的电路，包括电源设备、控制电器和负载等。主电路在图中用粗实线表示，位于辅助电路的左侧或上部。通常，主电路通过的电流较大，使用的线径较粗。辅助电路也叫二次回路，是对主电路进行控制、保护、监测、指示的电路，包括控制电器、仪表、指示灯等。辅助电路用细实线表示，位于主电路的右侧或下部。辅助电路的电流较小，使用的线径也较细。

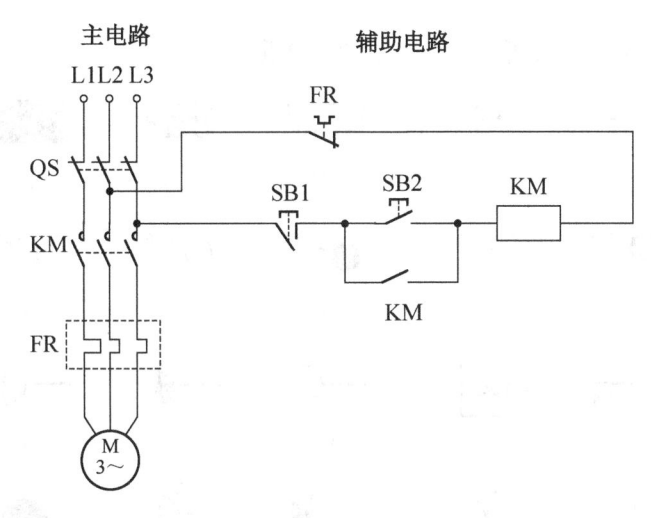

图 5-1 电路的组成

电路是电路图的主要构成部分。构成电路的电气元件的外形和结构比较复杂，在电路图中要采用国家统一规定的图形符号和文字符号来表示电气元件的不同种类、规格及安装方式。对于比较简单的电路，有的只绘制其电气原理图，以反映电路的工作过程和特点；有的只绘制电气装配图，以反映各电气元件的安装位置和配线方式。对于比较复杂的电路，同时绘制电气原理图和电气装配图。此外，对于比较复杂的辅助电路，有时要绘制其展开接线图，在电气工程施工中有时要求绘制平面布置图和剖面图。

2. 技术说明

电路图中的文字说明和电气元件明细表等，总称为技术说明。在文字说明中注明电路的某些要点及安装要求等，通常写在电路图的右上方。电气元件明细表列出电路中元器件的名称、符号、规格和数量等。电气元件明细表一般位于标题栏的上方。

3. 标题栏

标题栏位于电路图的右下角，栏内注有工程名称、图名、图号，还有设计人、制图人、审核人、批准人的签名和日期等栏目。标题栏是电路图的重要技术档案，栏目中的签名者对图中的技术内容要各负其责。

三、了解电气符号

电路图是利用电气符号来表示其构成和工作原理的，因此要看懂电路图，必须了解电气符号的含义、标注原则和使用方法。电气符号包括图形符号、文字符号和回路标号。

1. 图形符号

图形符号是指由国家标准所规定的特定图形，主要用来表示电路中的电气元件、电气设备和连接关系，它分为基本符号和一般符号。

（1）基本符号。基本符号不表示独立的电气元件，只说明电路的某些特征。例如，"∼"表示交流；"—"表示直流。

（2）一般符号。一般符号用来表示一类产品和这类产品特征的一种符号。例如："Ⓜ"表示交流电动机；"Ⴃ"表示双绕组变压器。

(3) 照明平面图中的常用图形符号，如图 5-2 所示。

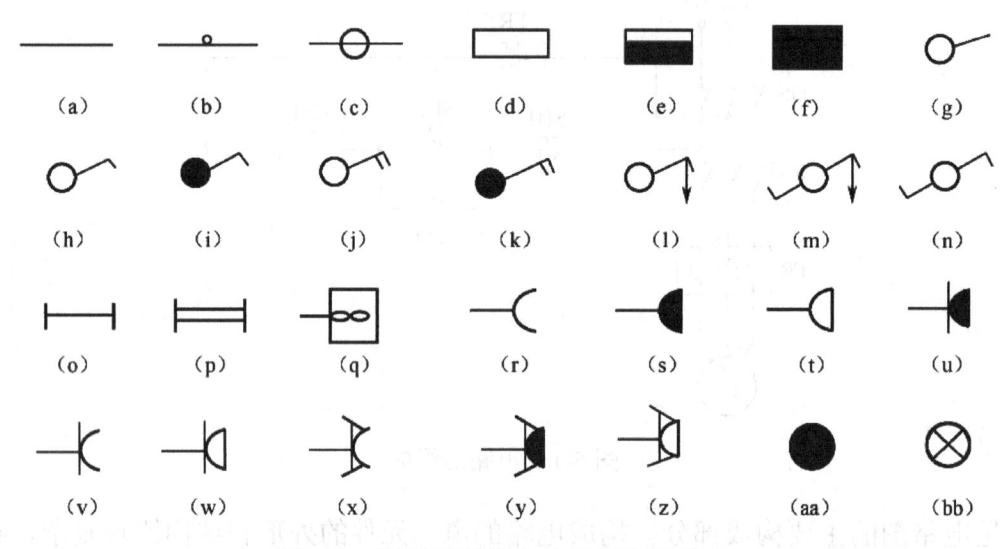

图 5-2　照明平面图中的常用图形符号

图 5-2（a）所示为导线、电缆、传输线路；图 5-2（b）所示为穿管线路；图 5-2（c）所示为架空线路；图 5-2（d）所示为配电屏、配电箱、开关柜等配电设备；图 5-2（e）所示为动力配电箱、动力—照明配电箱；图 5-2（f）所示为信号板、信号屏；图 5-2（g）所示为开关；图 5-2（h）所示为明装单极开关；图 5-2（i）所示为暗装单极开关；图 5-2（j）所示为明装双极开关；图 5-2（k）所示为暗装双极开关；图 5-2（l）所示为明装单极拉线开关；图 5-2（m）所示为双控拉线开关；图 5-2（n）所示为双控开关；图 5-2（o）所示为荧光灯；图 5-2（p）所示为双管荧光灯；图 5-2（q）所示为风扇，方框可省略不用；图 5-2（r）所示为单相插座；图 5-2（s）所示为单相暗装插座；图 5-2（t）所示为密闭防水插座；图 5-2（u）所示为带接地插孔的暗装插座；图 5-2（v）所示为带接地插孔的插座；图 5-2（w）所示为带接地插孔的防水插座；图 5-2（x）所示为带接地插孔的三相插座；图 5-2（y）所示为带接地插孔的三相暗装插座；图 5-2（z）所示为带接地插孔的三相防水插座；图 5-2（aa）所示为球形灯；图 5-2（bb）所示为电灯、信号灯。

2. 文字符号

文字符号是用来表示电气设备、装置和电气元件种类及功能的字母代码，分为基本文字符号和辅助文字符号两种。

（1）基本文字符号。基本文字符号有单字母符号和双字母符号两种表示方式。单字母符号是按大写的拉丁字母将各种电气设备、电气元件划分为 23 大类，每个大类用一个专用字母符号表示。如"C"表示电容器类，"R"表示电阻器类。需要将大类进一步划分，以便较详细和更具体地表述电气设备、电气元件时，采用双字母符号。双字母符号由一个表示种类的单字母符号后加另一字母组成，如"GB"表示蓄电池，其中"G"为电源的单字母符号。

（2）辅助文字符号。辅助文字符号是用来表示电气设备、装置和电气元件及线路的功能、状态和特征的。如"SYN"表示同步，"L"表示限制，"RD"表示红色等。

（3）照明平面图的常用文字符号。在照明平面图中，常在照明电器、电线、管路旁标注一些文字符号，表示线路所用电工器材的规格、容量及数量等。如表 5-1 所示为配线方式文字符号的含义，如表 5-2 所示为配线部位文字符号的含义。

表 5-1 配线方式文字符号的含义

文 字 符 号	含 义	文 字 符 号	含 义
CP	瓷瓶配线	DG	电线管配线（薄壁）
CJ	瓷夹配线	VG	硬塑料管配线
VJ	塑料线夹配线	RVG	软塑料管配线
CB	槽板配线	PVC	PVC 塑料管配线
XC	塑料模板配线	SPG	蛇铁皮管配线
G	普通钢管配线（厚壁）	QD	卡钉配线

表 5-2 配线部位文字符号的含义

文 字 符 号	含 义	文 字 符 号	含 义
M	明配线	DM	沿地板或地面明配
A	暗配线	LA	在梁内暗配或沿梁暗配
LM	沿梁或屋架下弦明配	ZA	在柱内暗配或沿柱暗配
ZM	沿柱明配	QA	在墙体内暗配
QM	沿墙明配	PA	在顶棚内暗配
PM	沿天棚明配	DA	在地下或地板下暗配

标注举例：

$$BVR（2×2.5）PVC16-QA$$

这表示线路所用的是聚氯乙烯绝缘软电线（BVR）。导线两根，每根的截面为 $2.5mm^2$；配线方式采用 $\phi 16mm$ PVC 塑料管配线；在墙体内暗敷配线（QA）。

$$BLX-500，3×2.5-DG15-DA$$

这表示线路所用导线是铝芯橡皮绝缘电线,耐压 500V；共有 3 根导线，截面均为 $2.5mm^2$；采用直径为 15mm 的薄壁电线管配线；在地下暗敷配线（DA）。

3．回路标号

在电路图中，回路上标注的文字符号和数字标号统称回路标号，用来表示各回路的种类和特征。回路标号一般由三位或三位以下的数字组成，按照"等电位"的原则进行标注。所谓等电位的原则，即为回路中连接在一点的所有导线具有同一电位而标注相同的回路标号。

常用的图形符号、基本文字符号和辅助文字符号如表 5-3、表 5-4 和表 5-5 所示。

表 5-3 常用图形符号

名 称	图形符号	文字符号
开关		QS
单极开关		QS
三极开关		QS
闸刀开关	同上	QS
组合开关	同上	QS
控制器或操作开关		SA

续表

名　称	图形符号	文字符号
按钮		SB
启动按钮		SB
停止按钮		SB
复合按钮		SB
接触器		KM
线圈		KM
常开触点		KM
常闭触点		KM
带灭弧装置的常开触点		KM
带灭弧装置的常闭触点		KM
中间继电器		KA
速度继电器		KA
电压继电器		KA
一般线圈		KA
欠压继电器的线圈	U<	KA
过电流继电器的线圈	I>	KA
常开触点		KA
常闭触点		KA
热继电器		FR
热元件		FR
常闭触点		FU
熔断器		T
单相变压器		LH
信号灯		T
三相自耦变压器		M
三相鼠笼式异步电动机		M
串励直流电动机		M
并励直流电动机		M

表 5-4　常用基本文字符号

设备、装置和元器件种类		基本文字符号	
		单字母符号	双字母符号
组件	晶体管放大器	A	AD
部件	集成电路放大器		AJ
非电量到电量变换器	压力变换器	B	BP
	位置变换器		BQ
电容器	电容器	C	
保护	熔断器	F	FU
发生器电源	蓄电池	G	GB
信号器件	指示灯	H	HL
继电器接触器	交流继电器	K	KA
	接触器		KM
变压器	控制变压器	T	TC
	电力变压器		TM
电感器	感应线圈	L	
电动机	电动机	M	MS
	同步电动机		
测量设备	电流表	P	PA
试验设备	电度表		PJ
电力电路的开关器件	断路器	Q	QF
	隔离开关		QS
控制电路的开关器件	选择开关	S	SA
	按钮开关		SB

表 5-5　常用辅助文字符号

名　称	文字符号	名　称	文字符号
交流	AC	断开	QFF
自动	A，AUT	闭合	ON
直流	DC	输出	OUT
接地	E	保护	P
高	H	保护接地	PE
低	L	保护接地与中性线共用	PEN
手动	M，MAN	不接地保护	PU
中性线	N	信号	S

四、了解连接线

在电力工程电路图中，各种图形符号的相互连线统称连接线，在图中起着连接各种电气设备、电气元件的图形符号的作用，代表电气工程中的各种导线。连接线是构成电力工程电路图的重要组成部分，了解连接线的表示方法和含义是电工识图的基础。

1. 导线的表示方法

（1）导线的一般符号。如图 5-3（a）所示导线的一般表示符号，可用于表示一根导线、导线组、电线、电缆、传输电路、母线、总线等。这一符号可根据具体情况加粗、延长或缩小。

（2）导线根数的表示法。当用导线的一般符号表示一组导线时，若需反映导线根数，可用小斜线表示。数量较少时，4 根以下用短斜线数目代表导线根数，如图 5-3（b）所示；数量较多时，可用一小斜线标注数字表示，数字表示导线的根数，如图 5-3（c）所示。

（3）导线特征的表示法。在电力工程电路图中，有时需反映出导线的材料、截面、电压、频率等特征，要在导线上方、下方或中断处加注识别标志。导线的特征通常采用符号标注，在横线上面标出电流种类、配电系统、频率和电压等；在横线下方标出电路的导线数乘以每根导线的截面（mm^2），若导线的截面不同，可用"+"将其分开；导线材料可用化学元素符号表示。如图 5-3（d）所示，表示电路有 3 根相线、1 根中性线，交流频率为 50Hz，电压为 380V，相线截面为 $6mm^2$，中性线截面为 $4mm^2$，导线材料为铝。如图 5-3（e）所示标注，可表示导线的型号、截面及安装方法等，即导线型号为 BLV（铝芯塑料绝缘线），截面为 $3mm×4mm$，安装方法用管径 $\phi 25mm$ 的塑料管，在墙体内暗敷配线（QA）。

（4）导线换位表示法。在某些情况下需要表示电路相序的变更，极性的反向、导线的交换等，可采用图 5-3（f）所示的方式标注，表示 L_1 相与 L_3 相换位。

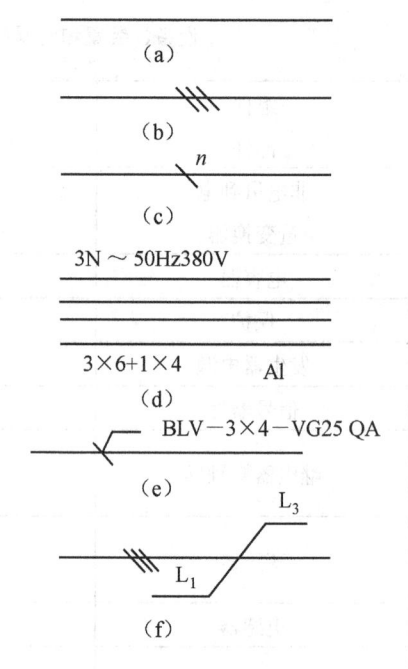

图 5-3　导线的表示方法

2. 连接线的分组和标记

配电线束、多芯电线电缆、母线、总线等都可视为平行连接线。对于多条平行连接线，应按功能分组。不能按功能分组的，可以任意分组，每组不多于三条。组内线的距离应不小于 5mm，以便进行各种标注。组间的距离应大于线间距离。

为了反映连接线的功能或去向，可以在连接线上加注信号名或其他标记。标记通常标注在连接线或连接线组的上方或左方，也可以标注在连接线的中断处。如图 5-4 所示的几种标注，表示连接线的功能"TV"，传输电流"I"，传输波形"⊓"等。

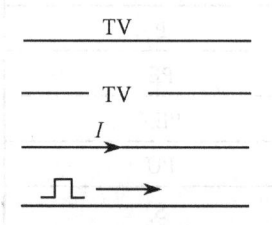

图 5-4　连接线的标记

3. 连接线的连续表示法和中断表示法

反映连接线的去向和接线关系，有连续表示法和中断表示法。

（1）连接线的连续表示法。连续表示法是将连接线头尾用导线连通的表示方法。连接线可以用多线也可以用单线表示。为了避免线条过多，保持图面的清晰，对多条去向相同的连接线常采用单线表示。若连接线两端处于不同位置，必须在两个相互有连接关系的线端加注标记，如图 5-5（a）所示，加注标记表明 A—A、B—B、C—C、D—D 的连接关系。若连接线两端都按顺序编号，且线组内线数相同，在不致引起错接的情况下，允许省略标记，如图 5-5（b）

可简化成如图 5-5（c）所示。若有一组线，各自按顺序连接，则可按如图 5-5（d）所示的方法，按顺序编号，用单线表示。

在电气装配图中，当单根导线汇入用单线表示的一组连接线时，可采用如图 5-6（a）所示的方法。汇接处为一短斜线，其方向应便于识别连接线进入或离开汇总线的方向，连接线的末端标注相同的标记符号。当需要表示出导线根数时，可采用如图 5-6（b）所示的方法。电缆的芯线汇入电缆可采用如图 5-6（c）所示的方法，在电缆两端的芯线上都分别标注芯线号，图中表示从+A；X_1 的 1、3 端子引出的线号为 1、2 的两根芯线通过 107 号电缆，与+B-X_2 的 2、1 端子相连接。

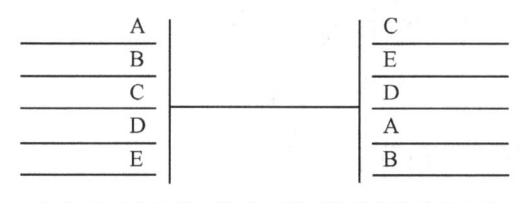

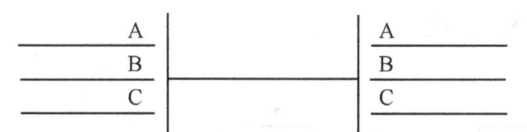

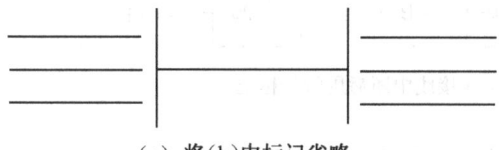

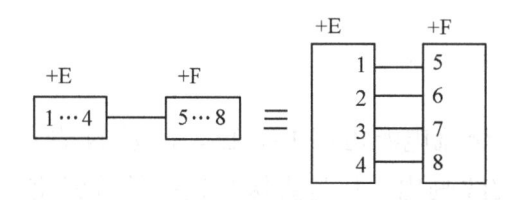

图 5-5　连接线的单线表示法

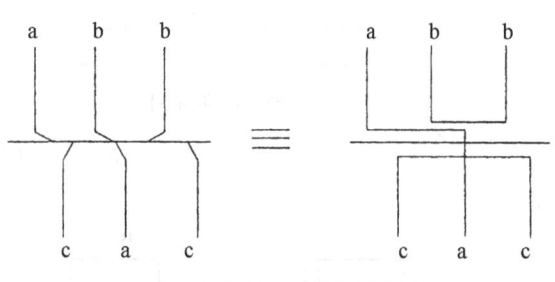

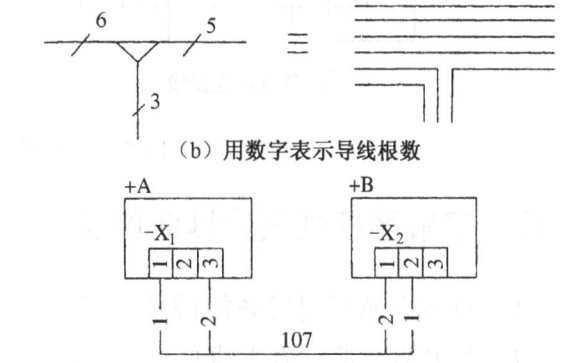

图 5-6　汇总线的单线表示法

（2）连接线的中断表示法。电路图中的连接线可能穿过图中符号较密集的区域，也可能从一张图纸连到另一张图纸，出现连接线较长的情况，这时连接线可以中断，以使图面清晰，但在连接线的中断处应加相应的标记，如图 5-7 所示。

如图 5-7（a）所示，中断线两端标注相同字母，表明 A—A 连接。

如图 5-7（b）所示，去向相同的导线组，在图中中断处的两端分别标注 A、B、C、D 符号，表示去向。

如图 5-7（c）所示为一条连接线需要连接到另一张图纸上采用的中断线表示方法。1 号图上的 L 线在 C_4 区中断，24 号图上的 L 线在 A_4 区中断，则中断线的标注方法在 1 号图上标注为 24/A_4，在 24 号图上标注为 1/C_4，表示 L—L 连接。

此外，还可以用符号标记表示连接线的中断。如图 5-8（a）所示为连接线不中断的表示方法，表明项目-A 的 1 号端子与项目-B 的 2 号端子相连，-A 的 2 号端子与-B 的 1 号端子相连，无须作符号标记。如图 5-8（b）所示为中断线表示，要在中断处作符号标记。-A 的 1

号端子连线的中断处标注"-B：2"，表示该连线应与-B的2号端子相连；-A的2号端子连线的中断处标注"-B：1"，表示该连线应与-B的1号端子相连。同样地，在项目-B的连接线中断处也要作相应的符号标注。

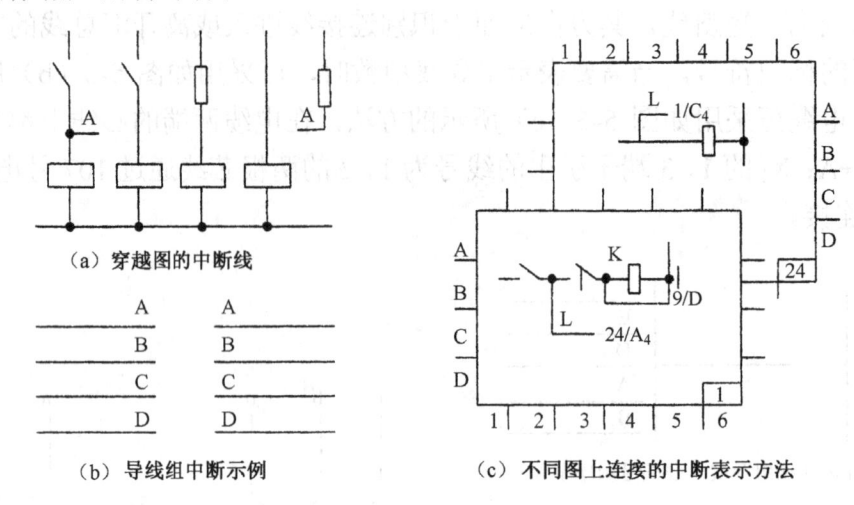

（a）穿越图的中断线

（b）导线组中断示例

（c）不同图上连接的中断表示方法

图5-7 中断线的标记方法

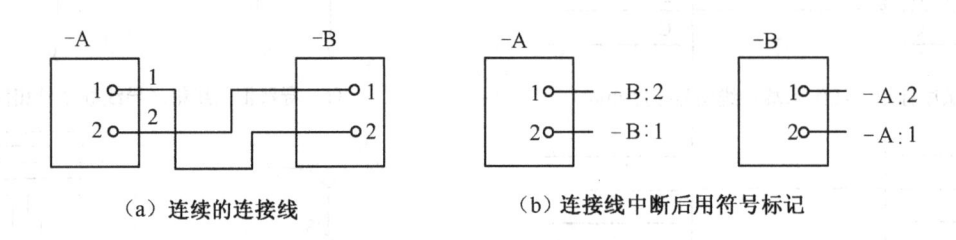

（a）连续的连接线

（b）连接线中断后用符号标记

图5-8 中断线的符号标记方法

五、了解图纸画法的其他规定

（1）直流电源可用线条加符号"+""-"表示，交流电源可用 L_1、L_2、L_3 及 N 表示。

（2）主电路通常用粗实线画出，辅助电路用细实线画出。凡是直接电连接的导线交叉点，在图中用黑圆点标注，未用黑圆点标注的交叉线表示无直接电连接关系。

（3）在主电路和辅助电路中，各电气元件的动作顺序通常按从左到右、从上到下的规律排列，其目的是为阅读和分析提供方便。

（4）图中电气元件的触点都按不通电、不受外力作用的断、合状态画出。如带电磁线圈的电气元件按线圈未通电时标注触点系统的断合状态，手动或机动控制装置应标注动作前的零位状态。

（5）对于比较复杂的电路图，为了检索电路，方便阅读，在图的上方或下方用数字标注图区编号。有时在图区编号的下方或上方用汉字注明该图区的电气元件功能，以便于分析电气元件的工作原理。

（6）电气元件的技术参数有时可在图中标注，标注的方法是在电气元件代号的相应位置用小号字体注明电气元件型号和有关技术参数。例如，采用导线的型号、截面、配线的方法、继电器电流动作范围及整定值等。

任务 2
电工应用识图

任务目标

1. 掌握电工识图的基本方法及步骤，能读懂最基本的电路图。
2. 能通过图纸分析电路故障，能识别常见的电路故障类型。
3. 通过实践操作，提高学生的图纸解读能力和电路分析能力。

任务实施

一、识图的基本方法和步骤

1. 识图的基本方法

（1）从简单到复杂，循序渐进识图。初学识图要本着从易到难，从简单到复杂的原则。一般来讲，照明电路比电气控制电路简单，单相控制电路比系列控制电路简单，复杂的电路都是简单电路的组合。从看简单的电路图开始，搞清每一个电气符号的含义，明确每一个电气元件的作用，理解电路的工作原理，为复杂电路的识图打下基础。

（2）结合电工基础理论识图。供电系统、电力拖动和各种控制电路都是根据电工基础理论设计的。电工识图，着重是对电气原理图的理解，要具备电工基础理论知识。因此结合电工基础理论识图，容易搞清电路的电气原理，并提高识图的速度。

（3）结合电气元件的结构和工作原理识图。电路中的各种电气元件是电路的重要组成部分，如常用的各种继电器、接触器、控制开关、互感器、熔断器等。在识图时，首先要了解这些电气元件的结构、性能、相互控制关系及在电路中的作用，才能理解整个电路的工作原理，看懂电路图。

（4）结合典型电路识图。所谓典型电路，就是常见的基本电路。较复杂的电路都是由若干基本电路所组成的。掌握并熟悉常见的基本电路，如常用电气设备的基本控制电路、电动机基本控制电路、常用电气元件基本控制电路等。结合典型电路识图，有利于对复杂电路的理解，能较快地分清电路的主次环节，搞清电路的工作原理。

2. 识图的基本步骤

识图一般由阅读图纸说明开始，然后读电气原理图，其次看电气装配图，最后看展开接线图、平面布置图、剖面图等。

（1）阅读图纸说明。识图时，首先要阅读图纸说明，明确设计内容和施工要求，抓住识图要点。图纸说明的内容包括图纸目录、技术说明、电气元件明细表和施工说明书等。

（2）阅读标题栏。了解电气工程名称和图纸名称。

（3）读电气系统图。主要了解整个电气系统或分系统的概况，即电气系统的基本组成、相互关系及主要特征，为进一步理解电气原理图打下基础。

（4）读电气原理图。读电气原理图是电工识图的主要环节，其目的是明确电路的构成、各电气元件的作用和整个电路的工作原理。看电气原理图时，先要了解电路图中各组成部分的作用，分清主电路和辅助电路、交流回路和直流回路；再按照先看主电路，后看辅助电路的顺序进行读图。读图顺序如下。

（1）看主电路时，从下往上看。即从用电设备开始，经控制元件，依次往电源看。其步骤如下。

1. 看主电路的用电设备类型
2. 看用电设备是用什么样的控制元件控制的，是用几个控制元件控制的
3. 查看主电路中除用电设备以外的其他电气元件，以及这些电气元件所起的作用
4. 查看电源。电源的种类和电压等级

（2）看控制电路时，从上往下，从左往右地看。要搞清控制电路的回路构成、各电气元件之间的相互联系和控制关系及其动作情况等。同时还要了解控制电路与主电路之间的相互关系，进而搞清整个电路的工作原理。其步骤如下。

1. 看辅助电路的电源（交流电源、直流电源）
2. 弄清辅助电路的每个控制元件的作用
3. 研究辅助电路中各控制元件的作用之间的制约关系

（5）读电气装配图。电气装配图是根据电气原理图绘制的，应对照电气原理图来看电气装配图。读图从主电路开始，由电源引入端，按回路顺序，查阅各控制元件，直到电气设备。然后读辅助电路，由电源开始，按回路查阅各电气元件，直到回电源另一端。

（6）读展开接线图。应对照电气原理图，从上到下或从左到右来读展开接线图。在读展开接线图时应注意，动作电气元件的接点往往接在其他回路中，看图时要与电气原理图一一对应，形成完整的电路。

（7）读平面布置图和剖面图。读平面布置图主要是了解土建平面概况，明确主要电气设备的位置，结合剖面图进一步搞清电气设备的空间布置，以便实施安装接线的整体计划。

3. 电工识图的注意事项

（1）忌无头绪，杂乱无章。电工识图时，应该是一张一张地阅读电气图纸，每张图全部读完后再读下一张图，如读图期间遇有与其他图有关联或标注说明时，应找出关联图，但只读关联部位了解连接方式即可，然后返回来再继续读完原图。读每张图纸时则应一个回路、一个回路地读。一个回路分析清楚后再分析下个回路。这样才不会乱，才不会毫无头绪、杂乱无章。

(2)忌烦躁,急于求成。电工识图时,应该心平气和地读。尤其是负责电气维修的人员,更应该在平时设备无故障时就心平气和地读懂设备的原理,分析其可能出现的故障原因和现象,做到心中有数。否则,一旦出现故障,心情烦躁、急于求成,一会儿查这条线路,一会儿查那个回路,没有明确的目标。这样不但不能快速查找出故障的原因,也很难真正解决问题。

(3)忌粗糙,不求甚解。电工识图时,应该是仔细阅读图样中表示的各个细节,切忌不求甚解。注意细节上的不同才能真正掌握设备的性能和原理,才能避免一时的疏忽造成的不良后果甚至是事故。

(4)忌不懂装懂,想当然。电工识图时,遇到不懂的地方应该查找有关资料或请教有经验的人,以免造成不良的影响和后果。应该清楚,每个人的成长过程都是从不懂到懂的过程,不懂并不可怕,可怕的是不懂装懂、想当然,从而造成严重后果。

(5)忌心中无数。电工识图时一定要做到心中有数。尤其是比较大或复杂的电气系统,常常很难同时分析各个回路的动作情况和工作状态,适当进行记录,有助于避免读图时的疏漏。

二、电原理图与照明平面图的转换

电原理图的作用是表达电路中的电源、各电气元件以及它们之间的相互关系,而照明平面图将电原理图加以简化,来描述电气设备线路在建筑物上的组成、位置、布线等特征。如图 5-9 所示为几种基本照明控制电路电原理图与照明平面图的转换。

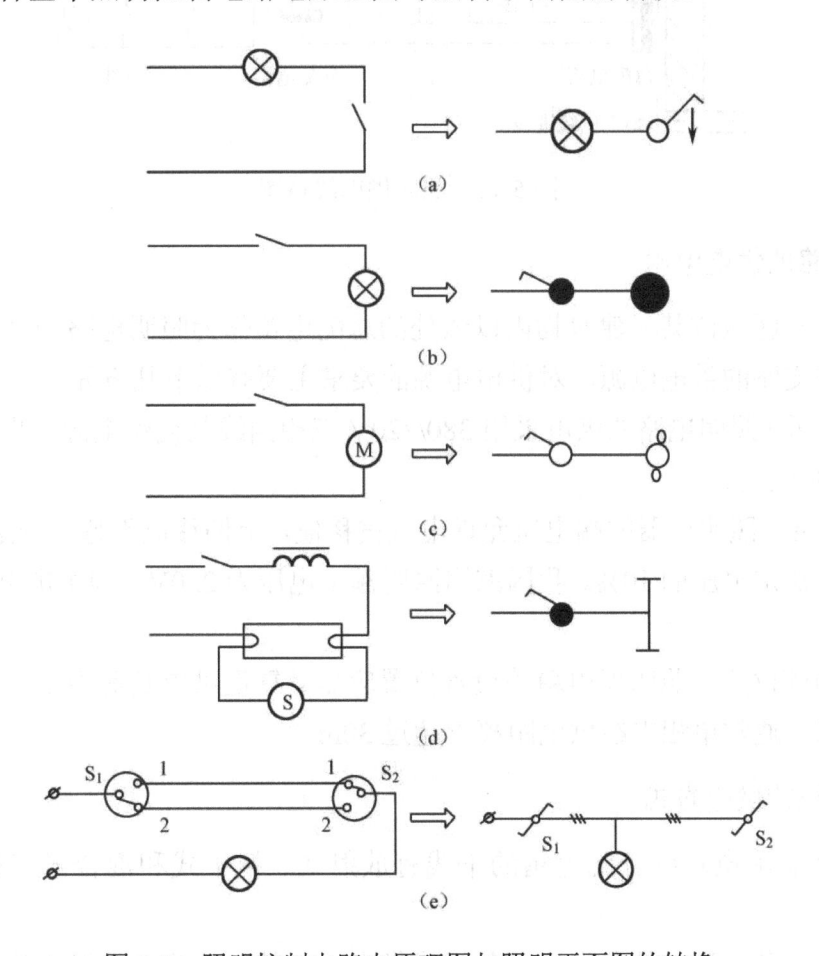

图 5-9 照明控制电路电原理图与照明平面图的转换

如图 5-9(a)所示为一个开关控制一盏灯的电原理图与照明平面图。需要说明的是,电原理图中没有表示是明装开关,还是暗装开关;是壁灯,还是花灯,重点是反映电路控制原理。照明平面图明确表示为一个拉线开关控制一盏普通的白炽灯。照明平面图标示必须专一，如果用图形符号表达不清楚，要在图形符号旁或在施工说明中把灯具和开关的型号、规格列出来，以便采购和安装。照明平面图比电原理图更侧重于施工安装操作。如图 5-9（b）所示为一个暗装开关控制一盏球形灯。如图 5-9（c）所示为一个明装开关控制一个吊扇。如图 5-9（d）所示为一个暗装开关控制一个单管荧光灯。如图 5-9（e）所示为用两个双联开关在两处控制一盏灯。在电原理图所示状态下，灯不亮，这时无论扳动开关 S_1 还是扳动开关 S_2，即将 S_1 扳向"1"或将 S_2 扳向"2"，都可将灯点亮。同样道理，也可在两处分别控制，将灯熄灭。通常采用两个双联开关，在楼上、楼下同时控制楼梯上的灯，走廊的两端同时控制走廊中间的灯。双联开关又称双控开关。

三、照明供电线路的识读

照明电路由用户变电所输出，经架空线路或采用电缆埋地敷设引入总配电箱，总配电箱、分配电箱、干线和支线构成照明供电线路，如图 5-10 所示。

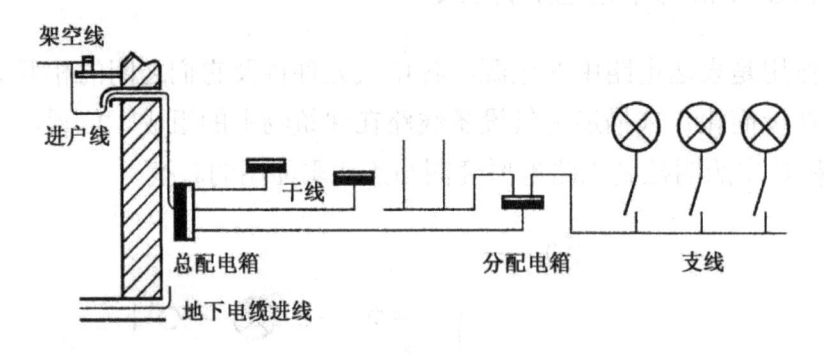

图 5-10 照明供电线路图

1. 照明电路的供电电源

通常，在某一区域或某一建筑物内以该处的总配电箱作为照明电路的供电电源，而以分配电箱作为照明支路的供电电源。对供电电源的要求主要有以下几方面。

（1）电源电压。照明电路的供电采用 380/220V 三相四线制交流电源，照明支路通常采用 220V 单相两线制供电。

（2）电压偏移。照明电器的端电压允许电压偏移值，上偏移值不超过额定电压的 5%，下偏移值不应低于额定电压的 10%。我国家用照明额定电压为 220V，则供电电压范围为 198～231V。

（3）配电箱的位置。照明配电箱的设置位置应尽量靠近供电负荷中心，以满足照明支线供电距离的要求，通常单相支线供电距离不超过 30m。

2. 照明干线的供电方式

照明电路从总配电箱到分配电箱的干线有放射式、树干式和混合式三种供电方式，如图 5-11 所示。

（1）放射式。各分配电箱分别由各条干线供电。当某一分配电箱发生故障时，保护开关将其电源切断，不影响其他分配电箱的正常工作。放射式供电方式的电源工作可靠性较好，但材料消耗较大。

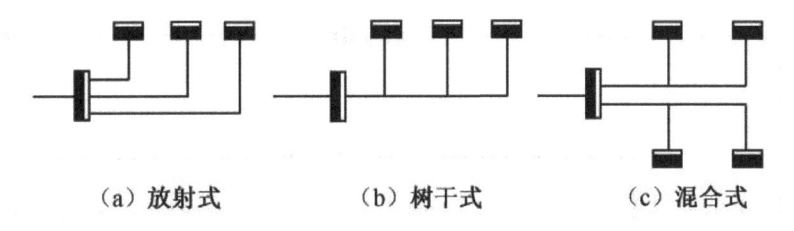

图 5-11　照明干线的供电方式

（2）树干式。各分配电箱的电源由一条公用干线供电，当某分配电箱发生故障时，影响到其他分配电箱的正常工作。所以树干式供电方式可靠性较差，但节省材料。

（3）混合式。吸取了放射式和树干式供电方式的优点，既兼顾材料消耗的经济性，又保证电源具有一定的可靠性。

3．照明供电线路

如图 5-12 所示为常见照明供电线路。图 5-12（a）所示为车间一般照明供电线路。图 5-12（b）所示为多层住宅的照明供电线路。由进户线将电源引至多层住宅的总配电箱，由干线引至每一单元的分配电箱，再由分配电箱分几路支线引至各用户的配电板上。由配电板引入各家的是单相 220V 两线制电源，并且是同相供电。各个房间厅室的照明灯具通常固定由配电板上某一支路供电，可移动的灯具和其他家用电器由电源插座供电。

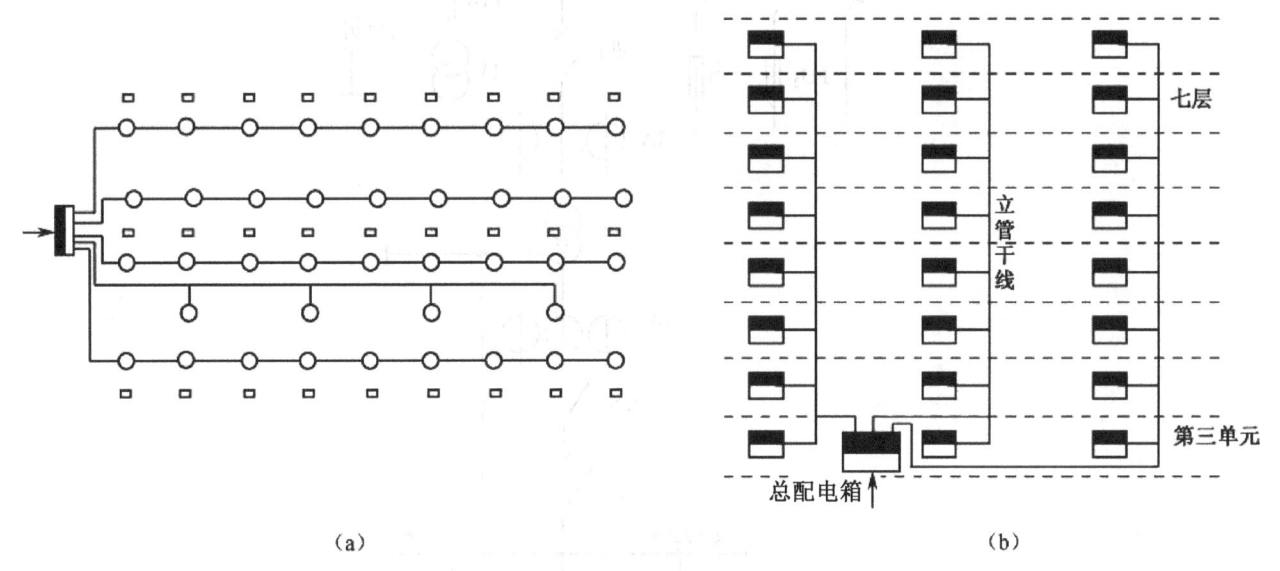

图 5-12　常见照明供电线路

四、电工识图举例

1．识读电力系统示意图

如图 5-13 所示为电力系统示意图，是电气系统图。图中的各电气符号为图形符号，其含义如图中标注，有发电机、升压变压器、降压变压器、输电线路和电能用户。

发电厂发电机生产的电能除供本厂和附近用户外，绝大部分要经过升压变压器将电压提高，再由高压输电线远距离输送至用电中心，再经过降压变压器降压，将电能分配到电能用户。发电、变电、输电、配电和用电等环节构成一个发、供、用的整体，称为电力系统。

图 5-13 电力系统示意图

2. 识读 6～10/0.4kV 配电变电所电气系统图

如图 5-14 所示为 6～10/0.4kV 配电变电所电气主电路图，也是电气系统图。各电气符号的含义如下。

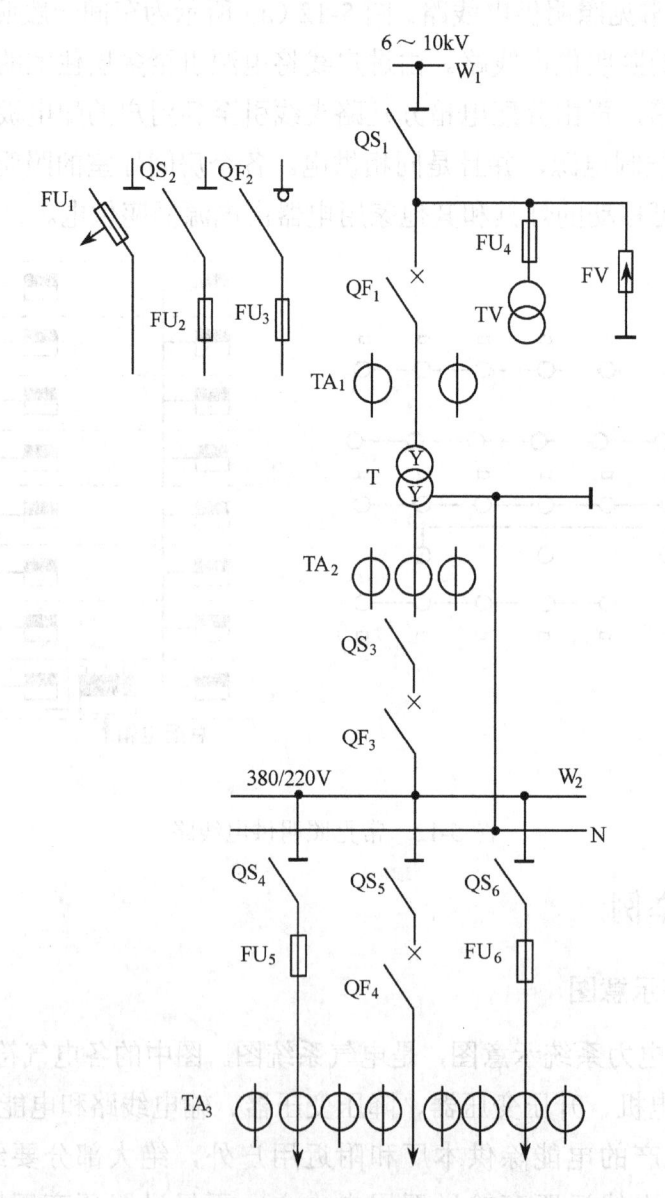

图 5-14　6～10/0.4kV 配电变电所电气系统图

（1）图形符号。如图 5-14 中标注，高压侧有高压隔离开关、负荷开关、高压断路器、电力变压器、熔断器、电压互感器、电流互感器、避雷器等；低压侧有低压断路器、低压母线、隔离开关、断路器、熔断器、电流互感器。

（2）文字符号。高压侧有 QS_1、QS_2——高压隔离开关，QF_1——高压断路器，QF_2——负荷开关，FU_1、FU_2、FU_3、FU_4——熔断器，T——电力变压器，FV——避雷器，TA_1——电流互感器，TV——电压互感器。低压侧有 QS_3、QS_4、QS_5、QS_6——低压隔离开关，QF_3、QF_4——低压断路器，FU_5、FU_6——熔断器，W_2、N——低压母线，TA_2、TA_3——电流互感器。

电源由 6～10kV 架空线或电缆引入，经高压隔离开关 QS_1 和高压断路器 QF_1 送到电力变压器 T。当负荷在 315kVA 以下时，也可采用跌开式熔断器 FU_1、高压隔离开关 QS_2 和熔断器 FU_2 组合、负荷开关 QF_2 和熔断器 FU_3 组合代替 QS_1、QF_1 对电力变压器实施高压控制。

经电力变压器 T 降压后，400/230V 低压进入低压配电室，经低压隔离开关 QS_3 和低压断路器 QF_3 送至低压母线，以后通过低压隔离开关 QS_4 及熔断器 FU_5、低压隔离开关 QS_6 及熔断器 FU_6、低压隔离开关 QS_5 及低压断路器 QF_4 将电能送到各用电点。低压断路器 QF_3 是低压总开关。

高、低压侧均装有电流互感器及电压互感器，用于测量及保护。为了防止雷电波侵入变电所，在进线处安装有避雷器 FV。

目前，中小型厂矿、企业、城镇、乡村的电力供应多采用 6～10/0.4kV 的配电变电所供电。

3．识读单相照明配电线路

如图 5-15 所示为单相照明配电线路。各电气符号的含义如下。

（1）图形符号。如图中标注，有双极开关、熔断器、照明灯等。

（2）文字符号。L——单相电源端，N——中性线。当开关合上，照明电路工作。照明用电容量较小时，多采用单相制供电。

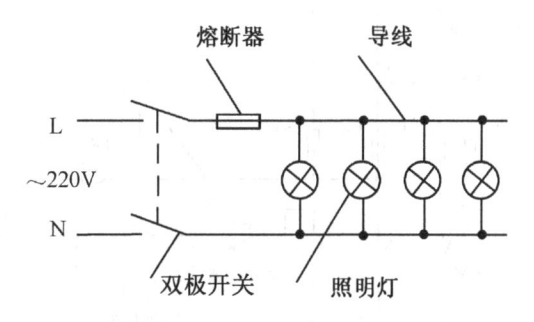

图 5-15　单相照明配电线路

4．识读三相四线制照明配电线路

如图 5-16 所示为三相四线制照明配电线路。各电气符号的含义如下。

（1）图形符号。如图中标注，有双极开关、三极开关、熔断器、照明灯等。

（2）文字符号。L_1、L_2、L_3——三相交流电源端，N——三相四线制的中性线。合上三极开关，三相四线制照明配电线路供电，各双极开关控制各分支照明电路。当照明用电容量较大时，需要把照明负载均匀地分配到三相线路上，采用 380/220V 三相四线制供电线路，以便使供电系统三相负载保持平衡。

图 5-16　380/220V 三相四线制照明配电线路

5. 识读电动机启动控制电气原理图

如图 5-17 所示为三相鼠笼式电动机启动控制电气原理图。其中各电气符号的含义如下。

（1）图形符号。如图 5-17 中各图形的标注。

（2）文字符号。QS——隔离开关，FU——熔断器，KM——接触器，FR——热继电器，SB_1、SB_2——按钮开关。

（3）回路标号。L_1、L_2、L_3——三相交流电源端，L_{11}、L_{12}、L_{13}——隔离开关以下的回路，L_{21}、L_{22}、L_{23}——熔断器以下的回路，L_{31}、L_{32}、L_{33}——接触器主触点以下的回路，U_1、V_1、W_1——交流电动机定子绕组的首端。

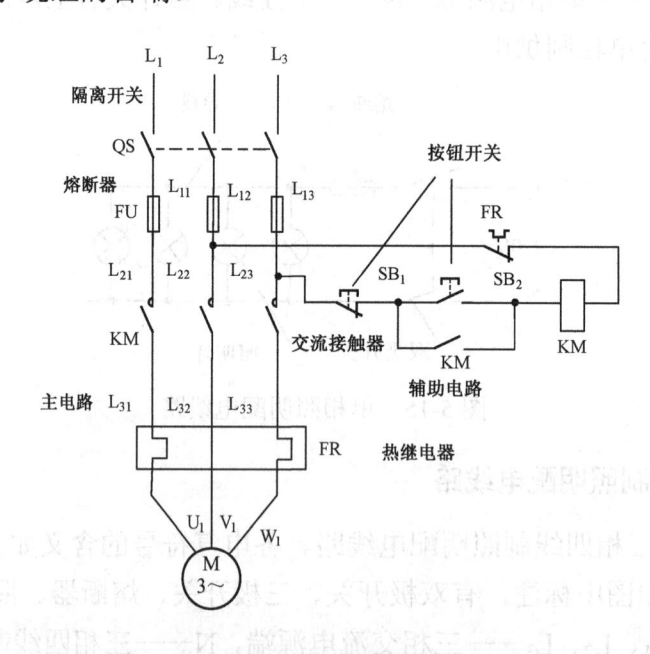

图 5-17　电动机启动控制电气原理图

看左侧主电路，主电路路径为三相电源经隔离开关 QS——熔断器 FU——交流接触器主触点 KM——热继电器热元件 FR——交流电动机 M。看右侧辅助电路，其路径为电源经热继电器常闭触点 FR——接触器线圈 KM——启动按钮 SB_2——停止按钮 SB_1，返回电源另一端。

（4）电路工作原理。合上手动隔离开关 QS，按启动按钮 SB_2，辅助电路接通，接触器线圈 KM 通电，KM 主触点接通，KM 辅助触点自锁，电动机 M 启动。按停止按钮 SB_1，接触器线圈 KM 释放，KM 主触点切断，电动机 M 停止转动。热继电器 FR 作为主电路过载保护，当负载电流过大时，热继电器热元件动作，辅助电路 FR 触点切断，接触器 KM 线圈释放，KM 主触点切断，起保护电动机作用。

项目总结

班级召开电工识图交流会，各小组可围绕以下主题进行发言。

一、主题讨论

1. 电工图纸的有关规定有哪些？
2. 如何理解和记忆常用电气符号？
3. 如何进行线路布局分析？

二、抢答赛

1. 电工图纸中的"1∶1"比例意味着（　　）。
   A. 实际尺寸与图纸尺寸相同　　B. 实际尺寸是图纸尺寸的 2 倍
   C. 图纸尺寸是实际尺寸的 2 倍　　D. 实际尺寸与图纸尺寸无关
2. 在阅读电工图纸时，首先应该注意（　　）。
   A. 设备的型号和规格　　B. 标题栏和图例
   C. 线路的布局和走向　　D. 安全规范和标准
3. 电工图纸中的"GND"通常表示（　　）。
   A. 接地　　B. 电源　　C. 输入　　D. 输出
4. 在电路图中，（　　）是表示断路器的文字符号。
   A. QA　　B. QS　　C. QF　　D. QM
5. 下列图形中是按钮触点的是（　　）。

   A　　B　　C　　D

6. （　　）是表现各种电气设备和线路安装与敷设的图纸。
   A. 电气平面图　　B. 电气系统图　　C. 电气装配图　　D. 电气原理图
7. （　　）是表示电气装置、电气元件的连接关系，是进行配线、接线、调试不可缺少的图纸。
   A. 电气系统图　　B. 电气装配图　　C. 电气原理图　　D. 平面布置图

三、你问我答

1. 什么叫电力工程电路图？常见的电力工程电路图有哪几种？
2. 举例说明导线的一般表示方法。如何表示导线的根数？如何表示导线的特征？

3．用单线表示一组连接线时都必须加注标记吗？中断线的两端都必须加注标记吗？
4．简述识图的基本方法和步骤。

四、成果汇报

各小组展示实训成果，并进行交流汇报（用PPT或文字描述均可），回答师生现场提问。

项目评价

由小组内部、教师对小组成员任务完成情况进行评价，评价结果填入任务完成评价表。

电工识图项目完成情况评价表

任务评价指标		自评	小组评价	教师评价
		优☆　良△　中√　差×		
职业素养 （15分）	团队协作沟通与表达能力			
	工作态度与责任感			
	时间管理与效率			
	职业道德与操守			
知识与技能 （65分）	基础知识掌握			
	技能操作能力			
	问题解决能力			
	创新思维与表现			
	安全与规范意识			
成果汇报 （20分）	作品展示（成品展示、PPT汇报、简报、作业等形式）			
	汇报语言流畅，思路清晰			
评价等级（自评20%、组评30%、师评50%）				

拓展阅读

导线的连接方法

扫码阅读

项目 6

照明电路安装与检修

项目目标

1. 掌握照明电路安装安全规范,养成严守安全规程的习惯,保障安装过程安全。
2. 能正确选用设备及器材安装照明电路,并能检查和排除常见的照明电路故障。
3. 能具有节能意识,能根据实际情况合理设计照明电路,选择合适的照明方案和设备,以提升能效,减少能耗。

任务 1 室内照明配线

辅助教学微视频

任务目标

1. 了解不同种类的配线材料以及它们在照明电路安装中的应用。
2. 能根据实际需要和场景,设计合理的电路布局和配线方案。
3. 掌握照明电路安装的具体步骤和方法。
4. 在电路安装过程中,培养安全操作意识。

任务实施

一、照明电路安装的一般步骤

1. 电气施工的一般程序

电气施工程序大致可分为以下四个阶段。

(1)准备阶段。

① 技术准备:熟悉与电气施工有关的各种图纸,如施工图、施工说明、电气平面图、配电系统图、电气原理图和安装接线图等。

② 组织准备:根据电气安装项目配备施工人员。

③ 供应准备:根据设计或工程预算提供的材料清单进行备料,准备施工设备和机具等。

④ 施工场地准备等。

（2）施工阶段。

① 预埋操作：管线的预埋、固定支撑件的预埋等，通常需与土建施工交叉配合进行。

② 电气线路的敷设：依据设计图纸的要求，按照电气设备的安装方法和电气线路的敷设方法进行安装操作，包括定位画线、配件加工及安装、管线的敷设、电气设备的安装、导线的连接等。

（3）收尾调试阶段。

① 电气线路的检查和调试：布线是否正确的检查，电气设备相互连接的检查，电气线路绝缘的检查和保护整定的调试。

② 施工资料的整理和竣工图的绘制。

③ 安装工程质量的评定。

④ 通电试验和竣工报告。

（4）竣工验收阶段。工程项目全部完成后，由建设单位、设计单位、施工单位和工程质量监督部门共同进行竣工验收，办理交工验收证书，交付使用。

2. 室内照明电路安装的一般步骤

（1）熟悉电气施工图，做好预留、预埋工作，主要是确定电源引入的预留、预埋位置；引入配电箱的路径；垂直引上、引下及水平穿梁、柱、墙位置等。

（2）按图纸要求确定照明灯具、插座、开关、配电箱的准确位置，并沿建筑物确定布线的路径。

（3）将布线路径所需的支撑点打好眼孔，将预埋件埋齐。

（4）装设绝缘支撑物、线夹或线管及配电箱等。

（5）敷设导线。

（6）连接导线。

（7）将导线出线端按要求与电气设备连接。

（8）检验室内配线是否符合图纸设计和安装工艺的要求。

（9）测试电气线路的绝缘性能，对电气线路做通电检查。检查合格后可会同使用单位或用户进行验收。

目前，照明电路的安装多采用暗敷设配线，与土建施工配合进行，基本上是由维修电工来操作的。维修电工了解照明电路安装的步骤和操作方法，便于对电气线路与电气设备进行维护、维修和改造。

室内配线的基本操作是维修电工的基本功之一。室内配线又称室内布线，其基本操作内容包括配线前的导线穿墙处理、固定件的埋设和室内基本配线方式的操作。

二、导线穿墙处理

在供电配线的过程中，户外与户内、室与室之间的导线要穿越墙壁，对穿墙配线的要求是导线穿墙必须经过穿墙套管。

导线穿墙的操作步骤如下。

（1）根据配线的需要选择穿墙套管，常用的穿墙套管有三种，即瓷管、钢管和硬塑料管。照明电路使用较多的是瓷管。按穿墙导线的根数和截面确定穿墙套管的管径，一般管内导线的总面积不应大于穿墙套管有效截面的 40%。

（2）按配线要求在墙上标画出穿墙孔位置，如需排列多根穿墙套管，应做到一管一孔，并使穿墙孔水平均匀地排列。

（3）根据穿墙套管的管径，钻打墙孔。对于木质墙体，通常使用木钻或普通电钻来钻打墙孔；对于砖或混凝土结构的墙体，通常使用电锤或冲击钻钻打墙孔。

（4）进户瓷管必须每线采用一根弯头瓷管，户外一侧弯头要向下。

（5）穿墙套管置于穿墙孔后，应用水泥等填封管墙之间的空隙，使穿墙套管固定。

（6）导线穿墙的两侧要采用绝缘子，使导线固定。

三、固定件的埋设

电气设备和配线都要求固定，一般采用螺栓或焊接固定在基础、墙、柱或其他支撑物上。但对混凝土或砖结构的支撑物，都必须事先进行固定件的埋设，作为固定电气设备和线路的支撑点。固定件埋设的方法有几种，如预埋铁件、留孔埋设、木榫埋设、膨胀螺栓固定等。通常根据被固定的电气设备的负荷大小，采取相应的方法。

固定大、中型电气设备，因其安装负荷重，固定件埋设一般采用预埋铁件和留孔埋设的方法。所谓预埋铁件，是指在混凝土和砖结构中，预先埋设带有弯钩圆钢脚的铁板或开尾叉的角钢，作为固定电气设备的支撑点。留孔埋设是指在按设计图纸浇混凝土基础时留出孔洞，以便混凝土二次灌浆来固定设备的地脚。这两种固定件埋设的操作，通常由土建部门根据相关图纸进行施工。

维修电工在室内配线经常采用木榫埋设和膨胀螺栓固定两种方法进行固定件埋设。

1．木榫埋设

对于安装负荷较轻的线路或电气设备，可用木榫埋设的方法来安装支撑点。冲击钻、电锤现在使用得比较普遍，木榫孔多采用冲击钻或电锤来打孔。使用冲击钻或电锤打木榫孔应根据负荷的轻重选择合适直径的钻头，木榫的截面制成圆形。

（1）木榫孔的錾打。

按电气设备和线路的位置，标画出木榫孔位置。

（2）木榫的削制。

① 木榫应选用干燥松木制成。

② 用于砖结构的木榫，使用电工刀削成截面为长 12mm、宽 10mm 的矩形；用于水泥结构的木榫，应削成截面对边距离为 8mm 的正八边形。木榫的长度一般为 25～40mm。

③ 木榫前后粗细要均匀，不可削成锥体形。木榫的头部应倒角，以便于打进木榫孔。

（3）木榫的安装。把带有倒角的木榫头部塞入木榫孔，用手锤轻击。打入 1/3 后，检查木榫是否与墙面垂直，如出现歪斜应及时纠正。木榫与孔的松紧程度应合适，防止过紧而打烂木榫尾部，过松固定不牢固。木榫全部进入榫孔后应与墙面平齐，如有松动、尾部打烂等现象，应更换木榫，重新安装。

2．膨胀螺栓固定

在砖或混凝土结构上安装线路、电气设备，目前多采用膨胀螺栓来进行固定。膨胀螺栓的种类与规格请见项目 3 的有关内容。膨胀螺栓固定的操作步骤如下。

（1）根据安装负荷的大小，选择相应的膨胀螺栓的种类，室内布线一般多采用塑料膨胀螺栓。

（2）按使用膨胀螺栓的规格选择相应的冲击钻或电锤的钻头。

（3）按电气设备和线路的位置，在安装构件上标画出膨胀螺栓安装孔的位置。

（4）用冲击钻或电锤按标画的位置打安装孔，使用的冲击钻或电锤应与安装面垂直，保证安装孔垂直于安装面。安装孔的深度要大于膨胀螺栓的长度。

（5）对于塑料膨胀螺栓，将胀管嵌入安装孔，用手锤轻敲，使胀管口与安装面平齐，通过旋紧螺钉，使之紧固在安装构件上。对于钢制膨胀螺栓，将穿有螺栓的胀管嵌入安装孔，用手锤轻敲，使胀管口与安装面平齐，通过旋紧螺母，使之紧固在安装构件上。

四、瓷瓶配线

瓷瓶配线是利用瓷瓶支撑导线的一种配线方法。瓷瓶较瓷夹板高，机械强度大，适用于用电量较大而又比较潮湿的场合。用电量大、跨度较大的车间、厂房多采用瓷瓶配线。瓷瓶配线中，导线较细的一般采用鼓形瓷瓶，导线较粗的采用针形瓷瓶。配线力求整齐，尽量沿房屋沿线、墙角敷设。走线应平直，瓷瓶排列要均匀。

1. 固定瓷瓶

瓷瓶的固定同样可采用瓷夹板木榫固定方法。但是瓷瓶较高，导线较粗，要求机械强度大，用木榫固定应适当地增加木榫的宽度和长度。用电量较大的瓷瓶配线，瓷瓶的负荷较大，多将瓷瓶安装在钢铁支架上，钢铁支架用螺栓固定在墙上或钢架上。如图 6-1 所示为瓷瓶在钢铁支架上的固定，图中 L 的尺寸为 70～100mm。

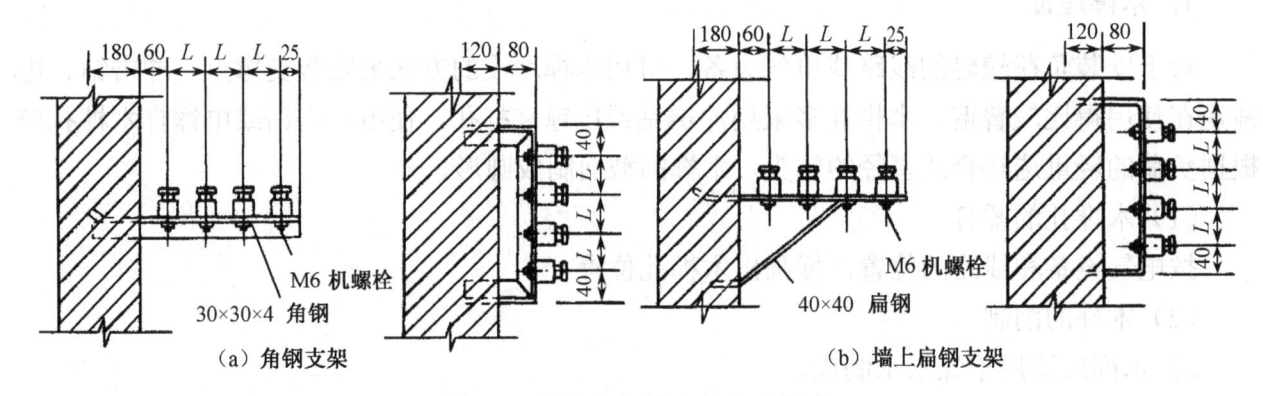

图 6-1 瓷瓶在钢铁支架上的固定

(a) 角钢支架　　(b) 墙上扁钢支架

2. 敷设导线

敷设导线应从一端开始，将导线按要求绑扎在瓷瓶上，然后捋直导线，依次经过其他瓷瓶。通常将导线的另一端绑扎固定后，再绑扎中间的瓷瓶和导线。其具体操作如下。

（1）终端导线的绑扎。绑扎的方法如图 6-2（a）所示。绑扎线宜用绝缘线，绑扎线的直径和绑扎圈数如表 6-1 所示。

（2）中间导线的绑扎。中间瓷瓶和导线的绑扎有单绑法和双绑法两种，方法如图 6-2（b）、（c）所示。通常截面在 6mm² 以下的导线采用单绑法，绑扎线用 0.8mm 的铁芯线。截面在 10mm² 以上的导线采用双绑法，绑扎线用 1.0mm 以上的铁芯线。

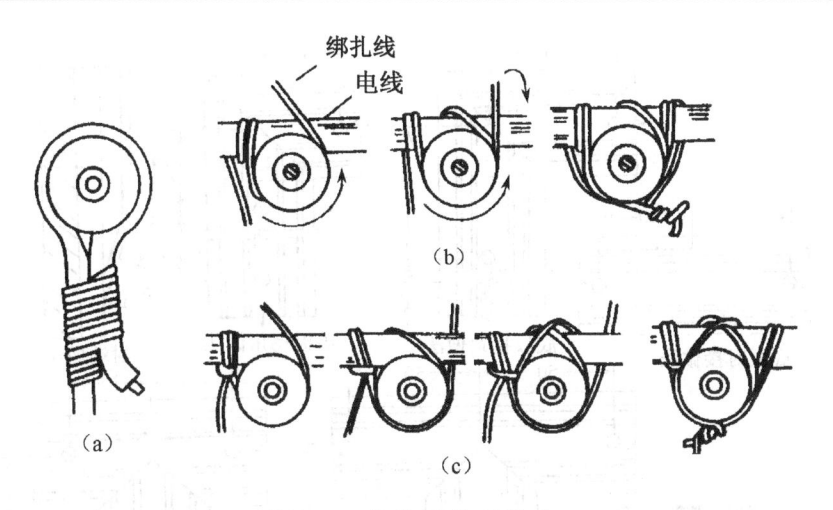

图 6-2 瓷瓶配线的绑扎

（3）导线在同一平面曲折时，瓷瓶应在导线曲折角的内侧；导线有分支，应在分支处设置瓷瓶来支持导线；导线有交叉，应在导线上套绝缘管保护。

（4）平行的两根导线进行瓷瓶配线，两线之间的距离应大于 70mm，瓷瓶应处于导线的同一侧或处在导线的外侧，不应设在两根导线的内侧。

表 6-1 终端导线绑扎线直径及圈数

导线截面（mm²）	绑扎线直径（mm）			绑扎线圈数	
	纱包铁芯线	铜芯线	铝芯线	公圈数	单圈数
1.5～10	0.8	1.0	2.0	10	5
10～35	0.89	1.4	2.0	12	5
50～70	1.2	2.0	2.6	16	5
95～120	1.24	2.6	3.0	20	5

五、槽板配线

常用的槽板有木槽板和塑料槽板，其配线方法相同。槽板配线适用于办公室、生活间、学校、图书馆等的照明配线。

槽板配线的定位和画线、导线穿墙、木榫或膨胀螺栓的固定与前述几种配线方法相同。

1. 固定槽底板

按导线路径固定槽底板。通常以距槽底板的两端约 40mm 处作为固定点，配线路径两个固定点之间的距离一般不大于 500mm。对于木结构安装面，可用木螺钉或铁钉固定槽底板。对于砖或混凝土结构的安装面，可用水泥钉固定或者用塑料膨胀螺栓固定。

使用木槽板配线，木槽板的安装钉应通过槽底板中间的木脊与安装面固定。两块槽底板直接拼接时，应在端口锯平或成 45°角；转角处拼接时，两槽底板应成 45°角，并把转弯处线槽内侧削成圆形，以防敷设导线时碰伤导线绝缘；槽板 T 形拼接时，可垂直拼接或夹角拼接，要去掉槽底板的筋。拼接要保证线槽对准，拼接紧密，走线顺畅。如图 6-3 所示为槽板连接方法示意图。

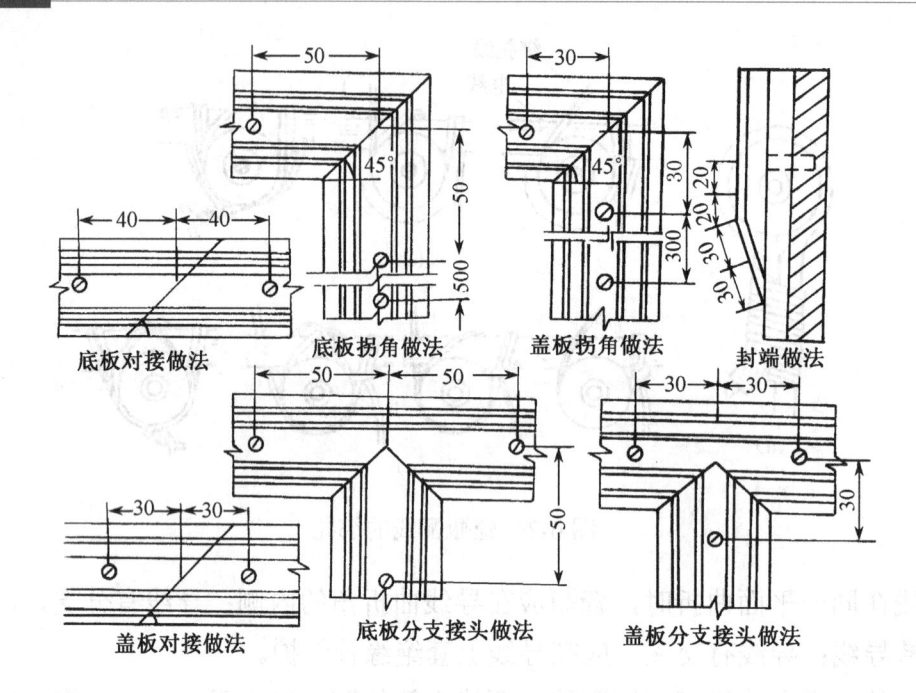

图 6-3　槽板连接方法示意图

使用塑料槽板配线，安装钉应尽量与槽底板相平。槽底板拼接时，拼接方法与木槽板相同，槽板 T 形拼接时多采用垂直拼接，锯割所用的工具是手锯。槽板拼接也可选择弯角、三通、槽线盒等配件，配线方便、美观。

2．敷设导线

固定好槽底板后，就可敷设导线。槽板所敷导线应是绝缘线，铜导线截面不应小于 $0.5mm^2$，铝导线截面不应小于 $1.5mm^2$。

使用木槽板配线，敷线时每一线槽只敷设一根导线。槽内的导线不应有接头。必须有接头时要安装接线盒，接头留在接线盒内。槽板配线要避免导线相交，必须相交时，应把一条支路的槽板锯断，把导线套上绝缘套管，跨过另一条支路的槽板。

使用塑料槽板配线，线槽内导线的总截面，包括绝缘层在内一般为线槽截面的 30% 左右。

3．固定盖板

在敷设导线的同时固定盖板。对于木槽板，通常用小铁钉将盖板钉在槽底板木脊上，两钉之间的距离应小于 300mm。盖板的连接处应与槽底板的连接处错开。对于塑料槽板，通过盖板和槽底板的卡口可方便地固定在一起。

4．槽板配线的电器安装

采用槽板配线，槽板的一端或中间不直接安装灯头、开关、插座等电器，安装电器应用圆木台或塑料圆台连接。相接时，先把圆木台挖出豁口，扣在槽板上。当导线敷设到灯具、开关、插座等电器处时，一般留出 100mm 长的线头，以便连接。

六、塑料护套线配线

塑料护套线是一种具有塑料保护层的双芯或多芯绝缘导线，具有防潮、耐腐蚀、价格低等优点。塑料护套线可以利用铝片线卡或塑料钢钉线卡作为支撑物，直接敷设在空心板、墙壁以及其他建筑物表面，安装方便。塑料护套线还可以敷设在天棚内作暗线安装。塑料护套线的铜芯截面应在 0.5mm² 以上。

1. 画线定位

根据电源进线和用电器的位置，确定导线路径并画线。同时，对所有固定线卡的位置做标记。

2. 线卡的固定

常用的线卡有铝片线卡和塑料钢钉线卡两种。应根据所用塑料护套线选择合适的线卡种类和规格。线卡的种类与规格请见项目 3 中的有关内容。在照明电路中使用较多的是 0 号和 1 号铝片线卡。

铝片线卡的固定有两种方法，一种是用铁钉或水泥钉，直接将铝片线卡固定在安装面上；另一种是先固定铝片线卡的底座，底座有金属线卡底座和塑料线卡底座，通常用黏合剂固定在安装面上，然后穿装铝片线卡。固定好的铝片线卡包绕塑料护套线，如图 6-4（a）所示。线卡的距离为 150～300mm。在距开关、插座和灯具的圆台 50mm 处都应设置线卡。

3. 敷设导线

在固定线卡的同时敷设导线。导线应捋直，走线应横平竖直。导线的连接应通过接线盒、瓷接头或借用其他电器的接线柱进行；护套线转角时，转弯处圆弧要大，转弯前后应各设一个铝片线卡；两根护套线应尽量避免交叉，必须交叉时，交叉处应用 4 只线卡固定导线，如图 6-4（b）所示。

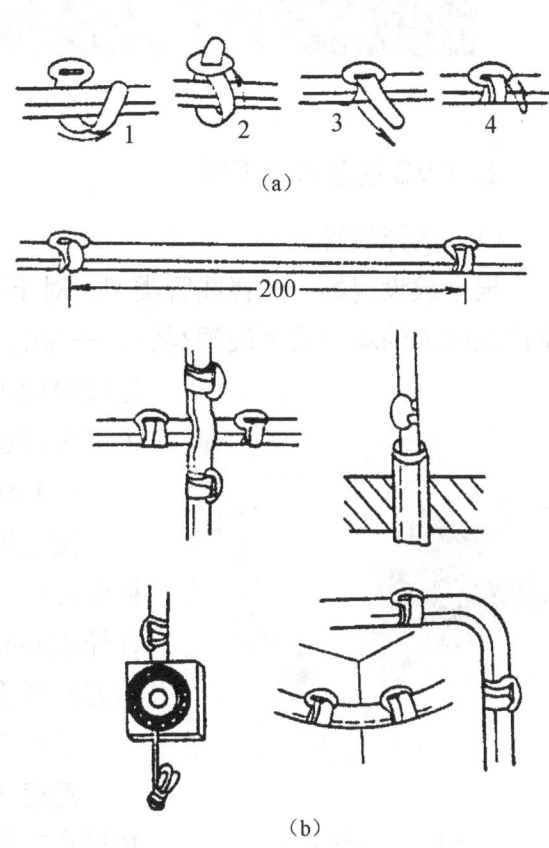

图 6-4 塑料护套线配线示意图

七、线管配线

把绝缘导线穿在管中实现配线称为线管配线。线管配线有防潮、耐腐、导线不受机械损伤等优点。但其安装复杂，维修不便，造价较高。

1. PVC 线管及配件

目前，在工程线路敷设中使用比较多的是 PVC 线管，它具有抗压力强、防潮、耐酸碱、防鼠咬、阻燃、绝缘等优点，可浇筑于混凝土内，也可明装于室内及吊顶等场所。

PVC 线管根据施工的不同可分圆管、槽管和波形管；根据管壁的薄厚可分为轻型管（主要用于挂顶）、中型管（用于明装或暗装）、重型管（主要用于埋藏混凝土中）。

PVC 线管的常规尺寸：直径 16mm、直径 20mm 和直径 25mm 等。

由于 PVC 线管管径的不同，因此配件的口径也不同，应选择同口径的与之配套。根据布线的要求，管件的种类有：三通、弯头、入盒接头、接头、管卡、变径接头、明装三通、明装弯头、分线盒等，如图 6-5 所示。

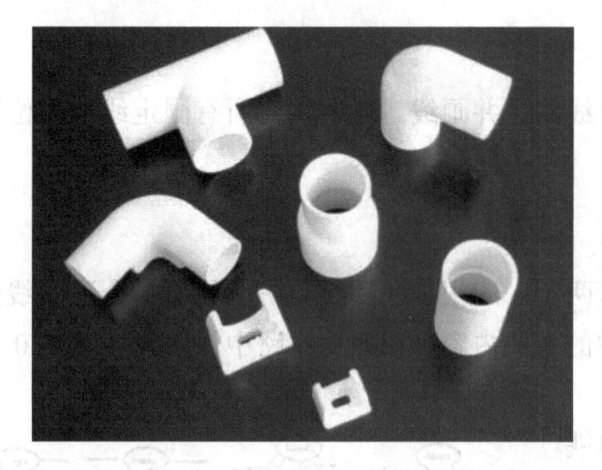

图 6-5　PVC 线管的配件

2．PVC 线管敷设工序

（1）选择线管。

根据敷设现场，选择线管类型。对于潮湿和有腐蚀性气体的场所，一般采用水煤气管，腐蚀性较大的场所采用硬塑料管，干燥的场所多用电线管。根据穿管导线的根数和截面来确定线管的内径，一般要求穿管导线的总截面，包括绝缘层在内不应超过线管内径截面的 40%。

（2）线管落料。

按敷设导线路径，决定线管的长度，由此进行落料。落料前应检查线管的质量，对有裂缝、塌陷部分要事先除去。管径 32mm 及以下的小管径管材使用专用截管器（或 PVC 管剪刀）截管材，如图 6-6 所示。

图 6-6　线管落料

（3）弯管。

根据实际走线，对弯曲部位应进行弯管处理。金属管、塑料管弯管所用的工具和操作方法各有不同，应按有关规定进行弯管。电线管的弯曲处，不应有褶皱、凹陷和裂缝，其弯曲程度不应大于管外径的 10%。电线管弯曲半径的规定见表 6-2。

表 6-2　电线管弯曲半径的规定

项　目	规　定　说　明
管路明设	一般情况下，弯曲半径不宜小于管外径的 6 倍
	当两个接线盒间只有一个弯曲时，其弯曲半径不宜小于管外径的 4 倍
管路暗设	一般情况下，弯曲半径不宜小于管外径的 6 倍
	当管路埋入地下或混凝土内时，其弯曲半径不应小于管外径的 10 倍

弯管方式有热弯法和冷弯法。管径 32 mm 及以下的采用冷弯法，冷弯法有弹簧弯管和弯管器弯管；管径 32 mm 以上的宜用热弯法。PVC 线管的弯管方式见表 6-3。

表 6-3　PVC 线管的弯管方式

弯管方式	适宜情况		说　明
冷弯法	管径 32 mm 及以下	弹簧弯管	先将弹簧插入管内，如图 6-7 所示，两手用力慢慢弯曲管子，考虑到管子的回弹，弯曲角度要稍大一些。当弹簧不易取出时，可逆时针转动弯管，使弹簧外径收缩，同时往外拉弹簧即可取出
		弯管器弯管	将已插好弯管弹簧的管子插入配套的弯管器中，手扳一次即可弯出所需管子
热弯法	管径 32 mm 以上		热弯时，可用热风、热水浴、油浴等热源加热，温度应控制在 80～100℃，同时应使加热部分均匀受热，为加速弯头恢复硬化，可用冷水布抹拭冷却，如图 6-8 所示

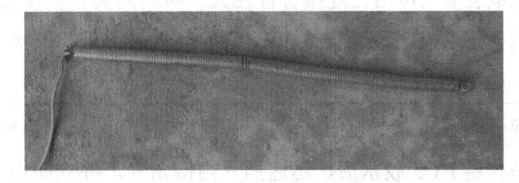

（a）弹簧

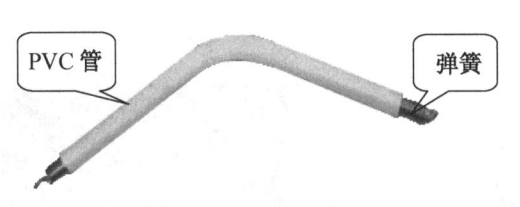

（b）弹簧插管中，用力慢折弯 　　　（c）操作实例

图 6-7　弹簧弯管操作

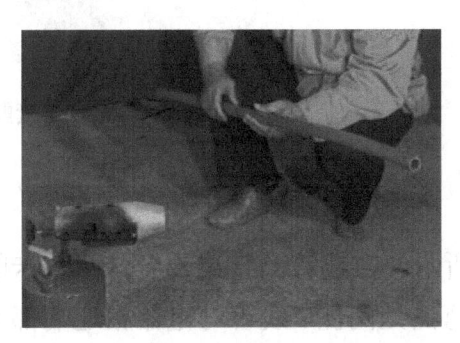

（a）加热 　　　（b）弯曲

（c）冷却 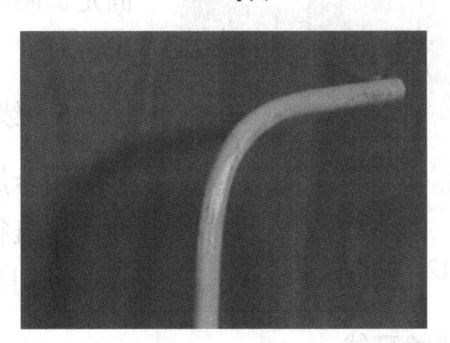　　　（d）成型

图 6-8　PVC 线管加热弯曲的方法

图 6-9　钢管线管的连接

3. 接管

无论明配管还是暗配管，管与管之间要连接。线管的连接较复杂，应按有关操作规定进行。通常钢管采用管箍连接，如图 6-9 所示。

PVC 线管的连接方法见表 6-4。

表 6-4　PVC 线管的连接方法

连 接 方 式	连 接 方 法
管接头（或套管）连接	将管接头或套管（可用比连接管管径大一级的同类管料作套管）及管子清理干净，在管子接头表面均匀刷一层 PVC 胶水后，立即将刷好胶水的管头插入接头内，不要扭转，保持约 15s 不动，即可贴牢，如图 6-10 所示
插入法连接	将两根管子的管口，一根内倒角，另一根外倒角，加热内倒角管管口至 145℃ 左右，在外倒角管管口上涂一层 PVC 胶水后，迅速插入内倒角管，并立即用湿布冷却，使管子恢复硬度

常用的 PVC 线管连接配件有三通、月弯、束节等，如图 6-11 所示。硬塑料管与硬塑料管直线连接在两个接头部分应加装束节，束节应按硬塑料管的直径尺寸来选配，束节的长度一般为硬塑料管内径的 2.5～3 倍，束节的内径与硬塑料管外径有较紧密的配合，装配时用力插到底即可，一般情况不需要涂黏合剂。硬塑料管与硬塑料管为 90°连接时可选用月弯。线路分支连接时，可选用三通。

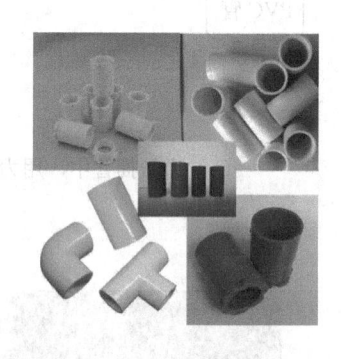

图 6-10　PVC 线管的连接　　　　图 6-11　PVC 线管连接配件

4. 线管的固定

线管明线敷设，应采用管卡固定，如图 6-12 所示。在线管的直线部分，两管卡的距离为 1.5～3.5m。线管弯曲处两侧、线管与电器相连端都应设管卡固定。暗线敷设的线管一般在土建施工中预埋，其操作按要求进行。

图 6-12　管卡固定线管

5. 线管的接地

用金属管作线管时，线管必须可靠接地，如图 6-13 所示。通常用直径 6～10mm 的圆钢将各金属管相连，在配线的始、末端分别与接地体相连，使所有线管都可靠接地。

6. 线管穿线

在线管固定好后，进行线管穿线，如图 6-14 所示。穿线前先用压缩空气或用钢丝绑抹布，清除管内的杂物和水分，穿线一般用直径 0.12mm 的钢丝作引线，将导线穿入线管。完成穿线后，将线管端口的导线根据线路图接入各电气设备。

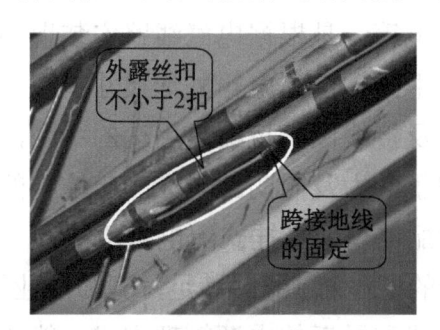

图 6-13　金属线管接地　　　　　　　图 6-14　线管穿线

任务 2　低压配电箱的安装

任务目标

1. 能根据实际需求选择合适的配电箱型号与规格，确保匹配负载容量、电流、电压等参数。
2. 掌握配电箱安装流程与要点，能根据现场环境合理调整安装方式，满足使用要求。
3. 掌握配电箱内电气设备的正确连接方法。
4. 培养学生良好的安全意识，自觉遵守安全操作规程。

任务实施

连接外电源与用电设备的中间装置称为配电装置，除了分配电能外，还具有对用电设备进行控制、测量、指示及保护等功能。大容量的配电装置通常将电气控制器件、测量仪表及保护电器等按一定规律安装在专用柜内或屏上，称为配电柜、配电屏或配电盘；低压小容量配电装置的电气元件和测量仪表较少，通常安装在专用箱内或板上，称为配电箱、配电板或配电盘。

一、配电箱的种类和分类

由用户变电所低压配电室输出的低压供电线路，进户后接入用户配电柜，用户配电柜为大容量的配电装置，对电能实施再分配。一般配电柜输出多路供电线路至各用电部门。各用电部门设置配电箱，为用电设备提供电源。配电箱为小容量的配电装置，是用电设备的直接供电电源。通常用户配电柜又称总配电箱，各部门的配电箱又称分配电箱。

低压配电箱简称配电箱，是用来配电和控制监视动力、照明电路及电气设备的装置，是配电系统中最低一级的电气控制设备，分布在各种用电场所，是保障电力系统安全正常运行的最基础环节。配电箱内一般配置测量仪表、控制开关、保护装置、交流接触器等。

配电箱内的线路分一次线和二次线，供电线路称一次线，又称主线路或主干线；箱内的控制线路称二次线，又称输出线或出线。

低压配电箱有标准配电箱和非标准配电箱两类。标准配电箱是国家统一设计定型的产品，往往只绘出电气系统图；非标准配电箱又称现制配电箱，是根据电气线路安装现场制作的配电箱，其内部设置和出线的回数与标准配电箱有所不同，但配电箱外形尺寸基本不变。非标准配电箱除了电气系统图以外，还应绘出设备布置及接线图。按配电用途的不同，配电箱又分为照明配电箱和动力配电箱两类，近年来又出现了动力及照明配电在一起控制的动力照明综合式配电箱。按配电箱的安装方式又分为嵌入式配电箱和悬挂式配电箱两种。

户内配电箱是一种专门为住宅和商业建筑设计的配电箱，能够满足家庭和商业用电需求。户内配电箱一般采用模块化设计，具有多种保护功能和灵活的电源管理方式，能够有效地确保电路和电气设备的安全运行。

二、常用配电箱

配电箱的种类繁多，即使是同一种型号的，也有多种规格的产品。下面介绍几种常用的配电箱。

1．XM 系列照明配电箱

XM 系列照明配电箱主要用于交流 500V 以下的三相四线制照明系统中作非频繁操作控制照明电路，它对所控制的线路能分别起到过载与短路保护的作用。

照明配电箱型号的含义如下。

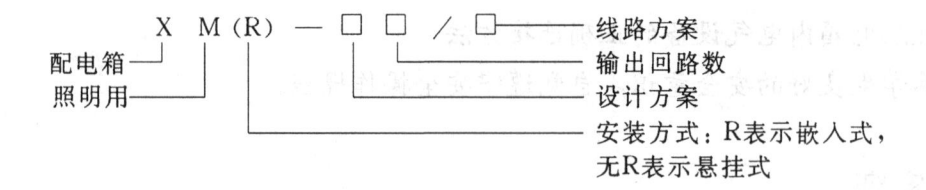

```
            X M (R) - □ □ / □  ─ 线路方案
配电箱 ─┘   │   │  │             输出回路数
照明用 ─────┘   │  └──────────── 设计方案
                └─────────────── 安装方式：R表示嵌入式，
                                 无R表示悬挂式
```

例如，XM（R）—7—3/1 型配电箱为嵌入式配电箱，第七设计方案，共有 3 路输出线，线路方案为 1。查阅有关手册资料可得其电气系统图，所用电气元件为：一次线采用 25A 的三相组合开关，型号是 HZ1—25/3；二次线用熔断器控制，型号是 RL1—15/15。

2．XL 系列动力配电箱

XL 系列动力配电箱主要用于工矿企业交流 500V 以下的三相四线制动力配电。配电箱中一般安装刀开关、空气开关、熔断器、交流接触器、热继电器等，对所控制的线路与电气设备有过载、短路、失压等保护作用。

3．X（R）J 系列照明配电箱

X（R）J 或 X（X）J 系列照明配电箱又称照明计测箱，适用于民用住宅等建筑，用以计测 50Hz、单相三线或二线 220V 照明电路的有功电能，内部装有电能表、断路器、漏电保护器、熔断器等，对照明电路具有过载及短路保护作用。

4．PZ-30 型配电箱

PZ-30 型配电箱是目前较为流行的动力照明综合式配电箱，它的最大特点是采用了 C45、NC100 系列的小型断路器，配电箱的体积仅为老型号配电箱的几分之一到几十分之一。C45

系列的小型断路器可以自由组合，能够满足对输出回路数的各种要求。

三、家用配电箱及配电装置的选配

现代住宅中，几乎每户都需要有一个配电箱，让它担负着住宅内部的供电、配电任务，并具有过流保护和漏电保护功能。住宅内的电路或某一电器如果出现问题，家用配电箱将会自动切断供电电路以防止出现严重后果。

1. 家用配电箱的配置要求

家用配电箱的配置要求见表6-5。

表6-5 家用配电箱的配置要求

序 号	配 置 要 求
1	配电箱分金属外壳和塑料外壳两种，家用配电箱一般嵌装在墙体内，外面仅可见其面板。其箱体必须完好无损
2	配电箱内有断路器的导轨，应分别设置零线、保护接地线、相线，且要完好无损，绝缘良好
3	断路器的安装座架应光洁，并有足够的空间
4	配电箱的门板应有检查透明窗

2. 家用配电箱的结构

家用配电箱的结构如图6-15所示。

（a）外观结构

IGP8铁壳：长×宽×深（mm）=287.5×200×90
IGP12铁壳：长×宽×深（mm）=359.5×200×90
IGP16铁壳：长×宽×深（mm）=431.5×200×90

（b）内部结构

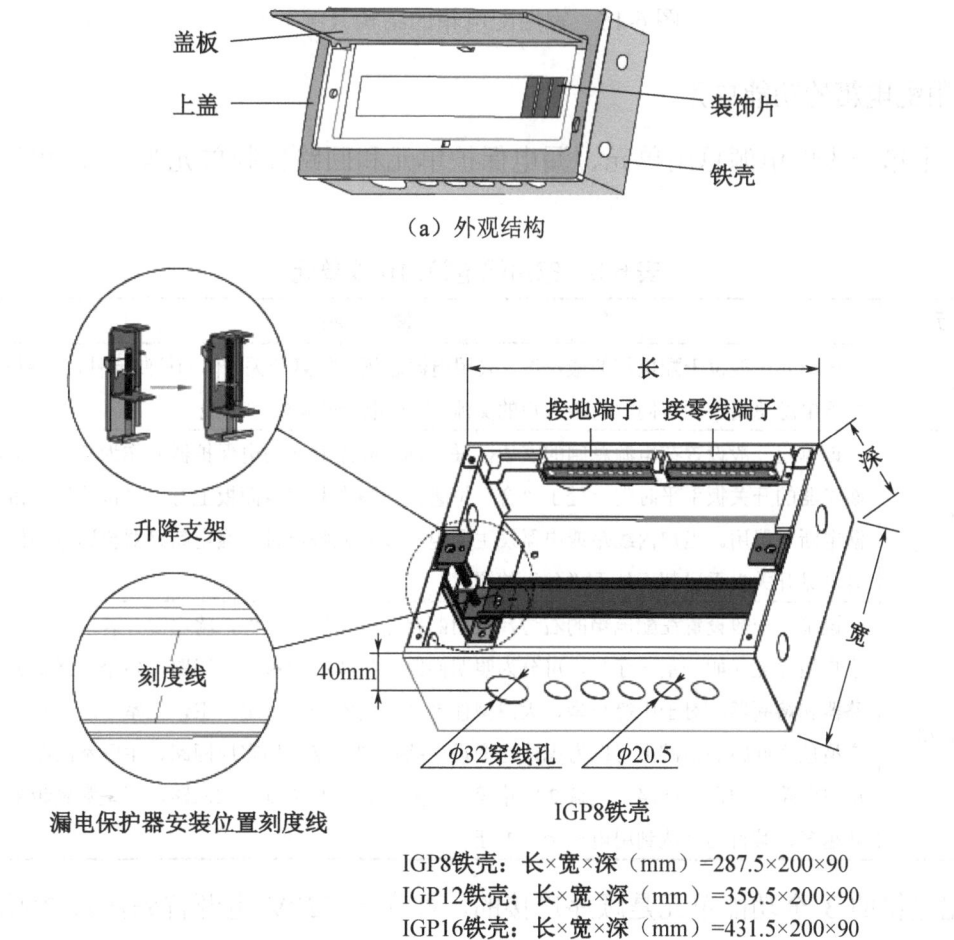

图6-15 家用配电箱的结构

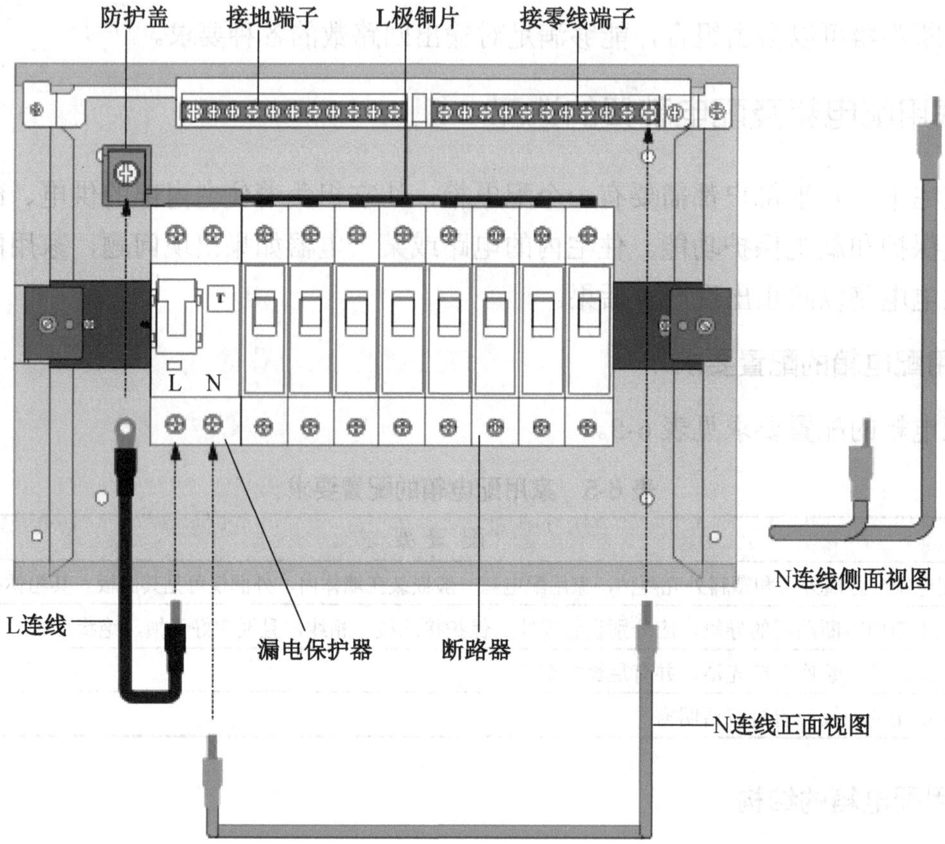

（c）电气配置图

图 6-15　家用配电箱的结构（续）

3. 家用配电箱的功能单元

家用配电箱一般由电源总闸单元、漏电保护单元和回路控制单元等 3 个功能单元构成，见表 6-6。

表 6-6　家用配电箱的功能单元

功能单元	说　明
电源总闸单元	该单元一般位于配电箱的最左边，采用电源总闸（隔离开关）作为控制元件，控制着入户总电源。拉下电源总闸，即可同时切断入户的交流 220V 电源的相线和零线
漏电保护单元	该单元一般设置在电源总闸的右边，采用漏电断路器（漏电保护器）作为控制与保护元件。漏电断路器的开关扳手平时朝上处于"合"位置；在漏电断路器面板上有一"试验"按钮，供平时检验漏电断路器用。当户内线路或电器发生漏电，或有人触电时，漏电断路器会迅速动作切断电源（这时可见开关扳手已朝下处于"分"位置）
回路控制单元	该单元一般设置在配电箱的右边，采用断路器作为控制元件，将电源分若干路向户内供电。对于小户型住宅（如一室一厅），可分为照明回路、插座回路和空调回路。各个回路单独设置各自的断路器和熔断器。对于中等户型、大户型住宅（如两室一厅一厨一卫，三室一厅一厨一卫等），在小户型住宅回路的基础上可以考虑适当增设一些控制回路，如客厅回路、主卧室回路、次卧室回路、厨房回路、空调 1 回路，空调 2 回路等，一般可设置 8 个以上的回路，居室数量越多，设置的回路就越多，其目的是达到用电安全、方便

家用配电箱的 3 个功能单元是顺序连接的，即交流 220V 电源首先接入电源总闸，通过电源总闸后进入漏电断路器，通过漏电断路器后分几个回路输出。

4．总闸断路器和回路断路器的选配

现代家居用电一般是按照明回路、插座回路、空调回路等进行分开布线的，其好处是当其中一个回路（如插座回路）出现故障时，其他回路仍可以正常供电。经济型两室一厅家用配电箱回路如图 6-16 所示。插座回路须安装漏电保护器，防止家用电器漏电造成人身电击事故。

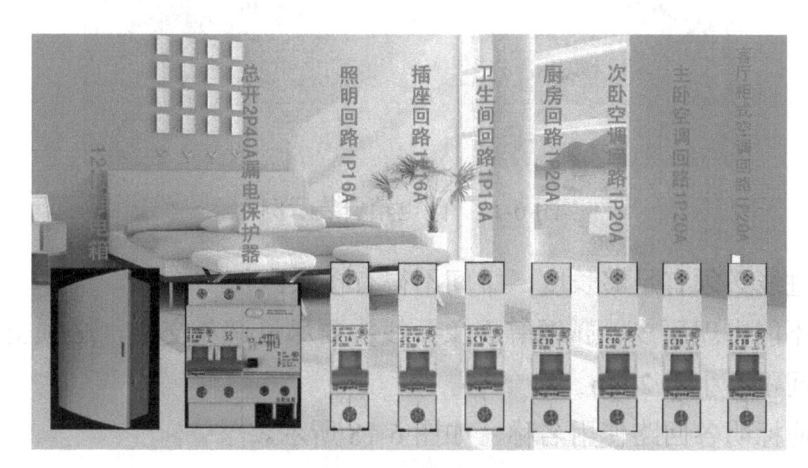

图 6-16　家用配电箱回路示例

（1）家用配电箱中作为总闸的断路器一般选择双极 32～63A 小型断路器。

（2）一般家庭须设置以下断路器回路，尽可能避免一个回路上过多连接用电设备和插座。

① 厨房、卫生间照明回路；

② 卧室、客厅照明回路；

③ 客厅空调回路；

④ 卧室空调回路（一个空调一个回路）；

⑤ 客厅、卧室插座回路；

⑥ 厨房、卫生间插座回路。

（3）插座回路一般选择 16A/30mA 的漏电保护器，照明回路一般选择 10～16A 小型断路器。

（4）空调回路一般选择 16～25A 小型断路器。壁挂式空调电源插座回路可以不装漏电开关。

四、配电箱及设备的安装

1．配电箱安装要求

家居装修时，家庭电路的敷设非常重要，家用配电箱安装是不可忽视的，它涉及家居用电的安全。家用配电箱的安装要求如下。

（1）配电箱应安装在干燥、通风部位，且无妨碍物，方便使用。

（2）配电箱不宜安装过高，一般安装标高为 1.8m，以便操作。

（3）进配电箱的线管必须用锁紧螺帽固定。

（4）若配电箱需开孔，孔的边缘须平滑、光洁。

（5）配电箱预埋入墙体时在垂直及水平方向都应摆正，不得歪斜，如图 6-17 所示。

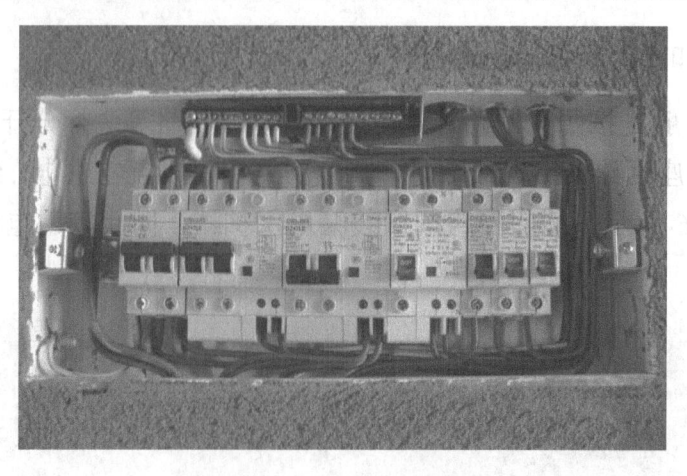

图 6-17 配电箱安装示例

（6）各回路进线必须有足够长度，中间不得有接头。

（7）接线时不能出现压皮、露铜等现象；线头要尽量避免交叉，必须交叉时应在交叉点架空跨越，两线间距不小于 2mm。

（8）安装后应标明各回路使用名称，如图 6-18 所示。

（9）安装完成后须清理配电箱内的残留物。

（10）导线要使用不同的颜色。

2. 配电箱安装与配线

（1）箱体内导轨安装。

导轨安装要水平，并与盖板的断路器操作孔相匹配，如图 6-19 所示。

图 6-18 配电箱内应标明回路　　　　图 6-19 导轨安装

（2）箱体内断路器安装。

1）断路器（俗称空开）安装时，要注意箱盖上的断路器安装孔位置，保证断路器位置在箱盖预留位置。

2）安装断路器时，一般是从左向右排列的，断路器预留位应为一个整位，如图 6-20（a）所示。预留位一般放在配电箱右侧。第一排总断路器与分断路器之间预留一个整位，用于第一排断路器配线，如图 6-20（b）所示。

3）断路器零线配线。

①零线颜色要采用蓝色，如图 6-21 所示。

(a）断路器安装一 　　　　　　　　　　（b）断路器安装二

图 6-20　断路器的安装

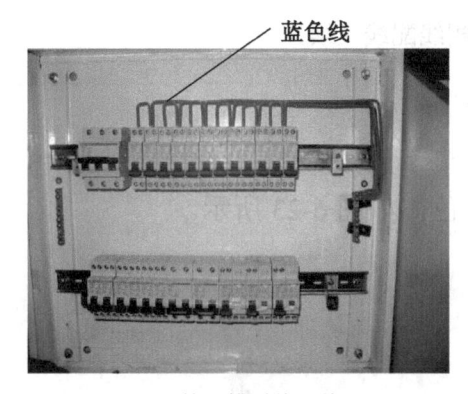

(a）第一排零线配线 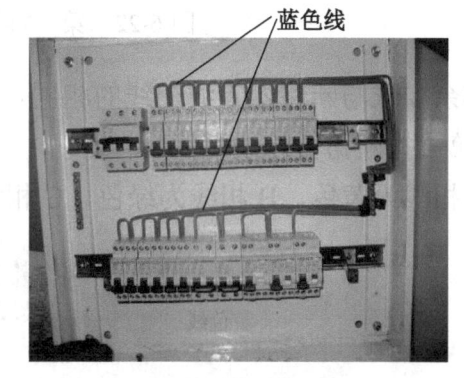　　　　　　　　　　（b）第二排零线配线

图 6-21　零线配线

②照明及插座回路一般采用 2.5mm² 导线，每根导线所串联断路器数量不得大于 3 个。空调回路一般采用 2.5mm² 或 4.0mm² 导线，一根导线配一个断路器。

③不同相之间零线不得共用，如由 A 相配出的第一根黄色导线连接了两个 16A 的照明断路器，那么 A 相所配断路器零线也只能配这两个断路器，配完后直接连接到零线接线端子上。

④箱体内总断路器与各分断路器之间配线一般走左边，配电箱出线一般走右侧。

⑤箱内配线要顺直不得有绞接现象，导线要用塑料扎带绑扎，扎带大小要合适，间距要均匀。

⑥导线弯曲应一致，且不得有死弯，以防止损坏导线绝缘皮及内部铜芯。

4）第一排断路器相线配线。

①A 相线为黄色、B 相线为绿色、C 相线为红色，如图 6-22 所示。

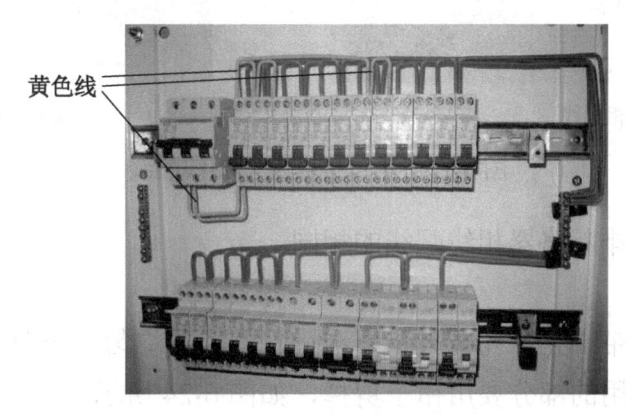

（a）A 相配线

图 6-22　第一排断路器相线配线

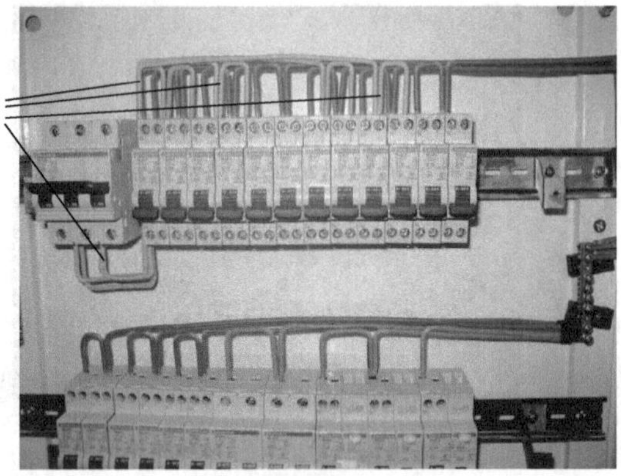

绿色线

（b）B相配线 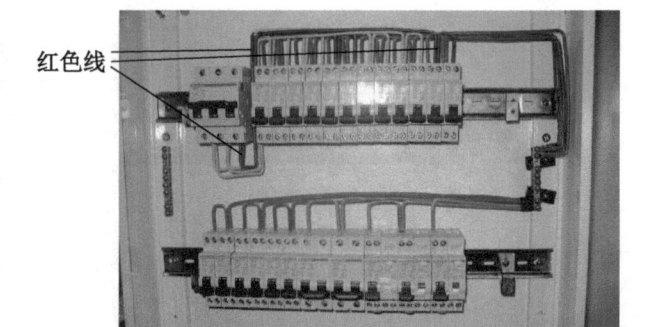　　　　　　　　　　　　（c）C相配线

图6-22　第一排断路器相线配线（续）

②其余要求与断路器零线配线的相同。

5）第二排断路器相线配线。

①A相线为黄色、B相线为绿色、C相线为红色，如图6-23所示。

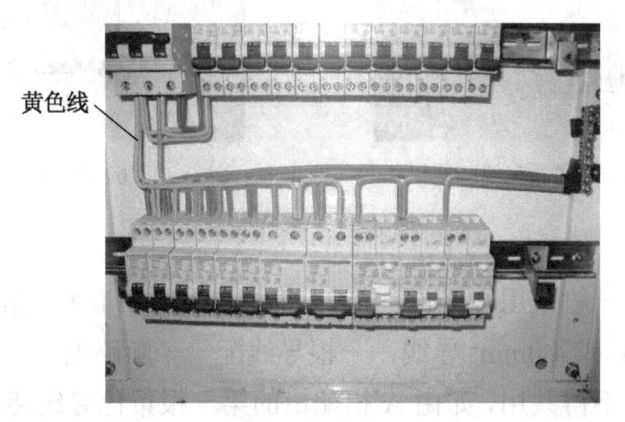

黄色线

（a）A相配线

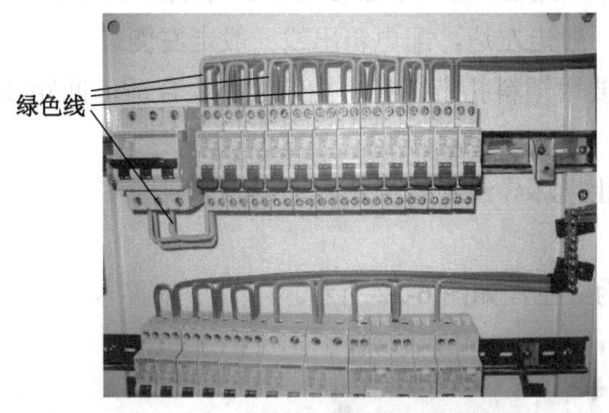

绿色线　　　　　　　　　　　　　　　红色线

（b）B相配线 　　　　　　　　　　　　（c）C相配线

图6-23　第二排断路器相线配线

②其余要求与第一排断路器相线配线的相同。

6）导线绑扎。

①导线要用塑料扎带绑扎，扎带大小要合适，间距要均匀，一般为100mm。

②扎带扎好后，不用的部分要用钳子剪掉，如图6-24所示。

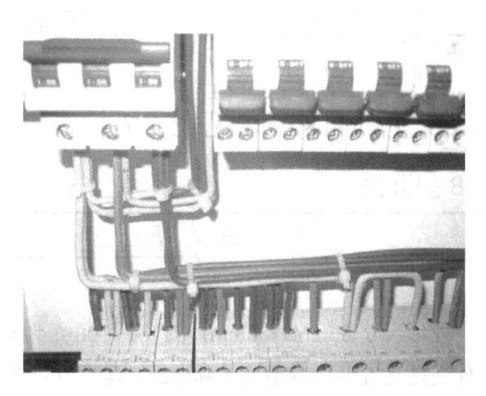

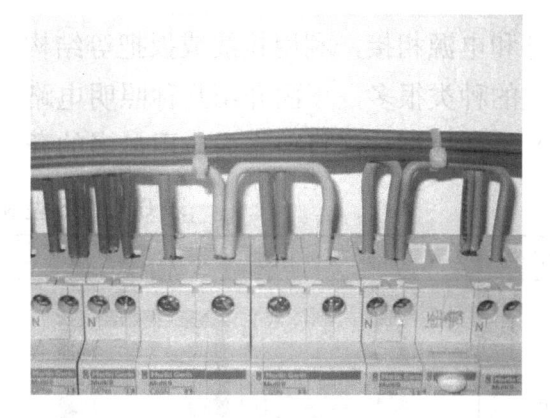

图 6-24　导线绑扎

导线接线完毕并进行绑扎后的整体效果如图 6-25 所示。

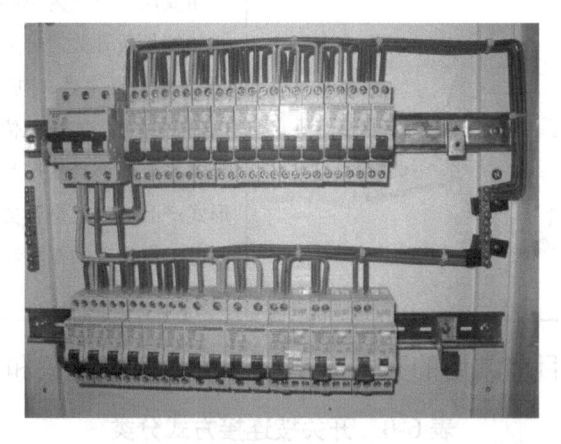

图 6-25　导线接线完毕并绑扎后的整体效果

任务 3

单控灯与双控灯电路的安装

任务目标

1. 了解单控灯的基本构成和工作原理，理解电路中的各个组成部分及其作用。
2. 了解双控灯电路的工作原理和应用场景，会分析双控灯电路的电路图，能识别电路中的关键组件和连接方式。
3. 掌握单控灯电路、双控灯电路的安装流程和步骤，能选择合适的安装位置和固定方式。
4. 培养学生动手能力，鼓励实践探索和创新，以增强技术水平和解决问题能力。

任务实施

一、器材选择

1. 照明开关

照明开关又称灯开关，用来控制照明灯的通断。开关中设有两个接线柱，通过导线与被控照明灯和电源相接，利用拉线或扳把等结构实现两个接线柱的通与断，达到控制的目的。照明开关的种类很多，下面介绍几种照明电路比较常用的开关。

（1）按面板型分，目前室内应用最多的开关有 86 型和 118 型，见表 6-7。

表 6-7　86 型和 118 型开关

开关型号	图示	说明
86 型		外形尺寸 86mm×86mm，安装孔中心距为 60.3mm，外观是正方形，86 型为国际标准，是目前我国大多数地区工程和家装中最常用的开关
118 型		面板尺寸一般为 70mm×118mm 或类似尺寸，是一种横装的长条开关，分为大、中、小三种型号，其功能件（开关件、插座件、电话件、电视件、网络件）与面板可以随意组合，如长三位、长四位、方四位。日本、韩国等国家采用该形式产品，我国也有部分区域流行采用该形式产品。118 型开关插座的优势在于风格比较灵活，可以根据自己的需要和喜好调换颜色，拆装方便，风格自由

（2）按连接方式分，目前常用的开关有单极开关、双极开关和双控开关，见表 6-8。

表 6-8　开关按连接方式分类

名称	实物图	原理图
单极开关		
双极开关		
双控开关		

（3）按启动方式分，有旋转开关、跷板开关、按钮开关、声控开关、触屏开关、倒扳开关、智能遥控开关，如图 6-26 所示。

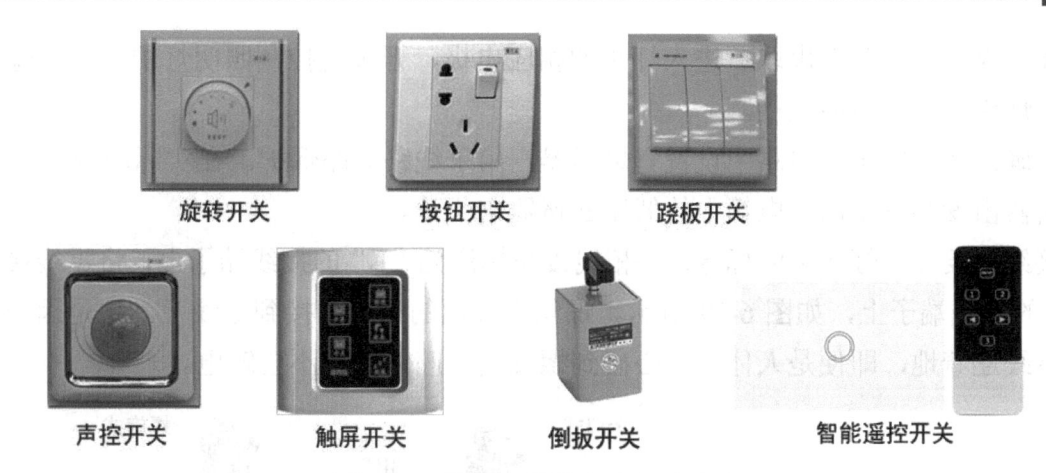

图 6-26　常用开关按启动方式分类

照明开关的种类很多，选择时应从实用、质量、美观、价格、装修风格等几个方面加以综合考虑。选用时，每户的开关、插座应选用同一系列的产品，最好是同一厂家的产品。开关面板的尺寸应与预埋的开关接线盒的尺寸一致。

2．灯座

（1）材质选择。

金属灯座：优点是坚固耐用、散热性能好，适用于一些重型的灯具；缺点是有时会生锈、氧化，需要定期清洗和保养。

陶瓷灯座：优点是材料质感好，颜色多样化，更容易搭配家居风格；缺点是易破碎，在使用和保养时需要特别小心。

（2）接口类型选择。

E27：口径为 27mm 的螺纹式灯座，通常用于台灯、吊灯、落地灯、壁灯等。

E14：口径为 14mm 的螺纹式灯座，通常用于小型吊灯、夜灯等。

GU10：双针式灯座，通常用于射灯、筒灯等。

B22：两脚式灯座（常说的卡口），通常用于吊灯、落地灯、壁灯等。

E27 和 B22 是最常用的灯座接口，适用于大多数家庭和商业场所，如图 6-27 所示。E14 则适用于小型灯具或需要柔和光线的场合，GU10 则适用于需要聚光灯效果的场合。

图 6-27　常用灯座接口

二、单控灯电路的安装

一个开关控制一盏灯是最基本、最常用的照明控制电路，安装简单、使用方便。室内灯具的控制大多数都采用这种电路，如图 6-28 所示。

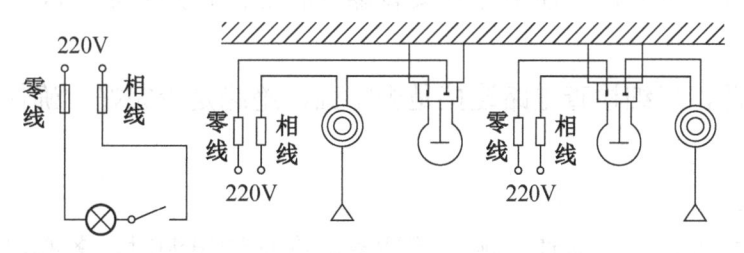

图 6-28　一个开关控制一盏灯电路

相线（火线）与开关串联后进入灯头的相应电极，开关能控制照明灯的点亮和熄灭。零线直接与灯头的相应电极连接。

为了确保用电安全，电路中设置有熔断器，用于线路短路保护。在实际应用时，图 6-28 中的熔断器由安装在室内配电箱中的低压断路器来代替。

在接线中要注意灯座上的标号，将相线接在标注为"L"的接线端子上，将零线接在标注为"N"的接线端子上，如图 6-29 所示。螺丝口灯泡的螺旋套接到零线上。这是因为一般情况下，零线连着地，即便是人体不小心碰到螺旋套灯座，人也不会触电。

图 6-29 灯座的接线

"相线进开关，零线进灯座，灯泡的螺旋套接零线"，这是照明电路最基本的安装方法。一个开关控制一盏灯的单控灯电路安装步骤及方法如下。

（1）准备工具和材料。

在开始安装单控灯电路之前，需要准备好工具和材料。如开关底盒及单控开关、电线、绝缘胶带、灯具及灯具安装所需的螺钉和配件等。

（2）断开电源。

在安装过程中，为了确保安全，务必先断开电源。

（3）确定安装位置。

根据电路设计图和实际需要，确定开关和灯具的安装位置。注意开关应安装在便于操作的地方，同时避免安装在潮湿或易受损的位置。

（4）安装开关底盒。

使用螺丝刀将开关底盒固定在墙面上，确保底盒平整且稳固。

（5）连接电源线。

将电源线穿过开关底盒，使用剥线钳剥去线头一定长度的绝缘层，然后将裸露的铜丝与开关的接线端子连接。可以使用电熔连接头或焊锡进行连接，然后用绝缘胶带包裹好连接处，确保安全。

（6）连接灯具线。

将灯具线穿过开关底盒，连接到开关的另一端。同样需要剥去线头绝缘层，并将裸露的铜丝与开关的接线端子连接。连接完成后，用绝缘胶带包裹好连接处。

（7）固定灯具。

将灯具安装在预定位置，并使用灯具安装螺钉和配件将其固定牢固。

（8）检查电路。

在接通电源之前，仔细检查电路连接是否牢固、绝缘是否完好。确保所有连接处无裸露铜丝，无短路现象。

（9）接通电源。

在确保电路连接无误后，接通电源。请注意，在接通电源时，务必确保周围无人，以免发生触电事故。

(10) 测试开关功能。

在接通电源后，测试开关的功能。通过反复开关灯具，确保开关控制正常、灯具工作正常。

注意：采取小组合作方式，根据单控灯照明电路原理图进行安装接线。在安装过程中，务必注意安全。

三、双控灯照明电路的安装

两个或多个开关异地控制一盏照明灯电路，适用于楼上楼下或在室内的不同地方控制同一盏灯，如楼梯灯、客厅灯、交换厅过道灯、卧室吸顶灯。不管灯的状态是点亮或是熄灭，都可以用任何一个开关控制灯的开与关，即变为相反的状态。例如，在楼上/楼下把灯打开/关闭，到楼下/楼上就可以把灯关闭/打开，如图6-30所示。

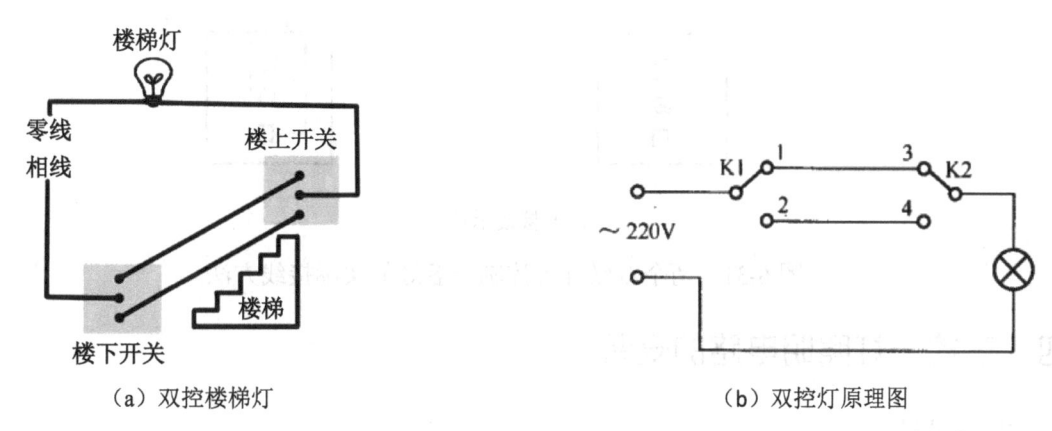

(a) 双控楼梯灯　　　　　　　　(b) 双控灯原理图

图6-30　双控灯照明电路

图中，当K1置于位置"1"，K2置于位置"3"时，电路接通，电灯点亮。此时，再扳动任何一个开关都会使电路断开，电灯熄灭。

该电路具有以下特点。

(1) 使用方便，但线路较复杂，需要使用的电线比较多。

(2) 普通开关是无法实现这一电路功能的，只能用单刀双掷开关（亦称双联开关）才能实现异地控制一盏灯。

(3) 每个控制开关之间处于串联状态，任意一个开关坏了或一条线断了，照明灯就无法点亮。

双控灯照明电路的安装步骤及方法与前面介绍的单控灯电路安装步骤及方法基本相同。下面介绍需要特别注意的事项。

(1) 双联开关有三个接线桩头，安装时的接线要领是：进线出线接中点，两端控制可交叉。两个双联开关控制一盏灯的实际接线方法如图6-31所示。

(2) 安装双联开关时，可先把零线与照明灯的零线连接，再安装开关控制线。每两个开关之间应该布两根线。

(3) 采取小组合作方式，根据双控灯照明电路原理图进行安装接线。先按照电路原理图，画出实物布线图。请教师审核通过后再进行照明电路的安装。安装完毕，经教师检查合格后才允许通电运行。

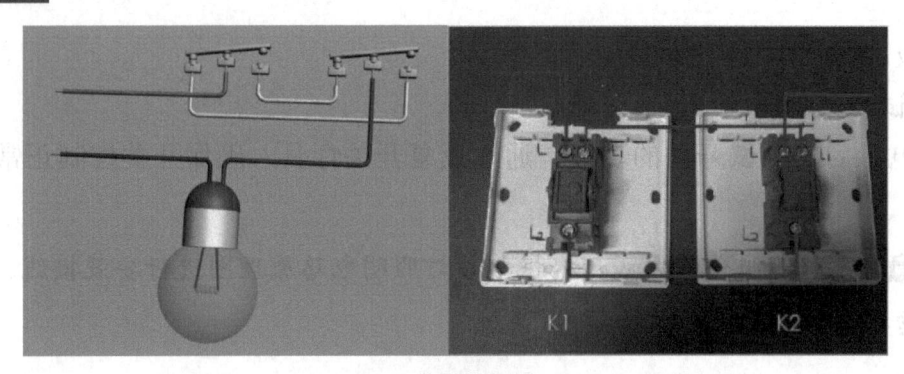

(a)实物接线图

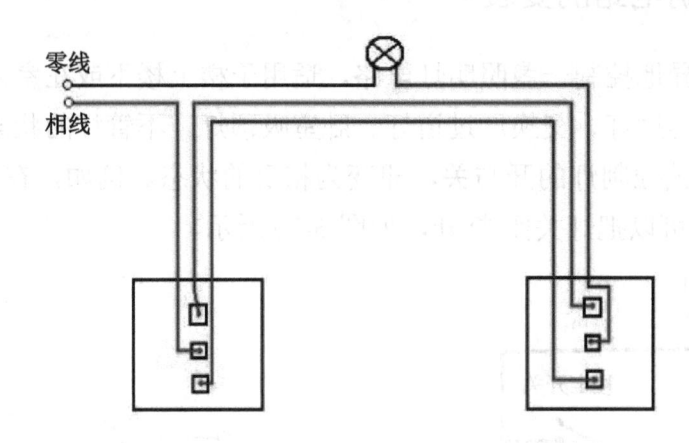

(b)接线示意图

图 6-31　两个双联开关控制一盏灯的实际接线方法

四、三控一灯照明电路的安装

1. 电路设计

三控一灯照明电路是指一个灯具由三个开关控制,这种安装方法在家居电路中较为常见。例如,为提高生活的便捷性,某业主在装修房屋时,要求在卧室进门处和床头两边各安装一个开关来控制卧室灯,操作任意一个开关均可以开灯、关灯,你能满足他的要求吗?

小组同学通过认真分析业主的需求,大家一致认为:根据卧室的实际情况,确定开关和灯具的位置;设计合理的布线路径,尽量减少导线的交叉和折弯,降低电能的损耗;确保开关与灯具之间的导线长度适中,既不过长也不过短。最终确定卧室三控一灯安装位置图如图 6-32 所示。

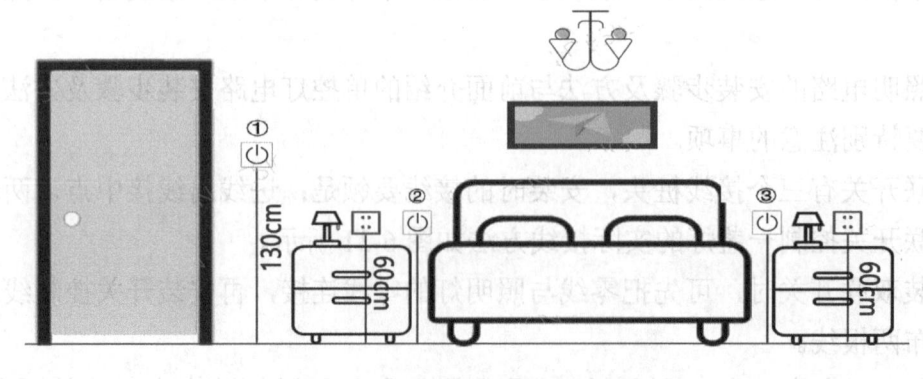

图 6-32　卧室三控一灯安装位置图

图中,①为卧室进门处安装的开关,②和③分别为床头左右两边安装的开关,它们的安装高度见图中的标注。

三个开关控制一盏灯，就是在双控开关控制一盏灯的基础上，在两个开关的连接线中间增加一个双刀双掷开关。

2．认识双刀双掷开关

双刀双掷开关属于同轴开关的一种，这种开关的特点是，它有两个独立的开关触点组，每个触点组都有两个触点，可以分别连接到两个不同的电路上。换句话说，双刀双掷开关其实是两个单刀双掷开关并列而成的，其接线方式与每个单刀双掷开关完全一样，其两个单刀通过一个绝缘塑料相连，然后共用一个手柄。其结构及符号如图6-33（a）、（b）所示，引脚共2排，每排3个引脚，中间一个是公共端，常开触点对常开触点，公共点对公共点，常闭触点对常闭触点，但是是完全独立的2组，开关按下和未按下的状态如图6-33（c）所示。

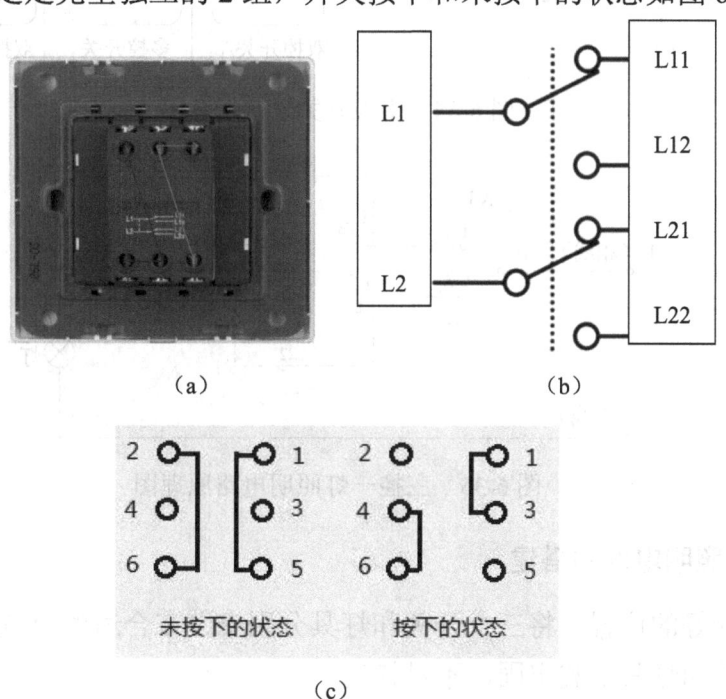

图 6-33 双刀双掷开关

双刀双掷开关在电路设计中有着广泛的应用，可以用于实现多种电路控制功能，如选择电路、切换电路、反转电路等。在使用双刀双掷开关时，需要根据具体的应用需求选择合适的开关类型和合适的连接方式。同时，还需要注意开关的额定电压、电流等参数，以确保开关的正常工作和安全性。

3．多控开关的连接

如图6-34所示为多控开关连接示意图。双控开关A的L1、L2端点分别和多控开关（双刀双掷开关）的L1、L2端点连接；多控开关的L11、L22端点相连接后再与双控开关B的L2端点连接，L12、L21端点相连接后再与双控开关B的L1端点连接。双控开关A的L端点与电源进线连接，双控开关B的L端点与螺口灯座中心触点的接线端点连接，零线连接在螺纹的接线端点上，从而防止发生触电事故。

4．三控一灯照明电路的工作原理

三控一灯照明电路原理图如图6-35所示。开关K1置于L1，灯泡亮，开关K1置于L2，灯泡灭；开关 K2 置于 L12 和 L22，灯泡亮，开关 K3 置于 L2，灯泡灭；之后，开关 K1 置于 L1，或者 K2 置于 L11 和 L21，灯泡仍会再次亮，此时无论扳动哪一个开关都可以使电路断开，电灯熄灭。

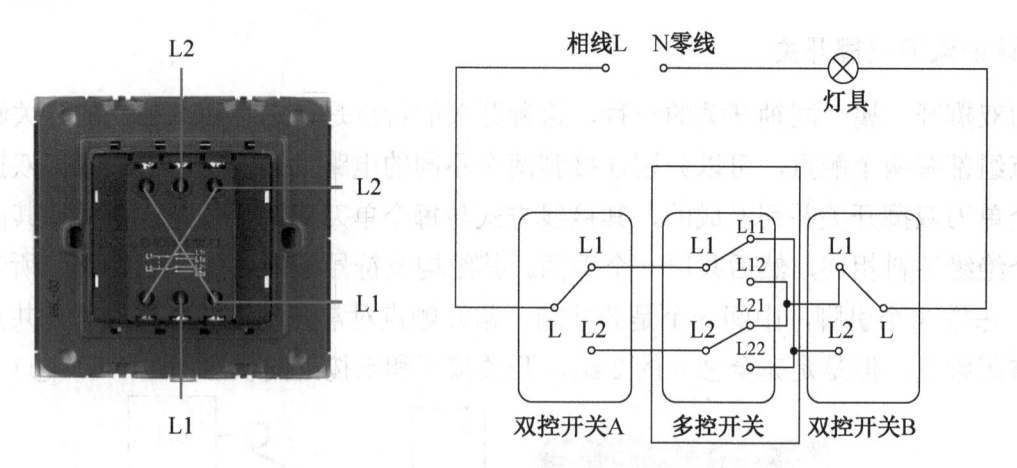

图 6-34　多控开关连接示意图

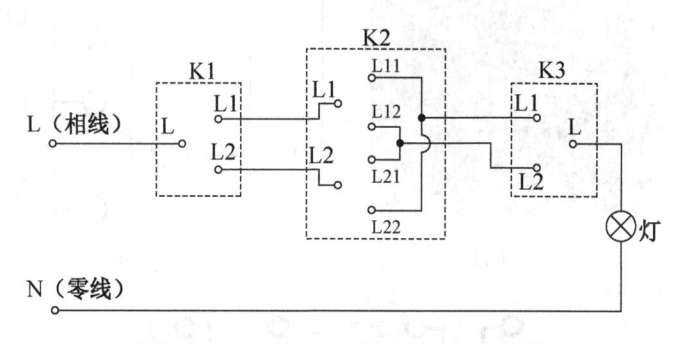

图 6-35　三控一灯照明电路原理图

5．三控一灯照明电路的搭建

（1）按照设计好的位置，将三个开关和灯具分别安装在合适的位置。

（2）确保开关和灯具安装牢固，不易松动。

（3）按照如图 6-36 所示接线示意图接线。在接线过程中，注意保护导线的绝缘层，防止漏电。

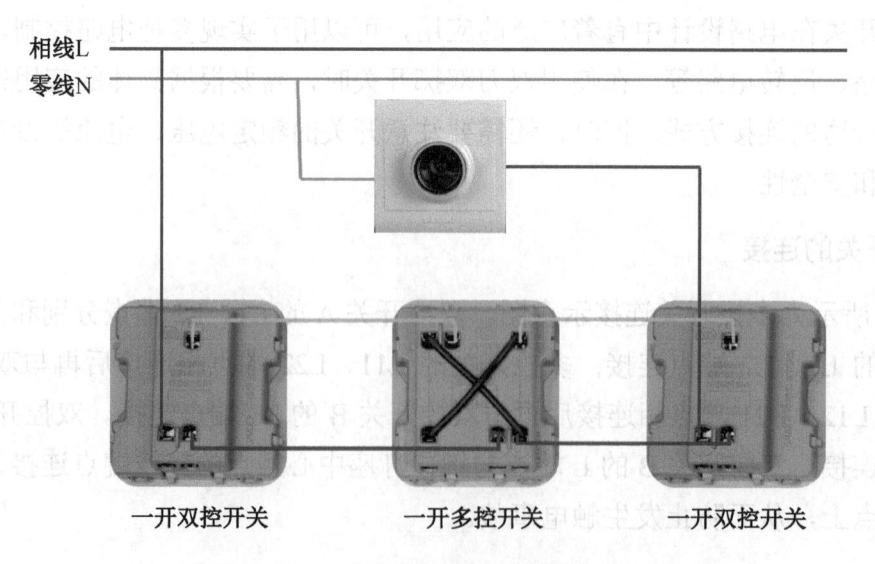

图 6-36　三控一灯照明电路接线示意图

6．功能测试

（1）完成安装后，对所有开关和灯具进行测试，确保其功能正常。

（2）测试三控一灯的功能，打开第一个开关，灯应亮起；打开第二个开关，灯应关闭；打开第三个开关，灯应再次亮起，以此验证三个开关均正常工作，确保每个开关都能正常控制灯具的开关状态。

测试过程中发现问题，应及时进行修复和调整。

7．电路安装的注意事项

（1）确保开关固定牢固，避免松动导致故障。

（2）接线过程中，务必确保相线接入开关。

（3）安装完成后，务必进行试运行，确保各个开关均能正常控制灯具。

（4）选择质量合格的开关和电线，以保证电路的安全和稳定性。

任务 4　荧光灯照明电路的安装

任务目标

1．了解荧光灯照明电路的工作原理。

2．能正确安装荧光灯照明电路，并确保电路的安全性和稳定性。

3．能按电工作业规程，作业完毕后墙面、地面恢复原状，清点工具、人员，收集剩余材料，清理工程垃圾，拆除防护措施。培养学生"标准规范操作，安全文明生产"的理念。

任务实施

一、荧光灯的组成

荧光灯又称日光灯，由荧光灯管、启辉器、镇流器和灯座等组成，其各部分作用简述如下。

（1）荧光灯管。由玻璃管、灯丝和灯脚等构成，如图 6-37 所示。玻璃管内抽真空后充入少量的汞和氩等惰性气体。管的内壁涂有一层荧光粉，两端各有一根灯丝，灯丝上涂有氧化物，灯丝通过引出脚与电源相接。

当灯丝引出脚与电源相接后，灯丝通过电流而发热，灯丝上的氧化物便发射出大量的电子。电子不断轰击水银蒸气，产生看不见的紫外线；紫外线射到管壁的荧光粉上，发出近似日光的可见光。氩气的作用是帮助启辉，保护电极，延长灯管使用寿命。

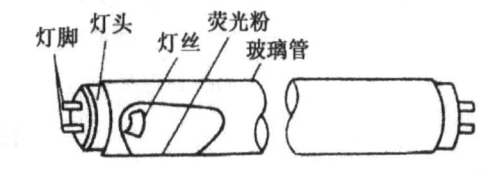

图 6-37　荧光灯管结构示意图

（2）启辉器。由氖管、纸介电容器、出线脚和外壳等构成。氖管内装有倒 U 形的动触片和一个固定的静触片，平时动触片和静触片分开，二者相距约 0.5mm。

启辉器相当于一个自动开关，使电路自动接通和断开。纸介电容器与两触片并联，它的作用是消除或减弱荧光灯对无线电设备的干扰。启辉器的外壳是铝质或塑料的圆筒，起保护作用。

（3）镇流器。它是一个具有铁芯的电感线圈，有两个作用：在启动时与启辉器配合，产生瞬时高压，使灯管启辉；工作时限制灯管中的电流，以延长荧光灯的使用寿命。

镇流器有单线圈和双线圈两种结构形式。前者有两个接头，后者有四个接头，外形相同。单线圈镇流器应用较多。选择镇流器时应使其功率与所用灯管功率一致。

（4）灯座和灯架。荧光灯灯座有几种形式，都是利用灯座的弹簧铜片卡住灯管两头的引出脚来接通电源的，灯座还起支撑灯管的作用。灯座一般固定在灯架上，灯架有木制的和铁制的。镇流器、启辉器等也安装在灯架上。灯架便于荧光灯安装，具有美观、防尘的作用。简易安装荧光灯，也可省去灯座、灯架，用导线直接将镇流器、启辉器、灯管相连接。

二、荧光灯照明电路的工作原理

如图 6-38 所示为荧光灯照明电路，使用的是单线圈镇流器。其工作原理如下。

当开关合上时，电源接通瞬间，启辉器的动、静触片处于断开状态，电源电压经镇流器、灯丝全部加在启辉器的两触片间，使氖管辉光放电而发热。动触片受热后膨胀伸展与静触片相接，电路接通。这时电流流过镇流器和灯丝，使灯丝预热并发射电子。动、静触片接触后，氖管放电停止，动触片冷却后与静触片分离，电路断开。在电路断开瞬间，因自感作用，镇流器线圈两端产生很高的自感电动势，它和电源电压串联，叠加在灯管的两端，脉冲高电压使灯管内汞蒸气电离放电，灯管启辉。启辉后灯管正常工作，一半以上的电源电压降在镇流器上，镇流器起限制电流保护灯管的作用，启辉器两触片间的电压较低不能引起氖管的放电。

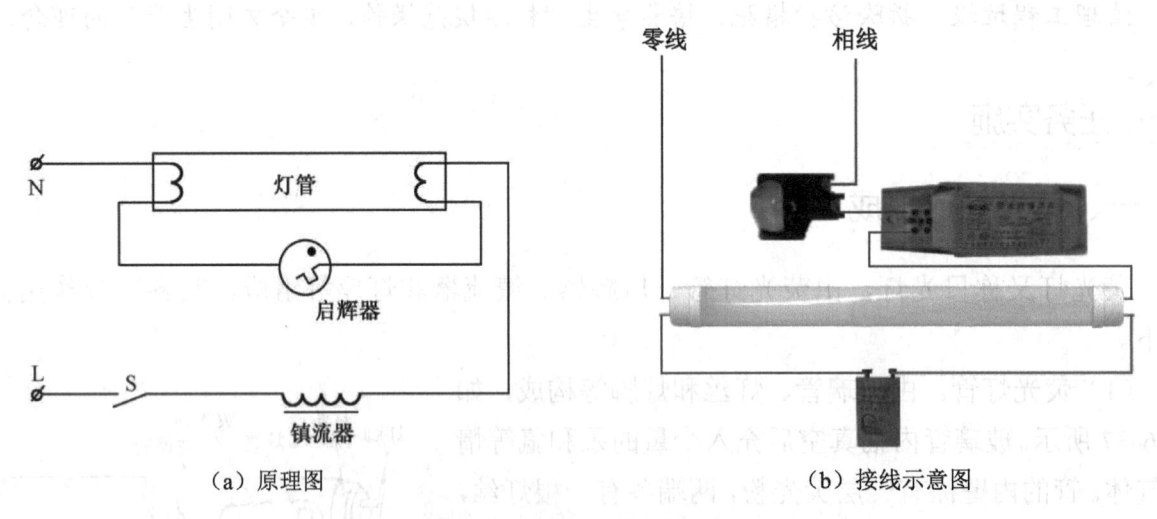

（a）原理图　　　　　　　　　　　（b）接线示意图

图 6-38　荧光灯照明电路

三、荧光灯照明电路的安装

1. 荧光灯照明电路的安装步骤及方法

（1）准备材料。

准备好荧光灯管、端子、镇流器、电源线、灯座等。

(2)确定灯座位置。

根据设计要求，在适当的位置安装灯座。

(3)组装灯架。

将荧光灯管、镇流器、启辉器、灯座等组装在一块灯架板上，这一整体称为灯架，也称荧光灯灯具。成品的荧光灯灯具有各种规格型号，可根据需要选购。自制灯架可选用木板或铁板做灯架板，根据所用荧光灯管的长度决定灯架板的长度。将启辉器底座、灯座和镇流器依次固定在灯架板上，然后按荧光灯照明电路图进行连线。检查连线无误后接入启辉器、荧光灯管，通电试验正常发光，说明灯架组装正确。

(4)固定灯架。

荧光灯灯架安装方式有嵌顶式和悬吊式两种，简易灯架多采用吊杆式安装，用钢管来悬挂灯具。与白炽灯安装一样，安装前在固定点预埋合适的紧固件，如吊挂螺栓、吊钩、弓形板等。简易灯架有时不用挂线盒，灯架的两线端可以直接与电源线两线端绞合连接，但一定要绞合紧固，并做绝缘处理。

2. 荧光灯照明电路的安装注意事项

(1)采用开启式灯座时，必须用细绳将灯管绑扎在灯架上，以防灯座松动时灯管坠下。

(2)灯架不可直接贴装在由可燃性建筑材料构成的平顶上。

(3)灯架下放至离地1米高时，电源引线要套上绝缘套管，灯架背部加装防护盖，镇流器部位的盖罩上要钻通风孔，以利散热。

(4)吊式灯架的电源引线必须从挂线盒中引出，一般要求一灯接一个挂线盒。

(5)在荧光灯管的安装过程中，务必确保断开电源，并谨慎操作，以避免触电或其他安全事故的发生。

3. 接线

荧光灯照明电路元器件位置关系：启辉器与灯管并联；镇流器与灯管串联；相线必须经开关连接。

4. 实践活动

根据以上步骤，小组成员分工协作，对荧光灯照明电路进行安装，然后回答以下问题。

(1)单选题。

①检测荧光灯灯管是否正常，应选择万用表的（　　）挡。

　A．电阻　　　　B．电流　　　　C．直流电压　　D．交流电压

②电感式荧光灯套件中不包括（　　）。

　A．灯管　　　　B．镇流器　　　C．开关　　　　D．启辉器

③用万用表检测荧光灯灯管的灯丝电阻，大约是4Ω，则电阻挡最好选择（　　）量程。

　A．×1　　　　B．×10　　　　C．×100　　　　D．×1k

(2)判断题。

①荧光灯灯管抽成真空后，充入一定量的氩气和少量汞。（　　）

②荧光灯镇流器分为电感式和电子式两种。（　　）

③荧光灯灯管的功率应该比镇流器的功率大一些。（　　）

（3）思考题。

①观察启辉器的作用。

a．接通电源，荧光灯启动发光，然后将启辉器取下。观察荧光灯是否仍然发光，说明启辉器在什么时候起作用，什么时候失去作用。

b．将荧光灯断电，在取下启辉器的情况下，重新接通电源，观察荧光灯是否发光。

c．用一节绝缘导线将启辉器座上的两接线柱碰触，略等一会儿再取走，观察荧光灯是否发光。

②观察镇流器的作用。

a．将荧光灯与镇流器并联，接通电源后灯管发光，再将镇流器的一端断开，观察灯管是否仍然发光。

b．断开电源，再次接通电源后，把镇流器重新接上，观察灯管能否发光，试分析镇流器这时所起的作用。

任务 5

单相电能表带照明灯的安装

任务目标

1．了解电能表的基础知识，掌握单相电能表接线方法。

2．熟知照明灯的安装流程，涵盖照明灯的选择、安装定位、固定方式及连接电源等关键环节，并需掌握安装注意事项与安全规范。

3．通过实训增强学生对单相电能表带照明灯的安装、接线、调试能力，并提升分析与解决问题的能力。

任务实施

在日常生活中，单相电能表带照明灯的安装及接线是一个常见的电气工作任务。通过正确的安装和接线，可以保障电能表正常运行并提供照明功能。

一、电能表的基础知识

电能表是用来测量某一段时间内用电负载所消耗电能的仪表。电能以千瓦小时为单位，所以电能表又叫"千瓦时表"。平时我们说用了 1 度电，就是指消耗了 1 千瓦小时的电能。凡是用电的地方都有电能表，它是电工仪表中使用数量最多的一种仪表。电能表与功率表不同的是，电能表不仅能反映出功率的大小，而且能够反映电能随时间增长的累积之和。

1．电能表的分类

电能表按结构及工作原理可分为电解式、电子数字式和电气机械式三大类。其中电气机械式电能表数量多，应用范围广。电气机械式电能表又包括电动式和感应式两种。前者测量直流，后者测量交流。

根据测量的电路可分为单相电能表和三相电能表。常用单相电能表的型号有DD1~DD28等。其中第一个D表示电能表；第二个D表示单相；数字表示设计编号。三相电能表又有二元件和三元件两种，分别用于三相三线电路和三相四线电路中。常用的三相二元件电能表有DS1~DS19等型号。

电能表根据其功能分为有功电能表，无功电能表及特殊功用电能表，根据准确度又分为一般使用的普通电能表和准确度较高的标准电能表。

感应式交流电能表转矩大、结构紧凑、价格低，是目前应用最多的电能表之一。

2. 感应式电能表的结构及工作原理

下面以单相感应式电能表为例，说明其工作原理。

（1）结构。

① 驱动元件：由铁芯、电压线圈、电流线圈等组成。它的作用是当电压线圈和电流线圈分别并联和串联于交流负载电路时，由于电压和电流的作用产生交变磁通，交变磁通穿过铝制转盘产生转动力矩使转盘转动。

② 转动元件：由铝制转盘、转轴和轴承等组成。它的作用是转盘在驱动元件作用下连续转动，并通过转轴上部的蜗杆，将转盘转数传递给计度器。

③ 制动元件：又称制动磁铁，由永久磁铁和磁轭组成。其作用是在转盘转动时产生制动力矩，使转盘转速与负载的功率大小成正比，从而使电能表反映出负载所消耗的电能。

④ 计度器：用来计算电能表的转数，以便计算电能。当转盘转动时，通过蜗杆和齿轮等传动机构带动字轮转动，将转盘转数换算成负载所消耗的电能度数，并从计度器窗口上直接显示出来。

此外，电能表中还有调整装置，它的作用是校正电能表，使其在规定条件下达到应有的计量精度。如图6-39所示为单相电能表结构示意图。

（2）工作原理。单相电能表接入被测交流电路，电压线圈的两端承受被测电路的端电压，电流线圈通过负载电流，这样电压线圈和电流线圈都产生交变磁通，但其大小和方向不同。电压线圈产生交变磁通穿过铝制转盘，产生感应电动势，引起涡流。同样电流线圈的磁通也在铝制转盘上引起涡流。转盘中涡流的相互作用，使转盘上产生作用力，形成转盘转动力矩，其大小与被测电路的电压和电流有关。

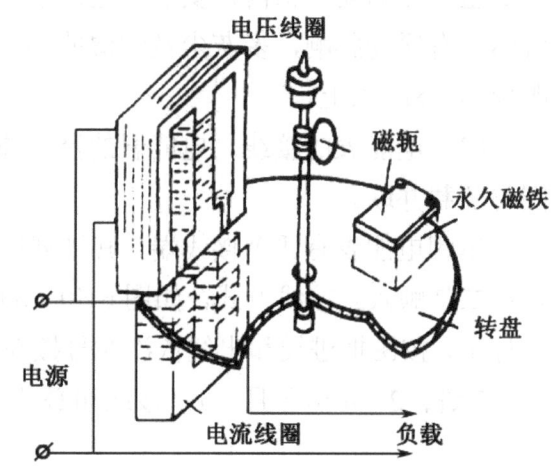

图6-39 单相电能表结构示意图

当转盘转动时，因切割永久磁铁的磁通，同样道理，将产生一个与转盘转动方向相反的力矩，这就是制动力矩，制动力矩的大小与转盘的转速成正比。

这样，转盘在转动力矩的作用下，转速不断增加，同时转盘又受永久磁铁的作用，制动力矩随转速增加而增大。当转盘的转速增加到制动力矩与转动力矩相平衡时，电能表的转盘将以稳定的转速旋转。

在一定时间内，电能 W 和转盘的转数 N 成正比关系：

$$W=KN$$

式中　K——常数。

因此，利用计度器记录转盘转数，便可确定负荷所消耗的电能，这就是电能表的简单工作原理。

三相电能表与单相电能表的工作原理相同，只是在结构安排和接线上有所区别。

3．电能表的使用

（1）正确选择电能表。为了选择符合测量要求的电能表，一般要考虑两个方面的因素。

① 根据被测电路是单相负载还是三相负载，选用单相或三相电能表。通常居民用电使用单相电能表；工厂用电使用三相电能表。测量三相三线制供电系统的有功电能，应选用三相二元件有功电能表；测量三相四线制供电系统的有功电能，应选用三相三元件有功电能表。

② 根据负载的电压和电流数值，选择相应的额定电压和额定电流电能表。选用的原则是电能表的额定电压、额定电流要大于负载的电压和电流。单相电能表的额定电压一般为220V和380V，分别适用于单相220V和单相380V供电系统。三相电能表的额定电压一般有380V、380/220V 和100V 三种。其中380V适用于三相三线制系统，380/220V 适用于三相四线制系统，100V 则接于电压互感器二次侧，用来测量高压输、配电系统的电能。电能表的额定电流有1A、1.5A、2A、3A、5A、…、100A 等，依据负载电流大小选择。

（2）电能表安装位置的选定。电能表是测量累积负载消耗电能的仪表，长时间接入被测电路中，因此需选择合适的场所，将电能表固定在某一位置。

电能表应安装在干燥及不受振动的场所。固定位置要便于安装、试验和查表。通常安装在定型产品的配电箱内，安装在电能表板或配电盘上。不宜在有易燃、易爆物体，有腐蚀性气体，有磁场影响，多灰尘及潮湿的场所安装电能表。对于居民用明装电能表，安装位置应距地面1.8m 以上。

（3）电能表的接线。电能表的接线原则与瓦特表相同，即电流线圈与负载串联，电压线圈与负载并联。

单相电能表有四个接线端，其排列形式有两种：一是跳入式接线方式，如图6-40（a）所示；二是顺入式接线方式，如图6-40（b）所示。通常电能表说明书附有接线图，接线端有明确标记，按图把进线和出线依次对号接在电能表接线端上。一般规律是采用跳入式接线方式，"1、3进；2、4出"且"1"接线端必须接相线。

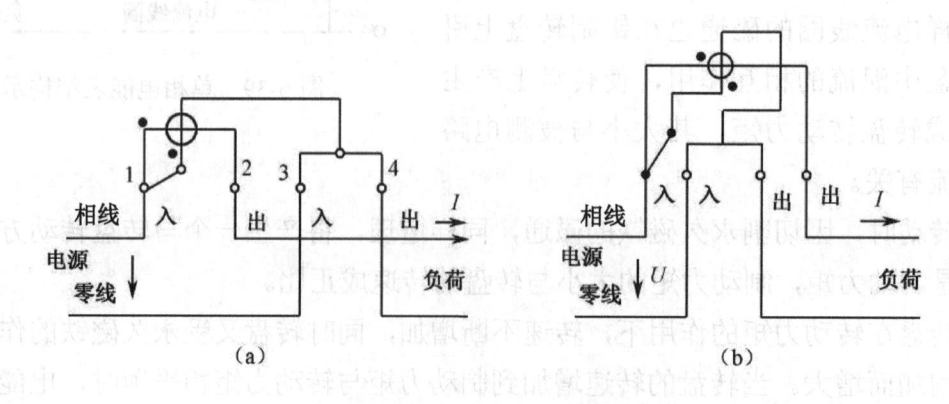

图6-40　单相电能表的接线

三相二元件有功电能表用于三相三线制供电电路中，如图 6-41（a）所示为其接线图。电能表的读数直接反映三相电路消耗的总电能。此外，也可用两个单相电能表来测定，消耗总电能等于两个电能表读数之和。三相三元件有功电能表用于三相四线制供电电路中，如图 6-41（b）所示为其接线图。同样也可用三个单相电能表来测定各相消耗的电能，三个表的读数相加即为消耗的总电能。

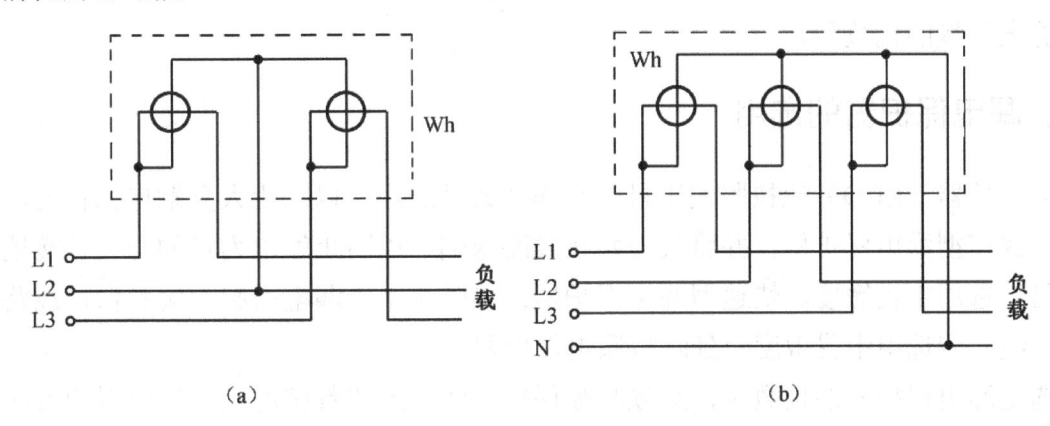

图 6-41　三相二元件有功电能表的连接

（4）使用电能表的注意事项。

① 要注意电能表的倍率。有的电能表计度器的读数需乘一个系数，才是电路实际消耗的电度数，这个系数称为电能表的倍率。

② 单相电能表的接线应按图 6-40 进行，电源的相线和零线不能颠倒。相线和零线颠倒可能造成电能表测量不准确，更重要的是增加了不安全因素，容易造成人身触电事故。

③ 对于接线端标记不清的单相电能表，可根据电压线圈电阻值大、电流线圈电阻值小的特点，用万用表来确定它的内部接线。通常，电压线圈的一端和电流线圈的一端接在一起位于接线端"1"，如图 6-42 所示。将万用表置于 $R\times 100$ 挡，一支表笔与接线端"1"相接，另一支表笔依次接触"2""3""4"接线端。测量电阻值近似为零的是电流线圈的另一接线端；电阻值大的，在 1kΩ 以上的是电压线圈的另一接线端。

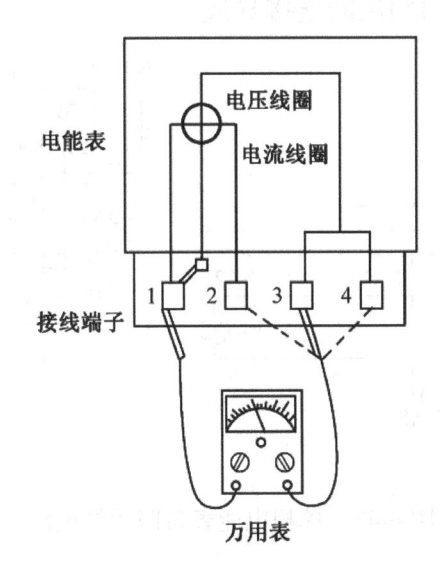

图 6-42　用万用表测量单相电能表的接线端

④ 被测电路在额定电压下空载时，电能表转盘应静止不动，否则必须检查线路，找出原因。在负载等于零时，电能表转盘仍稍有转动，属于正常现象，称"无载自转"或"潜动"，

但转动不应超过一整圈。

⑤ 电能表接入被测电路，转盘发生反转现象，要进行具体分析。对于单相电能表、三相二元件有功电能表、三相三元件有功电能表转盘反转，是由于电能表发生故障，或错误接线所致，要认真检查，加以排除。采用单相电能表测量三相三线制或三相四线制供电电路，在功率因数过低时，可能会使其中一个电能表转盘反转，这是正常现象。其总有功电度数应为单相电能表计量的代数和。

二、漏电保护器的选用

漏电保护器（RCD）应按照使用目的和作业条件选用。以防止人身触电为目的，选用高灵敏度、快速型漏电保护器，并将其安装在线路末端；以防止触电为目的与设备接地并用的分支线路，选用中灵敏度、快速型漏电保护器；以防止由于漏电引起火灾和保护线路、设备为目的干线，应选用中灵敏度、延时型漏电保护器。

在选定漏电保护器的极数时，必须与被保护的线路的线数相适应；漏电保护器应安装在电能表和熔断器之后，安装完成后应检查漏电可靠度，并定期校验。

三、实训步骤

1. 准备工作

在进行安装之前，需要做好以下准备工作。

（1）确定安装位置，并清理安装区域。

（2）检查所需材料和工具是否齐全，如电能表、照明灯、导线、螺钉等。

（3）关闭相关电源，并进行安全防护措施。

2. 确定配线方案

根据如图 6-43 所示单相电能表带照明灯电路，在电路板上选择所需的电气元件，并确定配线方案。按给定条件选配不同颜色的连接导线。

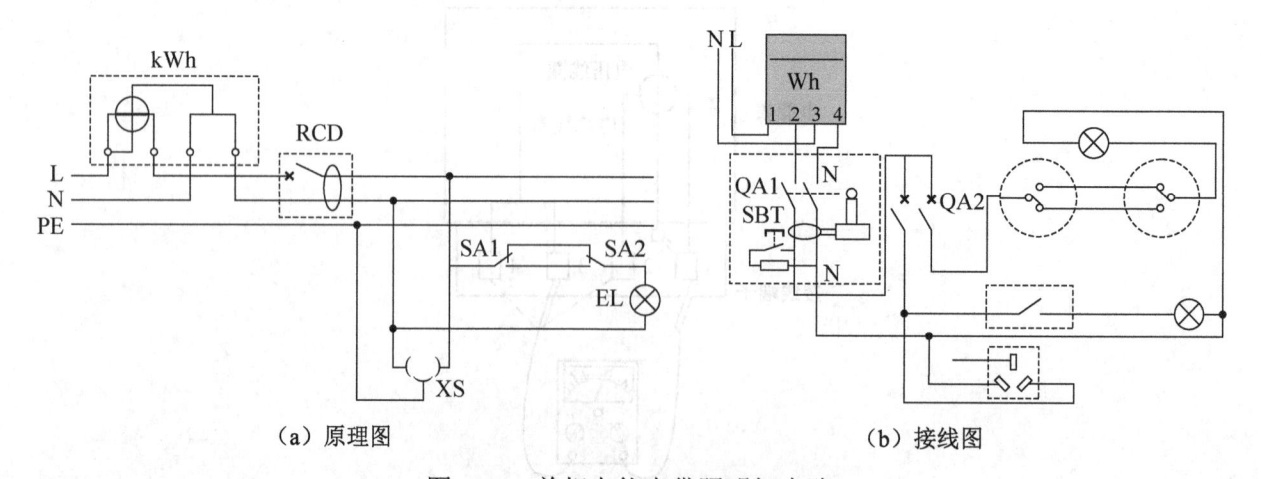

（a）原理图　　　（b）接线图

图 6-43　单相电能表带照明灯电路

3. 安装电能表

（1）将单相电能表安装在预定位置，并固定好螺钉。

（2）接入单相电能表的电源线，确保接线牢固可靠。如图 6-44 所示，单相电能表有 4 个接线柱，从左至右，接线规则为：1 进火，2 出火，3 进零、4 出零。

（3）接入地线，保证接地安全。

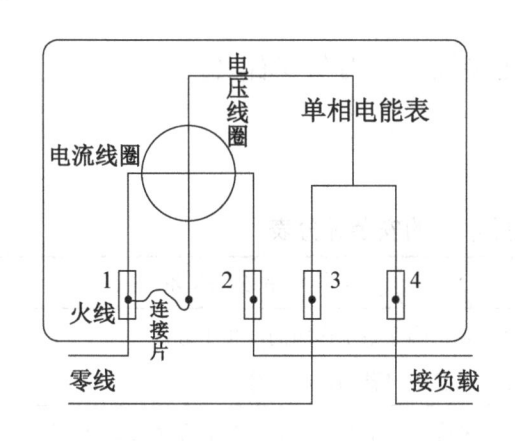

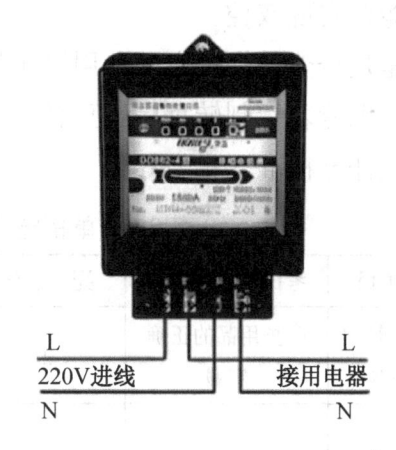

注意：L 线对应红色，N 线对应蓝色，保护线对应黄绿线。

图 6-44 单相电能表的接线

4．安装漏电保护器

（1）漏电保护器应垂直安装（倾角≤5°），用螺钉固定到安装孔。

（2）漏电保护器上部端子是主电路的电源端，下部端子是出口端。电源中性线（中性线）必须连接到"N"端子，如图 6-45 所示。

5．安装照明灯

（1）将照明灯和两个开关安装在预定位置，并固定好螺钉。

（2）照明灯需要双控功能，将电源线的相线和零线引出，分别接到两个开关的上、下方。然后在电能表下方安装接线端子，用螺钉固定，并将电线接好。注意，开关串联在相线上，相线与螺口灯座的中心触点连接。

6．安装插座

（1）将插座安装在预定位置，并用螺钉固定好。

（2）单相插座的接线，左零（零线 N）右火（相线 L）上接地（保护零线 PE），如图 6-46 所示。

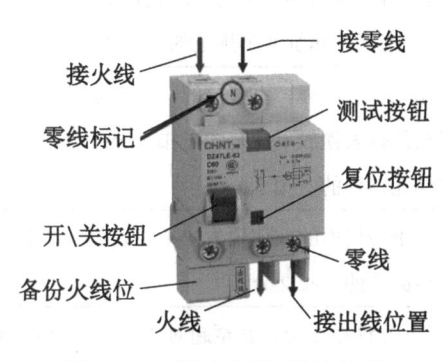

图 6-45　漏电保护器的接线　　　图 6-46　单相插座的接线

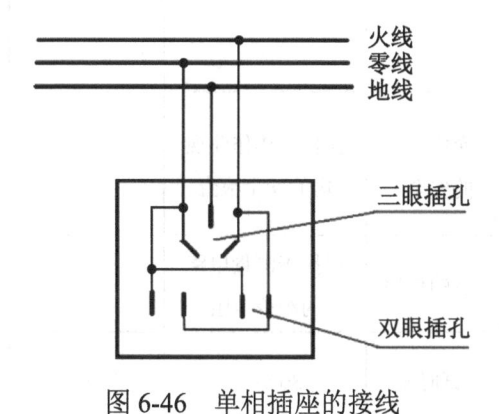

7. 联通电路

（1）将安装好的电能表和照明灯进行通电。

（2）检查漏电保护器能否起漏电保护作用。

（3）灯能否实现双控。

（4）插座是否能够提供电源，用试电笔检测接线是否为左零右火。

（5）观察电能表铝制转盘是否正转。

（6）安装评分标准，见表6-9。

表6-9 单相电能表带照明灯的安装评分表

序号	考试项目	考试内容及要求	配 分	评 分 标 准
1	操作前的准备	防护用品的正确穿戴	2	1. 未正确穿戴工作服的，扣1分； 2. 未穿绝缘鞋的，扣1分
2	操作前的安全	安全隐患的检查	4	1. 未检查操作工位及平台上是否存在安全隐患的，扣2分； 2. 操作平台上的安全隐患未处理的，扣1分； 3. 未指出操作平台上的绝缘线破损或元器件损坏的，扣1分
3	操作过程的安全	安全操作规程	11	1. 未经考评员同意，擅自通电的，扣2分； 2. 通、断电的操作顺序违反安全操作规程的，扣3分； 3. 刀闸（或断路器）操作不规范的，扣3分； 4. 考生在操作过程中，有不安全行为的，扣3分
		安全操作技术	16	1. 电能表进出线错误的，扣2分； 2. 电能表压接头不符合要求的，每处扣1分； 3. 控制开关安装的位置不正确的，扣2分； 4. 漏电保护器接线错误的，扣1分； 5. 插座接线不规范的，扣1分； 6. 未正确连接PE线的，扣1分； 7. 工作零线与保护零线混用的，扣1分； 8. 接线处露铜超出标准规定的，每处扣1分； 9. 压接头松动的，每处扣1分； 10. 电路板中的接线不合理、不规范的，扣1分； 11. 绝缘线用色不规范的，扣1分； 12. 接线端子排列不规范的，每处扣1分； 13. 工具使用不熟练或不规范的，扣2分
4	操作后的安全	操作完毕作业现场的安全检查	3	1. 操作工位未清理、不整洁的，扣1分； 2. 工具及仪表摆放不规范的，扣1分； 3. 损坏元器件的，扣1分
5	仪表的使用	用摇表测量电路的绝缘电阻	4	1. 摇表不会使用的或使用方法不正确，扣2分； 2. 不会读数的，扣2分
6	考试时限	30分钟	扣分项	每超时1分钟扣2分，直至超时10分钟，终止整个实操项目考试

续表

序号	考试项目	考试内容及要求	配　分	评 分 标 准
7	否定项	否定项说明	扣除该题分数	出现以下情况之一的，该题记为零分： 1．接线原理错误的； 2．电路出现短路或损坏设备的； 3．功能不能完全实现的； 4．未接入插座的； 5．在操作过程中出现安全事故的
合计			40	

任务 6

照明电路的常见故障检修

任务目标

1．能识别照明电路常见故障（断路、短路、过载），理解其成因与影响，以便准确判断故障类型。

2．能遵守照明电路检修的安全规范，保障人身安全，掌握防触电、防火等安全措施，预防意外事故。

3．检修过程中，注重团队协作，共克难关，强化团队精神和集体荣誉感。

任务实施

照明电路的检修是维修电工的主要任务之一。维修电工应根据故障现象，分析故障产生的原因，使用试电笔、万用表等工具，判断出故障部位，找出故障点加以排除。在检修过程中，要注意安全，一般不要带电操作，必须带电操作时，一定要有安全防护措施。

一、照明电路检修的一般原则

照明电路的故障现象多种多样，可能出现故障的部位不确定。为了比较迅速地排除故障，通常遵循以下检修原则。

（1）了解故障出现的情况，判断故障出现部位。某一地区照明全部熄灭，肯定是外线供电出现故障或停电；而相邻居室照明正常，自家居室照明熄灭，故障出现在内线或引入线。

（2）本着先易后难的原则，缩小故障范围。一般配电板电路和用电器的测量与检查比较方便，应首先检查，然后进行线路的检查。

（3）分析故障现象，分清是断路故障还是短路故障，以选择相应的方法做进一步检查。

（4）通过测量检查，确定故障存在于干线、支线还是用电器的某一部位。

（5）常用的电压测量点有配电板上的输入、输出电压，用电器插座电压，照明灯座电压。检查故障发生的重点是配线的各接线点，开关、吊线盒、插座、灯座的各接线端。

家庭照明控制线路故障检修的一般程序如下。

（1）检修前通过问、看、听、摸进行故障排查。

（2）结合故障现象和线路工作原理，用逻辑分析法确定并缩小故障范围。

（3）对故障范围进行外观检查，看有无明显的故障点，如导线接头松动或脱落、熔断器的熔体熔断、开关的动作机构失灵等。

（4）用试验法进一步缩小故障范围。

（5）用测量法确定故障点。

（6）针对不同故障情况和部位采取正确的修复方法。

二、照明电路检修的一般方法

照明电路故障现象有几种：一是配电板所属整个线路照明灯不亮；二是某一分支照明灯不亮；三是某一照明灯不亮或用电器不工作。产生上述现象的原因是照明灯或用电器中没有电流通过，从电路原理可分为断路和短路两种故障。其中短路特点比较明显，但确定故障发生的部位较复杂。下面就常见故障现象，介绍检修的一般方法。

1. 短路故障的检修

照明电路的所有用电器都采用并联电路，所以线路中任何部位出现短路故障，都会熔断熔断器熔丝。短路故障的特征是整个配电板熔断器熔丝熔断，整个线路照明灯熄灭。

对于短路故障可采用校火灯法和电阻法检查故障所在。

（1）校火灯法。发生短路后，拉下配电板上的刀开关，取下线路中所有的用电器。检查配电板上的总熔断器，使一路熔断器保持正常接通状态，取下另一路熔断器。用一盏40W或60W的白炽灯作为校火灯，串联在取下熔断器的两接线柱上，如图6-47所示。推上闸刀开关，如果校火灯发光正常，说明总干线或某分支线路有短路或漏电现象存在，然后逐段寻找短路或漏电部位。必要时切断所怀疑部位的一段导线，若这时校火灯熄灭，表明短路现象存在于该部位。接通电源，校火灯不发光，说明线路无短路现象存在，短路故障是由用电器所引起的。这时可逐个接入用电器，正常现象是校火灯发红，但远达不到正常亮度。若接入某一用电器时，校火灯突然接近正常亮度，表明短路故障存在该用电器内部或它的电源线内。

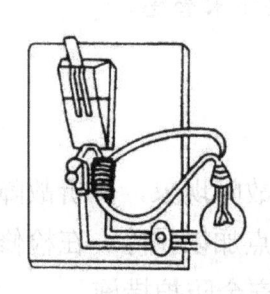

图6-47 用校火灯检查短路故障

（2）电阻法。这是使用万用表的电阻挡，测量导线间或用电器的电阻值，来判断短路部位的一种方法。发生短路后，拉下配电板上的闸刀开关，并取下所有的用电器。用万用表 $R \times 100$ 挡，测量相线和零线的电阻值。如果指针趋于零或产生偏转，说明线路有短路或漏电现象，逐段检查干线和各分支线路，必要时切断某一线路，测量两线的电阻，确定故障所在。

2. 整个线路照明灯不亮的检修

遇到这种现象，应先检查配电板上的总熔断器，若总熔断器熔丝熔断，说明线路存在短路或负载电流过大。减少用电器，使线路在小负荷情况下工作，若仍烧熔断器熔丝，确定有短路现象,可参照短路的检修方法检修。排除短路可能后,用试电笔或万用表测量配电板的输入电压,以判定故障存在外线或内线。若输入电压接近220V,说明内线断路,并在配电板或总干线上。

判断断路最简便的方法是使用试电笔检查。一般先测量相线熔断器是否有电,以区别断路发生在配电板上,还是其后的干线上;然后用试电笔沿相线逐段检测,断路点在有电和无电的线路之间。断路检测的重点是干线导线的连接处。

3. 部分照明灯不亮的检修

这种故障是由分支线路存在断路引起的,可参照总干线断路的检查方法确定故障所在。检查的重点是总干线与分支线路的连接处。

如果某一照明灯不亮或某一用电器不工作,一般是用电器本身或用电器到分支线路的导线存在断路而造成的。用试电笔判断故障点很方便。用试电笔分别接触装有灯泡的灯座两接线柱,如果试电笔氖管都不亮,表明连接灯座的相线断路;如果只在一个接线柱上氖管发亮,表明灯丝断或灯头与灯座接触不良。

4. 照明灯发光不正常的检修

这类故障现象多为灯光暗淡或灯光闪烁,有时灯光特别亮。灯光暗淡或灯光特别亮可能是受外线电压的影响,电压过低或电压过高造成的,线路中有漏电或局部短路的存在是引起灯光变暗的主要原因。这时观察电能表,若转盘旋转明显变快,可参照短路检修方法排除。线路中接线处因接触不良或有跳火现象,常引起灯光闪烁。如果是个别灯泡灯光暗淡,则可能是灯泡质量不佳或陈旧造成的;若闪烁,可能是开关、灯头接触不良造成的。

三、白炽灯照明电路故障检修

白炽灯照明电路简单,白炽灯本身故障也容易检查,如表6-10所示列出了白炽灯常见故障、产生原因及检修方法。

表6-10 白炽灯常见故障、产生原因及检修方法

故 障 现 象	产 生 原 因	检 修 方 法
灯泡不亮	(1)灯泡钨丝烧断; (2)电源熔断器的熔丝烧断; (3)灯座或开关接线松动或接触不良; (4)线路中有断路故障	(1)更换新灯泡; (2)检查熔丝烧断的原因并更换熔丝; (3)检查灯座和开关的接线处并修复用电器; (4)检查线路的断路处并修复
开关合上后熔断器熔丝烧断	(1)灯座内两线头短路; (2)螺口灯座内中心铜片与螺旋铜圈相碰、短路; (3)线路中发生短路; (4)用电器发生短路; (5)用电量超过熔丝容量	(1)检查灯座内两接线头并修复; (2)检查灯座并扳准中心铜片; (3)检查导线是否老化或损坏并修复; (4)检查用电器并修复; (5)减小负载或更换熔断器
灯泡忽亮忽暗或忽亮忽熄	(1)灯丝烧断,受震后忽接忽离; (2)灯座或开关接线松动; (3)熔断器熔丝接头接触不良; (4)电源电压不稳定; (5)附近有大负荷用电器接入,引起电压波动	(1)调换灯泡; (2)检查灯座和开关并修复; (3)检查熔断器并修复; (4)检查电源电压; (5)采取相应措施

续表

故障现象	产生原因	检修方法
灯泡发强烈白光并瞬时或短时烧坏	(1) 灯泡额定电压低于电源电压； (2) 灯泡钨丝有搭丝，从而使电阻减小，电流增大	(1) 更换与电源电压相符的灯泡； (2) 更换新灯泡
灯光暗淡	(1) 灯泡内钨丝挥发后，积聚在玻璃壳内表面透光度降低，同时由于钨丝挥发后变细，电阻增大，电流减小，光通量减小； (2) 电源电压过低； (3) 线路因年久老化或绝缘损坏有漏电现象	(1) 正常现象，不必修理； (2) 调高电源电压； (3) 检查线路，更换导线

四、荧光灯照明电路故障检修

荧光灯照明电路比白炽灯照明电路复杂，除了线路故障以外，荧光灯电路出故障的可能性也很大。其线路的检测与白炽灯线路相同，在分支线路电压正常的情况下，要认真检查荧光灯电路，常用的工具有试电笔和万用表。如表6-11所示列出了荧光灯常见故障、产生原因及检修方法。

表6-11 荧光灯常见故障、产生原因及检修方法

故障现象	产生原因	检修方法
灯管不能发光	(1) 灯座或启辉器底座接触不良； (2) 灯管漏气或灯丝断； (3) 镇流器线圈断路； (4) 电源电压过低	(1) 转动灯管，使灯管四极和灯座四夹座接触，使启辉器两极与底座二铜片接触，找出原因并修复； (2) 用万用表检查确认灯管坏，可换新灯管； (3) 修理或调换镇流器； (4) 不必修理
灯管抖动或两头发光	(1) 接线错误或灯座灯脚松动； (2) 启辉器氖管内动、静触片不能分开或电容器击穿； (3) 镇流器配用规格不合适或接头松动； (4) 灯管陈旧； (5) 电源电压过低	(1) 检查线路或修理灯座； (2) 将启辉器取下，用两把螺丝刀的金属头分别触及启辉器底座两块铜片，然后将两根金属杆相碰并立即分开，如果灯管能跳亮，则是启辉器坏了，应更换启辉器； (3) 调换适当镇流器或加固接头； (4) 调换灯管； (5) 如有条件升高电压
灯管两端发黑或生黑斑	(1) 灯管陈旧，寿命将终； (2) 如是新灯管，可能因启辉器损坏使灯丝发射物质加速挥发	(1) 调换灯管； (2) 调换启辉器
灯光闪烁或光在管内滚动	(1) 新灯管暂时现象； (2) 灯管质量不好； (3) 镇流器配用规格不符或接线松动； (4) 启辉器损坏或接触不好	(1) 开关几次或对调灯管两端； (2) 换一根灯管试一试有无闪烁； (3) 调换合适的镇流器或加固接线； (4) 调换启辉器或加固启辉器
灯管光度降低或色彩转差	(1) 灯管陈旧； (2) 灯管上积垢太多； (3) 电源电压太低； (4) 气温过低或冷风直吹灯管	(1) 调换灯管； (2) 清除灯管积垢； (3) 调整电压； (4) 加防护罩或避开冷风
灯管寿命短或发光后立即熄灭	(1) 镇流器配用规格不符或质量较差；镇流器内部线圈短路，致使灯管电压过高； (2) 受到剧震，使灯丝震断； (3) 新装灯管因接线错误将灯管烧坏	(1) 调换或修理镇流器； (2) 调换安装位置或更换灯管； (3) 检修线路

续表

故障现象	产生原因	检修方法
镇流器有杂音或电磁声	（1）镇流器质量较差或其铁芯的硅钢片未夹紧； （2）镇流器过载或其内部短路； （3）镇流器受热过度； （4）电源电压过高引起镇流器发出声音； （5）启辉器不好，引起开启时辉光杂音； （6）镇流器有微弱声，但影响不大	（1）调换镇流器； （2）调换镇流器； （3）检查受热原因； （4）如有条件设法降压； （5）调换启辉器； （6）是正常现象，可用橡皮垫衬，以减少震动
镇流器过热或冒烟	（1）电源电压过高，或容量过低； （2）镇流器内线圈短路； （3）灯管闪烁时间长或使用时间太长	（1）有条件可调低电压或换用容量较大的镇流器； （2）调换镇流器； （3）检查闪烁原因或减少连续使用的时间

项目总结

班级召开照明电路安装与检修交流会，各小组可围绕以下主题进行发言。

一、主题讨论

1. 设计规划

在进行照明电路安装前，首先需要进行详细的设计规划。这一阶段涉及确定灯具的布局、开关与插座的位置、电路走向和分支点等。设计规划需考虑房间的功能、使用频率、自然采光等因素，以确保照明效果符合实际需求。

2. 材料选购

根据设计规划，选购合适的电路材料，包括电线、电缆、开关、插座、灯具等。选购时应注重材料的质量、安全性及与设计规划的匹配度。确保所购材料符合国家相关标准和规定。

3. 电路布局

电路布局是照明电路安装的核心环节。在布局过程中，应遵循安全、合理、经济的原则，确保电路的走向简洁明了，减少浪费。同时，要充分考虑未来的扩展性和维护便利性。

4. 线缆选择与铺设

根据电路布局，选择合适的线缆类型和规格。线缆铺设时应遵循相关规范，确保线缆的走向合理、固定牢固、连接可靠。避免线缆过度弯曲或受到挤压，以保证电路的安全运行。

5. 开关与插座安装

开关与插座的安装位置应便于使用，且符合人体工程学原理。安装过程中，要确保开关与插座的接线正确、牢固，避免出现松动或短路现象。同时，要注意开关与插座的外观美观，与室内装饰风格相协调。

6. 灯具选型与安装

灯具的选型应根据房间的功能、风格和个人喜好进行。在安装过程中，要确保灯具的固定牢固、接线正确。同时，要注意灯具的散热性能和使用安全，避免出现触电或火灾等安全隐患。

7．安全检查

在完成照明电路安装后，要进行全面的安全检查。检查内容包括电路的连接、绝缘性能、接地情况等。确保电路安装符合相关标准和规范，保障用电安全。

8．功能测试

最后进行功能测试，检查照明电路的开关控制、亮度调节等功能是否正常。测试过程中，应注意观察灯具的发光情况、开关的响应速度等，确保照明电路满足设计要求和使用需求。

同时，在实际安装过程中，还需根据具体情况灵活调整施工方法和步骤，以提高安装效率和质量。

二、抢答赛

1．使用螺口灯头接线时，中心簧片应与（　　）连接。
　　A．相线　　　　　B．零线　　　　　C．地线　　　　　D．保护线
2．家用电器的开关应接在（　　）上。
　　A．地线　　　　　B．零线　　　　　C．相线　　　　　D．保护线
3．用作保护接地的导线颜色是（　　）。
　　A．红色　　　　　B．蓝色　　　　　C．绿/黄　　　　　D．黑色
4．为便于走线简捷，电能表应装配在配电装置的（　　）。
　　A．左方或下方　　B．右方或上方　　C．右方　　　　　D．上方
5．安装螺口白炽灯时，相线必须经开关接到螺口座的（　　）上。
　　A．螺口接线端　　　　　　　　　　B．中心接线端
　　C．螺口接线端或中心接线端　　　　D．螺口接线端和中心接线端
6．为了保证电能表的准确度，其安装倾斜度的标准是（　　）。
　　A．小于5°　　　　B．小于15°　　　C．小于30°　　　D．严格垂直安装
7．日光灯镇流器的主要作用是（　　）。
　　A．整流、限流　　　　　　　　　　B．整流、产生脉冲电势
　　C．产生脉冲电势、消除无线设备干扰　D．限流、产生脉冲电势
8．双联开关接线错误时易发生的故障是（　　）。
　　A．短路　　　　　B．断路　　　　　C．通路　　　　　D．都不对
9．在下列现象中可判定为接触不良的现象是（　　），可判定为电压太低的现象是（　　），可判定为漏电的现象是（　　）。
　　A．电器外壳带电　　　　　　　　　B．电灯忽明忽暗
　　C．日光灯启动困难　　　　　　　　D．电灯完全不亮

三、你问我答

1．简述荧光灯的工作原理。
2．简述照明电路检修的一般方法。

四、成果汇报

各小组展示实训成果，并进行交流汇报（用 PPT 或文字描述均可），回答师生现场提问。

项目评价

由小组内部、教师对小组成员任务完成情况进行评价，评价结果填入项目完成评价表。

照明电路安装与检修项目完成情况评价表

任务评价指标		自评	小组评价	教师评价
		优☆　良△　中√　差×		
职业素养 （15分）	团队协作沟通与表达能力			
	工作态度与责任感			
	时间管理与效率			
	职业道德与操守			
知识与技能 （65分）	基础知识掌握			
	技能操作能力			
	问题解决能力			
	创新思维与表现			
	安全与规范意识			
成果汇报 （20分）	作品展示（成品展示、PPT汇报、简报、作业等形式）			
	汇报语言流畅，思路清晰			
评价等级（自评20%、组评30%、师评50%）				

拓展阅读

照明灯具的种类及应用

扫码阅读

项目 7

三相异步电动机控制线路安装与维修

项目目标

1. 掌握运用电工工具安装、调试及维修三相异步电动机的点动、正反转、降压、制动、顺序启动等控制线路，能识读、绘制电气控制图并深入理解其工作原理。
2. 掌握三相异步电动机控制线路中元器件、导线的识别、标识与使用，能安装三相异步电动机基本控制线路，并具备分析、排除常见控制线路故障的能力。
3. 提升学生三相异步电动机控制线路实操技能，培养独立排障能力，强化安全操作规范。
4. 培养学生在工作现场时，穿戴规范，以确保安全；按规操作电动工具，保护电路与器件；团队协作，安全高效完成三相异步电动机控制线路安装与调试；工作后清理现场，保持整洁有序，实现标准化管理等职业习惯。

任务 1 认识三相异步电动机

辅助教学微视频

任务目标

1. 了解三相异步电动机的基本构造和工作原理。
2. 掌握三相异步电动机的接线方法。
3. 了解三相异步电动机技术的发展趋势。

任务实施

一、三相异步电动机的构造及原理

三相异步电动机的结构比较简单，主要由定子和转子两大部分构成，如图 7-1 所示。

1. 定子

定子由定子铁芯、定子绕组和机座三部分组成，其作用是产生一个旋转磁场。定子铁芯是电动机磁路的一部分，由 0.5mm 厚的带绝缘层的硅钢片叠压而成，固定在机座内。定子铁芯的内圆上冲制有均匀分布的槽沟，用以嵌放定子绕组。定子绕组是定子中的电路部分，由

三相绕组组成，用漆包线绕制，三相绕组按照一定的空间角度嵌放在定子铁芯的槽内。当三相绕组通以三相交流电时便产生旋转磁场。机座是用来固定定子铁芯及电动机的，一般由铸铁制成。

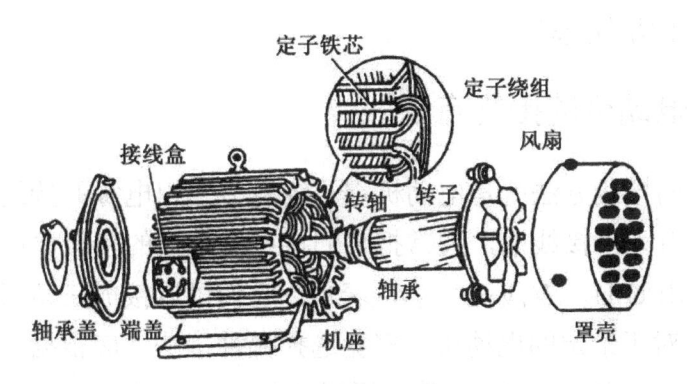

图 7-1 三相异步电动机的构造

2. 转子

转子是电动机的旋转部分，由转子铁芯、转子绕组和转轴组成，其作用是在旋转磁场作用下获得一个转动力矩，以带动生产机械转动。转子铁芯与定子铁芯一起组成电动机的闭合磁路。转子铁芯也是由 0.5mm 厚的硅钢片叠压而成的，转子铁芯外圆的槽沟用来嵌入转子绕组。转子绕组多采用鼠笼式绕组，这类转子称鼠笼式转子。如图 7-2（a）所示的鼠笼式转子是用铜条压进转子铁芯的槽内，两端用端环连接以构成闭合电路；如图 7-2（b）所示的鼠笼式转子是用铝液浇铸的。

图 7-2 鼠笼式转子

有的电动机还采用绕线式转子，其结构与鼠笼式转子不同，但工作原理相同。

3. 三相异步电动机的转动原理

三相异步电动机根据电磁感应原理和磁场对载流导体产生电磁力的作用，实现电能和机械能的转换。

当电动机定子绕组通入三相交流电时，电动机便产生旋转磁场。在旋转磁场的作用下，磁感线切割转子导体，也就是转子导体反方向切割磁感线，于是在转子导体中产生感应电流。在如图 7-3 所示电路中，旋转磁场逆时针转动，转子导体切割磁感线方向为顺时针方向，根据右手定则，在 N 极一侧的导体电流的方向由外向里，在 S 极一侧的导体电流的方向由里向外，

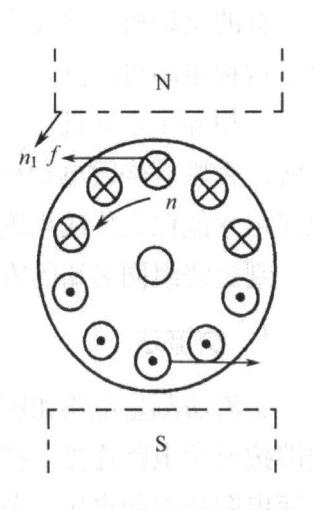

图 7-3 转子的转动原理

如图 7-3 中所示。

转子导体产生感应电流后在磁场中将受到电磁力的作用，根据左手定则，在 N 极一侧的导体受力方向向左，在 S 极一侧的导体受力方向向右，如图 7-3 所示。在电磁力的作用下，转子将沿着旋转磁场的方向旋转。

二、三相异步电动机的接线方法

三相异步电动机的接线方法就是电动机定子绕组与三相电源的接线方法。三相异步电动机定子的三相绕组共有六个接线端，通常把它们接在机座上的接线盒中，各相绕组的首端和尾端在接线盒中分别用 U_1U_2、V_1V_2、W_1W_2 表示。它们可以接成三角形或星形跟三相电源连接，如图 7-4 所示。对于给定的电动机，究竟选择哪种接法，应根据电动机的额定电压与电源电压相符合的原则来确定。例如，铭牌上标明"电压 380/220V、接法 Y/△"的电动机，当电源电压为 380V 时，应接成星形，如果误接成三角形，则加在每相绕组上的电压超过额定值，将会烧毁电动机；当电源电压为 220V 时，应接成三角形，如果误接成星形，则加在每相绕组上的电压低于额定值，在长期额定负载运行中也会烧毁电动机。

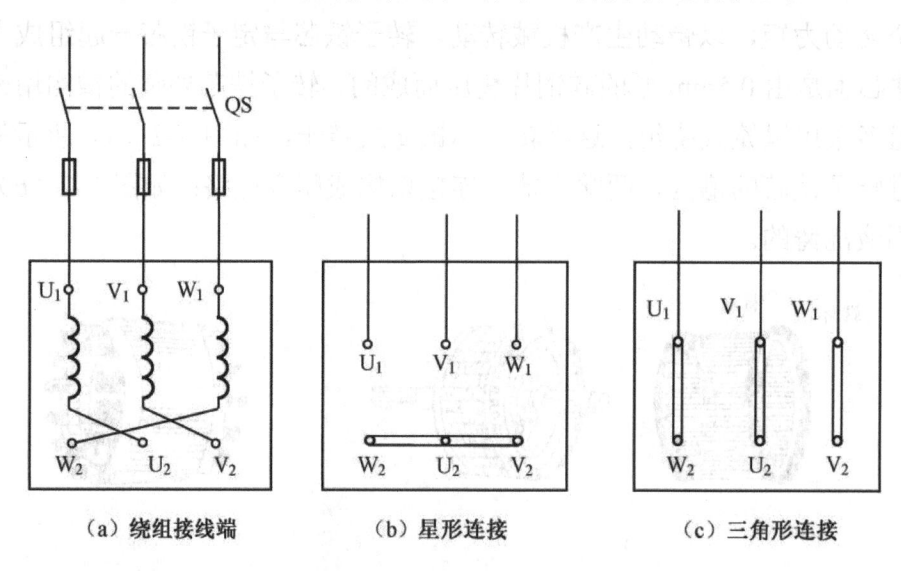

（a）绕组接线端　　　（b）星形连接　　　（c）三角形连接

图 7-4　定子绕组的接线端

有的电动机在接线盒中只有三个接线端，这种电动机的接线方法已经固定在电动机内部。对于这种电动机，只要电源电压与电动机的额定电压相符，便可直接接在三相电源上使用。

三相异步电动机在出厂时，三相绕组的六个接线端都有标记。如果标记脱落，不能随便接线，否则有烧毁电动机的可能。这时必须判别哪两个接线端是同一相，并找出它们的首、尾端，才能保证接线正确。

判定绕组同名端的方法有多种，常用的有交流法和直流法。

1. 交流法

交流法测量电路如图 7-5 所示，是用测量交流电压来判定绕组的同名端。将调压器和出线端按所示电路连接，接通电源，调节调压器至 35～40V。用万用表交流电压 100V 挡，测量两串联绕组的电压，若有电压指示，表明两个绕组为顺串连接，相接处两个出线端是异名端相接，即一头一尾。若无电压指示，表明两个绕组为反串连接，相接处是同名端，即同为头或者同为尾。改变绕组的位置，重复以上操作，可判定三个绕组的同名端。

2. 直流法

直流法测量电路如图7-6所示。将指针式万用表置于直流电压毫伏挡，电源选择1.5～3V干电池，按所示电路连线。用电源一端的导线分别接触两个空置绕组的出线端，在接触瞬间，如果万用表指针偏转方向一致，根据楞次定律可判定这两个出线端是同名端，同为头或者同为尾。如果万用表指针偏转方向不一致，则两个出线端是异名端，为一头一尾。然后将万用表表笔改接至另一绕组，重复以上操作，根据万用表指针偏转方向就可判定出三个绕组的同名端。

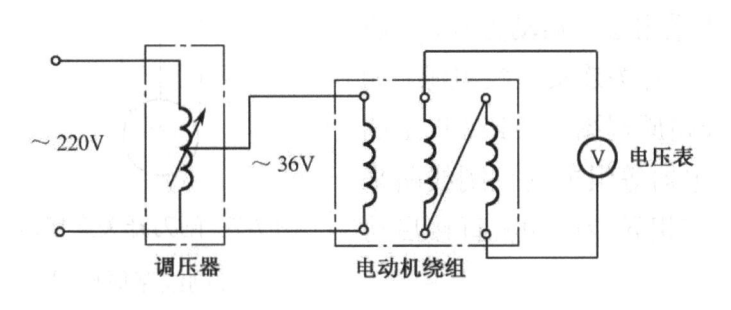

图7-5 交流法测量电路　　　　图7-6 直流法测量电路

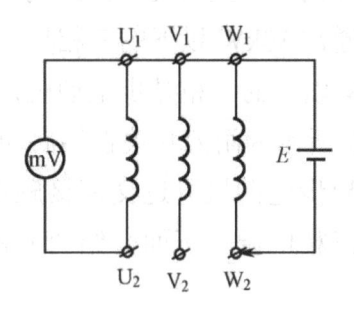

注意：三相绕组的接法有星形和三角形两种，星形用符号Y表示，三角形用符号△表示。若铭牌上电压标注380/220V，接法标注Y/△，表明电动机每相定子绕组的额定电压是220V，当电源线电压为380V时，定子绕组应接成Y，当电源线电压为220V时，定子绕组应接成△。铭牌上接法标注△，要求电动机定子绕组接成三角形，接入电源。

三、三相异步电动机的技术发展趋势

三相异步电动机，作为一种广泛应用的电动机类型，其运行基础是建立在电磁感应原理之上的。未来，三相异步电动机的发展方向大致可归纳为八个字："高效、低噪、调速、智能"。

随着工业4.0时代的到来，高效节能技术、智能化控制技术以及可靠性提升等关键技术的不断创新和应用，三相异步电动机产业将迎来一次全新的升级和发展。未来，三相异步电动机将会在更多的领域得到应用，如工业自动化、新能源汽车、智能家居等。这些领域的发展对电动机的性能提出了更高的要求，也为产业的发展提供了广阔的市场空间。

任务2
三相异步电动机直接启动线路安装与调试

任务目标

1. 能理解三相异步电动机点动与连续运转控制线路的构造及工作原理。
2. 会选装并标识元器件。能安装三相异步电动机点动与连续运转控制线路，掌握线路调试的流程和方法，包括电气参数的测试、线路的检查与调整、电动机的试运行等。
3. 树立安全意识，遵守安全规章，做好防护，保障自身与他人的安全。

任务实施

一、相关知识

直接启动是将额定电压直接加到三相异步电动机上启动。直接启动的设备简单，启动时间短。当电源容量足够大时，三相异步电动机应尽量采用直接启动。

通常 30kW 以下的三相异步电动机采用直接启动方式，一般 5.5kW 以下的三相异步电动机，通过三相开关连接三相电源，如图 7-7 所示为闸刀开关直接启动控制线路原理图。5.5kW 以上的三相异步电动机通过交流接触器、继电器等组成的控制线路来连接三相电源。下面介绍两种常见的三相异步电动机直接启动线路。

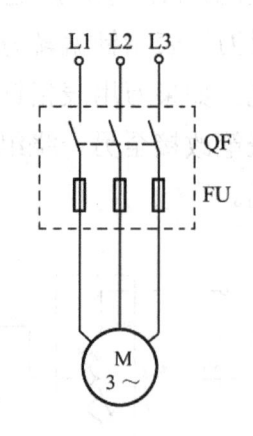

图 7-7 闸刀开关直接启动控制线路原理图

二、三相异步电动机点动控制线路安装与调试

如图 7-8 所示为三相异步电动机点动控制线路（简称点动控制线路），图 7-8（a）所示为控制线路原理图，由主电路和控制电路两部分组成。图 7-8（a）左侧是主电路，从三相电源 L1、L2、L3 经电源开关 QF、熔断器 FU1、交流接触器 KM 的主触点到电动机 M，主电路流过的电流较大。图 7-8（a）右侧是控制电路，由熔断器 FU2、按钮开关 SB 和接触器 KM 的线圈组成，控制线路流过的电流较小，由 U11、V11 提供电源。其工作过程如下：

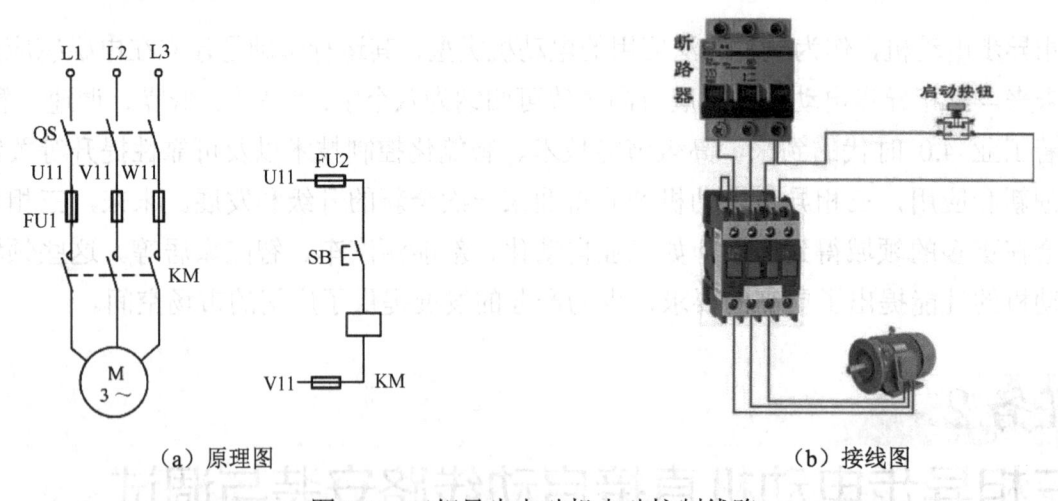

（a）原理图　　（b）接线图

图 7-8　三相异步电动机点动控制线路

合上电源开关 QF 后，

启动：按下 SB→KM 线圈得电吸合→KM 主触点闭合→电动机 M 运转。

停止：松开 SB→KM 线圈失电释放→KM 主触点断开→电动机 M 停转。

这种只有按下按钮开关 SB 时，电动机才运转，放开按钮开关 SB 时就停转的线路，称为点动控制线路。

在点动控制线路中,由于电动机的启动停止是通过按下或松开按钮来实现的,所以线路中不需要停止按钮。同时,在点动控制线路中,电动机的运行时间较短,无须过热保护装置。

下面详细介绍点动控制线路安装与调试的实训步骤及内容。

1. 工具、仪表、材料选用

点动控制线路安装与调试所需工具与仪表如图7-9所示。

根据点动控制线路原理图(图7-8)选用电气元件,电气元件明细表见表7-1。

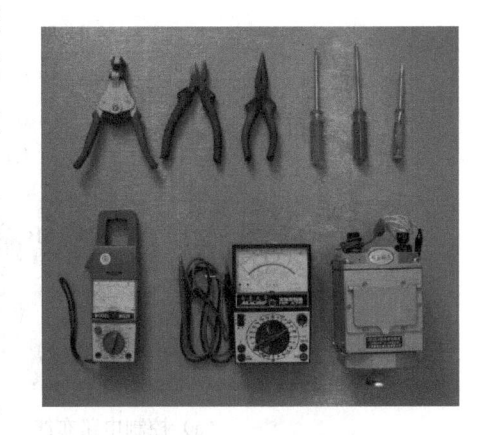

图7-9 工具与仪表

表7-1 点动控制线路电气元件明细表

代 号	名 称	型 号	数 量	备 注
QF	低压断路器	DZ108-20(1.6~2.5A)	1	
FU1	螺旋式熔断器	RL1-15	3	3A
FU2	直插式熔断器	RT14-20	2	2A
KM	交流接触器	LC1-D 0610Q5N 380V	1	
SB	按钮开关	Φ22-LAY16(黑)	1	
M	三相异步电动机	WDJ26(厂编)	1	380V/△

2. 画出布置图

根据点动控制线路原理图,在实验板上画出点动控制线路电气元件摆放图,注意位置整齐匀称,间距合理,便于电气元件更换,如图7-10所示。

3. 安装电气元件

根据电气元件摆放图安装电气元件,如图7-11所示。注意断路器、熔断器的进线端子的安装方位,要便于下一步接线。

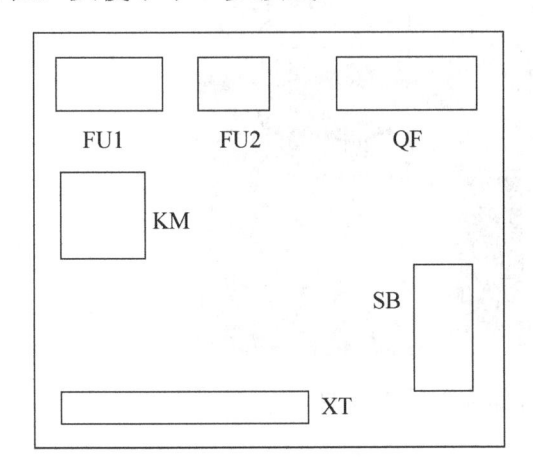

图7-10 电气元件布置图示例 图7-11 安装电气元件

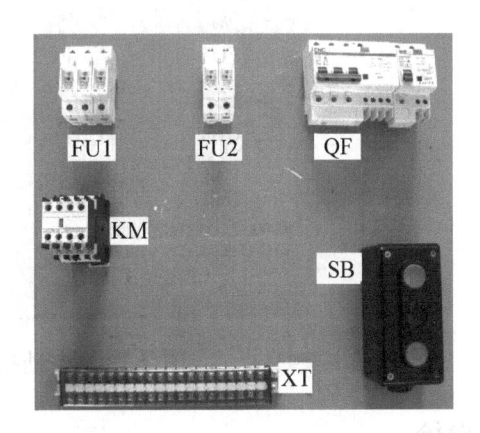

4. 布线

按图7-12所示走线方法,进行布线和套编码套管,布线的工艺要求如下。

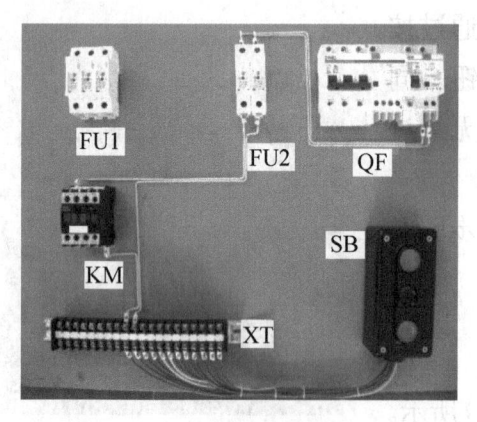

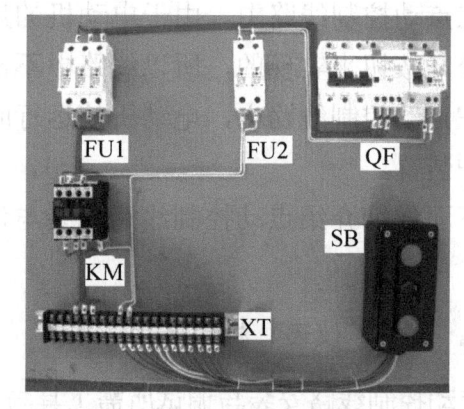

(a)控制电路布线　　　　　　　　(b)加入主电路的布线

图 7-12　布线

（1）布线按主电路、控制电路分类集中，单层密排。
（2）布线顺序一般以接触器为中心，先控制电路，后主电路，以不妨碍后续布线为原则。
（3）布线时应横平竖直、直角转弯、分布均匀、不得交叉。
（4）布线时严禁损伤线芯和导线绝缘。
（5）导线与接线端子或接线桩连接时不得压绝缘层，不反圈，不露铜过长。
（6）一个电气元件接线端子上的连接导线不得多于两根，每节接线端子上的连接导线一般只允许连接一根。

5．检查布线

根据原理图，检查控制线路布线是否正确。若有错误，应及时改正过来。

6．安装电动机

先连接电动机和按钮金属外壳的保护接地线，且保护电路中严禁使用开关和熔断器，然后连接电源、电动机等控制板外部的导线，如图 7-13 所示。

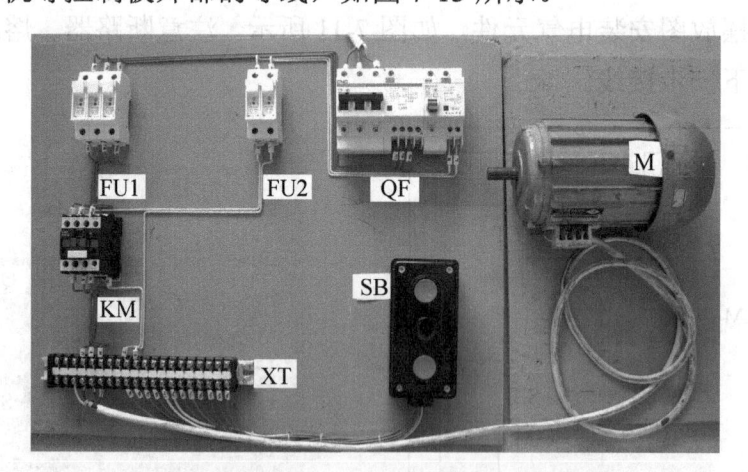

图 7-13　点动控制线路完整的接线图

7．自检

（1）外观检查有无漏接、错接，导线的接点接触是否良好。用万用表欧姆挡检查，将表笔分别搭在 0、1 线端上，读数应为"∞"。按下按钮开关 SB 时读数应为交流接触器线圈的直流电阻值。

（2）断开控制线路，再检查主电路有无开路或短路现象，此时，可用手动按下交流接触器的观察孔来模拟接触器通电进行检查。

（3）用兆欧表检查线路的绝缘电阻的阻值应不得小于 0.5MΩ。

8. 通电调试

在保证安全的前提下，通电试车。首先，对电动机进行点动测试，检查电动机是否能够按照预设的控制逻辑进行点动控制。然后，进行电源的测试，检查电源电压、电流等参数是否正常，以及设备是否能够正常工作。

在功能调试与验证过程中，可能会出现一些故障或问题。这时，需要进行故障诊断与排除。通过检查线路中的电气元件、导线等，找出故障的原因，并采取相应的措施进行排除。同时，要对故障进行记录和分析，总结经验教训，避免类似故障再次发生。

注意：保留控制板接线，用于连续运转控制实训。

9. 现场管理及仪器仪表、工具与材料的归还

（1）实训完成后，应及时对工作场地进行卫生清洁，使物品摆放整齐有序，保持现场的整洁，做到工作现场管理标准化（6S）。

（2）仪器仪表、工具与材料使用完毕后，应归还至保管室。

三、三相异步电动机自锁控制线路的安装与调试

如图 7-14 所示为三相异步电动机自锁控制线路（简称自锁控制线路）。为了实现电动机连续运转，在点动控制线路的启动按钮两端并联一个接触器常开辅助触点；又为了完成电动机停转的功能，在控制线路中又串联一个停止按钮。

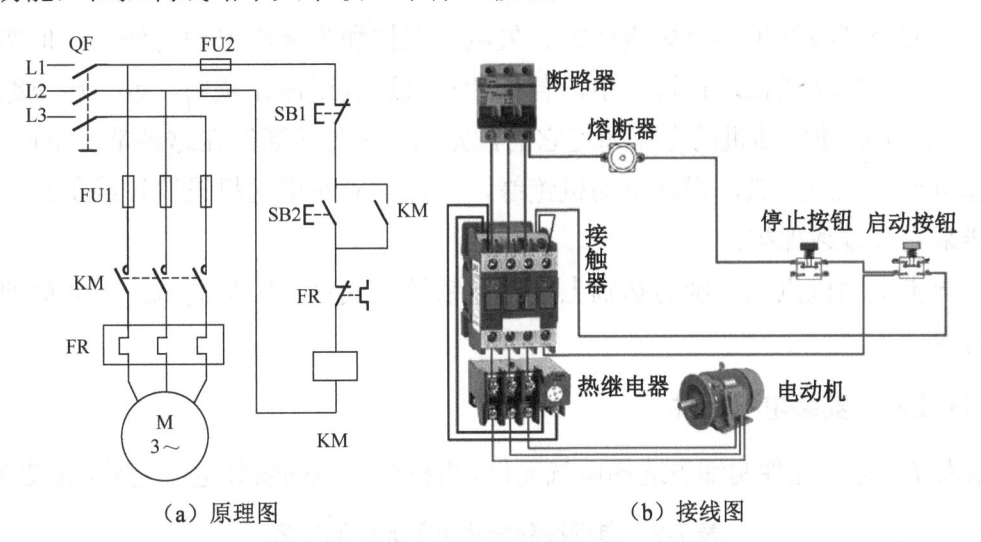

（a）原理图　　　（b）接线图

图 7-14 三相异步电动机自锁控制线路

其工作过程如下：

合上电源开关 QF，

启动：按下启动按钮 SB2→KM 线圈得电吸合 ┬→ KM 常开触点闭合（自锁）
　　　　　　　　　　　　　　　　　　　　 └→ KM 主触点闭合→电动机 M 运转

启动后,松开按钮 SB2,因 KM 常开触点闭合,KM 线圈仍得电,电动机 M 保持运转状态。

停止:按下停止按钮 SB1→KM 线圈失电释放 ┬→ KM 常开触点断开
　　　　　　　　　　　　　　　　　　　　　└→ KM 主触点断开→电动机 M 停转

这种当启动按钮松开后,控制线路仍能保持自动接通状态叫作自锁或自保控制线路,与 SB2 并联的 KM 常开触点叫作自锁或自保触点。

该线路具有欠电压保护、失电压保护和过载保护的特点。

(1) 欠电压保护。

欠电压是指电路电压低于电动机应加的额定电压。这样的后果是电动机转矩要降低,转速随之下降,会影响电动机的正常运行,欠电压严重时会损坏电动机,发生事故。在具有接触器自锁的控制线路中,当电动机运转时,电源电压降低到一定值时(一般低到 85% 额定电压以下),由于接触器线圈磁通减弱,电磁吸力克服不了反作用弹簧的压力,动铁芯因而释放,从而使接触器主触点分开,自动切断主电路,电动机停转,达到欠电压保护的作用。

(2) 失电压保护。

当生产设备运行时,由于其他设备发生故障,引起瞬时断电,而使生产机械停转。当故障排除后,恢复供电时由于电动机的重新启动,很可能引起设备与人身事故的发生。采用具有接触器自锁的控制线路时,即使电源恢复供电,由于自锁触点仍然保持断开,接触器线圈不会通电,所以电动机不会自行启动,从而避免了可能出现的事故。这种保护称为失电压保护或零电压保护。

(3) 过载保护。

具有自锁的控制线路虽然有短路保护、欠电压保护和失电压保护的作用,但实际使用中还不够完善。因为电动机在运行过程中,若长期负载过大或操作频繁,或三相电路断掉一相运行等原因,都可能使电动机的电流超过它的额定值,有时熔断器在这种情况下尚不会熔断,这将会引起电动机绕组过热,损坏电动机绝缘,因此,应对电动机设置过载保护,通常由三相热继电器来完成过载保护。

在三相异步电动机点动控制的基础上进行自锁控制线路安装与调试,下面简要介绍其实训步骤及内容。

1. 器材准备,安装电气元件

先根据表 7-2 电气元件明细表选择电气元件,再按照原理图安装电气元件,如图 7-15 所示。

表 7-2　自锁控制线路电气元件明细表

代　号	名　称	型　号	数　量	备　注
QF	低压断路器	DZ108-20(1.6A~2.5A)	1	
FU1	螺旋式熔断器	RL1-15	3	3A
FU2	直插式熔断器	RT14-20	2	2A
KM	交流接触器	LC1-D 0610Q5N 380V	1	
FR	热继电器	JRS1D-25/Z(0.63~1A)	1	
	热继电器座	JRS1D-25 座	1	

续表

代 号	名 称	型 号	数 量	备 注
SB1	按钮开关	Φ22-LAY16（红）	1	
SB2	按钮开关	Φ22-LAY16（绿）	1	
M	三相异步电动机	WDJ26（厂编）	1	380V/△

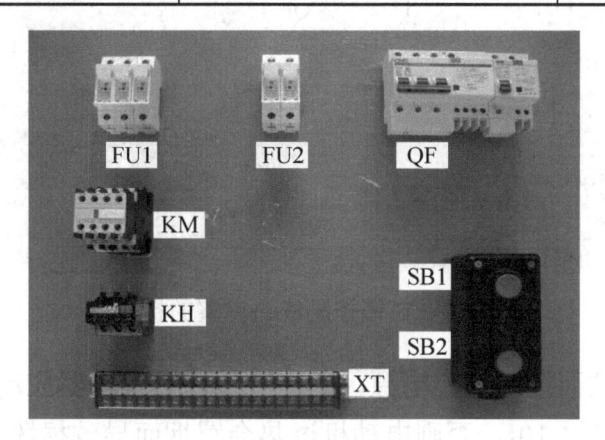

图 7-15 安装电气元件

2．布线

布线的工艺要求见点动控制线路布线工艺要求，以下不再重复介绍。

线路敷设时，注意导线的颜色及规格，按先控制电路、后主电路顺序进行敷设，如图 7-16 所示。

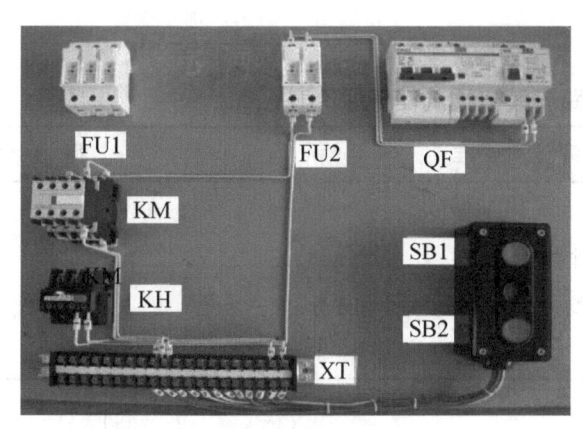

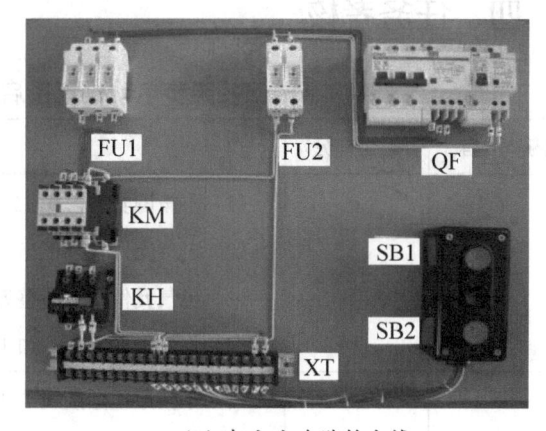

（a）控制电路布线　　　　　　　　　　（b）加入主电路的布线

图 7-16 自锁控制线路布线

3．连接电源和安装电动机

安装电动机及连接保护接地线；用电缆线将电动机与控制板连接，注意电动机的正确接法。自锁控制线路完整的接线图如图 7-17 所示。

4．检查布线

检查线路的正确性及安装质量，在断电情况下首先用万用表欧姆挡"$R\times 100$"挡位，检查线路是否有短路和开路。

5．通电调试

检查无安全隐患后连接好电源，再用手拨一下电动机转子，观察是否有堵转现象等，合上电源开关 QS，试车时，采取先按启动按钮 SB1，后按停止按钮 SB2，自由停止。

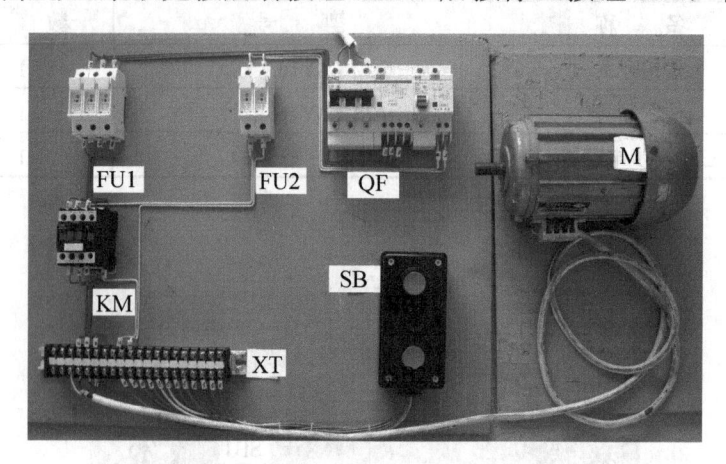

图 7-17 自锁控制线路完整的接线图

如果电动机转轴卡住而接通交流电源，则在几秒内热继电器应动作，断开加在电动机上的交流电源（注意不能超过 10s，否则电动机过热会冒烟而导致损坏）。

6．现场管理及仪器仪表、工具与材料的归还

（1）实训完成后，应及时对工作场地进行卫生清洁，使物品摆放整齐有序，保持现场的整洁，做到工作现场管理标准化（6S）。

（2）仪器仪表、工具与材料使用完毕后，应归还至保管室。

四、任务考核

三相异步电动机直接启动线路安装与调试任务评价表

内　容	配　分	评分标准	得　分
安装	15	（1）不按图安装，扣 15 分； （2）电气元件安装不牢固，每个扣 4 分； （3）电气元件安装不整齐、不均匀、不合理，每个扣 3 分； （4）损坏电气元件，扣 15 分	
布线	35	（1）不按原理图接线，扣 25 分； （2）布线不符合要求，主电路每根扣 4 分，控制电路每根扣 2 分； （3）接点松动、露铜过长、压绝缘层、反圈等，每个接点扣 1 分； （4）损伤导线绝缘或线芯，每根扣 4 分； （5）漏接接地线，扣 10 分	
通电调试	50	（1）热继电器未整定或整定错，扣 10 分； （2）熔体规格配错主电路、控制电路，各扣 5 分； （3）试车不成功，扣 50 分； （4）违反安全文明生产，扣 5～50 分	
定额时间	1.5h	每超 5 分钟扣 5 分（不足 5 分钟按 5 分钟计算）	
开始时间		结束时间　　　　　　　　　　实际时间	

任务 3
三相异步电动机接触器联锁正反转控制线路安装与调试

任务目标

1. 能正确识图，理解三相异步电动机接触器联锁正反转线制线路的构成及工作原理，掌握互锁的概念。
2. 会选择、安装及标识三相异步电动机接触器联锁正反转控制线路的电气元件。
3. 能安装三相异步电动机接触器联锁正反转控制线路。
4. 能调试三相异步电动机接触器联锁正反转控制线路。

任务实施

一、相关知识

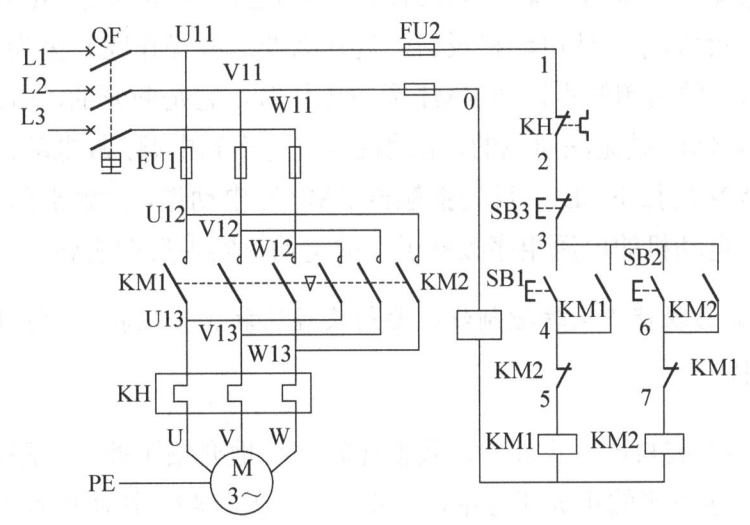

三相异步电动机接触器联锁正反转控制线路（简称接触器联锁正反转控制线路）如图 7-18 所示。

图 7-18　三相异步电动机接触器联锁正反转控制线路

如图 7-19 所示，改变三相电源的任意两相相序，就可以改变电动机的转向。接触器联锁的正反转控制是由控制电路和控制线路两部分组成的。控制电路主要包括接触器、熔断器、断路器、电源和信号开关等。而控制线路则是由电线、按钮和继电器等电气元件组成的，用于控制电动机正反转。

正反转控制的思路是在接触器联锁的基础上完成的。接触器联锁的思路是将正向启动接触器和反向启动接触器互锁，只有当两个接触器均有信号输入时，才能使电动机正反转控制生效。当电动机需要正转时，需要将接触器的辅助触点接通，使电流流经电动机的相应线圈，从而实现电动机正转。当电动机需要反转时，需要将接触器的辅助触点断开，使电流无法流经电动机的相应线圈，从而实现电动机反转。通过控制接触器的辅助触点状态，可以实现电动机的正反转切换。这样可以有效地避免正反转控制同时操作，节省电量，延长设备使用寿命。

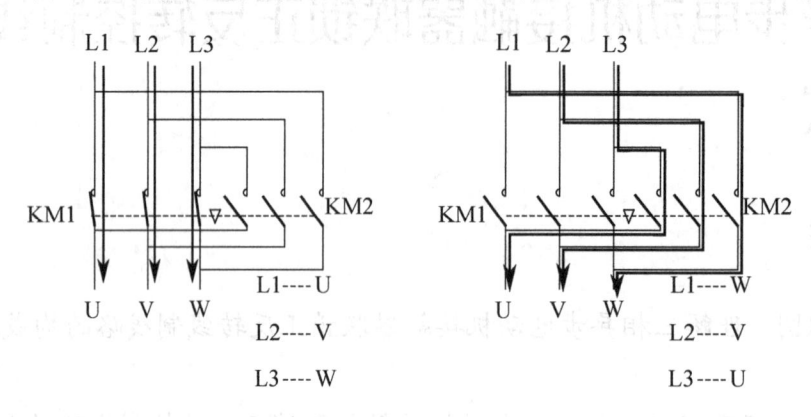

图 7-19　改变三相电源的相序

在 KM1 的线圈电路中串入 KM2 的常闭触点，在 KM2 的线圈电路中串入 KM1 的常闭触点，称为互锁。互锁可保证线路中的 KM1 和 KM2 不同时得电。

（1）正转控制。

合上电源开关 QF，按正转启动按钮 SB1，正转控制回路接通，KM1 的线圈通电动作，其常开触点闭合自锁、常闭触点断开对 KM2 的联锁，同时主触点闭合，主电路按 U1、V1、W1 相序接通，电动机正转。

（2）反转控制。

要使电动机改变转向（即由正转变为反转）时应先按下停止按钮 SB3，使正转控制电路断开，电动机停转，然后才能使电动机反转。为什么要这样操作呢？因为反转控制回路中串联了正转接触器 KM1 的常闭触点，当 KM1 通电工作时，它是断开的，若这时直接按反转按钮 SB2，反转接触器 KM2 是无法通电的，电动机也就得不到电源，故电动机仍然是正转状态，不会反转。电动机停转后按下 SB2，反转接触器 KM2 通电动作，主触点闭合，主电路按 W1、V1、U1 相序接通，电动机的电源相序改变了，故电动机实现反向旋转。

注意：接触器联锁正反转控制线路要想实现反转，必须按下停止按钮后，才可以再按反转按钮实现反转。

在点动控制线路安装与调试实训中，我们比较详细地介绍了控制线路安装与调试的基本步骤和实训内容。在接下来的实训任务中，只介绍重要的步骤，其他步骤不再做详细的介绍。

二、接触器联锁正反转控制线路安装与调试

1. 画出接触器联锁正反转控制线路布置图

根据图 7-18 在实验板上画出控制线路电气元件摆放图，注意位置整齐匀称，间距合理，便于电气元件的更换，如图 7-20 所示。

2. 安装电气元件

按照图 7-21 所示安装电气元件。

三相异步电动机控制线路安装与维修 项目7

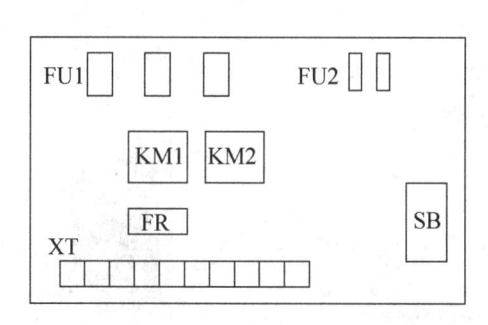

图 7-20 电气元件布置图示例

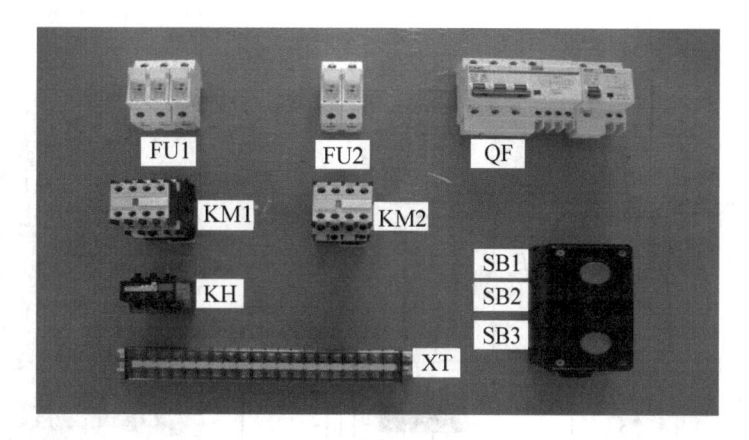

图 7-21 安装电气元件

3. 布线

接触器联锁正反转控制线路布线如图 7-22 所示。

安装注意事项：接触器联锁触点接线必须正确，否则将会造成主电路中两相电源短路事故。

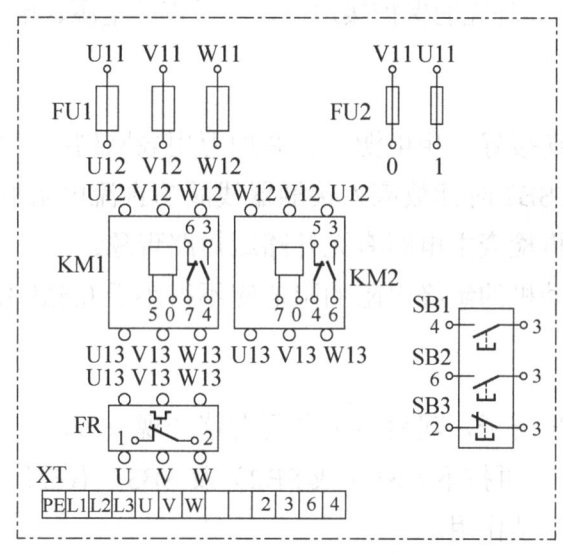

（a）接线图

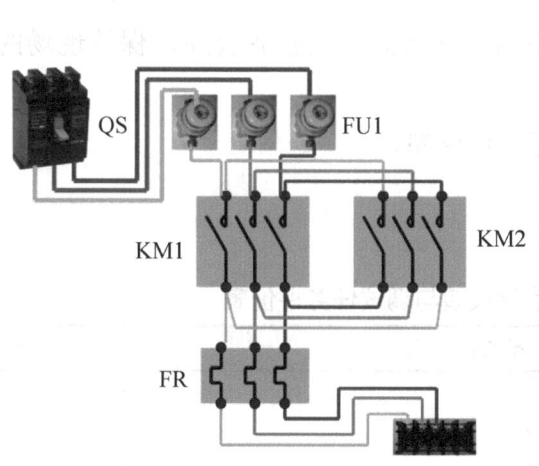

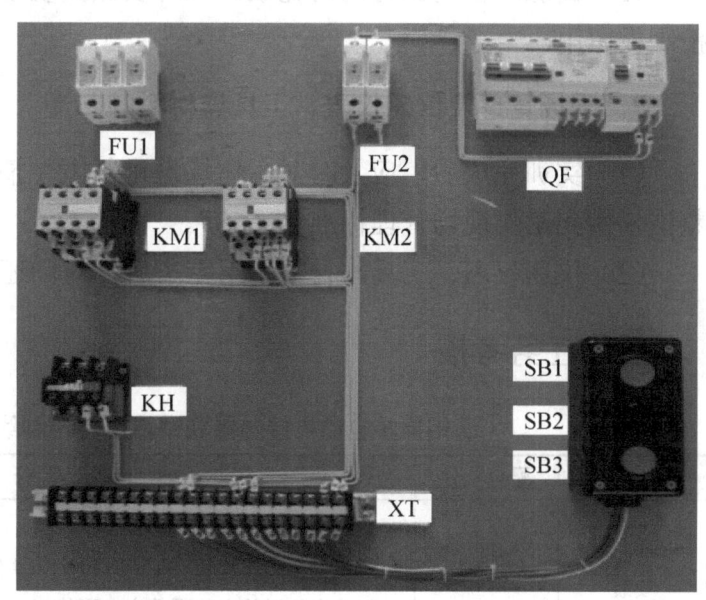

（b）主电路接线

图 7-22 布线

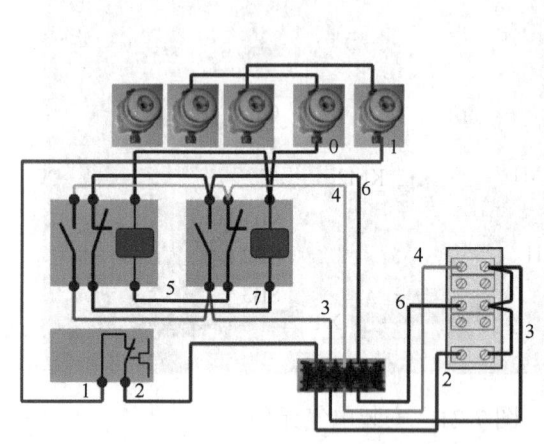

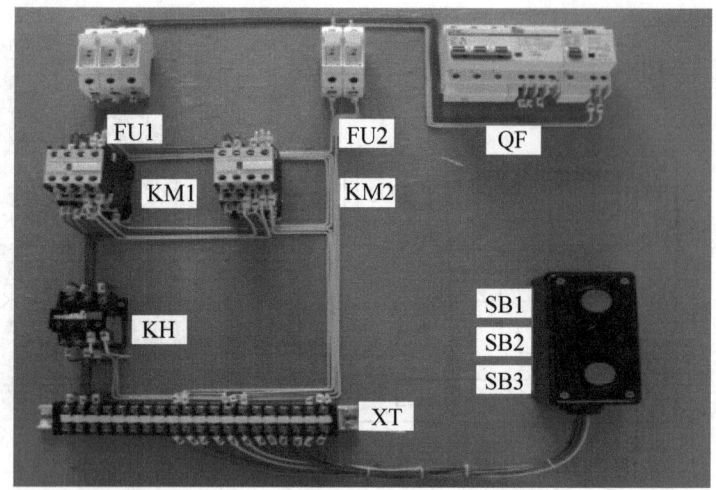

(c) 控制电路接线

图 7-22 布线（续）

4．安装电动机

先连接电动机和按钮金属外壳的保护接地线，然后连接电源、电动机等控制板外部的导线。

5．自检

（1）在断电情况下，连接好三相电源后，并用万用表欧姆挡"$R\times 100$"挡位，检查线路是否有短路。按下 SB1 或 SB2 时读数应为接触器线圈的直流电阻值。

（2）断开控制电路，再检查主电路有无开路或短路现象。

（3）用兆欧表检查电动机的绝缘电阻的阻值应不得小于 $0.5\text{M}\Omega$。

6．通电调试

（1）用手拨一下电动机转子，观察转子是否有堵转现象等。

（2）合上电源开关 QF，再按下 SB1（或 SB2）及 SB3，看控制是否正常，并在按下 SB1 后再按下 SB2，观察有无联锁作用。

（3）训练应在定额时间内完成，同时要做到安全操作和文明生产。训练结束后，安装的控制板留用。

7．现场管理及仪器仪表、工具与材料的归还

（1）实训完成后，应及时对工作场地进行卫生清洁，使物品摆放整齐有序，保持现场的整洁，做到工作现场管理标准化（6S）。

（2）仪器仪表、工具与材料使用完毕后，应归还至保管室。

三、任务考核

三相异步电动机接触器联锁正反转控制线路安装与调试任务评价表

内　容	配　分	评 分 标 准	得　分
安装	15	（1）不按图安装，扣 15 分； （2）电气元件安装不牢固，每个扣 4 分； （3）电气元件安装不整齐、不均匀、不合理，每个扣 3 分； （4）损坏电气元件，扣 15 分	

续表

内容	配分	评分标准	得分
布线	35	（1）不按原理图接线，扣 25 分； （2）布线不符合要求，主电路每根扣 4 分，控制电路每根扣 2 分； （3）接点松动、露铜过长、压绝缘层、反圈等，每个接点扣 1 分； （4）损伤导线绝缘或线芯，每根扣 4 分； （5）漏接接地线，扣 10 分	
通电调试	50	（1）热继电器未整定或整定错，扣 10 分； （2）熔体规格配错主电路、控制电路，各扣 5 分； （3）试车不成功，扣 50 分； （4）违反安全文明生产，扣 5～50 分	
定额时间	1.5h	每超 5 分钟扣 5 分（不足 5 分钟按 5 分钟计算）	
开始时间		结束时间　　　　　　　　　实际时间	

任务 4

三相异步电动机双重联锁正反转控制线路安装与调试

任务目标

1. 能正确识图，理解三相异步电动机双重联锁正反转控制线路的构成及工作原理。
2. 会选择、安装及标识三相异步电动机双重联锁正反转控制线路的电气元件。
3. 能安装和调试三相异步电动机双重联锁正反转控制线路。
4. 能排除三相异步电动机双重联锁正反转控制线路的常见故障。

任务实施

一、相关知识

前面介绍的接触器联锁正反转控制线路要想实现反转，要按下停止按钮后，再按反转按钮，才可实现安全的反转运行。但如果操作失误，同时按下 SB1 和 SB2，由于 KM1、KM2 主触点同时闭合，主电路会出现短路故障。因此，线路需要互锁控制。

互锁是指两个及以上对象之间相互制约的关系。如果其中一个对象动作了，那么另外一个对象就不能够动作。例如，电动机的正反转，当电动机正转的时候，若误操作按下反转按钮，电动机仍然不能反转。因此，在此线路上增加了按钮联锁和接触器互锁。按钮互锁就是把 SB1、SB2 复合按钮的常闭触点分别串接到对方的控制电路中，其中虚线表示复合按钮的电气互锁。接触器互锁，就是把 KM1、KM2 的常闭辅助触点分别串接到对方的线圈电路中，起到了双重互锁的作用，如图 7-23 所示为三相异步电动机双重联锁正反转控制线路（简称双重联锁正反转控制线路）。

线路的工作原理是：合上电源开关 QF，三相电源引入，按下 SB1 正转启动按钮，其常闭触点先断开反转电路实现按钮联锁。然后其常开触点闭合，KM1 线圈通电，KM1 常闭辅助触点先断开反转电路实现接触器联锁。然后 KM1 常开辅助触点、KM1 主触点同时闭合实现自锁，电动机通电正转。

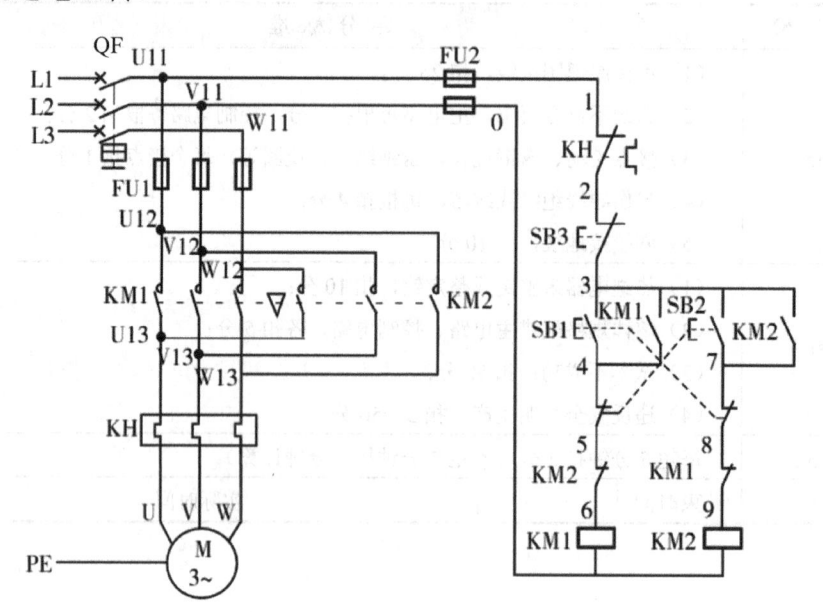

图 7-23　三相异步电动机双重联锁正反转控制线路

反转工作时可直接按下 SB2 反转启动按钮，反转工作原理的分析与正转工作原理分析相同。按下 SB3 停止按钮，电动机就可停止运转。

接触器、按钮双重联锁正反转控制线路克服了接触器联锁正反转控制线路电动机正反转切换时需按下停止按钮操作不便的缺点。

二、线路安装、调试及检修

1. 工具、仪表、材料选用

先根据表 7-3 电气元件明细表选择并准备电气元件。

表 7-3　电气元件明细表

序 号	名 称	型号与规格	单 位	数 量
1	三相电源	AC3×380/220V、20A	个	1
2	三相异步电动机	Y112M-4，4 kW、380 V、△接法；或自定	台	1
3	配线板	500 mm×600 mm×20 mm	块	1
4	组合开关	HZ10-25/3	个	1
5	熔断器 FU1	RL1-60/25，380V，60A，熔体 25A	套	3
6	熔断器 FU2	RL1-15/2	套	2
7	接触器 KM1、KM2	CJ10-20，线圈电压 380V，20 A（CJX2、B 系列等自定）	个	2
8	热继电器	JR20-10	个	1
9	按钮 SB1~SB3	LA10-3H，保护式、按钮数 3	个	1
10	手动开关	1TL1-2	个	1
11	木螺钉	$\Phi 3×20$ mm；$\Phi 3×15$ mm	个	30
12	主电路导线	BVR-1.5，1.5mm²（7×0.52mm）（黑色）	米	若干
13	控制电路导线	BV-1.0，1.0mm²（7×0.43mm）	米	若干
14	按钮线	BV-0.75，0.75 mm²	米	若干
15	接地线	BVR-1.5，1.5mm²（黄绿双色）	米	若干
16	接线端子排	JX2-1015，500 V、10 A、15 节或配套自定	条	3

2. 电气元件规格、质量检查

（1）根据仪表、工具、耗材和器材表，检查各电气元件、耗材与表中的型号与规格是否一致。

（2）检查各电气元件的外观是否完整无损，附件、备件是否齐全。

（3）用仪表检查各电气元件的有关技术数据是否符合要求。

3. 布线

按接触器联锁控制线路的要求先接好主电路。辅助电路接线时，可先做各接触器的自锁线，然后做按钮联锁线，最后做辅助触点联锁线。由于辅助电路线号多，应做线核查。可以采用每做一条线，就在接线图上标一个记号的办法，这样可以避免漏接、错接和重复接线。

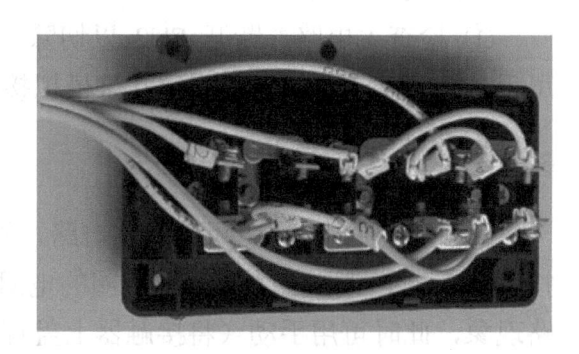

图 7-24 按钮内接线

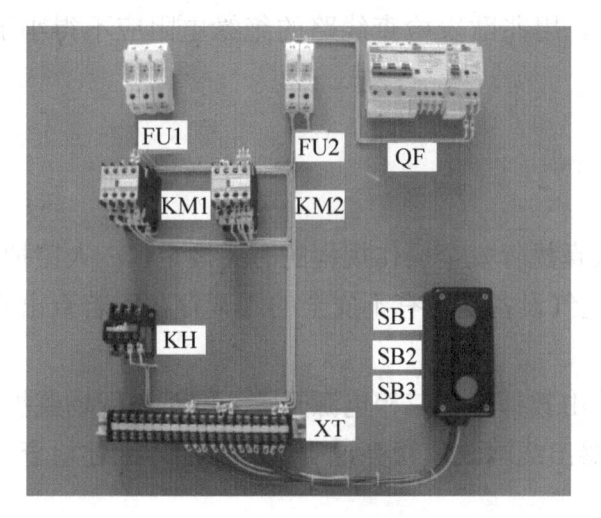

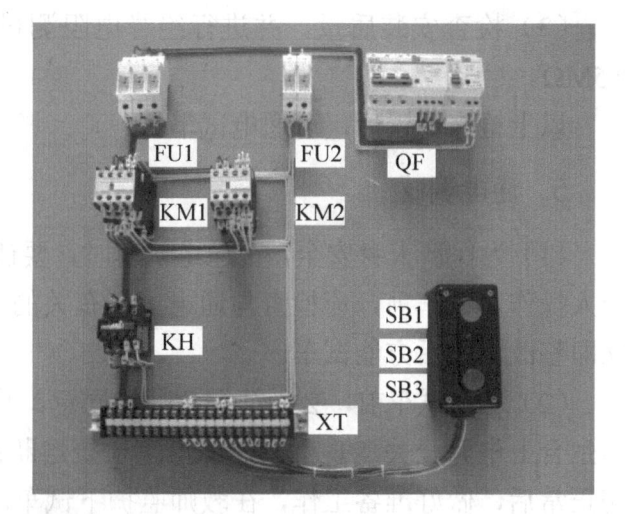

（1）按钮内接线，如图 7-24 所示。

（2）控制线路接线，如图 7-25 所示。

（a）局部线路接线

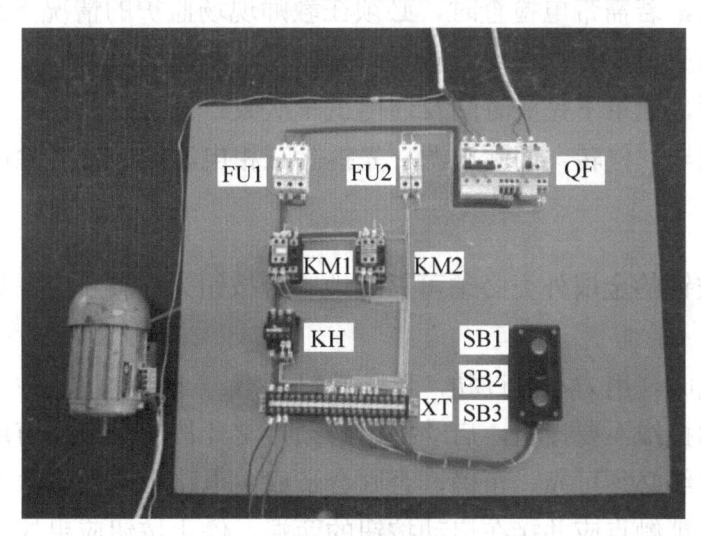

（b）线路接线完成

图 7-25 双重联锁正反转控制线路接线

4．自检

（1）按原理图或电气接线图从电源端开始，逐段核对接线及接线端子是否正确，有无漏接、错接之处。检查导线接点是否符合要求，导线连接是否牢固及接触应良好，以免带负载运行时产生闪弧现象。

（2）用万用表检查线路的通断情况。检查时，应选用倍率适当的电阻挡，并进行校零，以防短路故障发生。

① 检查主电路，断开 FU2 以切除辅助电路。检查主电路有无开路或短路现象，此时，可手动按下交流接触器的观察孔来模拟接触器通电进行检查。

1）检查各相通路。

2）检查电源换相通路。

② 检查控制电路，可断开主电路，将表笔分别搭在 U11、V11 线端上，读数应为"∞"。按下 SB 时，读数应为接触器线圈的电阻值，然后断开控制电路再检查主电路有无开路或短路现象，此时可用手动（将接触器上盖打开）来代替接触器通电进行检查。

同时，还要检查自锁线和联锁线是否正常，检查 KH 的过载保护作用，然后使 KH 触点复位。

（3）检查安装质量，并进行绝缘电阻测量。用兆欧表检查线路的绝缘电阻应不得小于 $0.5M\Omega$。

以上检查无误后，可通电试车。

5．通电调试

（1）为保证人身安全，在通电试车时，要认真执行安全操作规程的有关规定，一人监护，一人操作。试车前，应检查与通电试车有关的电气设备是否有不安全的因素存在，若查出应立即整改，然后方能试车。

（2）通电试车前，必须征得教师的同意，并由教师接通三相电源开关，同时在现场监护。学生合上电源开关 QF 后，用试电笔检查熔断器出线端，氖管亮说明电源接通。上述检查一切正常后，做好准备工作，在教师监护下试车。

（3）出现故障后，若需带电检查时，必须在教师现场监护的情况下进行。检修完毕后，如需要再次试车，也应该在教师现场监护下，并做好时间记录。

（4）试车成功后，记录下完成时间及通电试车次数。

（5）通电试车完毕，停转，切断电源。先拆除三相电源线，再拆除电动机线。

6．注意事项

（1）电动机及按钮的金属外壳必须可靠接地（若按钮为塑料外壳，则按钮外壳不需要接地线）。

（2）按钮内接线时，用力不可过猛，以防螺钉打滑。

（3）按钮内部的接线不要接错，启动按钮必须接常开按钮（可用万用表的欧姆挡判别）。

（4）按钮触点接线必须可靠、正确，否则会造成主电路中两相电源短路事故。

（5）接触器的自锁触点应并接在启动按钮的两端，停止按钮应串接在控制电路中。

（6）线路中两组接触器的主触点必须换相（出端反相），否则不能反转。

（7）热继电器的热元件应串接在主电路中，其常闭触点应串接在控制电路中，两者缺一不可,否则不能起到过载保护作用。

7. 故障检修

在完成通电调试的基础上,教师或同组学生按照表 7-4 中故障原因分析的电气元件或路径,人为地设定一两个故障点进行排故练习。

表 7-4 故障现象、原因分析与检查方法

故障现象	原因分析	检查方法
正转正常,按反向按钮 SB2,KM1 能释放,但 KM2 不吸合,电动机不能反转	可能故障是: (1) 接触器 KM1 辅助常闭触点接触不良或断线; (2) 反向按钮 SB2 常开触点接触不良; (3) 正向按钮 SB1 常闭触点接触不良; (4) 接触器 KM2 线圈断路; (5) 接触器 KM2 触点卡阻	按下 SB2,用试电笔依次测量 SB2 常开触点的上下端头,SB1 常闭触点的上下端头,KM1 辅助常闭触点的上下端头故障点在有电和无电之间。 若上述正常,断开电源,用万用表的电阻挡测量接触器 KM2 线圈的上下端头,检查其通断情况。 若线圈也正常,则是接触器 KM2 触点卡阻

8. 现场管理及仪器仪表、工具与材料的归还

(1) 实训完成后,应及时对工作场地进行卫生清洁,使物品摆放整齐有序,保持现场的整洁,做到工作现场管理标准化(6S)。

(2) 仪器仪表、工具与材料使用完毕后,应归还至保管室。

三、任务考核

三相异步电动机双重联锁正反转控制线路安装与调试任务评价表

内容	配分	评分标准	得分
安装	15	(1) 不按图安装,扣 15 分; (2) 电气元件安装不牢固,每个扣 4 分; (3) 电气元件安装不整齐、不均匀、不合理,每个扣 3 分; (4) 损坏电气元件,扣 15 分	
布线	35	(1) 不按原理图接线,扣 25 分; (2) 布线不符合要求,主电路每根扣 4 分,控制电路每根扣 2 分; (3) 接点松动、露铜过长、压绝缘层、反圈等,每个接点扣 1 分; (4) 损伤导线绝缘或线芯,每根扣 4 分; (5) 漏接接地线,扣 10 分	
通电调试	50	(1) 热继电器未整定或整定错,扣 10 分; (2) 熔体规格配错主电路、控制电路,各扣 5 分; (3) 试车不成功,扣 50 分; (4) 违反安全文明生产,扣 5~50 分	
定额时间	1.5h	每超 5 分钟扣 5 分(不足 5 分钟按 5 分钟计算)	
开始时间		结束时间	实际时间	

任务 5

三相异步电动机Y-△降压启动控制线路安装与调试

任务目标

1. 理解三相异步电动机Y/△降压启动控制线路的构成及工作原理。
2. 会选择、安装及标识时间继电器自动控制Y/△降压启动控制线路的电气元件。
3. 能安装与调试时间继电器自动控制Y/△降压启动控制线路。
4. 能排除时间继电器自动控制Y/△降压启动控制线路的常见故障。
5. 能进行学习资料的收集、整理与总结，培养良好的学习习惯。

任务实施

一、相关知识

前面任务所讲的线路都是三相异步电动机直接启动线路，三相异步电动机直接启动线路的优点是电气设备少、线路简单、维修量较少。三相异步电动机直接启动时，启动电流一般为额定电流的4~7倍。在电源变压器容量不够大而电动机功率较大的情况下，直接启动将导致电源变压器输出电压下降，不仅减少电动机本身的启动转矩，而且会影响同一供电线路中其他电气设备的正常工作。因此，较大容量的电动机需采用降压启动。

常见的降压启动方法有4种：定子绕组串接电阻降压启动、自耦变压器降压启动、Y/△降压启动、延边△降压启动。

Y/△降压启动是指电动机启动时，把定子绕组接成Y，以降低启动电流，待电动机启动后，再把定子绕组改接成△，使电动机全压运行。凡是在正常运行时定子绕组作△连接的三相异步电动机，均可以采用这种降压启动方法。

三相异步电动机有三个绕组六个接线端子，一般用U、V、W表示，上排接线端子自左向右编号为U1、V1、W1，下排为W2、U2、V2，如图7-26（a）所示。三相异步电动机的接线方法有Y/连接和△连接两种，图7-26（b）所示为Y连接示意图，图7-26（c）所示为△连接示意图。

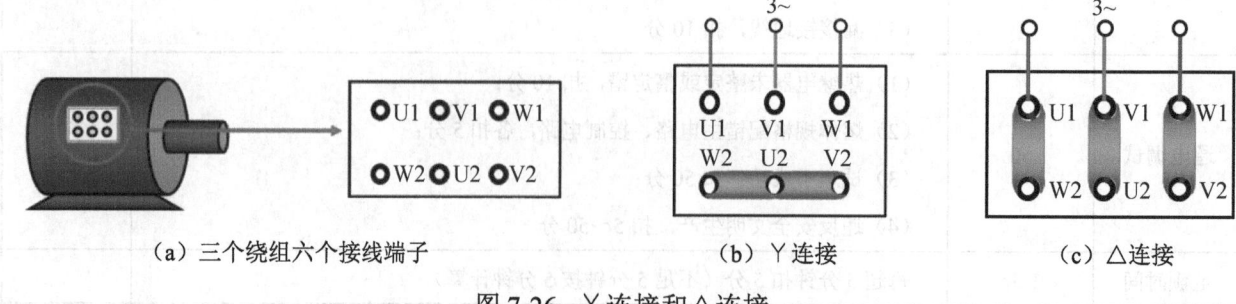

(a) 三个绕组六个接线端子　　(b) Y连接　　(c) △连接

图7-26　Y连接和△连接

1. 手动控制的丫-△降压启动控制线路

手动控制的丫-△降压启动,启动过程需要两次操作,并且由丫连接向△连接切换需人工完成,切换时间不易准确掌握,其控制线路如图7-27所示。

2. 复合按钮控制的丫-△降压启动控制线路

复合按钮控制的丫-△降压启动控制线路如图7-28所示。为避免电源短路,本线路中的接触器KM2和KM3不能同时通电,因而按钮SB2采用了复合式结构,保证动作时,先断开KM2线圈的通路,然后再接通KM3线圈的通路。出于同样的考虑,把KM2和KM3的常闭触点,串入对方线圈的通路中,实现双重联锁,提高线路安全的可靠性。

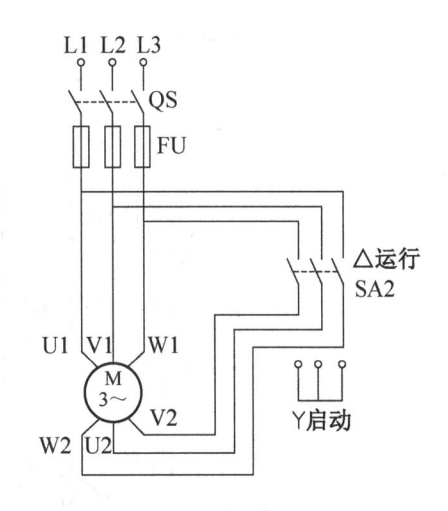

图7-27 手动控制的丫-△降压启动控制线路

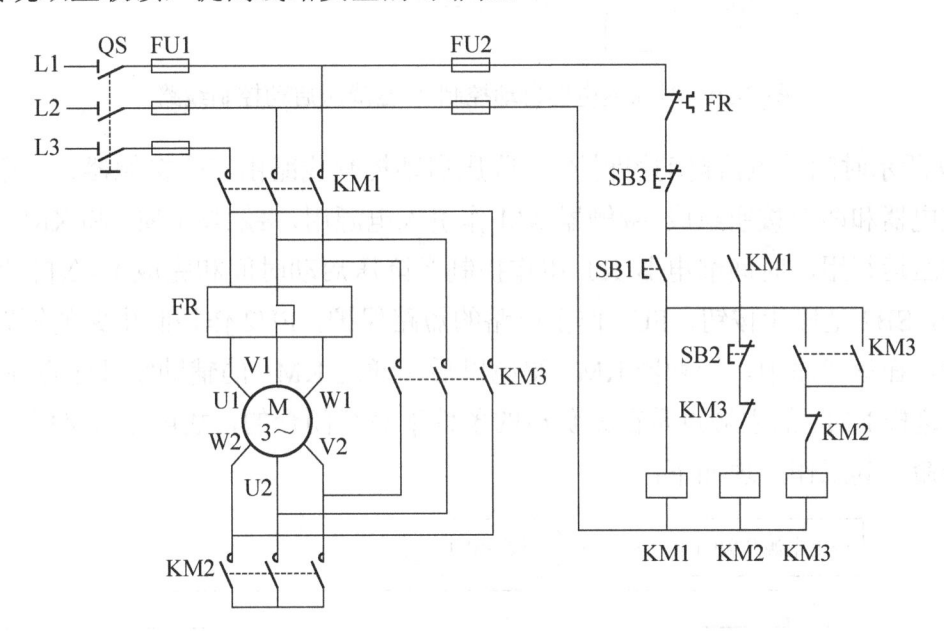

图7-28 复合按钮控制的Y-△降压启动控制线路

此外,本控制线路还可以防止工作人员误操作引起的电动机启动顺序错误,如未操作丫连接启动按钮SB1而直接按下△连接启动按钮SB2,由于KM1未通电动作,所以线路不会工作。

由此可见,手动控制线路操作起来不方便。

3. 时间继电器自动控制丫-△降压启动控制线路

时间继电器自动控制丫-△降压启动控制线路如图7-29所示。

在该线路中,电动机启动过程的丫-△转换是靠时间继电器自动完成的。合上电源开关QF,按下启动按钮,电动机接成丫连接,开始减压启动。时间继电器KT延时时间设定为电动机启动过程时间(一般为6~8s),当电动机转速接近额定转速时,时间继电器整定时间到,KT动作,其对应的常闭触点断开,常开触点闭合,电动机由丫连接改成△连接,进入正常运行。

图 7-29　时间继电器自动控制丫-△降压启动控制线路

图 7-29 所示时间继电器自动控制丫-△降压启动控制线路由三个接触器、一个热继电器、一个时间继电器和两个按钮组成。接触器 KM 作引入电源用，接触器 KM_Y 和 KM_△ 分别作丫降压启动用和△运行用，时间继电器 KT 用作控制丫降压启动时间和完成丫-△自动切换。SB1 是启动按钮，SB2 是停止按钮，FU1 作主电路的短路保护，FU2 作控制电路的短路保护，KH 作过载保护。在该线路中，接触器 KM_Y 得电以后，通过 KM_Y 的辅助常开触点使接触器 KM 得电动作，这样 KM_Y 的主触点是在无负载的条件下进行闭合的，故可延长接触器 KM_Y 主触点的使用寿命。其工作原理如下：

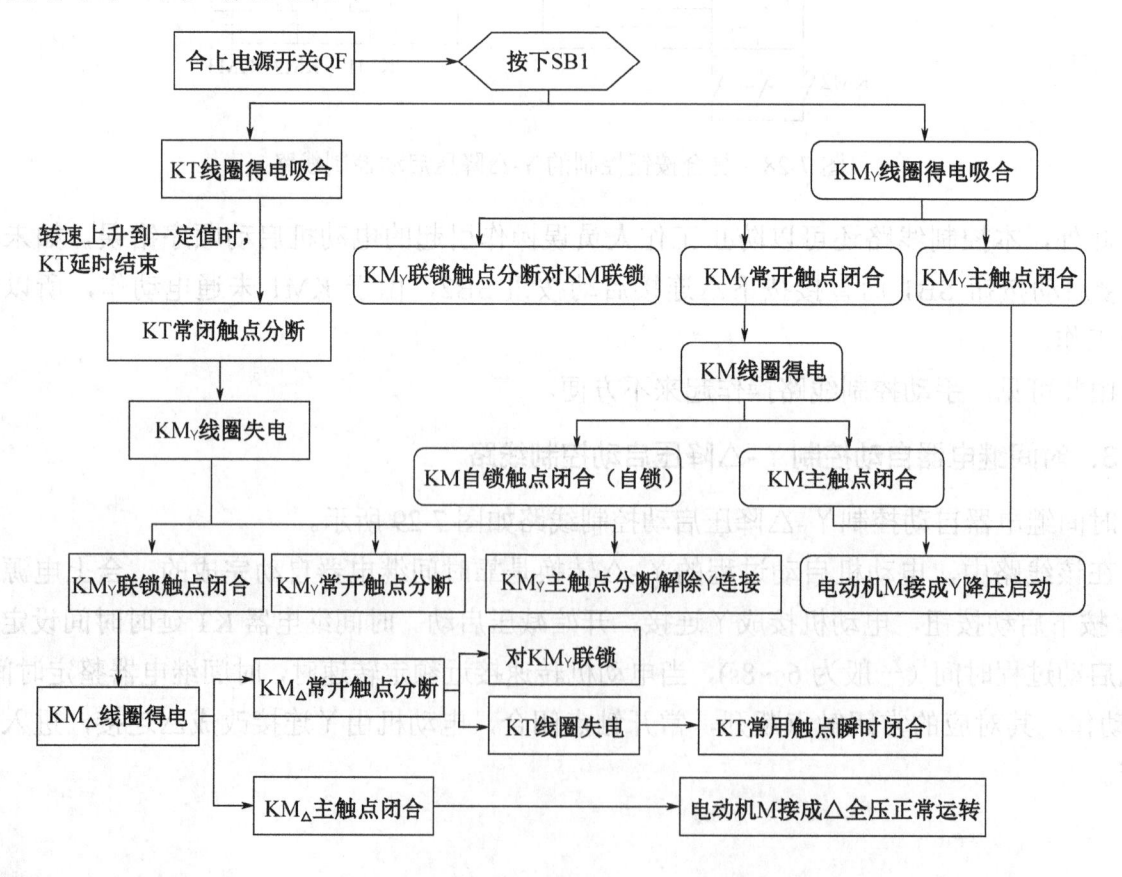

停止时，按下 SB2 即可。

4. 时间继电器的选用

时间继电器的选用主要考虑延时方式和参数配合问题，选用时要考虑以下几个方面的因素。

（1）延时方式的选择。

时间继电器有通电延时或断电延时两种，应根据控制电路的要求选用。所选时间继电器动作后复位时间要比固有动作时间长，以免产生误动作，甚至不延时，这在反复延时电路和操作频繁的场合尤其重要。

（2）类型选择。

对延时精度要求不高的场合，一般采用价格较低的电磁式或空气式时间继电器；对延时精度要求较高的场合可采用电子式时间继电器。

（3）线圈电压选择。

根据控制电路电压选择时间继电器吸引线圈的电压。

（4）电源参数变化的选择。

在电源电压波动大的场合，采用空气式或电动式时间继电器比采用晶体管式时间继电器的效果好；而在电源频率波动较大的场合，不宜采用电动式时间继电器；在温度变化较大处，不宜采用空气式时间继电器。

二、线路安装、调试及检修

1. 工具、仪表、材料选用

备足电工工具和电工仪表，根据三相异步电动机丫-△降压启动控制线路原理图检查各电气元件型号规格和数量，用万用表的欧姆挡检测各电气元件的常开触点、常闭触点的通断情况。

为了便于改变接线，三相异步电动机接线盒内都有一块接线板，定子绕组的六个端子排成上下两排。

对空气式时间继电器，用手操作检查延时情况，再检查时间继电器的瞬时、延时动作触点的位置。时间继电器的结构调整和时间整定方法如下。

（1）结构调整：时间继电器分为通电延时与断电延时两种，只要将固定电磁系统的螺钉松下，将电磁系统转动180°，结构形式就发生了改变。本线路使用通电延时结构。

（2）时间整定：调整固定电磁系统的螺钉前后的距离和调节时间调整旋钮，注意箭头的方向。

2. 画出电气元件布置图

在实验板上画出时间继电器自动控制丫-△降压启动控制线路电气元件摆放图，注意位置整齐匀称，间距合理，便于电气元件更换。电气元件布置如图 7-30 所示。

3. 安装电气元件

将检查合格的电气元件按图 7-30 所示位置固定在控制板上，也可根据自己的设计将各电气元件合理地布置在控制板上，并且贴上醒目的文字符号。

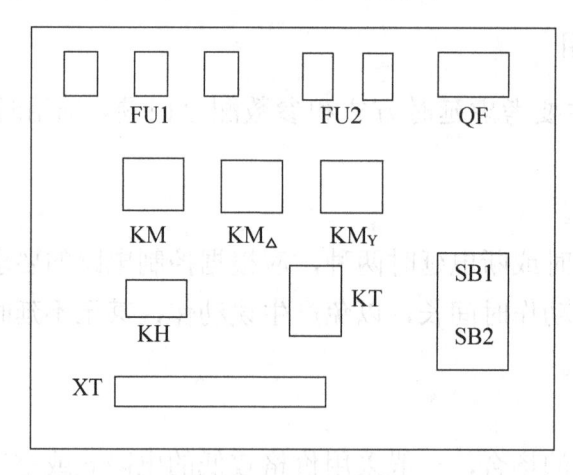

图 7-30 电气元件布置图示例

4．布线

按原理图进行接线，最后接电源线，如图 7-31 所示。

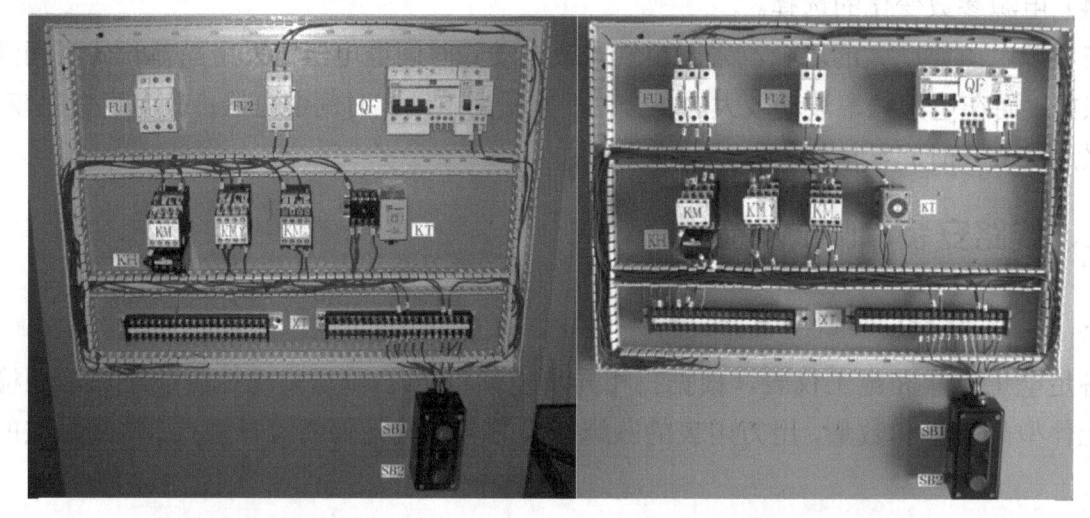

（a）控制电路布线　　　　　　　　（b）加入主电路的布线

图 7-31 布线

接线过程中，请注意以下事项。

（1）KT 瞬时触点和延时触点的辨别，可用万用表测量确认。时间继电器的瞬时触点是立即动作触点，没有延时效果，是普通的常开、常闭触点。在使用时需要注意延时触点和瞬时触点的区别。时间继电器接线时，需要注意线圈电压，电压有交流也有直流。触点的功能，在接线时需要参考说明书和接线图，如图 7-32 所示为时间继电器 8 端接线柱示意图。

（2）电动机的接线端与接线排上出线端的连接。接线时，要保证电动机△连接的正确性，即接触器 KM△ 主触点闭合时，应保证定子绕组的 U1 与 W2、V1 与 U2、W1 与 V2 相连接。

（3）KM、KM_Y、KM△ 主触点的接线，注意要分清进线端和出线端。如接触器 KM_Y 的进线必须从定子绕组的末端引入。若误将其首端引入，则在 KM_Y 吸合时，会产生三相电源短路事故。

（4）在控制线路中，要注意 KM 和 KM_Y 触点的选择和 KT 触点、线圈之间的接线。

5. 自检

首先进行外观检查，看有无漏接、错接，导线的牢固性接点接触是否良好。接下来用万用表检测线路的通断情况。

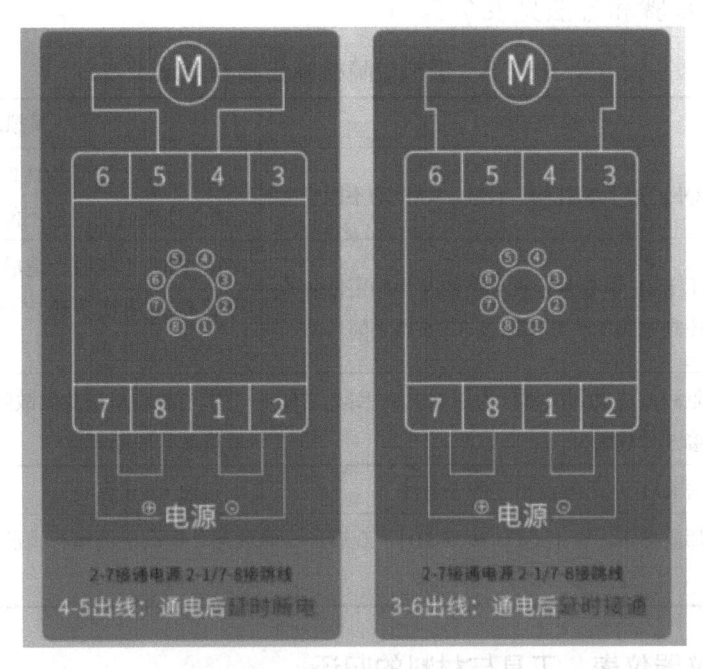

图 7-32　时间继电器 8 端接线柱示意图举例

（1）主电路。

万用表置于 $R×100$ 挡，闭合 QF 开关。

① 按下 KM，表笔分别接在 L1—U1，L2—V1，L3—W1，这时表针右偏指零。

② 按下 KM_Y，表笔分别接在 W2—U2，U2—V2，V2—W2，这时表针右偏指零。

③ 按下 $KM_\triangle$，表笔分别接在 U1—W2，V1—U2，W1—V2，这时表针右偏指零。

（2）控制电路。

万用表置于 $R×100$ 或 $R×1k$ 挡，表笔分别置于熔断器 FU2 的 1 和 0 位置。测 KM、KM_Y、$KM_\triangle$、KT 线圈阻值，均为 $2k\Omega$。

① 按下 SB1，表针右偏指为 $1k\Omega$ 左右（接入线圈 KM_Y、KT），同时按下 KT 一段时间，指针微微左偏指为 $2k\Omega$（接入线圈 KT），同时按下 SB2 或者按下 $KM_\triangle$，指针左偏为 ∞。

② 按下 KM，指针右偏指为 $1k\Omega$ 左右（接入线圈 KM、$KM_\triangle$），同时按下 SB2，指针左偏为 ∞。

6. 安装电动机及连接电源

先用摇表测电动机的绝缘电阻，再连接电动机接地线，最后连接电源、电动机等控制板外部的导线。

7. 通电调试

（1）通电时，先用手拨一下电动机转子，观察转子是否有堵转现象。

（2）首先调试控制电路。合上 QF，按下 SB1，观察交流接触器 KM 与 KM_Y 是否吸合，若吸合后经过一定时间延时，观察交流接触器 KM_Y 是否断开，$KM_\triangle$ 是否吸合。按下停止按钮 SB2，KM 与 $KM_\triangle$ 能否复位。

> **注意**：观察电动机在Y-连接和△连接时接触器的吸合情况。

8. 故障处理

模拟故障的检修步骤和方法见表7-5。

表7-5 模拟故障检修步骤和方法

检修步骤	模拟故障1	模拟故障2
观察故障现象	合上QF，按下SB1时，KM、KM$_Y$均不吸合	合上QF，按下SB1时，KM、KM$_Y$均吸合，电动机Y连接启动，但不能△连接运行
判定故障范围	由KM$_Y$ KM$_Y$不吸合分析电路图初步确定故障点可能在控制电路的公共支路及3~6点之间	由KM$_△$不能吸合造成不能△连接运行的现象，分析电路图初步确定故障点可能在控制电路的7~8~0点之间
确定故障点	用电阻测量法找到故障点为控制电路 KM$_△$常闭触点所接5号线断开	用电阻测量法找到故障点为控制电路 KM$_△$线圈所接8号线断开
排除故障	更换与KM$_△$常闭触点相连的5号线	接通8~0点线
通电试车	在教师监护下，合上QF，按下SB1，观察和检测线路、电动机的运行情况，检验合格后电动机正常运行	

9. 现场管理及仪器仪表、工具与材料的归还

（1）实训完成后，应及时对工作场地进行卫生清洁，使物品摆放整齐有序，保持现场的整洁，做到工作现场管理标准化（6S）。

（2）仪器仪表、工具与材料使用完毕后，应归还至保管室。

三、任务考核

三相异步电动机Y-△降压启动控制线路安装与调试任务评价表

内容	配分	评分标准	得分
安装	15	（1）不按图安装，扣15分； （2）电气元件安装不牢固，每个扣4分； （3）电气元件安装不整齐、不均匀、不合理，每个扣3分； （4）损坏电气元件，扣15分	
布线	35	（1）不按原理图接线，扣25分； （2）布线不符合要求，主电路每根扣4分，控制电路每根扣2分； （3）接点松动、露铜过长、压绝缘层、反圈等，每个接点扣1分； （4）损伤导线绝缘或线芯，每根扣4分； （5）漏接地线，扣10分	
通电调试	50	（1）热继电器未整定或整定错，扣10分； （2）熔体规格配错主电路、控制电路，各扣5分； （3）试车不成功；扣50分； （4）违反安全文明生产，扣5~50分	
定额时间	1.5h	每超5分钟扣5分（不足5分钟按5分钟计算）	
开始时间		结束时间 实际时间	

任务 6
三相异步电动机反接制动控制线路安装与调试

任务目标

1. 掌握三相异步电动机制动目的、方法及三相异步电动机反接制动控制线路的构成与工作原理，掌握三相异步电动机反接制动电路分析方法。
2. 了解速度继电器的结构、动作特点及应用。
3. 能按照规范步骤进行控制线路的安装与调试。
4. 通过实训，提升学生的动手能力与经验，使其在控制线路安装与调试中遇到问题时能自主分析解决。

任务实施

一、相关知识

1. 制动和反接制动

在三相异步电动机停止时，即使将电源断开，由于惯性的作用，电动机也不能立即停下来。为提高生产效率并满足生产工艺的需要，都要求电动机能迅速停止，通常需要对电动机采用制动控制。常用的电气制动方法主要有反接制动和能耗制动。反接制动，是利用改变电动机电源的相序，使定子绕组产生相反方向的旋转磁场，从而产生制动转矩的一种制动方法。

2. 反接制动的关键

改变电动机电源相序，且当转速下降接近于零时，能自动将电源切除。为此要采用速度继电器来检测电动机的速度变化。

3. 反接制动的适用范围

反接制动时，转子与旋转磁场的相对速度接近于两倍的同步转速，所以定子绕组中流过的反接制动电流相当于全电压直接启动时电流的两倍。故这种制动方法仅适用于10kW以下的不经常正反转的小容量电动机快速停车，如铣床、镗床、中型车床的主轴制动。

4. 速度继电器

速度继电器是一种可以按照被控电动机转速的高低接通或断开控制线路的电器。其主要作用是与接触器配合使用实现对电动机的反接制动，故又称为反接制动继电器。

速度继电器主要由转子、定子和触点系统三部分组成，如图7-33所示。转子是一个圆柱形永久磁铁，能绕轴转动，且与被控电动机同轴。定子是一个笼型空心圆环，由硅钢片叠成，并装有笼型绕组。触点系统由两组转换触点组成，分别在转子正转和反转时动作。

当电动机旋转时，速度继电器的转子随之转动，从而在转子和定子之间的气隙中产生旋转磁场，在绕组上产生感应电流，该电流在永久磁铁的旋转磁场作用下，产生电磁转矩，使定子随永久磁铁转动的方向偏转。偏转角度与电动机的转速成正比。当定子偏转到一定角度时，带动胶木摆锤推动簧片，使常闭触点断开，常开触点闭合。当电动机转速低于某一值时，定子产生转矩减小，触点在簧片作用下复位。

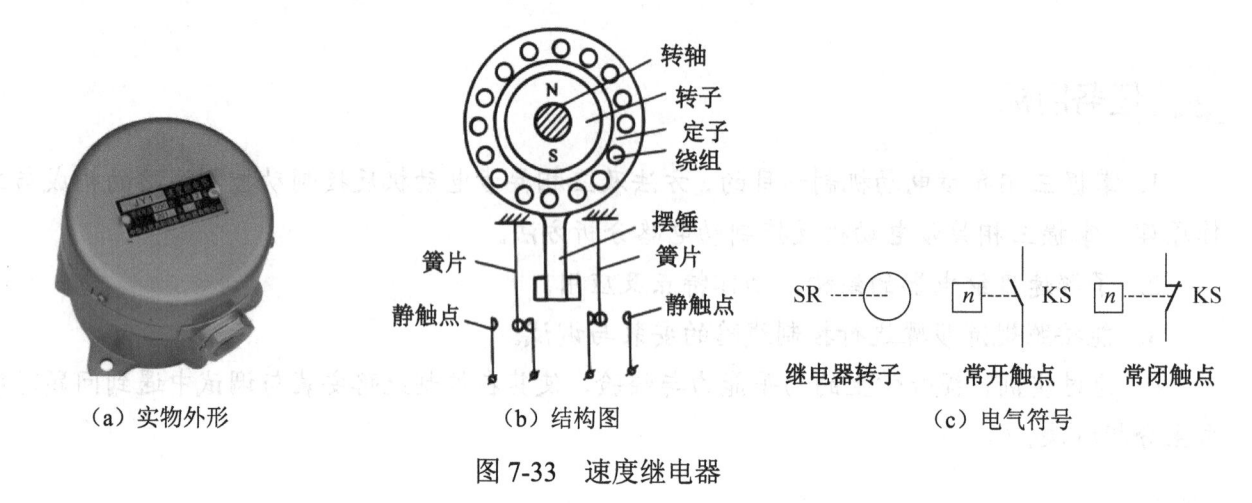

（a）实物外形　　　（b）结构图　　　（c）电气符号

图 7-33　速度继电器

常用的速度继电器有 JY1 型和 JFZ0 型两种。其中，JY1 型可在 700～3600r/min 范围内可靠地工作；JFZO-1 型适用于 300～1000r/min；JFZO-2 型适用于 1000～3600r/min。它们具有两个常开触点、两个常闭触点，触点额定电压为 380V，额定电流为 2A。

一般速度继电器的转轴在 130r/min 左右即能动作，在 100r/min 时触点即能恢复到正常位置。可以通过螺钉的调节来改变速度继电器动作的转速，以适应控制线路的要求。

5．反接制动控制线路

三相异步电动机反接制动控制线路（简称反接制动控制线路）原理图如图 7-34 所示。

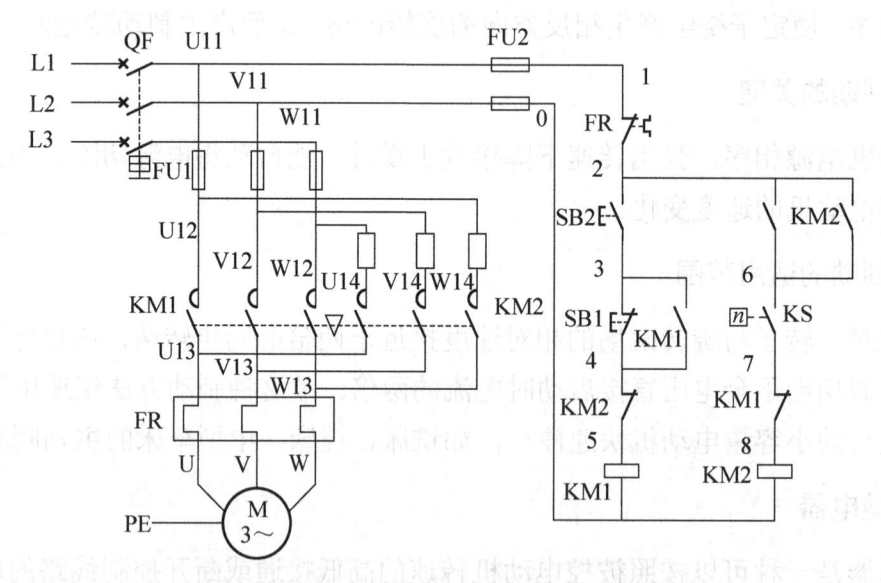

图 7-34　三相异步电动机反接制动控制线路原理图

合上电源开关 QF，按下启动按钮 SB1，KM1 线圈通电并自锁，电动机 M 启动运转，当转速升高后，速度继电器 KS 的常开触点闭合，为反接制动做准备。停车时，按下停止按钮 SB2，KM1 线圈断电，同时 KM2 线圈通电并自锁，电动机进行反接制动，当电动机转速迅速降低到接近零时，速度继电器 KS 的常开触点断开，KM2 线圈断电，制动结束。

反接制动控制线路是采用速度继电器来判断电动机的零速点并及时切断三相电源的。速度继电器 KS 的转子与电动机的轴相连,当电动机正常运转时,速度继电器的常开触点闭合,当电动机停车转速接近零时,速度继电器 KS 的常开触点断开,切断接触器的电源。

二、线路安装与调试

1．工具、仪表、材料选用

备足所需电工工具和仪表,根据三相异步电动机反接制动控制线路原理图选用材料。

(1) 工具：试电笔、螺丝刀、尖嘴钳、斜口钳、剥线钳、电工刀等。

(2) 仪表：万用表、兆欧表等。

(3) 材料：速度继电器 1 个,三相异步电动机 1 台,熔断器 5 个,交流接触器 2 个,热继电器 1 个,按钮 2 个,限流电阻箱 1 个,接线端子板 1 组,导线若干。

2．画电气元件布置图

画出反接制动控制线路电气元件布置图,如图 7-35 所示。

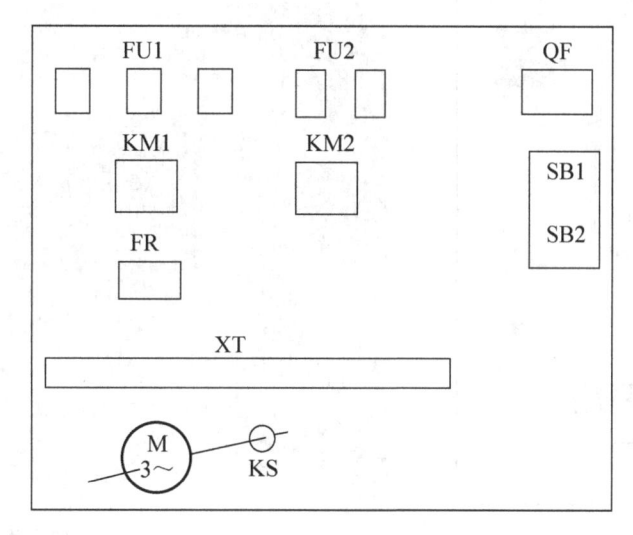

图 7-35　反接制动控制线路电气元件布置图

3．安装电气元件

将检查合格的电气元件按图 7-35 所示位置固定在控制板上,也可根据自己的设计将各电气元件合理地布置在控制板上,并且贴上醒目的文字符号。

4．布线

先连接好主电路,再连接控制电路,连接完成后,调整好制动电阻的值,如图 7-36 所示。注意,两接触器用于联锁的常闭触点不能接错。否则,会导致线路不正常工作甚至有短路的隐患。

5．自检

(1) 外观检查有无漏接、错接,导线的接点接触是否良好。

(2) 用万用表欧姆挡检查线路通断是否正常。

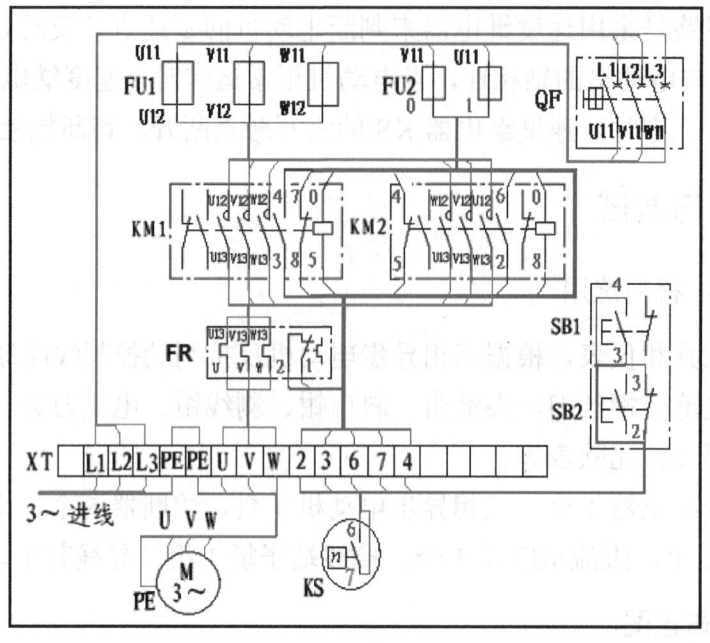

(a) 接线图

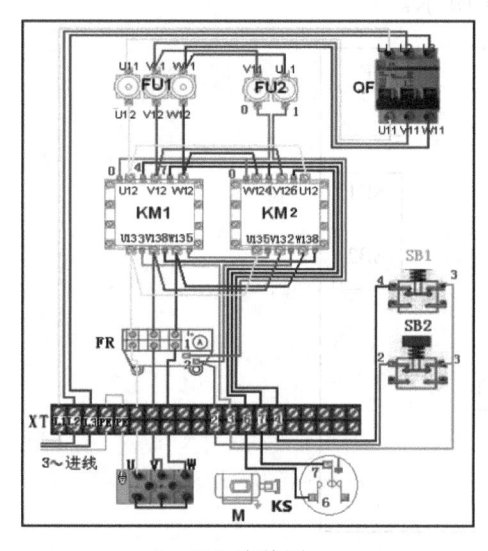

(b) 布线图

(c) 布线实物图

图 7-36 接线图、布线图和布线实物图

6. 安装电动机、速度继电器及连接电源

（1）速度继电器的转轴应与电动机同轴连接，使两轴的中心线重合，速度继电器的轴可用联轴器与电动机的轴连接。

（2）速度继电器安装接线时，将交流电源线（L）连至速度继电器 NO 端，将负载线（U、V、W）分别连接至速度继电器 COM、NC、NO 端，将速度继电器 COIL 两端线圈引出，并加以串联，以便直接投入 230V/50Hz 电源。应注意正反向触点不能接错，否则不能实现反接制动控制。

将电动机连接到速度继电器的输出端口。根据电动机转速的要求，设置速度继电器的参数，进而调节电动机的转速。在连接电源和电动机后，进行必要的测试。

（3）速度继电器的外壳应可靠接地。

7. 通电调试

（1）参数设定。

首先需要设定电动机类型、电动机额定功率等参数，根据设备工作要求，选择合适的运行模式和控制方式。参数设定完成后，还需要对速度、电流、转矩、功率等参数进行设定和检测。

（2）电动机测试。

电动机测试是反接制动调试的重要环节，通过测试可以获取电动机的各项性能参数，并针对测试结果进行调整和优化。电动机测试需要先进行负载测试和空载测试，根据测试结果进行参数调整，保证电动机调整到最佳状态。

（3）速度控制。

在调试过程中需要进行速度控制，对电动机输出的速度进行调整，使其能够满足设备要求的工作速度。速度控制需要根据电动机的具体情况进行设定和调整，保证电动机的稳定性和精度。

（4）制动控制。

制动控制是调试的最后一步，需要对反向转速进行控制，在设备停止时，使其能够保持稳定。合上电源开关 QF，按下 SB1，观察交流接触器 KM1 是否吸合。按下 SB2 交流接触器 KM1 断开，且 KM2 吸合一下便断开，实现反接制动。

对于限制负载转动的制动器，需要根据设备的特殊情况进行针对性地调整，确保制动效果符合要求。

8．故障检修

由实训教师人为设置两处故障，各小组进行检修。

9．现场管理及仪器仪表、工具与材料的归还

（1）实训完成后，应及时对工作场地进行卫生清洁，使物品摆放整齐有序，保持现场的整洁，做到工作现场管理标准化（6S）。

（2）仪器仪表、工具与材料使用完毕后，应归还至保管室。

三、任务考核

三相异步电动机反接制动控制线路安装与调试任务评价表

内　容	配　分	评　分　标　准	得　分
安装	15	（1）不按图安装，扣15分； （2）电气元件安装不牢固，每个扣4分； （3）电气元件安装不整齐、不均匀、不合理，每个扣3分； （4）损坏电气元件，扣15分	
布线	35	（1）不按原理图接线，扣25分； （2）布线不符合要求，主电路每根扣4分，控制电路每根扣2分； （3）接点松动、露铜过长、压绝缘层、反圈等，每个接点扣1分； （4）损伤导线绝缘或线芯，每根扣4分； （5）漏接接地线，扣10分	

续表

内　容	配　分	评 分 标 准	得　分
通电调试	50	（1）热继电器未整定或整定错，扣 10 分； （2）熔体规格配错主电路、控制电路，各扣 5 分； （3）试车不成功；扣 50 分； （4）违反安全文明生产，扣 5～50 分	
定额时间	1.5h	每超 5 分钟扣 5 分（不足 5 分钟按 5 分钟计算）	
开始时间		结束时间　　　　　　　　　　　实际时间	

任务 7　两台三相异步电动机顺序控制线路安装与调试

任务目标

1. 掌握三相异步电动机顺序控制的基本逻辑，了解控制线路中各类电气元件的功能与原理，掌握三相异步电动机顺序控制线路的构成与接线方法。

2. 学习控制线路的布局规划，确保合理性和可维护性，掌握各类电气元件的安装位置和固定方式，学会导线的选择与连接，确保线路可靠。

3. 学会调试前的准备工作，如检查线路连接、确认电源等，掌握控制线路的调试方法，包括手动操作和自动操作，学习调试过程中的常见问题及其解决方法。

4. 理解安全操作的重要性，掌握基本的安全防护措施。

任务实施

一、相关知识

1. 顺序控制线路

顺序控制是指按照预设的顺序依次控制多个电气设备工作的控制。在两台三相异步电动机顺序控制线路中，通常需要先启动第一台电动机，然后才能启动第二台电动机，以实现按顺序工作的目的。

顺序控制线路通常由多个继电器、接触器等电气元件组成，通过逻辑控制实现电气设备的顺序启动和停止。在两台三相异步电动机的顺序控制线路中，通常使用两个接触器分别控制两台电动机，通过控制线路的逻辑关系实现电动机的顺序启动和停止。

2. 顺序控制线路的应用

顺序控制线路广泛应用于工业自动化生产线、机械加工设备、包装机械等领域，用于实现电气设备的自动化控制和生产流程的优化。两台三相异步电动机顺序控制线路可用于需要按顺序启动和停止的两台电动机的控制，如流水线上的传送带、装配线等场合。

3. 两台三相异步电动机顺序控制线路

如图 7-37 所示为两台三相异步电动机顺序启动逆序停止控制线路，两台电动机启动和停止的动作顺序为：电动机 M1 先启动，电动机 M2 才能启动；停止时，电动机 M2 先停止，电动机 M1 才能停止。

（1）当合上电源开关 QF，按下启动按钮 SB11 时，接触器 KM1 的线圈得电并自锁，电动机 M1 启动运转。这时再按下启动按钮 SB21，接触器 KM2 才能得电并自锁，电动机 M2 启动运转。该线路中，由于 KM1 的常开辅助触点作为 KM2 得电的先决条件串联在 KM2 线圈回路中，所以，只有在 M1 启动后 M2 才能启动，实现了按顺序启动。

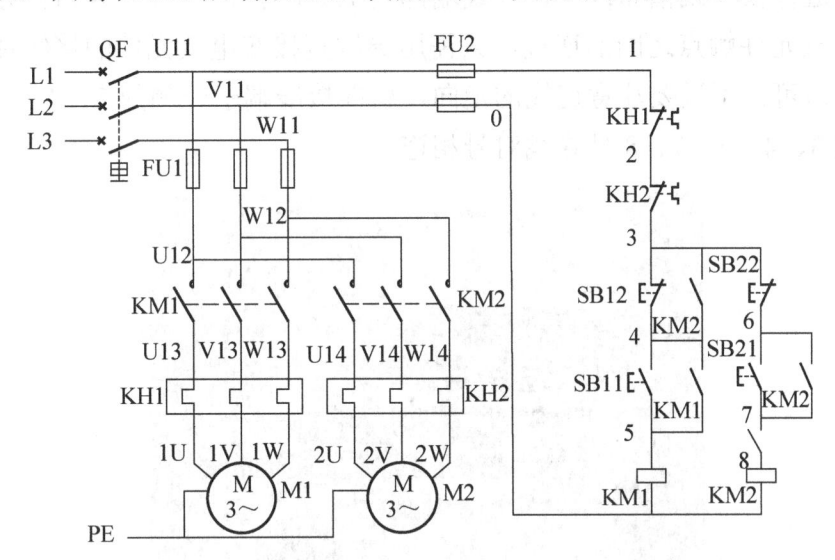

图 7-37 两台三相异步电动机顺序启动逆序停止控制线路

（2）当需要电动机停转时，如果先按下常开 M1 的停止按钮 SB12，由于 KM2 的常开辅助触点作为 KM1 失电的先决条件并联在停止按钮 SB12 的两端，所以，电动机 M1 不能停止运转。只有在按下电动机 M2 的停止按钮 SB22 后，接触器 KM2 断电释放，电动机 M2 停止运转。这时再按下 SB12，电动机 M1 才能停止运转。这就实现了两台三相异步电动机按照顺序启动、逆序停止的控制。

（3）线路的控制特点：将 KM1 的常开辅助触点串联在 KM2 线圈回路中，同时将 KM2 的常开辅助触点并联在 KM1 的停止按钮 SB12 两端。这种连接方法实现的线路功能是，启动时启动电动机 M1 后才能启动电动机 M2，停止时电动机 M2 停转后电动机 M1 才能停转，即两台三相异步电动机按照顺序启动逆序停止。

本线路适用于需两台三相异步电动机按顺序启动和停止的生产机械，如铣床的主轴电动机和进给电动机控制。

二、线路安装与调试

1. 工具、仪表、材料选用

工具：试电笔、螺钉旋具、尖嘴钳、斜口钳、剥线钳等常用电工工具。

仪表：兆欧表、钳形电流表、数字式万用表等。

材料：三相异步电动机、电源开关、熔断器、交流接触器、控制按钮、控制板（网孔板）、端子排、塑铜线、热继电器、紧固体及编码套管、走线槽等。

2. 画电气元件布置图

画出两台三相异步电动机顺序启动逆序停止控制线路电气元件布置图。注意位置整齐匀称，间距合理，便于电气元件的更换。

3. 安装电气元件

将检查合格的电气元件固定在控制板上，并且贴上醒目的文字符号。

4. 布线

在控制板上进行板前线槽布线并在导线端部套上编码套管，如图 7-38 所示。控制线路比较简单，均为电气元件触点之间的连接，只需用导线直接在电气元件的接线柱上将相关的电气元件连接起来即可，不过要注意连线的走向，引向接线端子一侧的 3、4、5、7、8 共 5 根线要与按钮侧的 3、4、5、7、8 号导线对号相连。

图 7-38 布线

5. 自检

（1）外观检查有无漏接、错接，导线的接点接触是否良好。
（2）用万用表欧姆挡检查线路通断是否正常。

6. 安装电动机

电动机不带电的金属外壳必须可靠接地，并应将接地线接在它们指定的专用接地螺钉上。

7. 通电调试

在调试过程中，要注意以下两点。
（1）通电试车前，应熟悉线路的操作顺序。
①启动：闭合电源开关 QF，先按 SB11，再按 SB21，顺序启动 M1、M2。
②停止：先按 SB22，再按下 SB12，逆序停止 M2、M1。
（2）通电试车时，注意校验热继电器的动作整定电流，观察电动机、各电气元件及线路工作是否正常，一旦发现异常情况必须立即切断电源。

8. 控制线路故障检修

电动机的启动运行与接在主电路中的接触器主触点闭合、对应接触器线圈的通电状态是一致的，所以可将电动机先后启动与停止的关系描述为相应线圈的通电与断电的关系。可见，接触器线圈的通电与断电状态才是问题的本质。

故障现象举例：合上电源开关 QF，按下 SB11 时，KM1 吸合，电动机 M1 启动运转；按下 SB21 时 KM2 不吸合，电动机 M2 不启动，如图 7-39 所示。该故障检修步骤和方法如下。

（1）用试验法观察故障现象。

合上电源开关 QF，按下 SB11 时，KM1 吸合，按下 SB21 时 KM2 不吸合。

（2）用逻辑分析法判定故障范围。

由故障现象得知故障应在控制电路的 3~10 点。

（3）用测量法确定故障点。

用电阻测量法找到故障点为顺序启动用 KM1 常开触点接触不良或连接导线松脱。

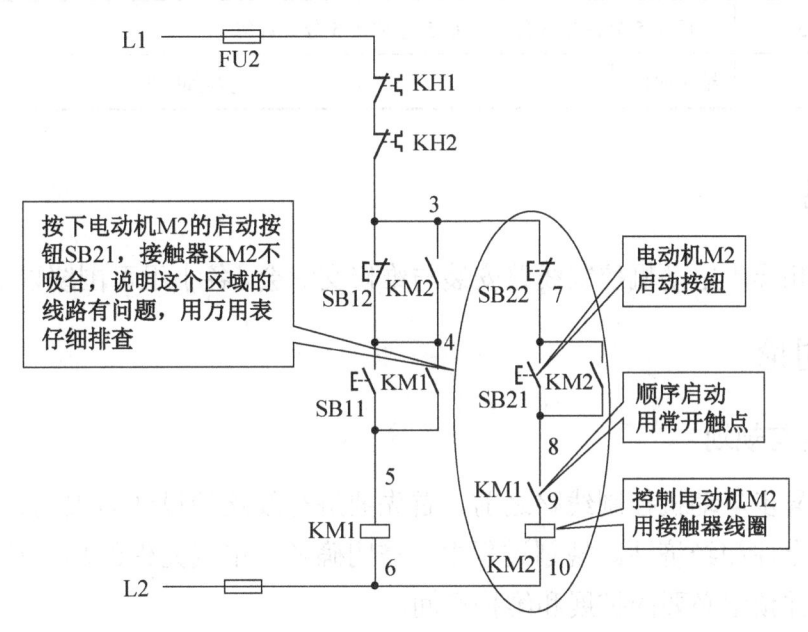

图 7-39　故障检修举例示意图

（4）根据故障点的情况，采取正确的检修方法排除故障。

经检查，故障为 8 号导线松脱，即刻恢复接通该点。

（5）检修完毕通电试车。

切断电源重新连接好故障点，在教师同意并监护下，合上电源开关 QF 按下 SB11，观察线路和电动机的运行情况。

三、任务考核

两台三相异步电动机顺序控制线路安装与调试任务评价表

内　容	配　分	评分标准	得　分
安装	15	（1）不按图安装，扣 15 分； （2）电气元件安装不牢固，每个扣 4 分； （3）电气元件安装不整齐、不均匀、不合理，每个扣 3 分； （4）损坏电气元件，扣 15 分	

续表

内　容	配　分	评 分 标 准	得　分
布线	35	（1）不按原理图接线，扣25分； （2）布线不符合要求，主电路每根扣4分，控制电路每根扣2分； （3）接点松动、露铜过长、压绝缘层、反圈等，每个接点扣1分； （4）损伤导线绝缘或线芯，每根扣4分； （5）漏接接地线，扣10分	
通电调试	50	（1）热继电器未整定或整定错，扣10分； （2）熔体规格配错主电路、控制电路，各扣5分； （3）试车不成功；扣50分； （4）违反安全文明生产，扣5～50分	
定额时间	1.5h	每超5分钟扣5分（不足5分钟按5分钟计算）	
开始时间		结束时间　　　　　　　　　实际时间	

项目总结

班级召开三相异步电动机控制线路安装与维修交流会，各小组可围绕以下主题进行发言。

一、主题讨论

1．线路设计与规划

在安装三相异步电动机控制线路之前，首先要进行线路的设计与规划。设计时要确保线路的稳定性、安全性和经济性。规划过程中，需明确各个电气元件的功能及连接关系，绘制详细的电路图，并预留必要的扩展和维护空间。

2．材料准备与检查

按照电路设计和规划的要求，准备所需的材料，包括电动机、控制器、电源、电缆、接线端子、绝缘材料等。在材料准备过程中，要特别注意检查材料的规格、型号和质量，确保符合设计要求，避免因材料问题导致安装失败或电路故障。

3．安装步骤与操作

按照电路图，进行电动机控制电路的安装。安装过程中要遵循电气安全规范，确保电源已断开，并采取必要的防护措施。安装步骤要详细记录，以便后续调试和维护。同时，要注意安装顺序和接线方式，避免短路、断路等问题的发生。

4．调试过程与方法

调试过程主要包括通电检查、功能测试和调整优化等步骤。调试时要按照预定的调试计划进行，逐步检查各个电气元件和线路的功能是否正常，记录调试数据和结果。发现问题时，要及时分析原因并采取相应的措施解决。

5. 安全注意事项

在安装和调试过程中，要始终关注安全问题。要严格遵守电气安全规范，确保电源已断开并采取必要的防护措施。同时，要避免直接接触裸露的导线和元件，以免发生触电事故。此外，还要定期检查和维护电路，及时发现和排除安全隐患。

6. 故障排除技巧

在调试过程中，可能会遇到各种故障。故障排除时要保持冷静，根据故障现象和调试数据进行分析，找出故障原因。常见的故障排除技巧包括检查电源、测量电压和电流、更换损坏的电气元件等。在排除故障时，要注意保护现场和收集相关信息，以便后续分析和总结。

7. 性能测试与优化

在故障排除后，要对三相异步电动机控制线路进行性能测试。测试内容包括控制精度、稳定性、响应速度等方面。测试时要记录数据并进行比较分析，以便找出存在的问题并进行优化。优化措施可能包括调整参数、更换更合适的电气元件或改进线路结构等。

二、抢答赛

1. 在三相异步电动机的正反转控制线路中，性能最好的联锁控制线路是（　　）。
   A．按钮联锁　　　　　　　　　　B．接触器联锁
   C．机械联锁　　　　　　　　　　D．接触器和按钮联锁

2. 一台电动机启动后另一台电动机才能启动的控制方式是（　　）。
   A．位置控制　　　　　　　　　　B．自锁控制
   C．顺序控制　　　　　　　　　　D．联锁控制

3. 如图7-40所示控制电路，能实现三相异步电动机正常启动和停止的是（　　）。

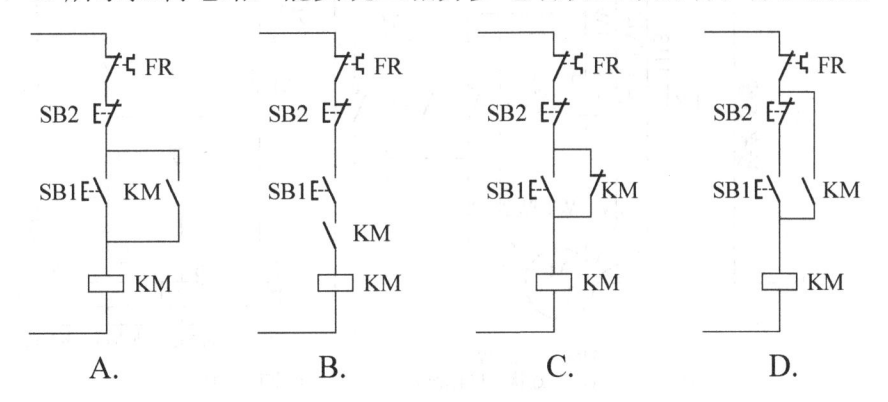

图7-40　题3图

4. 两个接触器控制电路的联锁保护一般采用（　　）。
   A．串接对方控制电器的常开触点　　B．串接对方控制电器的常闭触点
   C．串接自己的常开触点　　　　　　D．串接自己的常闭触点

5. 下面关于板前布线工艺要求错误的是（　　）。
   A．布线要横平竖直，分布均匀，变换走向时应垂直
   B．布线时严禁损伤线芯和导线绝缘
   C．导线与接线端子或接线柱连接时，不得压绝缘层、不反圈、不露铜过长

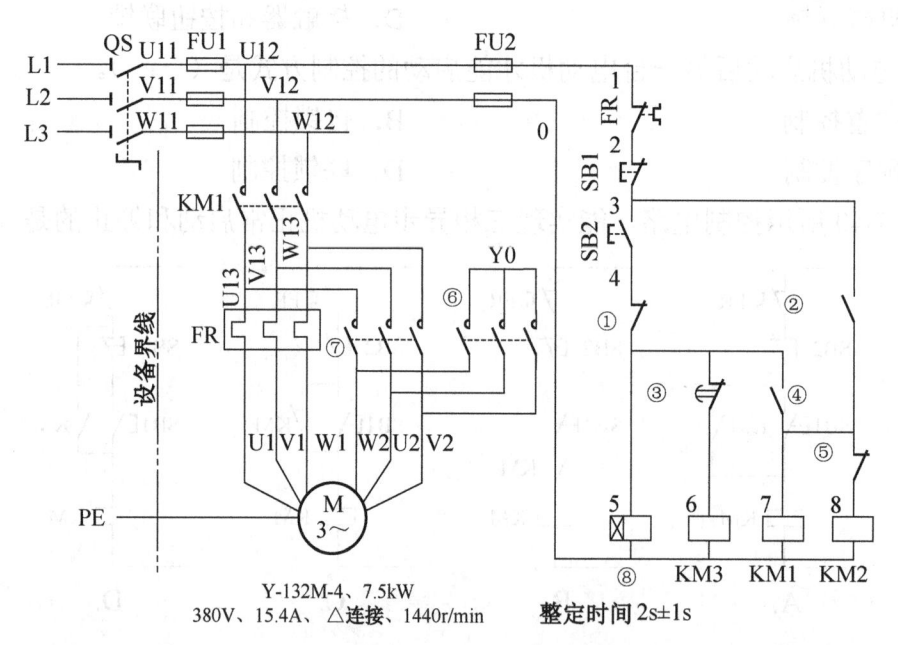

D．一个电气元件接线端子上的连接导线不得多于一根，每节接线端子板上的连接导线一般只允许连接两根

6．如图 7-41 所示为工作台自动往返控制线路，①电气元件名称为（   ）。
　　A．KM1　　　　B．KM2　　　　C．KM3　　　　D．KT

7．如图 7-41 所示为工作台自动往返控制线路，②电气元件名称为（   ）。
　　A．KM1　　　　B．KM2　　　　C．KM3　　　　D．KT

8．如图 7-41 所示为工作台自动往返控制线路，③电气元件名称为（   ）。
　　A．KM1　　　　B．KM2　　　　C．KM3　　　　D．KT

9．如图 7-41 所示为工作台自动往返控制线路，④电气元件名称为（   ）。
　　A．KM1　　　　B．KM2　　　　C．KM3　　　　D．KT

10．如图 7-41 所示为工作台自动往返控制线路，⑤电气元件名称为（   ）。
　　A．KM1　　　　B．KM2　　　　C．KM3　　　　D．KT

11．如图 7-41 所示为工作台自动往返控制线路，⑥电气元件名称为（   ）。
　　A．KM1　　　　B．KM2　　　　C．KM3　　　　D．KT

12．如图 7-41 所示为工作台自动往返控制线路，⑦电气元件名称为（   ）。
　　A．KM1　　　　B．KM2　　　　C．KM3　　　　D．KT

13．如图 7-41 所示为工作台自动往返控制线路，⑧电气元件名称为（   ）。
　　A．KM1　　　　B．KM2　　　　C．KM3　　　　D．KT

图 7-41　工作台自动往返控制线路

14．在三相异步电动机控制线路中，其中有欠压、失压保护作用的电器是（   ）。
　　A．时间继电器　　B．热继电器　　C．熔断器　　D．接触器

三、你问我答

1．某同学在安装完如图 7-42 所示控制线路之后，合上电源开关，按下 SB1 或 SB3，接触器 KM 不吸合。测量结果如表 7-6 所示，请你帮助他找到故障点。

表 7-6 测量结果

故障现象	测试状态	0~1	0~2	0~3	0~4	故障点
按下 SB1 或 SB3，接触器 KM 不吸合	按下 SB1 不放	0	0	0	0	
		380V	0	0	0	
		380V	380V	0	0	
		380V	380V	380V	0	
		380V	380V	380V	380V	

2．根据下列控制要求，有人画了某控制线路的一部分，如图 7-43 所示，请你把它画完。

（1）电动机 M1 启动后，电动机 M2 才能启动，电动机 M2 能单独停车。

（2）具有常规的保护功能。

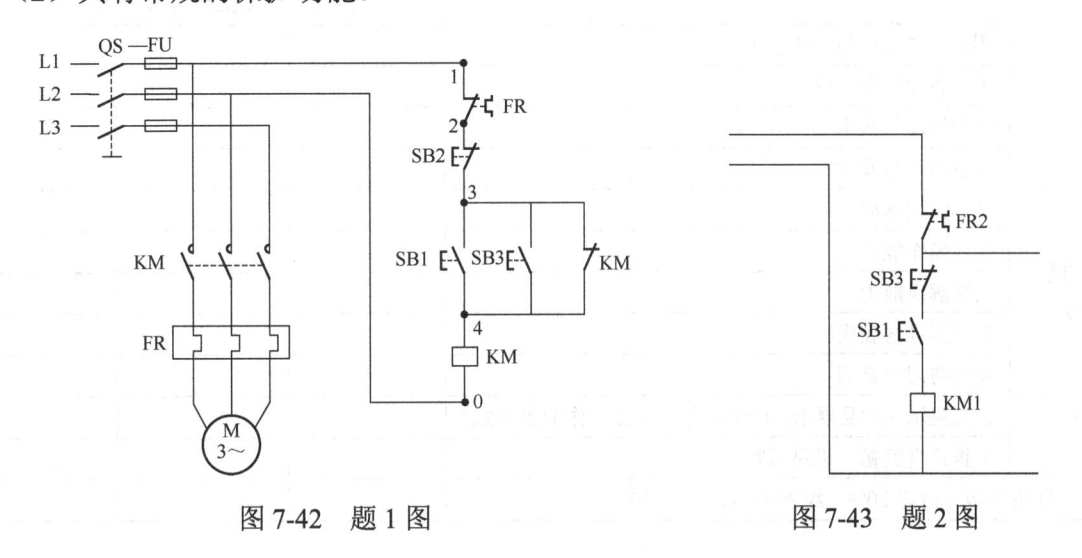

图 7-42 题 1 图　　　　图 7-43 题 2 图

3．根据下面的控制要求设计一个小车运行的控制线路：

（1）小车由原位前进，到终端后自动停止；

（2）小车在终端停留 2min 后自动返回原位停止；

（3）有终端、短路、过载、欠压、失压保护；

（4）要求在前进或后退途中任意位置都能停止或启动。

4．指出图 7-44 所示三相异步电动机双重联锁正反转控制线路中哪些地方画错了。

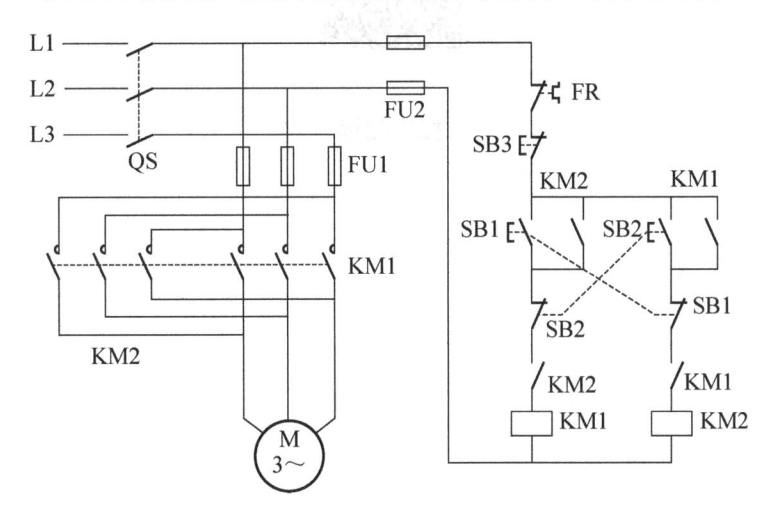

图 7-44 题 4 图

四、成果汇报

各小组展示实训成果，并进行交流汇报（用 PPT 或文字描述均可），回答师生现场提问。

项目评价

由小组内部、教师对小组成员任务完成情况进行评价，评价结果填入任务完成评价表。

三相异步电动机控制线路安装与维修项目完成情况评价表

任务评价指标		自评	小组评价	教师评价
		优☆　良△　中√　差×		
职业素养 （15 分）	团队协作沟通与表达能力			
	工作态度与责任感			
	时间管理与效率			
	职业道德与操守			
知识与技能 （65 分）	基础知识掌握			
	技能操作能力			
	问题解决能力			
	创新思维与表现			
	安全与规范意识			
成果汇报 （20 分）	作品展示（成品展示、PPT 汇报、简报、作业等形式）			
	汇报语言流畅，思路清晰			
评价等级（自评 20%、组评 30%、师评 50%）				

拓展阅读

电动机的维护

扫码阅读

项目 8
机床电气控制线路分析与检修

项目目标

1. 熟悉常用机床电气控制线路的符号、标识和图纸阅读方法。
2. 掌握常用机床电气控制系统的基本原理和工作过程。
3. 掌握机床电气控制系统的常见故障分析及其诊断方法，通过模拟机床电气控制线路实训，学生得以在仿真环境中熟悉操作流程，增强操作技能，有效减少实操风险。
4. 了解电气安全操作的重要性，掌握电气检修过程中的安全操作规范。
5. 掌握机床电气控制系统的日常维护与保养知识，包括电气元件的更换、调试与保养技巧，以保障机床电气控制系统稳定运行。

任务 1　机床电气设备的故障检修

辅助教学微视频

任务目标

1. 了解机床电气设备常见故障的种类。
2. 熟悉故障检修的基本流程，培养学生的故障检修能力。
3. 熟悉机床电气设备常见故障的检修方法，提高学生的实践操作技能。
4. 掌握机床电气设备故障检修的安全注意事项，培养学生的安全意识与团队协作精神。

任务实施

一、了解机床电气设备故障检修基础

1. 机床电气设备的组成与分类

机床电气设备涵盖了多个协同工作的组件，这些组件共同维系着机床的高效稳定运行，如图 8-1 所示。

电源如同心脏，为整个系统提供动力；控制设备如同大脑，精准指挥各个部件的动作；执行设备如同肌肉，忠实地执行控制命令；保护设备守护着系统的安全，防范各种潜在的风险；辅助设备虽不起眼，却也在默默地贡献着自己的力量。

```
                                                    ┌── 电源
                                                    ├── 控制设备
                                    ┌── 机床电气设备的组成 ──┼── 执行设备
                                    │                ├── 保护设备
                                    │                └── 辅助设备
机床电气设备的组成与分类 ──┤
                                    │                ┌── 传动控制设备
                                    │                ├── 进给控制设备
                                    └── 机床电气设备的分类 ──┼── 主轴控制设备
                                                     └── 辅助控制设备
```

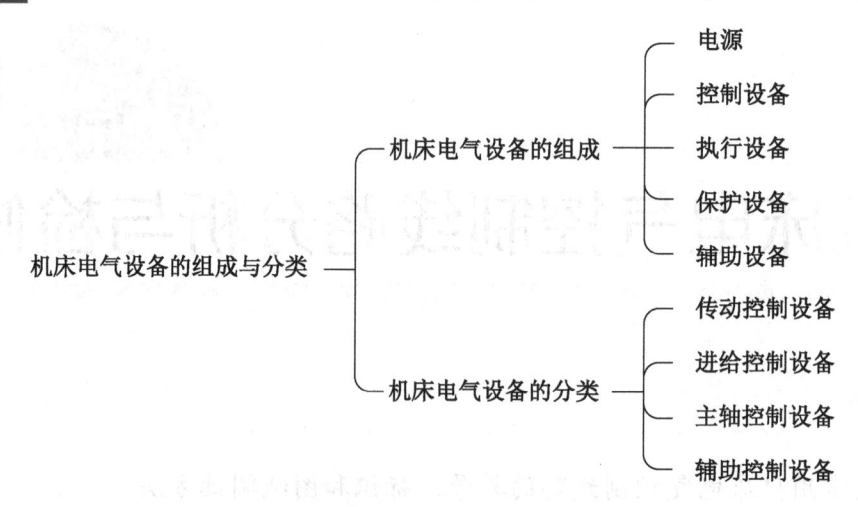

图 8-1　机床电气设备组成与分类

机床电气设备根据其承担的职能和应用的差异，又可细分为传动控制设备、进给控制设备、主轴控制设备及辅助控制设备。传动控制设备掌管着机床的动力传递，确保力量能够准确无误地传递到每一个角落；进给控制设备能精准地控制机床的进给速度和距离，保证加工的精确度；主轴控制设备作为机床的核心，其性能直接影响到加工的质量和效率；而辅助控制设备虽然不直接参与加工过程，但其对于提升机床的整体效能同样不可或缺。

2．故障检修的重要性

机床电气设备故障检修是指通过专业的诊断和修复步骤，迅速准确地找出设备故障的根本原因，并采取有效措施进行及时修复。这一过程需要专业的技术人员和先进的检测设备，以确保故障检修的准确性和高效性。

机床电气设备故障检修的意义不仅在于解决设备故障，更在于预防故障的发生。通过对机床电气设备的定期检修和维护，可以及时发现设备的潜在问题，并采取相应的措施进行修复，从而避免故障的发生。这种预防性的维护措施不仅可以延长设备的使用寿命，还可以提高设备的运行效率，降低生产成本，为企业创造更大的经济效益。

机床电气设备故障检修还可以提高企业的生产管理水平。通过对设备故障的及时发现和解决，企业可以更加准确地掌握设备的运行状况，为生产计划和调度提供更加可靠的数据支持。故障检修还可以促进企业内部各部门之间的协作和沟通，提高企业的整体运营效率。

3．故障检修的基本流程

（1）故障初步诊断。

操作人员需要通过细致的观察，注意机床电气设备是否有异常声响、异常的指示灯显示，或是某些部件的不正常运转。这些细微的线索都可能成为揭示故障原因的钥匙。以此对设备的运行记录和历史故障情况进行查阅，能够为故障诊断提供更全面的信息。这一步骤虽然基础，但却对整个检修过程起到至关重要的导向作用。故障调查有问、看、听、摸四个步骤。

问　机床电气设备故障发生后，维修人员要向操作人员了解机床电气设备在什么情形下出现的故障，故障是第一次突然发生还是常常发生？有无烟雾、跳火、异样声音和气味？有何失常？有何误动作等。

看　看熔断器内的熔丝是不是熔断，电气元件及导线连接处有无烧焦。

听　电动机、变压器、接触器、继电器运行中的声音是不是正常。

摸 在机床电气设备运行一段时间后，切断电源用手触摸有关电器的外壳或电磁线圈，试其温度是不是显著上升，是不是有局部过热现象。

（2）故障定位与分析。

机床电气控制线路有的很简单，但有的也很复杂。对于比较简单的电气控制线路，仅有的几个电气元件和几根导线一目了然，也容易寻觅故障部位。对于电气控制线路复杂的机床电气设备，维修人员必须熟悉和明白机床的电气控制线路图，才能正确判定和迅速排除故障。

故障定位包括对电路的通电情况、电气元件的工作状态、线路的连接质量等进行全面而精确的检查。需要根据机床电气设备的实际情况，灵活运用各种检测手段，以确保故障定位的准确性和有效性。

故障定位后，操作人员将进入故障分析环节，探究其产生的根本原因。可能是电路设计上的不足，也可能是电气元件的老化磨损，抑或是线路接触不良等。每一个可能的原因都需要经过仔细地推敲和验证，以确保分析结果的准确无误。

（3）故障修复与测试。

根据前面分析得出的结果，操作人员需要制定相应的修复方案。这可能涉及更换损坏的电气元件、调整电路参数、优化设备运行环境等措施。无论采取何种方案，都需要确保修复措施的安全性和有效性。

在机床电气设备修复完成后，操作人员需要对设备进行全面的功能测试和运行验证，以确保设备能够恢复到正常的运行状态。

4．故障检修常用方法

快速判断机床电气设备故障点比较常用的方法有实验法、测量法和短接法。

（1）实验法。

操作某一个开关或按钮，线路中有关的接触器、继电器将按规定的动作顺序进行工作。假设依次动作到某一个电气元件发现动作不符，即说明此电气元件或其相关电路有问题。再在此线路中逐项分析、检查，查找故障。

（2）测量法。

利用万用表、试电笔、电流表、兆欧表、查验灯对故障范围内的有关电气元件进行检查，常常能发现故障的确切的位置。常用的测量法有电阻测量法（电阻分阶测量法、电阻分段测量法）、电压测量法（电压分阶测量法、电压分段测量法）和短接法（局部短接法、长短接法）。

（3）短接法。

分为局部短接法和长短接法，其操作方法如图 8-2 所示。此方法适用于运行机床电气设备相关部件的操作元件（按钮、旋钮等）执行后，部件无反应，即控制回路故障。特别在复杂的控制电路中，短接法易于查找出故障点，可大幅缩短维修时间。短接法使用步骤如下。

① 先外后内。如果此部件运行涉及电气箱之外的电气元件，如按钮、旋钮、行程开关、接近开关、检测类开关等时，特别是与机械操作机构相关的电气元件（如行程开关类，它常用于操作运行、运行部件到位、限位等），以及悬挂按钮连接导线、随部件移动的导线（折断、暗断），这是最容易发生故障的地方。利用二分之一法短接（如回路中有 10 元件组合，分两二组）。依次进行，直至找到故障点。

② 先串后并。先短接各电气元件的触点串联部分，易于得出故障点，后短接各电气元件

触点的并联部分，因为相并联的电气元件触点同时坏的可能性较小。同时也可查出各电气元件间的连接导线是否松动或脱落。

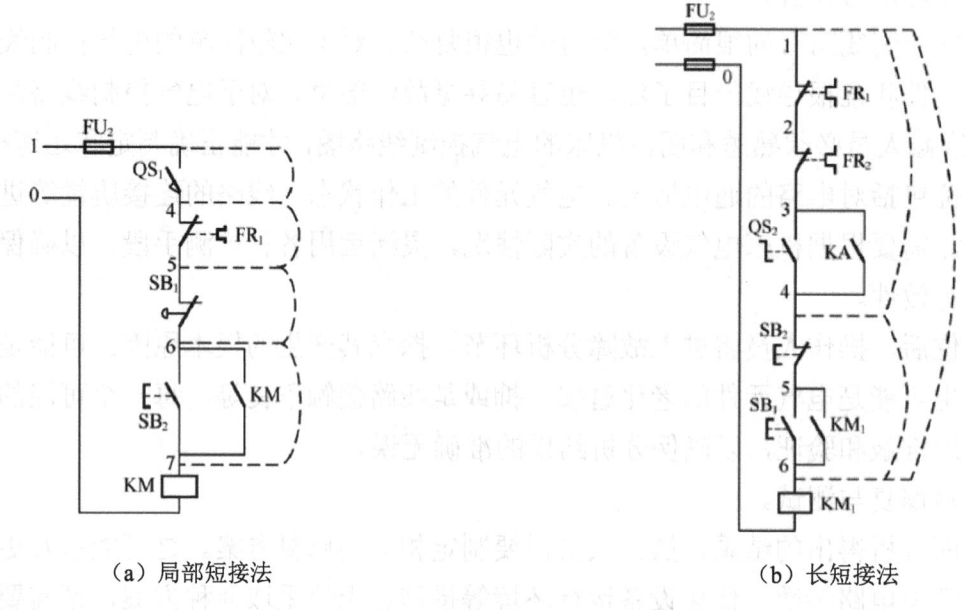

（a）局部短接法　　　　　　　（b）长短接法

图 8-2　短接法举例

③ 先常闭后常开。检查目的在于查看触点有无接触不良现象。回路中常闭一般用于互锁、限制作用；常开用于自锁，某些条件具备后才能运行此部件。这里常闭是指相关电气元件不能动作，常开是指相关电气元件已动作。

④ 短接点选取。首先，关注总电气箱的引出线部分。正规设计的电气箱均配备有接线端子，这些端子用于连接各条引出线。每根引出线都会标注有号码，通过这些号码，可以与外部电气元件进行匹配和连接。然后，将注意力转向分电气箱。分电气箱通常作为中间环节，负责将多个外部电气元件的连接导线汇集在一起，并再次通过导线与总电气箱相连。要注意分电气箱内的过渡导线连接点。这些点由于频繁插拔或受到环境因素影响，容易发生松动、脱落等故障。

二、熟悉机床电气设备常见故障检修方法

1．电源故障及检修

电源故障的来源可能多种多样，其中包括电源线路的短路、断路，以及接触不良等物理性问题。当然，电源电压的不稳定也是一个不可忽视的原因。这些故障点的存在，会直接影响电源向机床电气设备的稳定供电，从而导致设备的异常行为。

电源故障检修时，首要的任务就是对电源线路进行全面的检查，包括但不限于电源线的外观完整性、连接的牢固性以及是否存在潜在的破损点。进一步的检修措施包括使用专业工具测量电源电压的稳定性和持续性。一旦发现了损坏的电源元件，应及时更换。

2．电机故障及检修

电机故障是机床电气设备运行中难以完全避免的问题之一。每当电机出现启动困难、运转不稳或异常发热等症状时，这往往暗示着电机内部可能存在隐患。这些隐患可能源于电机绕组的短路、断路或接触不良，也可能是由于电机轴承的磨损或润滑不足所导致。

在面对电机故障时,首先需要通过对电机外观的细致观察,初步判断故障的可能原因。随后,利用专业的检测工具,如万用表、绝缘电阻表等,对电机绕组进行详细的检查。轴承作为电机运转的支撑部件,其状态的好坏也直接影响着电机的运行效果。一旦发现轴承磨损严重或润滑不良,应立即进行润滑处理或更换轴承,以确保电机的平稳运行。

预防电机故障的首要任务是定期对电机进行全面的检查和维护。这包括对电机绕组的绝缘性能、电气连接以及轴承的磨损情况等进行定期检查。保持电机的清洁也是预防故障的重要措施之一,合理的润滑对于电机的长期稳定运行也至关重要。

除了以上提到的措施外,维护人员还可以通过优化机床电气设备的运行环境来降低电机故障的发生率。例如,保持机床电气设备周围的空气流通、避免电机长时间过载运行、减少机床电气设备的振动和冲击等。这些措施都可以在一定程度上减轻电机的运行负担,降低故障的风险。

3. 控制系统故障及检修

通常来说,当机床电气设备出现运动不精确的情况时,可能是由于控制系统中的电气元件出现了损坏。这些电气元件,比如伺服电机、传感器或继电器等,在长期的工作中可能会由于老化、过载或瞬间电压波动等原因而失效。一旦这些电气元件出现故障,机床电气设备的运动就会受到不同程度的影响。控制系统中的连接线路也是常见的故障点。由于机床电气设备在工作中会产生振动,长时间的振动可能导致某些连接线路松动或接触不良,进而影响信号的传输和设备的正常运行。

电气控制系统是机床电气设备的重要组成部分,维护人员分析机床电气设备的电气控制系统时要注意以下几个问题。

(1)了解机床电气设备的主要技术性能及机械传动、液压和气动的工作原理。

(2)弄清各电动机的安装部位、作用、规格和型号。

(3)初步掌握各种电气元件的安装部位、作用,以及各操纵手柄、开关、控制按钮的功能和操纵方法。

(4)注意了解与机床电气设备的机械、液压发生直接联系的各种电气元件的安装部位及作用,如行程开关、撞块、压力继电器、电磁离合器、电磁铁等。

(5)在分析电气控制系统时,要结合说明书或有关的技术资料对整个电气线路划分成几个部分逐一进行分析,例如,各电动机的启动、停止、变速、制动、保护及相互间的联锁等。

除了硬件方面的原因外,机床电气设备的电气控制系统中的软件问题也是不容忽视的。程序错误或参数设置不当往往也是导致机床电气设备运动异常的原因之一。

任务 2
机床电气控制线路的配线与维护

任务目标

1. 了解机床电气控制线路的基本组成及各组成部分的作用。

2. 掌握机床电气控制线路的配线施工的基本要求，特别是关于导线颜色的规定。
3. 提升学生在机床电气控制线路配线施工、试车与维护保养等方面的专业素养。

一、机床电气控制线路的组成

电气控制线路作为机床的核心组成部分，其重要性不言而喻。在机床的运行过程中，电气控制线路承担着至关重要的角色，涉及控制信号的传递、能量的转换与传递以及安全保护等多个方面。这些功能的实现，确保了机床能够按照预设的工艺要求高效、准确地完成加工任务，从而满足工业生产的需求。

机床电气控制线路的主要组成部分包括电源电路、控制电路、执行电路和保护电路，它们各自承担着不同的功能，共同构成了机床电气控制系统的核心。

（1）电源电路为机床提供稳定的工作电压，它是整个电气控制系统的基石。稳定的电源不仅确保了电气控制线路的正常运行，更为机床电气设备的顺畅工作提供了基础保障。没有稳定可靠的电源，机床电气设备的运行将受到严重影响，甚至可能导致设备损坏或加工失误。

（2）控制电路是机床电气控制线路的大脑，它包含各种开关、继电器、传感器等电气元件。这些电气元件的协同工作，使得机床电气设备的各部件能够按照预设的程序和指令进行高效、准确的加工操作。开关用于控制电路的通断，继电器和传感器则负责传递信号和监测机床电气设备的状态，它们共同确保机床电气设备的精确控制和稳定运行。

（3）执行电路则是机床电气控制线路的重要执行者，它通过电动机、电磁阀等执行元件，将控制信号转换为机械动作，驱动机床工作。执行电路的性能直接决定了机床电气设备的加工能力和效率，因此，对于提升机床电气设备的整体性能具有关键作用。电动机和电磁阀的选型、安装和调试都需要精确无误，以确保机床电气设备能够按照预期进行加工。

（4）保护电路是机床电气控制线路的安全卫士，它包括过载保护、短路保护、欠压保护等措施。在异常情况下，这些保护措施能够迅速切断电源或采取其他措施，确保机床电气设备安全运行，防止因电气故障导致的设备损坏和人员伤害。保护电路的设置需要充分考虑机床电气设备的实际工作环境和运行状况，以确保在各种可能的故障情况下都能够提供有效的保护。

二、机床电气控制线路的配线施工

在机床电气控制线路的配线技术中，配线材料的选择与使用是至关重要的。导线材料作为电流的传输媒介，必须能够承受机床电气控制线路所需的电流和电压，同时还需适应特定的工作环境。

1. 电气控制柜的内部配线

（1）不同电路应采用不同颜色导线标志。
①交流或直流动力电路——黑色；
②交流控制电路——红色；
③直流控制电路——蓝色；
④联锁控制电路：与外边控制电路连接，且电源开关断开仍带电时——橘黄色或黄色；
与保护导线连接的电路——白色；

⑤动力电路的中线和中间线——浅蓝色；

⑥备用线：与备用对象电路导线颜色一致；

⑦弱电电路可采用不同颜色的导线，以区别不同电路的作用，颜色可自由选择。

（2）所有导线，从一个端子至另一个端子的走线必须是连续的，中间不许有接头。

（3）电气控制柜内配线，具体规格根据电流大小来选择，一般截面在 0.5mm² 以下时采用绝缘硬线。

（4）当控制电路和信号电路进入电气控制柜的导线超过 10 根时，必须经接线板连接。

（5）控制电路的配线方式有 3 种：板前配线、板后交叉配线与行线槽配线，采用哪种方式可根据电气控制柜情况选择。

2．电气控制柜的外部配线

（1）所有导线为中间无接头的绝缘软线。

（2）电气控制柜外部的全部配线（除有适当保护的电缆外）必须一律装在导线通道内，使导线有适当的机械保护，防水、防铁屑和灰尘的侵入。

（3）导线通道应有裕量，若用钢管，其管壁厚度大于 1mm；若用其他材料，壁厚应具有上述钢管等效的强度。

（4）所有穿管导线，在其两端头必须标明线号，以便查找和维修。

（5）安装在同一机械保护管路中的导线束应留出备用导线，备用导线根数可根据表 8-1 的规定配备。

表 8-1　管中备用导线的数量

同一管中同色同截面导线（根）	3~10	11~20	21~30	30 以上
备用导线（根）	1	2	3	每递增 1~10 增加 1 根

（6）机床电气设备移动部件或可调整部件上的电气设备的接线必须用软线，且有导线护套，导线护套能承受机械运动以及油液、冷却液的有害作用。

在机床电气控制线路配线过程中，还需要注意以下几点：一是要严格遵守相关的标准和规范，确保所有操作符合行业标准和安全要求；二是要注重细节和精度，避免因操作失误或疏忽导致电气故障或安全事故的发生；三是要保持工作环境的整洁和有序，避免因杂乱无章的工作环境影响工作效率和质量。

三、机床电气控制线路的试车

试车前要做好必要的准备工作，而后才能进行试车工作。

合上总电源开关，检查配电箱中的电压表、电流表及信号灯等是否正常显示。若正常，即可将主电路电源断开，接通控制电路电源开始空载操作试车，检查内容如下。

（1）检查各电气元件动作是否合乎要求，动作是否灵活，有无机械卡阻，有无过大的噪声，线圈是否过热，特别应检查接触器主触点的三相是否同时接通。

（2）检查各种电气元件的自锁、联锁及联动环节的动作是否正确。

（3）调整行程开关时，可将其与机械动作脱离开，然后用模拟的方法粗略地调整好行程开关的动作位置，待机械动作启动时，再准确地调整好行程开关和挡块的位置。

（4）控制电路空载操作试车正常后，可接通主电路，对电动机进行空载试验，观察各电动机旋转是否轻快、平稳，如有不妥，校正各电动机，使它们符合规定的转动。

（5）连接各个传动装置，试验机床电气设备空载工作情况，准确调整好行程开关和挡块的位置。

（6）最后进行带负载试车，观察各机械部件和电气元件是否按要求动作，同时调整好时间继电器、电流继电器等控制电器的整定值及测量装置的工作点等，对于较复杂的设备，如龙门刨床等的直流控制系统还要进行电压的正负极性、反馈量、调节电阻等各方面电气参数的测定和调整。

四、机床电气控制线路的日常维护

机床电气控制线路产生的故障将影响正常生产，有时甚至造成设备事故和人身事故。为此，应注意机床电气控制线路的维护，防止产生故障。

维护环节是机床电气控制线路运行过程中的重要保障。定期检查机床电气控制线路的完好性和可靠性是必不可少的，这包括对电气元件的性能检测、对配电线路的检查以及对安全防护措施的有效性评估等。清洁工作同样重要，必须定期清理电气元件和配电线路上的灰尘和污垢，以确保电气信号的传输质量。对于松动或损坏的部件，应及时进行紧固或更换，避免因部件老化或损坏导致的设备故障。在维护过程中，维护人员必须使用合适的工具和方法，避免因误操作导致的设备损坏或人员伤亡。维护人员还需要对维护过程进行记录和分析，以便于发现潜在的问题并采取相应的措施加以解决。

任务 3
X62W 铣床控制电路的分析与检修

任务目标

1. 了解 X62W 铣床的主要部件及其在电路中的作用，理解控制电路如何精确调控铣床的各种运动与工作状态，掌握 X62W 铣床的基本工作原理及操作流程。

2. 了解铣床电路中电气元件（接触器、继电器、按钮开关、限位开关等）的功能，并能解读电路图。

3. 掌握铣床操作中的电气与机械安全要求，了解安全保护措施，实际操作中严格执行安全规范，预防事故。

4. 能从整体上理解和分析 X62W 铣床控制电路，理解其内在联系与规律。

5. 培养学生的逻辑思维与创新思维，提升综合分析能力。

任务实施

铣床在机械行业机床电气设备中扮演着举足轻重的角色，因为它具备加工各种形状表面的能力，如平面、成形面以及多种样式的沟槽。更值得一提的是，铣床还能处理各种回转体。因此，它在整个机床电气设备中占据了显著的地位。在众多常用的铣床中，X62W 型卧式万能铣床与 X53K 型立式万能铣床尤为引人注目。它们的核心区别在于主轴的方向：X62W 型卧式万能铣床的主轴呈水平状态，而 X53K 型立式万能铣床的主轴则是竖立的。尽管它们的外观有所不同，但它们的电气控制原理和运动情况却颇为相似。为了更具体地了解铣床的工作原理和结构，本任务将以 X62W 型卧式万能铣床为例进行详细的分析。

一、认识 X62W 铣床

1. 铣床的主要结构及运动形式

X62W 型卧式万能铣床简称 X62W 铣床，它具有主轴转速高、转速范围宽、操作方便和工作台能循环加工等特点，其结构如图 8-3 所示。

(a) 实物结构照片

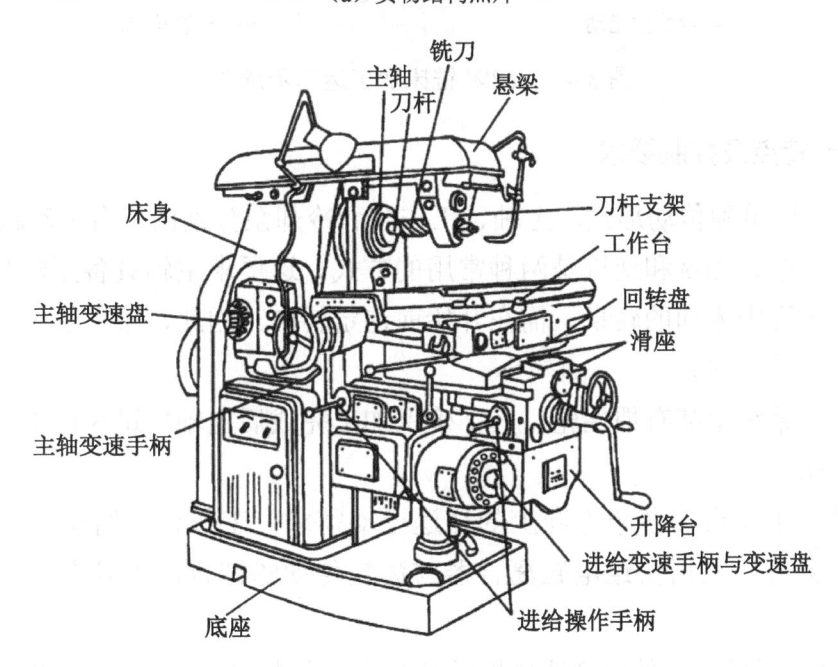

(b) 结构示意图

图 8-3 X62W 铣床的结构

X62W 铣床的构造主要包括床身、悬梁、刀杆支架、工作台及升降台等核心部分。在刀杆支架上，装有与主轴紧密相连的刀杆和铣刀，确保切削加工的高效与精准。切削时，刀具的转动方向在顺铣与逆铣之间切换。床身前端配置了垂直导轨，工作台通过升降台的驱动，可沿此导轨垂直上下移动，实现垂直进给的功能。不仅如此，升降台上的水平工作台还具备在两个方向上的移动能力：一是垂直于轴线方向的移动（即前后移动，称为纵向移动）；二是与主轴平行的方向移动（即左右移动，称为横向移动）。此外，回转工作台也能进行单向旋转。

进给电动机通过机械传动链传动，再经由机械离合器，在工作台选定的进给方向上驱动其移动进给，确保了铣床各部件间的协调运作和高效加工。

X62W 铣床的运动形式分为主运动、进给运动和辅助运动，加工运动示意图如图 8-4 所示。

主运动——主轴带动刀杆和铣刀的旋转运动。

进给运动——工作台带动工件在水平的纵、横方向及垂直方向三个方向的运动。

辅助运动——工作台在三个方向的快速移动。

(a) 铣平面　　(b) 铣阶台　　(c) 铣键槽　　(d) 铣T形槽

(e) 铣齿轮　　(f) 铣螺纹　　(g) 铣螺旋线　　(h) 铣曲面

⇒ 主运动　　↔ 进给运动

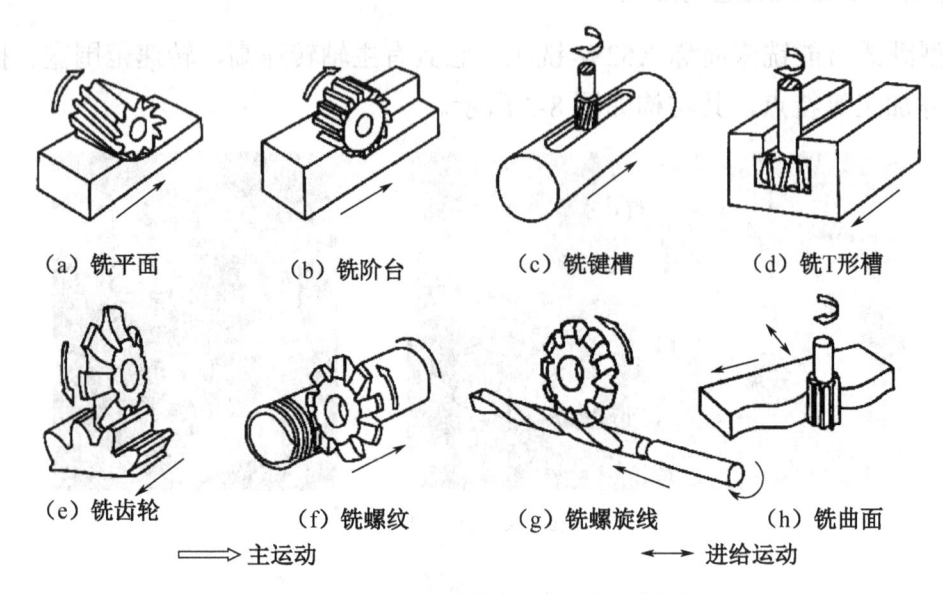

图 8-4　X62W 铣床加工运动示意图

2．电气拖动特点及控制要求

X62W 铣床采用单独传动形式，主轴、工作台和冷却泵分别由三台电动机拖动。

（1）铣削加工中，顺铣和逆铣是两种常用的方式。这要求主轴具备正转和反转的功能，但为了避免加工过程中方向的转换，需在开始前选定转向。因此，采用了倒顺开关来精准控制主轴电动机的旋转方向。

（2）主轴传动系统中装有惯性轮，为了确保加工完成后主轴能迅速停下，特别采用了电磁离合器进行制动。

（3）为了满足工作台在各个方向上的往返运动需求，工作台进给电动机同样需要正转和反转的功能。此外，利用快速电磁离合器与齿轮传动的结合，还可实现工作台的快速进给移动。

（4）主轴运动和进给运动的速度选择均通过变速盘完成。为确保变速箱内齿轮的顺畅啮合，主轴电动机和工作台进给电动机在变速时都应进行短暂的转动，这一过程被称为"变速冲动"。

（5）为了保障刀具和铣床的安全，同时确保加工表面的质量，主轴与进给运动之间需要严格的顺序控制。这意味着只有在主轴开始旋转后，进给运动才能开始；同样，当主轴停止时，进给也会同时停止。

（6）为提供操作的便利性和灵活性，在铣床的正面及左侧面分别设置了两套操作系统，实现了两地控制的功能。

（7）工作台的上下、左右、前后进给运动必须保持联锁状态，确保在任何时刻，工作台都只能在一个方向上移动，从而确保加工的安全和精准。

二、分析电气控制线路

X62W 铣床是一种常见的金属切削机床，用于进行铣削、钻孔、扩孔、铰孔和攻螺纹等加工操作，其电气控制线路原理图如图 8-5 所示。

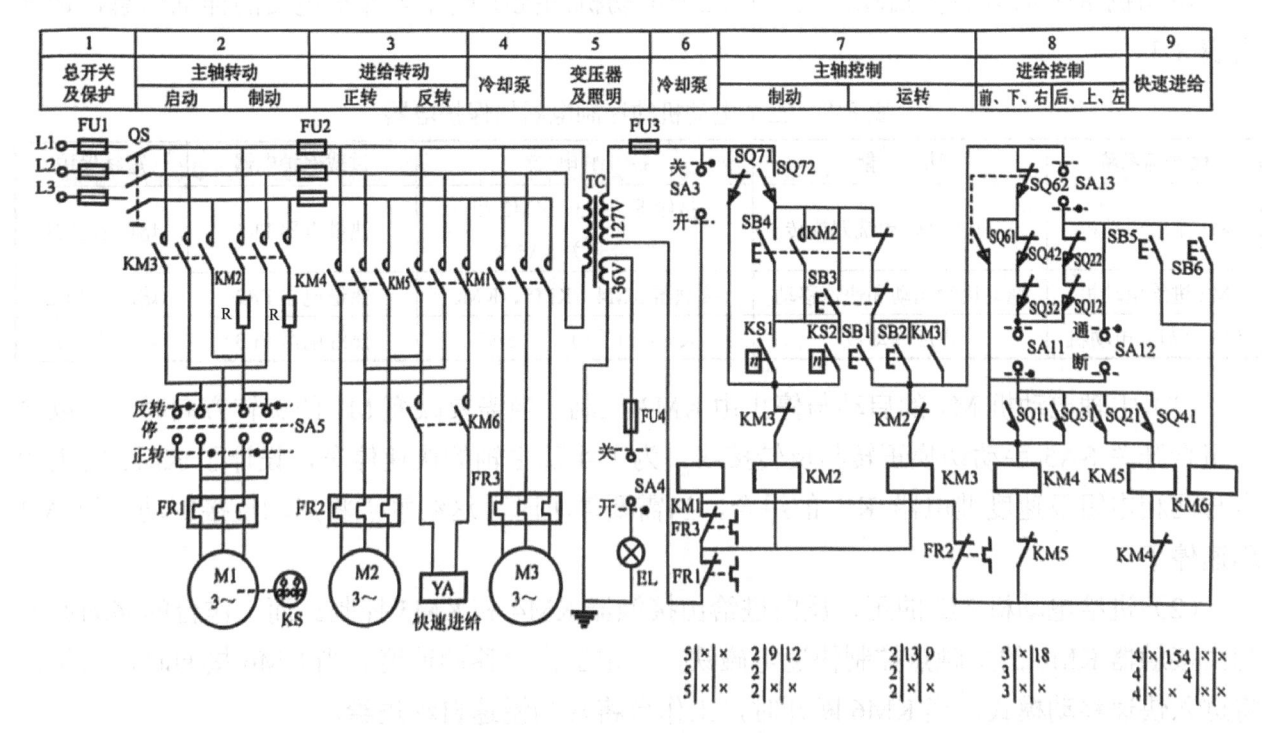

图 8-5 X62W 铣床电气控制线路原理图

X62W 铣床电气元件名称，见表 8-2。

表 8-2 X62W 铣床电气元件名称

符 号	名 称	符 号	名 称
M1	主轴电动机	SQ6	进给变速冲动开关
M2	进给电动机	SQ7	主轴变速冲动开关
M3	冷却泵电动机	SA1	圆形工作台转换开关
KM3	主轴电动机启、停控制接触器	SA3	冷却泵转换开关
KM2	反接制动接触器	SA4	照明灯开关
KM4，KM5	进给电动机正、反转接触器	SA5	主轴换向开关
KM6	快速移动接触器	QS	电源隔离开关
KM1	冷却泵接触器	SB1，SB2	分设在两处的主轴启动按钮
KS1~2	速度继电器	SB3，SB4	分设在两处的主轴停止按钮
YA	快速电磁铁线圈	SB5，SB6	工作台快速移动按钮
R	限流电阻	FR1	主轴电动机热继电器
SQ1	工作台向右进给行程开关	FR2	进给电动机热继电器
SQ2	工作台向左进给行程开关	FR3	冷却泵热继电器
SQ3	工作台向前、向下进给行程开关	TC	变压器
SQ4	工作台向后、向上进给行程开关	FU1~FU4	短路保护

1. 主电路分析

X62W 铣床的电气控制线路划分为四个部分：主电路、控制电路、辅助电路及保护电路。

这三台电动机——M1、M2和M3，共同构成了铣床的动力系统。其中，M1作为主轴电动机，它的运行状态由接触器KM2和KM3共同掌控；M2为进给电动机，其正转与反转功能则依赖于KM4和KM5的精确配合；而M3是冷却泵电动机，它的启动有一个先决条件，那就是主轴电动机M1必须首先启动。关于这三个电动机的控制电器与保护电器的详细信息，请参见表8-3。

表8-3 三个电动机的控制电器与保护电器

代号与名称	功能	控制电器	过载保护电器	短路保护
M1 主轴电动机	拖动主轴带动铣刀旋转	接触器KM3、KM2和组合开关SA5	热继电器FR1	熔断器FU1
M2 进给电动机	拖动进给运动和快速移动	接触器KM4、KM5、KM6	热继电器FR2	熔断器FU2
M3 冷却泵电动机	供应冷却液	KM1和手动开关SA3	热继电器FR3	熔断器FU3

（1）主轴电动机M1的启动与停止由KM3控制。当需要改变M1的旋转方向时，可以通过组合开关SA5手动切换正转与反转接线。为了实现主轴的快速停车，设计了KM2的主触点与两相电阻及速度继电器KS的组合，当需要停车时，这组触点将启动反接制动，使M1迅速停下。

（2）进给电动机M2的正、反向进给由接触器KM4和KM5控制。而工作台的移动速度则由接触器KM6的主触点控制快速电磁铁，决定工作台移动速度。当KM6接通时，工作台将进入快速移动模式；当KM6断开时，工作台将转为慢速自动进给。

（3）冷却泵电动机M3由接触器KM1进行单向运转控制。

对于电动机M1、M2和M3，它们都采用了直接启动方式。这样的设计不仅简化了启动过程，还提高了铣床的响应速度。在主电路中，各电动机的电源和控制线路通过相应的开关、接触器、熔断器等电气元件进行连接和保护。此外，主电路中还设有电源变压器、照明电路等辅助设施，以满足铣床的正常运行需求。

2．控制电路

以进给电动机M2的控制为例分析控制情况。

进给电动机M2的控制电路分为两部分。第一部分为顺序控制部分，当主轴电动机启动后，其控制启动KM3的辅助常开触点闭合，进给电动机控制接触器KM4、KM5的线圈电路方能通电工作；第二部分为工作台各进给运动之间的联锁控制部分，可以实现水平工作台各运动之间的联锁，也可以实现水平工作台与圆形工作台之间的联锁；各进给方向开关位置及其动作说明见表8-4。

表8-4 各进给方向开关位置及其动作说明

触点	工作台纵向进给行程开关工作状态		
	位置		
	向下（前）进给	停止	向上（后）进给
SQ11	−	−	+
SQ12	+	+	−
SQ21	+	+	−
SQ22	−	+	+

续表

工作台横向及升降进给行程开关状态			
触点	位置		
	向下（前）进给	停止	向上（后）进给
SQ31	+	−	−
SQ32	−	+	+
SQ41	−	−	+
SQ42	+	+	−
圆形工作台转换开关状态			
触点	位置		
	接通		断开
SA11	−		+
SA12	+		−
SA13	−		+

（1）水平工作台纵向进给运动控制。

对水平工作台的纵向进给运动控制，需要确保十字手柄置于"中间"位置，并且圆形工作台的转换开关应处于"断开"状态。这种进给运动主要由操作手柄、行程开关 SQ1 和 SQ2 共同控制。

纵向操作手柄具有左、右两个工作位及一个中间停止位。当手柄置于工作位置，会启动机械离合器，从而建立纵向进给运动的机械传动链，并同时触动相应的行程开关。一旦行程开关被触动，其常开触点将闭合，使接触器 KM4 或 KM5 的线圈得电。这会导致接触器的主触点闭合，进而驱动进给电动机正转或反转，从而实现工作台向右或向左的进给运动。

为确保工作台的运动安全，各个行程开关的常闭触点在运动联锁控制电路部分起到联锁控制的作用。工作台纵向进给的具体控制流程如下：电流从 KM3 的辅助常开触点开始，通过 SQ62、SQ42、SQ32、SA11、SQ11 到达 KM4 的线圈，再经过 KM5 的常闭触点（当工作台右移时）。相反，当工作台左移时，电流通过 SA11、SQ21 到达 KM5 的线圈，再经过 KM4 的常闭触点。

工作台纵向进给控制过程如下：

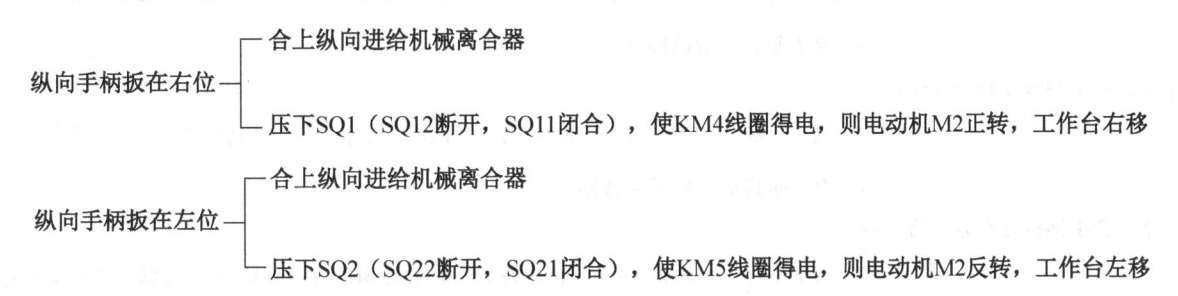

纵向手柄扳在右位 ─┬─ 合上纵向进给机械离合器
　　　　　　　　　└─ 压下SQ1（SQ12断开，SQ11闭合），使KM4线圈得电，则电动机M2正转，工作台右移

纵向手柄扳在左位 ─┬─ 合上纵向进给机械离合器
　　　　　　　　　└─ 压下SQ2（SQ22断开，SQ21闭合），使KM5线圈得电，则电动机M2反转，工作台左移

手柄扳到中间位置时，纵向机械离合器脱开，行程开关 SQ1 与 SQ2 不受压，因此进给电动机不转动，工作台停止移动。工作台两端安装限位挡块，当工作台运行到达终点位时，挡块撞击手柄，使其回到中间位置，实现工作台终点停车。

这样的电路设计确保了工作台在纵向进给运动中的稳定和安全，同时也提供了灵活的操作方式，满足了铣床加工的多样化需求。

(2)水平工作台横向和升降进给运动控制。

当进行水平工作台的横向和升降进给运动时，操作手柄需要置于中间位置，同时圆形工作台的转换开关必须处于"断开"状态。工作台进给运动的选择和联锁控制是通过十字复式手柄开关 SQ3 和 SQ4 的组合来实现的。

操作手柄具备上、下、前、后四个工作位置以及一个不工作位置。通过简单地扳动手柄到所选运动方向的工作位，即可激活该运动方向的机械传动链，并同时触动行程开关 SQ3 或 SQ4。当行程开关的常开触点闭合时，控制进给电动机转动的接触器 KM4 或 KM5 的线圈将得电，从而使电动机 M2 转动，驱动工作台在相应方向上移动。

与纵向行程开关相似，横向和垂直行程开关的常闭触点在联锁电路中起到联锁控制的作用，确保工作台在各种进给运动中的安全和稳定。

对于工作台横向与垂直方向的进给控制过程，电流从接触器 KM3 的辅助常开触点开始流动。根据工作台所需的运动方向，电流路径会有所不同。例如，若工作台需要向上或向前移动，电流将经过 SA13、SQ22、SQ12、SA11、SQ31 到达 KM4 的线圈，然后经过 KM5 的常闭触点。相反，若工作台需要向下或向后移动，电流则通过 SA11、SQ41 到达 KM5 的线圈，再经过 KM4 的常闭触点。

十字复式手柄扳到中间位置时，横向与垂直方向的机械离合器脱开，行程开关 SQ3 与 SQ4 均不受压，因此进给电动机停转，工作台停止移动，固定在床身上的挡块在工作台移动到极限位置时，撞击十字手柄，使其回到中间位置，切断电路，使工作台在进给终点停车。

这种设计不仅简化了操作过程，还提高了铣床的加工效率，同时确保了工作台在进给运动中的安全和准确性。

工作台横向与垂直方向进给控制过程如下：

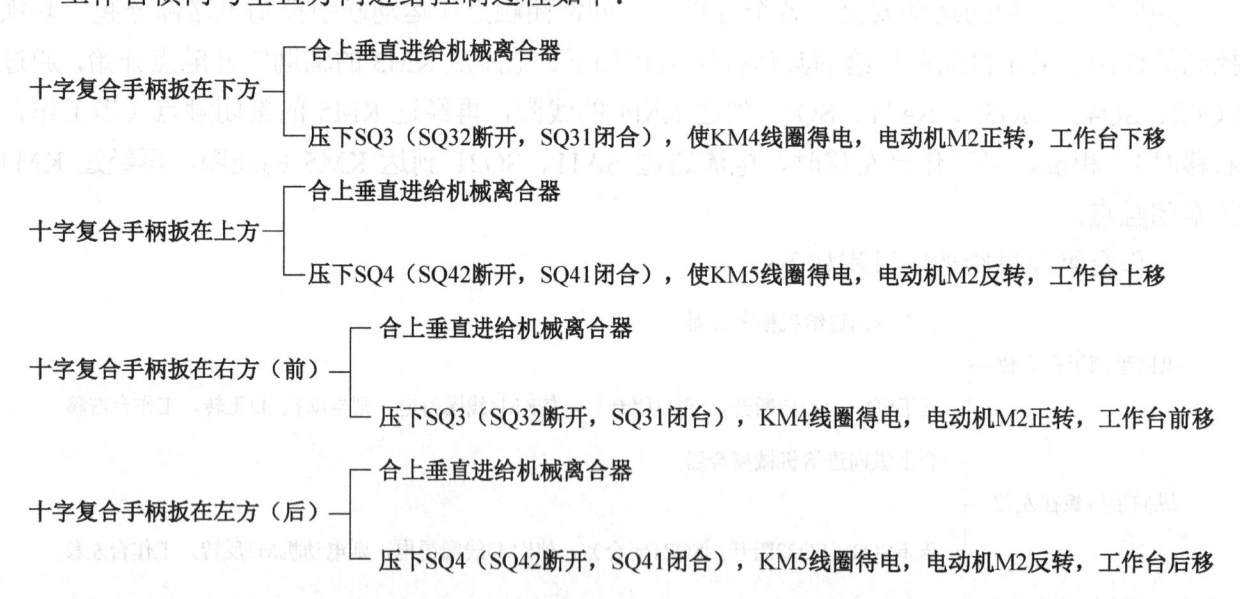

十字复合手柄扳在下方 ─┬─ 合上垂直进给机械离合器
　　　　　　　　　　　└─ 压下SQ3（SQ32断开，SQ31闭合），使KM4线圈得电，电动机M2正转，工作台下移

十字复合手柄扳在上方 ─┬─ 合上垂直进给机械离合器
　　　　　　　　　　　└─ 压下SQ4（SQ42断开，SQ41闭合），使KM5线圈得电，电动机M2反转，工作台上移

十字复合手柄扳在右方（前） ─┬─ 合上垂直进给机械离合器
　　　　　　　　　　　　　　└─ 压下SQ3（SQ32断开，SQ31闭合），KM4线圈得电，电动机M2正转，工作台前移

十字复合手柄扳在左方（后） ─┬─ 合上垂直进给机械离合器
　　　　　　　　　　　　　　└─ 压下SQ4（SQ42断开，SQ41闭合），KM5线圈待电，电动机M2反转，工作台后移

每个移动方向都支持两种速度：慢速和快速。上面所描述的六个方向的进给都是基于慢速的自动进给移动。若需要实现快速移动，操作员可在慢速移动过程中按下按钮 SB5 或 SB6。当按钮被按下时，接触器 KM6 将得电吸合，从而使快速电磁铁 YA 通电。这样，工作台将按照原先的移动方向进行快速移动。

值得注意的是，快速移动是一种短暂的冲动动作。一旦松开 SB5 或 SB6 按钮，快速移动将立即停止，工作台将恢复原先的慢速进给状态。这种设计允许操作员根据实际需求灵活调整工作台的移动速度，提高了工作效率和加工精度。同时，通过简单的按钮操作，实现了快速和慢速之间的平滑切换，极大地简化了操作过程。

（3）水平工作台进给运动的联锁控制。

由于操作手柄在"工作"位置时，只存在一种运动选择，因此铣床直线进给运动之间的联锁只要满足两个操作手柄之间的联锁即可实现。联锁控制电路由两条电路并联组成，纵向手柄控制的行程开关 SQ1、SQ2 常闭触点串联在一条支路上，十字复式手柄控制的行程开关 SQ3、SQ4 常闭触点串联在另一条支路上，扳动任何一个操作手柄，只能切断其中一条支路，另一条支路仍能正常通电，使接触器 KM4 或 KM5 的线圈不失电，若同时扳动两个操作手柄，则两条支路均被切断，接触器 KM4 或 KM5 断电，工作台立即停止移动，从而防止铣床运动干涉造成设备事故。

（4）圆形工作台控制。

为了提升铣床的加工多样性和灵活性，工作台可配置圆形工作台作为扩展功能。当使用圆形工作台时，为了确保安全和加工精度，工作台纵向和十字操作手柄必须置于中间位置。

在操作铣床前，操作员需将圆形工作台的转换开关 SA1 扳至"接通"状态。此时 SA12 触点闭合，而 SA11 和 SA13 触点断开。电流将按照以下路径流动：从 SQ62 开始，经 SQ42、SQ32、SQ12、SQ22、SA12，最后到达 KM4 线圈，并通过 KM5 的常闭触点完成电路。在这一电路中，电动机 M2 将正转，驱动圆形工作台进行单向旋转。圆形工作台的旋转速度可通过变速手轮进行精确调节，以适应不同的加工需求。

值得注意的是，圆形工作台的控制电路中串联了 SQ1～SQ4 的常闭触点。这意味着当操作员扳动工作台任一方向的进给操作手柄时，这些触点将断开，导致圆形工作台停止转动。这种设计实现了圆形工作台转动与工作台三个方向进给运动的联锁保护功能，确保了铣床在运行过程中的稳定性和安全性。

任务 4

X62W 铣床常见故障的分析与排除

任务目标

1. 能识别铣床控制电路常见故障，分析原因（如短路、断路、电气元件损坏），并能制定与实施故障排除方案。

2. 通过实训提升对铣床控制电路理解与操作能力，在教师指导下完成检修，记录并整理检修数据与经验。

3. 培养学生的合作和沟通协调能力，提升综合职业素养。

任务实施

一、相关知识

铣床电气控制线路发生故障后,要求维修电工能够及时准确修复,如何采用合理、正确的检修手段至关重要。

铣床电气控制线路与机械系统的配合十分密切,铣床电气控制线路的正常工作往往与机械系统的正常工作是分不开的,这就是铣床电气控制线路的特点。能正确判断是电气故障还是机械故障,并能迅速排除故障的关键是熟悉机电部分配合情况。这就要求维修电工不仅要熟悉电气控制线路的工作原理,还要熟悉有关机械系统的工作原理及铣床操作方法。

根据电气控制线路的原理和控制动作,可对故障现象进行正确分析,确定故障范围,设计检修步骤,减少检修时间。如X62W铣床,从原理图中可知主运动是主轴的旋转运动,进给运动是工作台的纵向、垂向、横向运动。在控制电路中,如果主电动机接触器KM1不吸合,则工作台无任何进给方向的运动,因为工作台进给控制电路接在主电动机接触器KM1常开触点之后;如果主电动机接触器KM1吸合,工作台有进给,但主轴电动机不工作或发出不正常的嗡嗡声,可知主轴控制电路正常,问题出现在主电路或主轴电动机本身。由此可见,熟练分析电气控制线路原理及动作过程,可以有针对性地分析故障现象,合理准确地判断故障范围,大大提高工作效率。确定出故障范围后,要采用正确的检修方法找到故障点。故障排除方法很多,有电压法、电阻法、短接法等。有时采用单一方法很难找到故障点,需要将几种方法结合运用。

下面通过几个实例来叙述 X62W 铣床的常见故障及其排除方法。

1. 主轴停车时无制动

主轴无制动时要首先检查按下停止按钮 SB3 或 SB4 后,反接制动接触器 KM2 是否吸合,KM2 不吸合,则故障原因一定在控制电路部分,检查时可先操作主轴变速手柄,若有冲动,故障范围就缩小到速度继电器和按钮支路上。若 KM2 吸合,则故障原因就较复杂一些,其一是,主电路的 KM2、R 制动支路中,至少有缺一相的故障存在;其二是,速度继电器的常开触点过早断开,但在检查时,只要仔细观察故障现象,这两种故障原因是能够区别的,前者的故障现象是完全没有制动作用,而后者则是制动效果不明显。

以上分析可知,主轴停车时无制动的故障原因,较多是由于速度继电器 KS 发生故障引起的。如 KS 常开触点不能正常闭合,其原因有推动触点的胶木摆杆断裂;KS 轴伸端圆销扭弯、磨损或弹性连接元件损坏;螺钉松动或打滑等。若 KS 常开触点过早断开,其原因有 KS 动触点的反力弹簧调节过紧;KS 的永久磁铁转子的磁性衰减等。

应该说明,铣床电气控制线路的故障不是千篇一律的,所以在维修中,不可生搬硬套,而应该采用理论与实践相结合的灵活处理方法。

2. 主轴停车后产生短时反向旋转

这一故障一般是由于速度继电器 KS 动触点弹簧调整得过松,使触点分断过迟引起的,只要重新调整反力弹簧便可消除。

3. 按下停止按钮后主轴电动机不停转

产生故障的原因有接触器 KM3 主触点熔焊；反接制动时两相运行；SB1 或 SB2 在启动 M1 后绝缘被击穿。这三种故障原因，在故障的现象上是能够加以区别的：如按下停止按钮后，KM3 不释放，则故障可断定是由熔焊引起的；如按下停止按钮后，接触器的动作顺序正确，即 KM3 能释放，KM2 能吸合，同时伴有嗡嗡声或转速过低，则可断定是制动时主电路有缺相故障存在；如按下停止按钮后，接触器动作顺序正确，主轴电动机也能进行反接制动，但放开停止按钮后，主轴电动机又再次自启动，则可断定故障是由启动按钮绝缘击穿引起的。

4. 主轴变速时无瞬时冲动

由于主轴变速冲动开关 SQ7 在频繁压合下，开关位置改变以致压不上，甚至开关底座被撞碎或 SQ7 触点接触不良，无法接通 KM2，都将造成主轴变速时无瞬时冲动。

5. 工作台不能快速移动

由于快速电磁铁 YA 发生故障，如线圈烧毁，线圈接线松动，接触不良等引起 YA 不起作用，致使工作台不能快速移动。此外，造成接触器 KM6 线圈电路断电的各种原因也会导致工作台不能快速移动，有时电磁铁传动系统的故障也能导致工作台不能快速移动。

6. 工作台控制电路的故障

工作台控制电路故障较多，例如，工作台能够左右运动，但无垂直、横向运动。既然能左右运动则说明进给电动机及 KM4、KM5 都运行正常。操作横向垂直操纵手柄无运动，这可能是由于该手柄压合的行程开关 SQ3 或 SQ4 压合不上；也可能是 SQ1 或 SQ2 在纵向操纵手柄扳回中间位置后不能复位，致使支路被切断，无法接通进给控制电路。有时，进给变速冲动开关 SQ6 损坏，也会出现上述故障。又如，工作台不能做向上进给运动。由于铣床电气控制线路与机械系统的配合密切和工作台向上进给运动的控制是处于多回路线路之中，因此，不宜采用按部就班地逐步检查的方法。在检查时，可先依次进行快速进给、进给变速冲动或圆形工作台向前进给，向左进给及向后进给的控制，来逐步缩小故障的范围（一般可从中间环节的控制开始），然后再逐个检查故障范围内的电气元件、触点、导线及接点，来查出故障点。在实际检查时，还必须考虑到由于机械磨损或移位使操纵失灵等因素，若发现此类故障原因，应与机修钳工互相配合进行维修。

二、故障检修实训指导书

1. 实训内容

（1）用通电试验方法发现故障现象，进行故障分析，并在电气原理图中用铅笔虚线标出最小故障范围。

（2）按图排除 X62W 铣床的主电路或控制电路中，人为设置的两个电气故障点。

2. 电气故障的设置原则

（1）人为设置的故障点，必须是模拟铣床在使用过程中，由于振动、受潮、高温、异物侵入、电动机负载及线路长期过载运行、启动频繁、安装质量低劣和调整不当等原因造成的"自然"故障。

（2）切忌设置改动线路、换线、更换电气元件等由于人为原因造成的非"自然"的故障点。

（3）故障点的设置，应做到隐蔽且设置方便，除简单控制线路外，两处故障一般不宜设置在单独支路或单一回路中。

（4）对于设置一个以上故障点的线路，其故障现象应尽可能不要相互掩盖。否则学生在检修时，若检查思路尚清楚，但检修到定额时间的 2/3 还不能查出一个故障点时，则可做适当的提示。

（5）应尽量不设置容易造成人身或设备事故的故障点，如有必要时，教师必须在现场密切注意学生的检修动态，随时做好采取应急措施的准备。

（6）设置的故障点，必须与学生应该具有的修复能力相适应。

3．实训步骤

（1）先熟悉原理，再进行正确的通电试车操作。

（2）熟悉电气元件的安装位置，明确各电气元件的作用。

（3）教师示范故障分析检修过程（故障可人为设置）。

（4）教师设置让学生知道的故障点，指导学生如何从故障现象着手进行分析，逐步引导采用正确的检查步骤和检修方法。

（5）教师设置人为的故障点，由学生检修。

4．实训要求

（1）学生应根据故障现象，先在原理图中正确标出最小故障范围的线段，然后采用正确的检查和排故方法并在定额时间内排除故障。

（2）排除故障时，必须修复故障点，不得采用更换电气元件、借用触点及改动线路的方法，否则，以不能排除故障点而扣分。

（3）检修时，严禁扩大故障范围或产生新的故障，并不得损坏电气元件。

5．操作注意事项

（1）设备应在教师指导下操作，安全第一。设备通电后，严禁在设备中随意扳动电气元件。进行排故训练，尽量采用不带电检修。若带电检修，则必须有教师在现场监护。

（2）必须安装好各电动机、支架接地线、设备下方垫好绝缘橡胶垫，厚度不小于 8mm，操作前要仔细查看各接线端，有无松动或脱落，以免通电后发生意外或损坏设备。

（3）在操作中若发出不正常声响，应立即断电，查明故障原因待修。故障噪声主要来自电动机缺相运行，接触器、继电器吸合不正常等。

（4）发现熔芯熔断，应找出故障后，方可更换同规格熔芯。

（5）在维修设置故障中不要随便互换线端处号码管。

（6）操作时用力不要过大，速度不宜过快；操作频率不宜过于频繁。

（7）实训结束后，应拔出电源插头，将各开关置于分断位。

（8）做好实训记录。

项目总结

班级召开机床电气控制线路分析与检修交流会，各小组可围绕以下主题进行发言。

一、主题讨论

1. 机床电气控制介绍

机床电气控制是机床电气设备正常运行的关键，它涉及机床电气设备的启动、停止、运行速度、加工精度等多个方面。机床电气控制的核心在于对电流的精确控制，以驱动机床电气设备各部分按照预定的动作和时序执行。

机床电气控制系统主要由电源、控制电路、执行机构和保护装置组成。电源为机床电气设备提供所需的电能；控制电路负责将指令信号转换为执行机构可以识别的控制信号；执行机构则根据控制信号执行相应的动作；保护装置用于确保机床电气设备在异常情况下的安全。

2. 机床电气控制线路分析

机床电气控制线路是机床电气控制系统的核心，其设计是否合理、维护是否得当直接关系到机床电气设备的性能和稳定性。通过对机床电气控制线路的分析，可以了解机床电气设备的工作原理、动作时序及潜在的问题。

常见的机床电气故障包括电源故障、控制电路故障、执行机构故障和保护装置故障等。这些故障可能导致机床电气设备无法启动、动作不准确、加工质量下降等问题。

机床电气控制线路故障检修流程一般包括故障诊断、定位、修复和验证四个步骤。常用的检修方法包括直观检查、仪表测量、信号追踪等。在检修过程中，应根据故障现象和机床电气设备的工作原理，逐步缩小故障范围，最终找到并修复故障点。

在进行机床电气控制线路检修时，必须严格遵守安全操作规程，确保人员和设备的安全。例如，检修前应断开电源，确保机床电气设备处于停电状态；检修过程中应避免触碰带电部件；检修结束后应进行功能验证，确保机床电气设备正常运行。

二、抢答赛

1. X62W 铣床的主轴电动机通常采用的电动机类型是（　　）。
   A．直流电动机　　　　　　　B．交流异步电动机
   C．交流同步电动机　　　　　D．步进电动机

2. 在 X62W 铣床电气控制线路中，主轴电动机的启动通常采用（　　）方法。
   A．直接启动　　　　　　　　B．降压启动
   C．Y/△启动　　　　　　　　D．变频启动

3. 在 X62W 铣床电气控制线路中，主轴电动机的过载保护是由（　　）实现的。
   A．熔断器　　　　　　　　　B．热继电器
   C．过载保护器　　　　　　　D．漏电保护器

4. 在 X62W 铣床电气控制线路中，当主轴电动机的启动按钮被按下时，下列电气元件中会首先动作的是（　　）。

A．接触器 B．继电器
C．时间继电器 D．热继电器

5．如果 X62W 铣床的主轴电动机无法启动，首先应检查（　　）。
A．电源电压 B．控制电路
C．电动机本身 D．负载部分

6．在 X62W 铣床中，（　　）故障现象可能是由于主轴电动机的控制电路短路造成的。
A．主轴电动机启动后转速不稳定
B．主轴电动机启动后声音异常
C．主轴电动机无法启动
D．主轴电动机启动后过热

7．在 X62W 铣床电气控制线路中，用于实现主轴电动机正反转控制的电气元件是（　　）。
A．主令控制器 B．按钮
C．转换开关 D．接触器

8．如果 X62W 铣床的控制电路中的热继电器频繁动作，则可能是（　　）。
A．电源电压过高 B．控制电路断路
C．电动机过载 D．电动机缺相

9．在 X62W 铣床电气控制线路中，主轴电动机的停车控制通常是通过（　　）实现的。
A．停车按钮 B．紧急停车按钮
C．行程开关 D．时间继电器

10．X62W 铣床主轴电动机的制动控制通常使用（　　）方式。
A．电磁制动 B．机械制动
C．反接制动 D．能耗制动

11．在机床电气控制线路中，主电路的作用是直接控制电动机的启动、停止和反转，而控制电路仅提供逻辑控制信号。（　　）

12．机床电气控制线路出现故障时，应先检查电源是否正常，再检查控制电路。（　　）

13．机床电气控制线路中的短路故障通常是由于导线老化或接触不良造成的。（　　）

14．机床电气控制线路的定期维护与保养只是为了延长设备使用寿命，与提高生产效率无关。（　　）

15．在机床电气控制线路中，如果主轴电动机启动后转速不稳定，可能是由于电动机内部短路造成的。（　　）

16．在机床电气控制线路中，控制电路的电压通常与主电路的电压相同。（　　）

三、你问我答

1．机床电气控制系统的主要组成部分有哪些？
2．机床电气控制线路故障检修流程有哪些？

四、成果汇报

各小组展示实训成果,并进行交流汇报(用PPT或文字描述均可),回答师生现场提问。

项目评价

由小组内部、教师对小组成员任务完成情况进行评价,评价结果填入任务完成评价表。

机床电气控制线路分析与检修项目完成情况评价表

任务评价指标		自评	小组评价	教师评价
		优☆ 良△ 中√ 差×		
职业素养 (15分)	团队协作沟通与表达能力			
	工作态度与责任感			
	时间管理与效率			
	职业道德与操守			
知识与技能 (65分)	基础知识掌握			
	技能操作能力			
	问题解决能力			
	创新思维与表现			
	安全与规范意识			
成果汇报 (20分)	作品展示(成品展示、PPT汇报、简报、作业等形式)			
	汇报语言流畅,思路清晰			
评价等级(自评20%、组评30%、师评50%)				

拓展阅读

常见机床电气控制线路

扫码阅读

项目 9

可编程控制器

项目目标

1. 了解可编程控制器的定义、特点和发展及其在工业自动化中的重要性和应用价值。
2. 熟悉可编程控制器的硬件构成,并能理解各部件的功能和相互之间的关系。
3. 了解可编程控制器的编程语言,并能够编写简单的控制程序。
4. 了解可编程控制器与其他设备之间的通信方式。
5. 了解可编程控制器在电动机控制电路中的应用。
6. 培养学生的实际操作能力和解决问题能力。

任务 1
认识可编程控制器

任务目标

1. 了解可编程控制器的基本概念、作用及其在工业自动化领域中的应用。
2. 了解可编程控制器的基本结构和工作原理,包括其硬件组成、中央处理器的功能、存储器的作用以及输入输出接口的工作原理等。
3. 了解梯形图(LD)、指令表(IL)等编程语言的基本语法和编程规则。

任务实施

可编程控制器(Programmable Logic Controller,PLC)技术是现代工业自动化系统中的核心技术之一、它以高速可靠的数据处理能力和灵活性强的软硬件配置能力成为工业自动化系统中控制执行单元的首选。

一、PLC 的功能特点和应用

1. PLC 的功能特点及发展

(1)卓越的稳定性与可靠性:PLC 专为严苛的工业自动化环境设计,从硬件到软件层面,均采取了先进的抗干扰措施,从而保证了控制系统长时间运行的稳定性和可靠性。

(2)高度的通用性与适应性:PLC 已经形成了模块化和系统化的产品系列,为各种应用场景提供了广泛的通用性。其硬件配置灵活多变，可以轻松地构建规模和功能各异的控制系统。

（3）编程直观、使用便捷：PLC 采用了梯形图编程语言，这种语言沿用了传统继电器的符号和规则，使得编程过程变得直观且易于掌握，特别适合电气技术人员快速上手。

（4）功能全面而强大：PLC 支持模拟量和数字量的输入/输出，能够进行逻辑和算术运算、数据处理、通信、自检、记录及显示等多种功能。这使得 PLC 能够实现顺序控制、位置控制和过程控制等多种复杂的控制需求。

（5）快速的设计与调试过程：与传统的继电器控制系统相比，PLC 通过使用软件继电器，显著减少了控制系统设计、安装和调试的工作量。这大幅缩短了控制系统的开发周期，提高了整体工作效率。

随着微电子技术、计算机技术和网络通信技术的发展，必将促进 PLC 的结构和功能的不断改进，PLC 将以速度更快、功能更强、价格更低、体积更小来满足工业自动化控制系统的需要。

2．PLC 的应用

（1）顺序控制：PLC 作为顺序控制的核心组件，已经逐渐取代了传统的继电器控制系统。其高度的可靠性和灵活性使得它在单台电动机控制、多机群控制以及复杂的自动生产线控制中都有广泛的应用。通过 PLC 实现的顺序控制不仅提高了生产效率，还显著降低了维护成本和停机时间。

（2）过程控制：PLC 通过内置的模拟量输入/输出（I/O）模块，实现了模拟量与数字量之间的顺畅转换，从而能够对这些模拟量进行闭环控制。大中型 PLC 因其强大的计算能力和丰富的控制功能，尤其擅长处理这种复杂的控制任务。

（3）数据处理：PLC 具备丰富的数据处理功能，如数字运算、数据传递、数据变换和数据比较等，为生产过程的监控和优化提供了强大的支持。

（4）集散控制：PLC 通过与计算机或其他 PLC 建立通信网络，实现信息的集中管理和分散控制，为现代工业生产的高效、安全、可靠运行提供了有力保障。

3．PLC 的性能指标

（1）I/O 点数：指 PLC 的外部输入、输出端子数。PLC 的输入、输出有开关量和模拟量之分，开关量用最大的 I/O 点数表示，模拟量用最大的 I/O 通道数表示。

（2）软件继电器的种类和点数：PLC 内部继电器包括辅助继电器、特殊的辅助继电器、定时器、计数器和移位寄存器等，其点数为几十点至千点。

（3）用户程序存储量：指 PLC 的用户程序存储器通过编程器输入的用户程序量，通常用 K 字节来表示。

（4）扫描时间：指 PLC 执行一次解读用户逻辑程序所需的时间。通常用每执行 1000 条指令所需时间估算，一般为 10～40ms。

（5）编程语言及指令功能：PLC 常用的语言有梯形图语言、指令表语言、功能图语言及某些高级语言等。目前使用最多的是梯形图语言和指令表语言。

PLC 的性能指标还包括 PLC 的工作环境、耐振动性、耐冲击性等项目。

4. PLC 的分类

PLC 的种类很多，使其在实现的功能、内存容量、控制规模、外形等方面都存在较大的差异。

（1）根据 PLC 的 I/O 点数和存储器容量分为三个等级。

①PLC 小型机：I/O 点数在 256 以下，用户程序存储量为 2K 字节以下。

②PLC 中型机：I/O 点数为 256～2048，用户程序存储器容量一般为 2～8K 字节。

③PLC 大型机：I/O 点数在 2048 以上，用户程序存储器容量在 8K 字节以上。

（2）按照 PLC 结构形状，PLC 分为整体式 PLC 和模块式 PLC。

①整体式 PLC 将电源、中央处理器和输入/输出部件集中配置在一起，其体积小，重量轻、价格低，PLC 小型机通常采用这种结构。

②模块式 PLC 将 PLC 的各个部分以模块的形式分开，通过机架组装在一起，这种结构配置灵活，装配方便，便于扩展，中型机和大型机常采用模块式结构。

二、PLC 的基本组成

PLC 主要由中央处理单元、存储器、输入/输出单元、电源和编程器等组成，如图 9-1 所示。

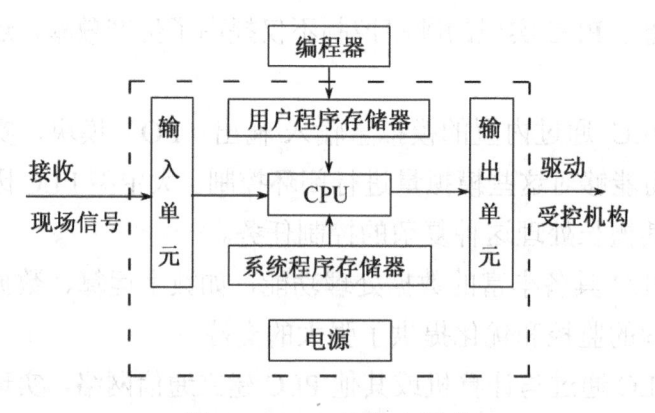

图 9-1 PLC 的基本组成

1. 中央处理单元

中央处理单元又称 CPU，由微处理芯片构成，是 PLC 的核心。CPU 的功能主要有：接收并存储从编程器键入的用户程序和数据；用扫描方式采集由控制现场输入的信号和数据，并存入相应的寄存器；自检 PLC 电源、内部电路的工作状态和编程过程中的语法错误等；PLC 工作时，从用户程序存储器逐条读取指令，产生相应的控制信号，去控制有关电路，完成用户程序所规定的运算任务；根据处理结果，更新有关标志位的状态和输出状态寄存器的内容，实现输出控制、制表打印及数据通信等任务。

2. 存储器

PLC 均配置系统程序存储器和用户程序存储器。系统程序存储器存放系统工作程序、监控程序等管理程序及各种系统参数，系统程序不能由用户直接存放。用户程序存储器存放用户程序，即存放由编程器键入的用户程序或用户编制的梯形图等程序。

3. 输入/输出单元

输入/输出单元是 CPU 和控制现场 I/O 装置或其他外部设备之间的接口部件。因 CPU 所处理的信号只能是标准电平，为了使 PLC 能直接用于控制现场，必须设计输入/输出单元。

输入单元可以接受两种类型的输入信号，一种是由按钮开关、选择开关、光电开关等各种开关或继电器提供的开关量输入信号；另一种是由电位器、热电偶或各传感器等提供的连续变化的模拟信号。输入单元一般由输入接口，光电耦合器、PLC 内部电路接口和驱动电源等组成。

输出单元一般由 PLC 内部电路输出接口、光电耦合器、输出接口和驱动电源等组成。通过输出单元可以将接触器、电磁铁等各种执行机构直接接到 PLC 输出端，控制各执行机构，并反映外部负载的状态。

4. 编程器

用户程序通过编程器送入 PLC 的存储器中，编程器是 PLC 重要的外部设备。编程器不仅用于用户程序的编制、调试和监测，还可以调用显示 PLC 一些内部状态和系统参数。

编程器有简易型和带显示屏的两类，在一般情况下均采用简易型手持编程器。简易型编程器只能在联机状态下，通过其键盘完成编程。大、中型 PLC 多采用带显示屏的编程器，这种编程器可以在联机或者脱机状态下完成编程。

5. 电源

PLC 的供电电源一般为 AC 220V，也有采用 DC 24V。对 220V 交流电源无特殊要求，允许电压在±（10%～15%）的范围波动。PLC 内部设有直流稳压电源，为各单元电路提供直流电源。为了防止因外部电源发生故障，造成 PLC 内部重要数据丢失，PLC 一般都设有后备的直流电源。

此外，根据不同的应用需求和系统类型，PLC 可能还包括安装机架、通信模板、智能模板、接口模板等组件。这些组件共同协作，使 PLC 能够执行各种自动化控制任务。

三、PLC 的编程语言

PLC 常用的编程语言有梯形图语言、指令表语言、功能图语言和高级语言等。其中功能图语言又称流程图或转移图语言，是描述控制系统的控制过程、功能和特性的一种图形。高级语言是高档机使用的编程语言，系统软件具有这种专用语言编译程序。下面介绍使用普遍的梯形图语言和指令表语言。

1. 梯形图语言

梯形图语言沿用继电器的触点、线圈、串并联等术语和图形符号，具有形象、直观、实用等特点。梯形图中的继电器、定时器和计数器称软件继电器，反映的是 PLC 存储器中的位，—||—表示继电器的常开触点，即动合触点；—|/|—表示继电器的常闭触点，即动断触点；—○—表示继电器的线圈。当存储器中的位为 1 时，则相应继电器的常开触点闭合，常闭触点断开，线圈得电。

PLC 梯形图的结构如图 9-2（a）所示。梯形图两端的竖线称作母线，两端的母线不接任何电源。为了便于分析、理解梯形图工作原理，假设左母线为相线，右母线为零线，在电气元件——软件继电器触点闭合的情况下，则有假想电流从左向右流过，即线圈得电，控制相应的触点动作。两条母线间由电气元件的触点和线圈组成的支路称为梯级，每一梯级必须至少有一个输出元件与右母线相连。通常一个梯形图由多个梯级组成，梯级的多少由控制系统的复杂程度决定，但一个完整的梯形图至少应有一个梯级。图中所示梯形图由三个软件继电器触点和一个线圈组成，当触点 X000 接通，即 X000 为 1 时，Y030 线圈得电，Y030 常开触点自锁。

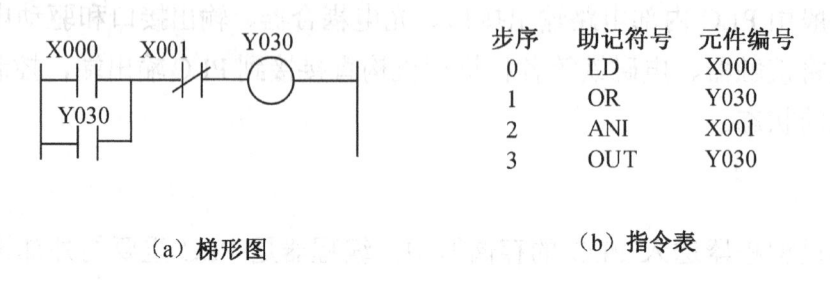

步序	助记符	元件编号
0	LD	X000
1	OR	Y030
2	ANI	X001
3	OUT	Y030

（a）梯形图　　　　　　（b）指令表

图 9-2　梯形图及语句表

2．指令表语言

指令表语言又称助记符语言，用助记符即操作指令组成指令表。指令表也称语句表，若干条语句表构成程序，描述出控制流程，反映 PLC 的各种操作功能。通常一条指令由指令助记符和作用元件编号组成，如图 9-2（b）所示。

指令表语言编程简单，逻辑紧凑，与梯形图语言相比，连接范围不受限制，但单纯地阅读指令表，其逻辑关系不能一目了然，反映比较抽象。目前各类 PLC 通常使用梯形图语言，配合指令表共同完成编程。

需要说明的是，PLC 编程语言的兼容性较差，不同的厂家，甚至同一厂家的不同型号的 PLC，其编程语言都不具有兼容性，这一点在实际应用 PLC 时要注意。

四、PLC 的工作原理

PLC 在硬件的支持下，通过执行反映控制要求的用户程序，实现对系统的控制，其工作过程就是 CPU 扫描程序的执行过程。PLC 工作特点是采用分时操作和循环扫描的工作方式。PLC 工作时，CPU 不能同时去执行多个操作，每一时刻执行一个操作，完成一个动作，按时间顺序执行下去，这种工作方式称为分时操作。CPU 对用户程序的扫描处理完毕，将自动返回执行下一个扫描周期，重复对程序的扫描，这种方式称为循环扫描。

PLC 工作过程可分以下 4 个工作阶段。

1．初始化处理阶段

这一阶段完成的任务是开机清零和自检。开机时，CPU 使输入暂存器清零，并进行自检。自检也称自诊断，若发现故障，通过指示灯报警，并根据故障性质，做出相应处理。自检确认硬件工作正常后，进入下一工作阶段。

2．输入处理阶段

在此阶段 CPU 对输入端进行扫描取样，将输入信号送入输入暂存器。在同一扫描周期内，输入端的信号在输入暂存器中一直保持不变,不会受到各输入信号变化的影响,保证了在此期间内用户程序的正确执行。

3. 用户程序处理阶段

当输入端子的信号全部进入输入暂存器后,CPU 工作进入用户程序处理阶段。按顺序对用户程序逐条扫描、解释和执行,最后将结果写入输出暂存器。

4. 输出处理阶段

用户程序处理完毕,CPU 将输出信号从输出暂存器中取出,通过输出锁存电路,经输出端子,发出外设操作命令,被控设备执行各种相应的动作。然后 PLC 进入下一循环工作周期,整个循环工作过程如图 9-3 所示。

从 PLC 的工作过程可以看出,PLC 采用循环扫描、分时操作的工作方式,只有在输入处理阶段对输入端进行扫描取样,而在其他时段输入端被封锁,直到下一个工作周期的输入处理阶段才对输入端进行新的扫描取样。这种定时取样的方法,保证了 CPU 执行用户程序时,输入端处于隔离状态,输入端的变化不会影响 CPU 的工作,提高了 PLC 的抗干扰

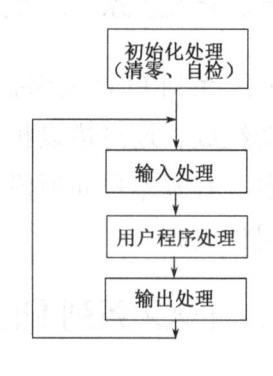

图 9-3 PLC 循环工作过程

能力。同样,PLC 在一个工作周期内,其输出暂存器中的数据发生变化,但输出锁存器中的数据一直保持不变,直到输出处理阶段才对输出锁存器刷新。这种集中输出的方法,使 PLC 在执行用户程序时,输出锁存器与输出端处于隔离状态,也保证了 PLC 的抗干扰能力。

任务2 认识 FX2 系列 PLC

任务目标

1. 了解 FX2 系列 PLC 的主要特点,包括高性能、高可靠性、丰富的 I/O 模块选择等,熟悉 FX2 系列 PLC 的软件资源,如内置指令集、编程工具等。
2. 理解 FX2 系列 PLC 的基本指令集以及进阶指令与应用。
3. 能使用编程器,进行一些简单程序的编写。

任务实施

FX2 系列 PLC 是三菱公司推出的一款高性能叠装式机型,属于其典型产品。这款 PLC 的主要组成部分包括 CPU、存储器、输入/输出口及电源,这些部分都集成在基本单元中。此外,FX2 系列 PLC 还提供了扩展模块,用于增加 I/O 点数及改变 I/O 比例。这些扩展模块内部没有电源,需要由基本单元或其他扩展单元供电。

FX2 系列 PLC 的指示部分包括各输入、输出点的状态指示、机器电源指示(POWER)、

机器运行状态指示（RUN）、用户程序存储器后备电池指示（BATT）和程序错误或 CPU 错误指示（PR0G-E、CPU-E）等。

在接口方面，FX2 系列 PLC 有多个接口，包括编程器接口、存储器接口、扩展接口和特殊功能模块接口等。这些接口使得 PLC 能够与其他设备进行连接和通信。

此外，FX2 系列 PLC 的电源部分包括两组电源端子，分别用于 PLC 电源的输入和输入回路所用直流电源的供给。其中，L、N 为 PLC 电源端子，24+、COM 是机器为输入回路提供的直流 24V 电源。

一、FX2 系列 PLC 的结构

FX2 系列 PLC 采用整体式和模块式相结合的叠装式结构，由基本单元、扩展单元和特殊适配器组成。通过增设扩展单元，改变系统输入、输出点数，以满足控制系统的需要。特殊适配器具有基本单元所没有的特殊服务功能，它设置在基本单元左侧的特殊端口上，由基本单元提供电源。

二、FX2 系列 PLC 的内部配置和功能

PLC 内部各种功能不同的软件继电器是由电子线路和存储器组成的，称为 PLC 的内部系统配置，如输入/输出继电器、辅助继电器、定时器和计数器等。

1. 输入继电器（X）

在 PLC 内部的存储器中有一个用来存储输入信号的存储区，其每一位状态与 PLC 的输入状态相对应，用于反映控制现场的输入信号，存储区的位称为输入继电器或输入暂存器。存储区的状态也就是继电器常开触点的状态，由现场的输入信号决定。

输入继电器用 X 表示，它通过输入端子接收由外部控制现场发来的控制信号，而不受 PLC 内部程序的控制，编程时使用次数不限。

2. 输出继电器（Y）

同样在 PLC 的内部有一存储输出信号的存储区，用于反映 PLC 输出端的状态，称为输出继电器或输出暂存器。

输出继电器用 Y 表示，它通过输出端子，向外部负载传递控制信号。输出继电器只接受 PLC 程序的控制，一个输出继电器对应于输出单元外接的一个继电器或其他执行元件。FX2 系列 PLC 输出继电器通常有继电器、晶体管、晶闸管三种输出形式。

3. 辅助继电器（M）

PLC 内部设置许多辅助继电器，有若干对常开触点和常闭触点。其特点是：辅助继电器只能由 PLC 的程序，即 PLC 中其他继电器的触点来驱动，其作用相当于继电器控制系统中的中间继电器，仅供中间转换环节使用。辅助继电器不能直接驱动外部负载，要驱动外部负载必须通过输出继电器执行。除通用辅助继电器外，还有保持辅助继电器和特殊辅助继电器。

保持辅助继电器设有后备电池供电，在 PLC 电源中断时能保持继电器原来的状态不变，适用于要求保持断电前状态的控制系统。

特殊辅助继电器是一些具有专门功能的辅助继电器，如运行监控继电器、初始化脉冲继

电器、中断继电器等，主要用于电池电压的监控，扫描周期和工作状态等监控及保护。

4. 定时器（T）

定时器是 PLC 提供的不同延时触点，相当于继电器控制系统中的时间继电器，供编程时选用和设定。定时器有通用定时器和积算定时器两类。通用定时器又称非积算定时器，它没有保持功能，在线圈断电或 PLC 停电时复位操作。通用定时器有 100ms 和 10ms 两种定时器，设定值范围分别为 0.1～3276.7s 和 0.01～327.67s。积算定时器又称保持定时器，定时器设有后备电池，在继电器触点断开时保持当前值，触点再次接通时继续定时。1ms 积算定时器的设定值为 0.001～32.767s，100ms 积算定时器的设定值为 0.1～3276.7s。

5. 计数器（C）

计数器主要用来记录脉冲的个数或根据脉冲个数设定某一时间。计数器的计数值是用户根据设计要求，通过编程设定。设置后备电池的计数器具有断电保持功能，当电源中断时计数器能保持当前计数值。计数器分通用计数器和高速计数器。

6. 数据寄存器（D）

数据寄存器用于存储数据和参数，为 16 位寄存器，最高位是符号位，两个数据寄存器合并可构成 32 位寄存器，最高位仍为符号位。数据寄存器分为以下几种类型。

（1）通用数据寄存器。用于存储运算最终结果或中间结果。其中的断电保持数据寄存器不论电源是否接通，PLC 是否运行，都不会改变寄存器的内容。

（2）特殊数据寄存器。用于监控 PLC 的运行状态，如电池电压、扫描时间等。

（3）文件寄存器。用于存储大批量数据，如取样数据、统计计算数据等。

（4）变址寄存器。用于修改编程器件的地址编号。

7. 状态寄存器（S）

状态寄存器用于表示 PLC 各类运行的具体状态，是编制步进顺序控制程序时使用的基本单元，常与步进指令 STL 配合使用。

8. 指针（P）

指针包括分支指令用的指针和中断用的指针。前者表示跳转指令的跳步目标和调用指令调用子程序的标号；后者用于指出某一中断源的中断入口程序的标号。

三、FX2 系列 PLC 的指令系统

FX2 系列 PLC 的指令系统包括基本逻辑指令、步进指令和功能指令三部分，下面对常用指令做简单介绍。

1. 基本逻辑指令

基本逻辑指令简称基本指令，是 FX2 系列 PLC 最基本、最常用的指令，共 20 条。虽然各种型号的 PLC 基本指令各有差异，但基本格式、基本功能和表示方法相似。

（1）取指令（LD）。

（2）取反指令（LDI）。

(3) 输出指令（OUT）。

以上三条指令又称输出输入指令。

LD：取指令，完成"取"的操作功能，在梯形图中用软件继电器的常开触点—||—表示，并且与左母线相连。

LDI：取反指令，完成"取反"的操作功能，在梯形图中用常闭触点—|/|—表示，并且与左母线相连。

OUT：输出指令，完成驱动继电器线圈的操作功能，在梯形图中，用软件继电器的线圈—○—表示，并且与右母线相连，当线圈得电，控制相关触点动作。OUT 是驱动线圈的输出指令，因此操作元件不能选用输入继电器 X。

LD、LDI、OUT 指令的用法，如图 9-4 所示。

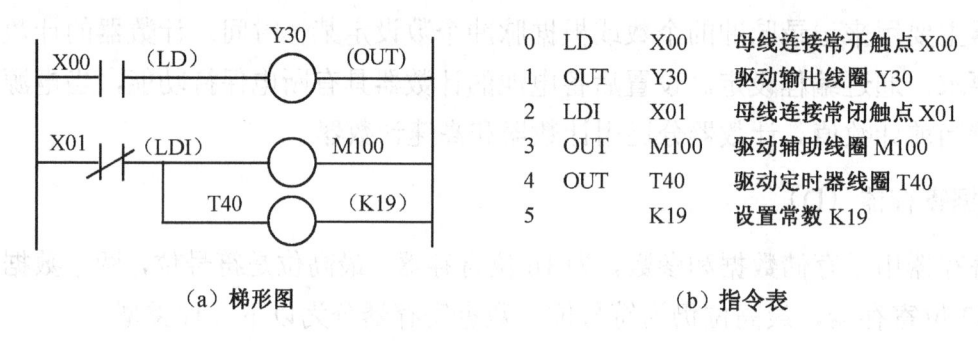

0	LD	X00	母线连接常开触点 X00
1	OUT	Y30	驱动输出线圈 Y30
2	LDI	X01	母线连接常闭触点 X01
3	OUT	M100	驱动辅助线圈 M100
4	OUT	T40	驱动定时器线圈 T40
5		K19	设置常数 K19

（a）梯形图　　　　　　　　　　（b）指令表

图 9-4　LD、LDI、OUT 指令的用法

需要说明的是，使用 OUT 指令驱动定时器，必须设定时间常数，图中 K 表示十进制时间常数。

(4) 与指令（AND）。

(5) 与非指令（ANI）。

与指令、与非指令又称触点串联指令。

AND：与指令，完成常开触点的串联操作功能，在梯形图中要与 LD、LDI 指令的触点相串联。

ANI：与非指令，完成常闭触点的串联操作功能，同样要与梯形图中的触点相串联。

AND、ANI 用于单个触点的串联，在 LD、LDI 指令后使用，即对 LD、LDI 指令规定的触点再串联一个触点。串联的触点数不限，但触点数与指令条数要相对应。其用法如图 9-5 所示。

0	LD	X02	
1	AND	M10	串联常开触点 M10
2	OUT	Y30	
3	LD	Y30	
4	ANI	X03	串联常闭触点 X03
5	OUT	Y10	
6	AND	T50	串联常开触点 T50
7	OUT	Y31	连续输出

（a）梯形图　　　　　　　　　　（b）指令表

图 9-5　AND、ANI 指令的用法

（6）或指令（OR）。

（7）或非指令（ORI）。

或指令、或非指令又称触点并联指令。

OR：或指令，完成常开触点的并联操作功能，在梯形图中常开触点与其他触点相并联应用或指令。

ORI：或非指令，完成常闭触点的并联操作功能，在梯形图中与其他触点相并联。

OR、ORI 指令用于单个触点的并联，通常接在 LD、LDI 指令后使用，即对 LD、LDI 指令规定的触点再并联一个触点。其用法如图 9-6 所示。

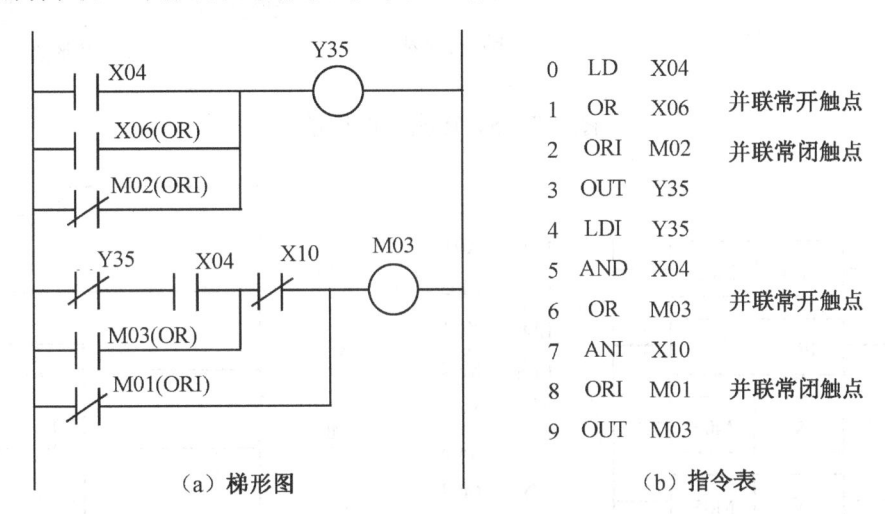

```
0   LD    X04
1   OR    X06    并联常开触点
2   ORI   M02    并联常闭触点
3   OUT   Y35
4   LDI   Y35
5   AND   X04
6   OR    M03    并联常开触点
7   ANI   X10
8   ORI   M01    并联常闭触点
9   OUT   M03
```

(a) 梯形图　　　　　　(b) 指令表

图 9-6　OR、ORI 指令的用法

（8）块或指令（ORB）。

（9）块与指令（ANB）。

两个以上触点所组成的电路称电路块。块或指令又称电路块并联指令，块与指令又称电路块串联指令。

ORB：块或指令，完成电路块并联的操作功能，在梯形图中电路块与其他电路相并联。

ANB：块与指令，完成电路块串联的操作功能，在梯形图中电路块与其他电路相串联。

ORB、ANB 指令不表示触点，只表示电路块与电路的串、并联关系，其后不带任何操作元件。使用 ORB、ANB 指令与 OR、AND 指令区别在于前者对象是电路块，后者是触点。

（10）置位指令（S）。

（11）复位指令（R）。

S：置位指令，完成元件保持状态的操作功能，在梯形图中用标注 S 及操作元件编号的方框表示。

R：复位指令，完成元件恢复断态的操作功能，在梯形图中用标注 R 及操作元件编号的方框表示。

S、R 指令使继电器具有记忆功能，且仅对单个继电器的操作有效，其用法如图 9-7 所示。

（12）脉冲指令（PLS）。

PLS：脉冲指令，完成产生脉冲方波的操作功能，在梯形图中用标注 PLS 及操作元件编号的方框表示。

PLS 指令的操作元件为通用辅助继电器 M，产生的脉冲宽度为程序的一个扫描周期，其用法如图 9-8 所示。

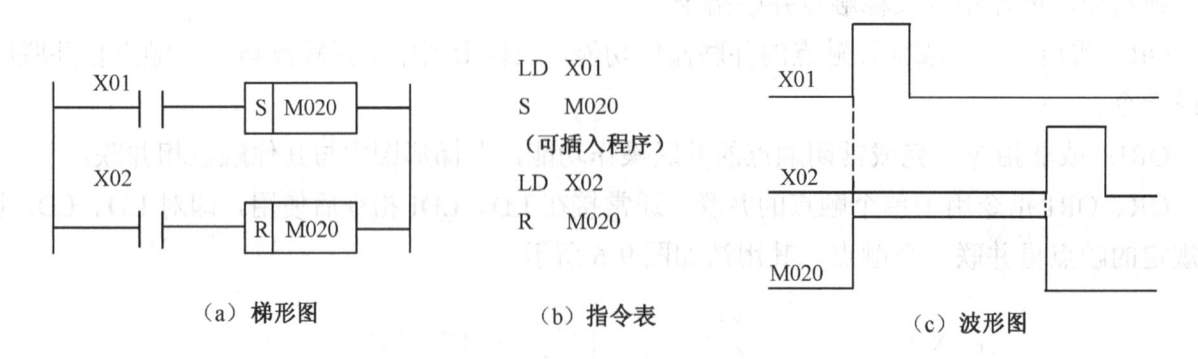

图 9-7　S、R 指令的用法

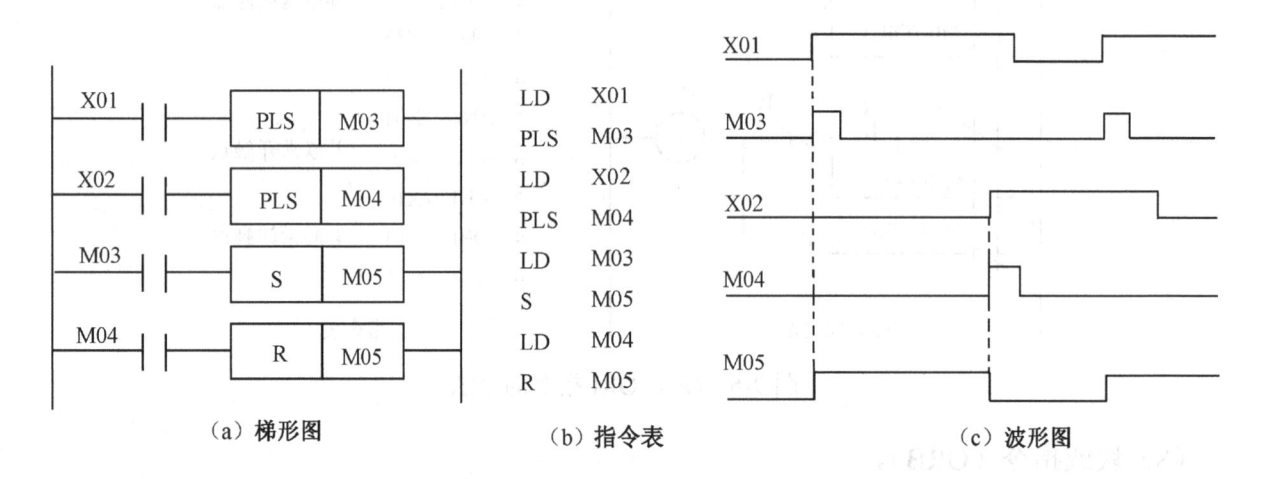

图 9-8　PLS 指令的用法

（13）清除指令（RST）。

RST：清除指令，完成计数器、移位寄存器的内容清零，在梯形图中用标注 RST 及操作元件编号的方框表示。

（14）移位指令（SFT）。

SFT：移位指令，完成移位寄存器内容移动 1 位的操作功能，在梯形图中用标注 SFT 及操作元件编号的方框表示。

（15）主控指令（MC）。

（16）主控复位指令（MCR）。

主控指令、主控复位指令又称主控触点指令。

MC：主控指令，完成公共串联触点的连接操作功能，在梯形图中用 MC 及操作元件编号表示，将操作的触点接到左母线上，形成新母线。

MCR：主控复位指令，完成将新母线返回到原母线的操作功能，在梯形图中用标注 MCR 及操作元件编号的方框表示。MCR 指令必须与 MC 指令成对使用。

在自动控制系统中，常遇到多个执行机构同时受控某一开关，即一组电路的开关。这种情况在编程时，使用主控指令，利用在母线中串接一个主控触点来实现控制，可以简化程序。MC、MCR 指令的用法如图 9-9 所示。

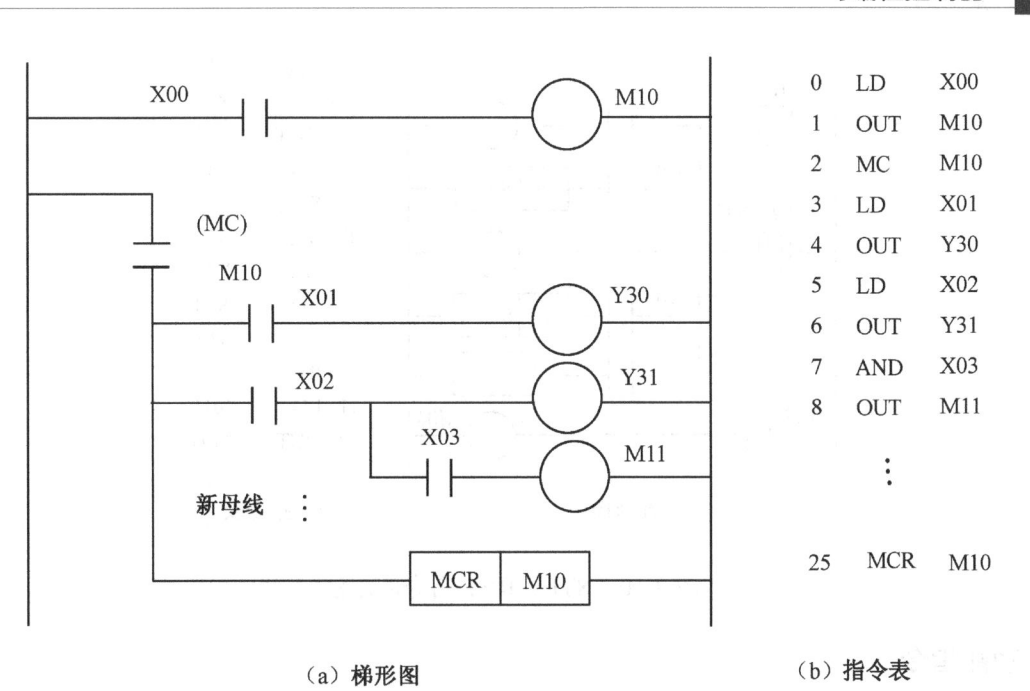

```
        X00
    ────┤├──────────────( M10 )
    │
    │       (MC)
    ├────────┤├─── M10
    │        M10   X01              Y30
    │新母线  ──┤├───┤├──────────────( Y30 )
    │              X02              Y31
    │              ──┤├──────────────( Y31 )
    │                    X03         M11
    │                    ──┤├────────( M11 )
    │
    │                          ┌─────┬─────┐
    │                          │ MCR │ M10 │
    │                          └─────┴─────┘
```

0	LD	X00
1	OUT	M10
2	MC	M10
3	LD	X01
4	OUT	Y30
5	LD	X02
6	OUT	Y31
7	AND	X03
8	OUT	M11
⋮		
25	MCR	M10

（a）梯形图　　　　　　　　（b）指令表

图 9-9　MC、MCR 指令的用法

（17）空操作指令（NOP）。

NOP：空操作指令，完成程序改动的操作功能，在梯形图中用标注 NOP 的方框表示。

（18）跳转指令（CJP）。

（19）跳转结束指令（EJP）。

CJP：跳转指令，完成跳过部分程序，而执行另一部分程序的操作功能，在梯形图中用标注 CJP 及操作元件编号的方框表示，用于跳转的开始，操作元件为 P00～P63。

EJP：跳转结束指令，完成跳转结束的操作功能，在梯形图中用标注 EJP 及操作元件编号的方框表示，用于跳转的终点。

（20）程序结束指令（END）。

END：程序结束指令，完成程序结束的操作功能，在梯形图中用标注 END 的方框表示，在程序结束处使用 END 指令，PLC 执行第一步至 END 指令间的程序。

2．步进指令

（1）步进转移指令（STL）。

（2）步进复位指令（RET）。

STL：步进转移指令，完成顺序控制转移的操作功能，在梯形图中用操作元件编号及"─┤├─"图形表示。使用 STL 指令其作用相当于常开触点，可直接或通过其他中间触点驱动 Y、M、S 等元件的线圈，也可使 Y、M、S 等元件置位或复位。STL 指令完成的是步进转移功能，当满足转移条件时，后一个触点闭合呈通态，状态发生转移，前一个触点便自动复位。操作元件多选用状态寄存器 S 作 STL 指令的常开触点。STL 的常开触点与左母线相连，右侧应用 LD、LDI 指令开始。

RET：步进复位指令，完成顺序控制复位的操作功能，在梯形图中用标注 RET 的方框表示。

STL、RET 指令通常需要配合使用，在一系列步进指令 STL 后，加上 RET 指令，表明步进指令功能结束，LD 触点返回到原母线。STL、RET 的用法如图 9-10 所示。

```
   S401（STL）                            1   STL   S401
    ─┤├─────┬──X01──┬──────( Y31 )       2   LD    X01
                                          3   OUT   Y31
             └──M02──┬──[ S  S402 ]      4   LD    M02
   S402（STL）                            5   S     S402
    ─┤├─────┬─────────────( Y32 )        6   STL   S402
                                          7   OUT   Y32
             ├──X04──┬──[ S  S403 ]      8   LD    X04
                                          9   S     S403
             └──────────────[ RET ]      10  RET
   X02                                    11  LD    X02
    ─┤├──────────────────────( M04 )     12  OUT   M04
```

　　　　(a) 梯形图　　　　　　　　(b) 指令表

图 9-10　STL、RET 指令的用法

3. 功能指令

功能指令又称应用指令，FX2 系列 PLC 有 85 条功能指令，分为程序流向控制、传递与比较、四则运算、移位与循环、高速处理、方便指令、外部输入/输出处理和外部功能块控制等类型。

功能指令用功能号表示，按 FNC00～FNC99 编排，其基本形式如图 9-11 所示。图中所示是一条数据处理平均值的功能指令，功能号为 FNC45，助记符 MEAN，（P）表示脉冲执行功能，（16）表示只能进行 16 位操作，（S）表示源操作数，（D）表示目标操作数。

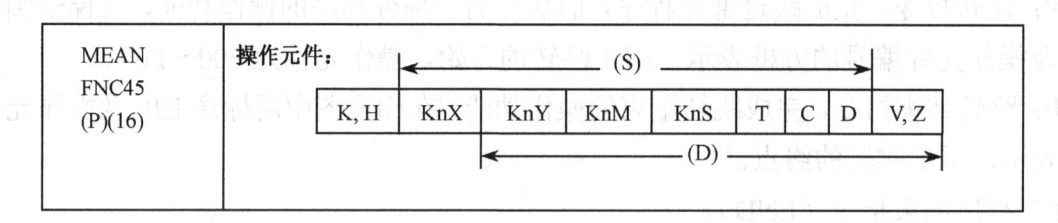

MEAN FNC45 (P)(16)	操作元件：	←――――――― (S) ―――――――→						
	K, H	KnX	KnY	KnM	KnS	T	C	D	V, Z
		←――――――― (D) ―――――――→						

图 9-11　功能指令的基本形式

下面介绍几种功能指令的功能及用法，详细资料可参阅 FX2 系列 PLC 用户手册。

（1）子程序调用指令（CALL）。

（2）子程序返回指令（SRET）。

CALL：子程序调用指令，功能号 FNC01，用于调用子程序的操作。在梯形图中用标注 CALL 及指针标号的方框表示，操作元件为指针 P0～P62。

SRET：子程序返回指令，功能号 FNC02，用于 CALL 指令执行后，由子程序返回主程序的操作，在梯形图中用标注 SRET 的方框表示。

CALL、SRET 的用法如图 9-12 所示，图中 CALL 指令使程序跳到标号 10 处，执行子程序，之后执行 SRET 指令，回到主程序 104 步处。标号应标注在主程序结束指令 FEND 之后和 SRET 指令之前。

（3）中断返回指令（IRET）。

（4）允许中断指令（EI）。

（5）禁止中断指令（DI）。

以上三条指令又称中断指令。

IRET：中断返回指令，功能号 FNC03，用于中断返回，继续执行主程序的操作，在梯形图中用标注 IRET 的方框表示。

EI：允许中断指令，功能号 FNC04，在梯形图中用标注 EI 的方框表示。EI 指令后和 DI 指令前的程序段为允许中断区间。

DI：禁止中断指令，功能号 FNC05。DI 指令后为不允许中断程序，即 DI 前和 EI 后的程序为允许中断区间。

FX2 系列 PLC 可设置 9 个中断点，中断信号从 X0～X5 输入。当程序处理到允许中断区间时，并且出现中断信号，则停止执行主程序而去执行相应的中断子程序。处理到 IRET 指令时返回断点，继续执行主程序。中断指令的用法如图 9-13 所示，当程序处理到允许中断区间时，若 X0 或 X1 呈通态，满足中断条件，则 PLC 转而执行相应的中断子程序（1）或（2）。

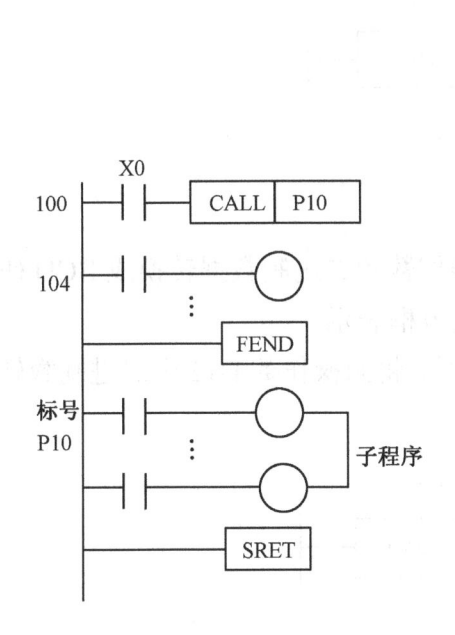

图 9-12　CALL、SRET 指令的用法　　　图 9-13　中断指令的用法

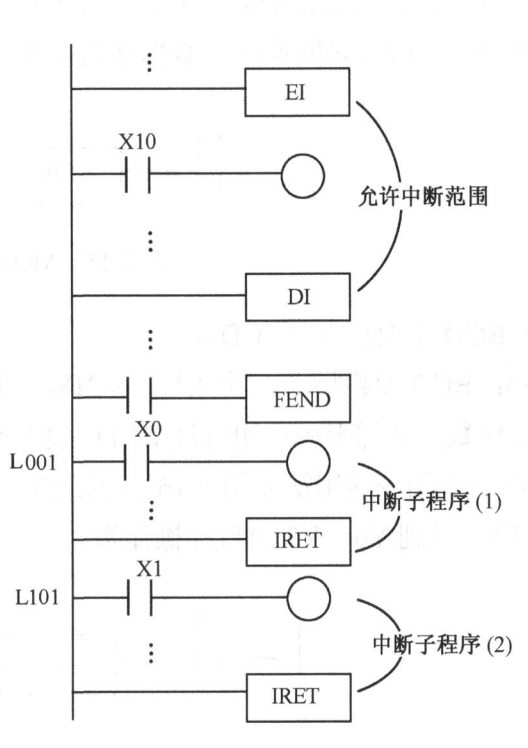

（6）主程序结束指令（FEND）。

FEND：主程序结束指令，功能号 FNC06，表示主程序结束，在梯形图中用标注 FEND 的方框表示。子程序必须写在 FEND 指令之间。

（7）比较指令（CMP）。

CMP：比较指令，功能号 FNC10，用于将源操作数（S1）、（S2）的数据进行比较，将结果送到目标操作数（D）中。在梯形图中用标注 CMP 及相应助记符的方框表示。

CMP 指令的用法如图 9-14 所示，当 X0 呈通态时，满足 CMP 执行条件，M0、M1、M2 根据比较的结果动作：K100＞C20 的当前值时，M0 闭合；K100＝C20 的当前值时，M1 闭合；K100＜C20 的当前值时，M2 闭合。X0 呈断态时，CMP 不执行，M0、M1、M2 的状态保持不变。

```
   X0                    (S1)  (S2)  (D)
───┤├─────────────┬──┤ CMP │K100│ C20 │ M0 ├──
                  │   M0
                  ├──┤├──  C20<K100,M0=ON
                  │   M1
                  ├──┤├──  C20=K100,M1=ON
                  │   M2
                  └──┤├──  C20>K100,M2=ON
```

图 9-14　CMP 指令的用法

（8）传送指令（MOV）。

MOV：传送指令，功能号 FNC12，用于将源操作数的数据，传送到指定的目标操作数。在梯形图中用标注 MOV 及相应助记符的方框表示。

MOV 指令的用法如图 9-15 所示，当 X0 呈通态时，将源操作数数据 K100 传送到目标操作数 D10 中。当 X0 呈断态时，数据保持不变。

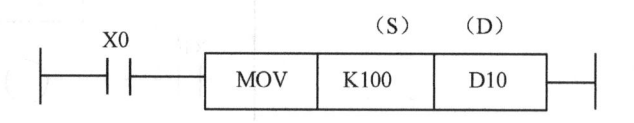

```
   X0              (S)    (D)
───┤├────────┤ MOV │ K100 │ D10 ├──
```

图 9-15　MOV 指令的用法

（9）BCD 变换指令（BCD）。

BCD：BCD 变换指令，功能号 FNC18，用于将源操作数的二进制数据转换成 BCD 码送到目标操作数。在梯形图中用标注 BCD 及相应助记符的方框表示。

BCD 变换指令的用法如图 9-16 所示，当 X0 呈通态时，将源操作数 D12 中二进制数转换成 BCD 码，送到 Y0～Y7 的目标操作数。

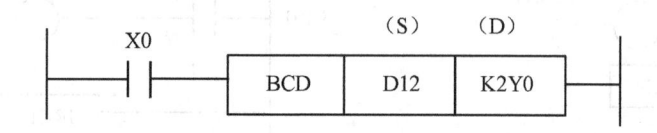

```
   X0              (S)    (D)
───┤├────────┤ BCD │ D12  │ K2Y0 ├──
```

图 9-16　BCD 指令的用法

（10）加法指令（ADD）。

（11）减法指令（SUB）。

ADD：加法指令，功能号 FNC20，用于将指定的源操作数中的二进制数相加，结果送到指定的目标操作数。在梯形图中用标注 ADD 及相应助记符的方框表示。

SUB：减法指令，功能号 FNC21，用于将指定的源操作数（S1）减去指定的源操作数（S2），结果送到指定的目标操作数（D）。在梯形图中用标注 SUB 及相应的助记符的方框表示。

ADD、SUB 指令的用法如图 9-17 所示。

图 9-17（a）表示：

$$(S1)+(S2) \to (D) \text{ 即 } (D10)+(D12) \to (D14)$$

图 9-17（b）表示：

$$(S1)-(S2) \to (D) \text{ 即 } (D10)-(D12) \to (D14)$$

```
        ┌──────(S1)──(S2)──(D)──┐
──X0────┤ ADD   D10  D12  D14   │
 ├┤     └───────────────────────┘
                (a)

        ┌──────(S1)──(S2)──(D)──┐
──X0────┤ SUB   D10  D12  D14   │
 ├┤     └───────────────────────┘
                (b)
```

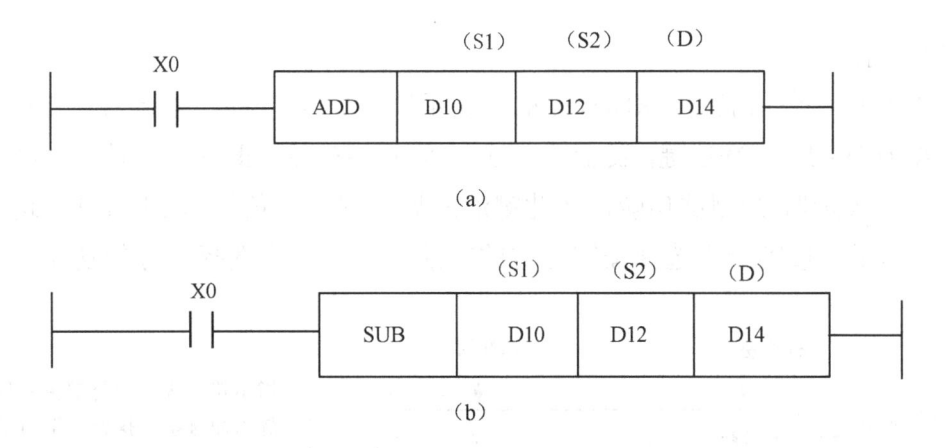

图 9-17　ADD、SUB 指令的用法

四、FX2 系列 PLC 的编程器

与 FX2 系列 PLC 配套的是 FX-20P 型手持编程器，简称 HPP。下面以 HPP 为例说明编程器编程的操作过程。

1．HPP 的操作面板

HPP 面板由 16 字符×4 行的液晶显示屏和 5×7 键盘组成，如图 9-18 所示。HPP 上设有 3 个插口：专用编程电缆接口，通过 FX-20P-CAB 专用电缆，完成编程器与 PLC 的连接；存储器卡接口，可以外接存储器卡盒，用于存放系统软件，在修改系统软件版本时，可更换此系统存储器卡盒；ROM 写入器接口，用于安装特殊模块 FX-20P-RWM，即 ROM 写入器，以便在编程器和 ROM 写入器之间进行程序传送。

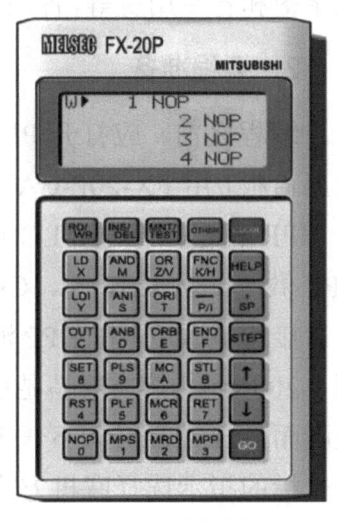

编程器的操作面板

液晶显示屏：16 字符×4 行
功能键：RD/WR、INS/DEL、MNT/TEST
指令键、元件符号键、数字键
清除键：CLEAR
帮助键：HELP
空格键：SP
步序键：STEP
光标键：[↑][↓]
执行键（或确认键）：[GO]
其他键：OTHER

（a）实物图　　　（b）功能分布图

图 9-18　HPP 的面板

（1）HPP 的液晶显示屏。

HPP 的液晶显示屏能同时显示 4 行，每行 16 个字符。在编程操作时，显示屏上的内容如图 9-19 所示。显示屏左上角用一个字母表示 HPP 的功能方式：R——读出；W——写入；I——插入；D——删除；M——监视；T——测试。

（2）HPP 的按键。

HPP 键盘上有 3 个功能键，RD/WR 键，表示读出/写入功能，按此键在液晶显示屏左上角显示字母 R 或 W；INS/DEL 键，表示插入/删除功能，按此键液晶显示屏左上角显示 I 或 D；MNT/TEST 键，表示监视/测试功能，按此键液晶显示屏左上角显示 M 或 T。这 3 个键为复用键，交替起作用，按第一次选择按键上方的功能，再按一次选择下方的功能。

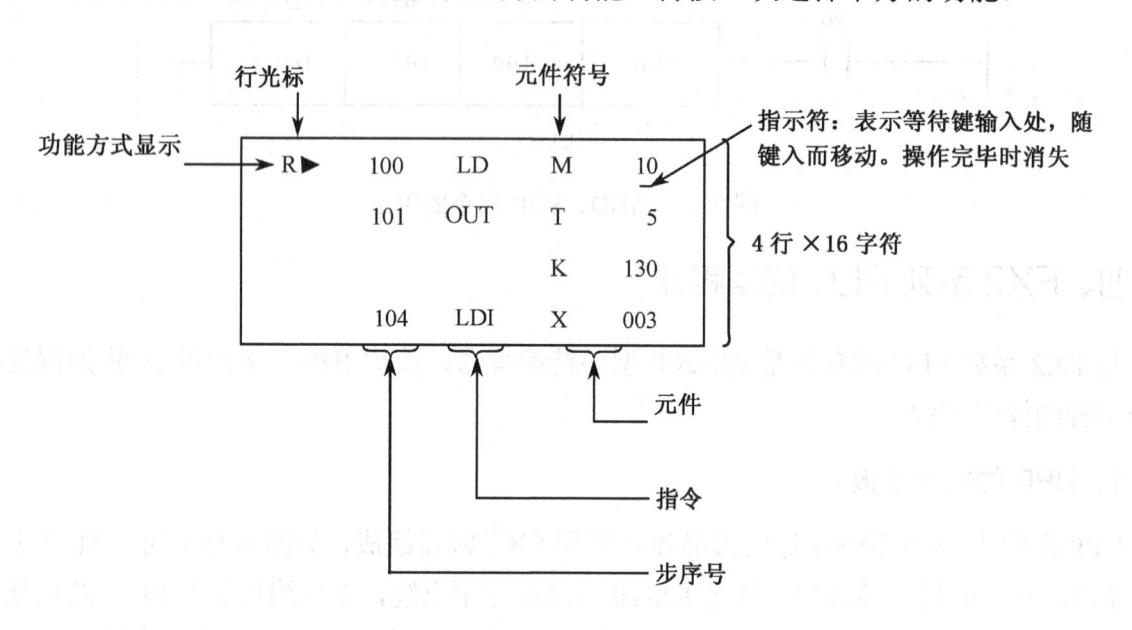

图 9-19 HPP 的显示屏

除功能键外，还有指令键、元件符号键、数字键和各专用键等，各键符号如图 9-18 所示。

2. 编程准备

编程之前，应打开 PLC 上部连接 HPP 的插座盖板，用 FX-20P-CAB 专用电缆，把 PLC 与 HPP 相连，接通 PLC 电源，通过 PLC 给 HPP 供电。按 RST 键、GO 键，HPP 复位。

接通电源后，在 HPP 液晶显示屏上显示如图 9-20 所示内容。液晶显示屏上出现第一个方框画面，2s 之后转入下一个方框画面。这时根据光标的指示选择联机方式或脱机方式。联机方式又称在线编程，编程器对 PLC 用户程序存储器进行直接操作。脱机方式又称离线编程，HPP 脱机方式是通过模块 FX-20P-RWM 即 ROM 写入器，将编制好的程序写入 HPP 的存储器，实现 ROM 写入器、HPP、PLC 内部存储器之间程序的传送。

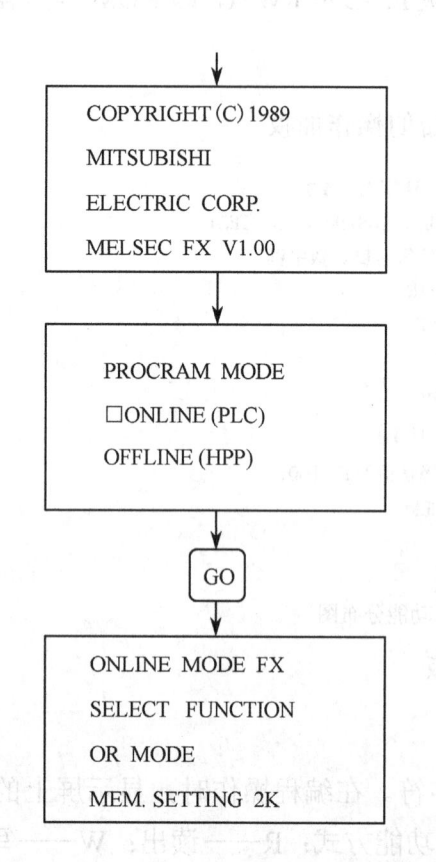

图 9-20 通电后的 HPP 液晶显示屏显示内容

然后通过功能键进行功能选择。选择编制程序就是选择 HPP 的写入、读出、插入和删除功能进行编程，编程的全过程如图 9-21 所示。

编程准备

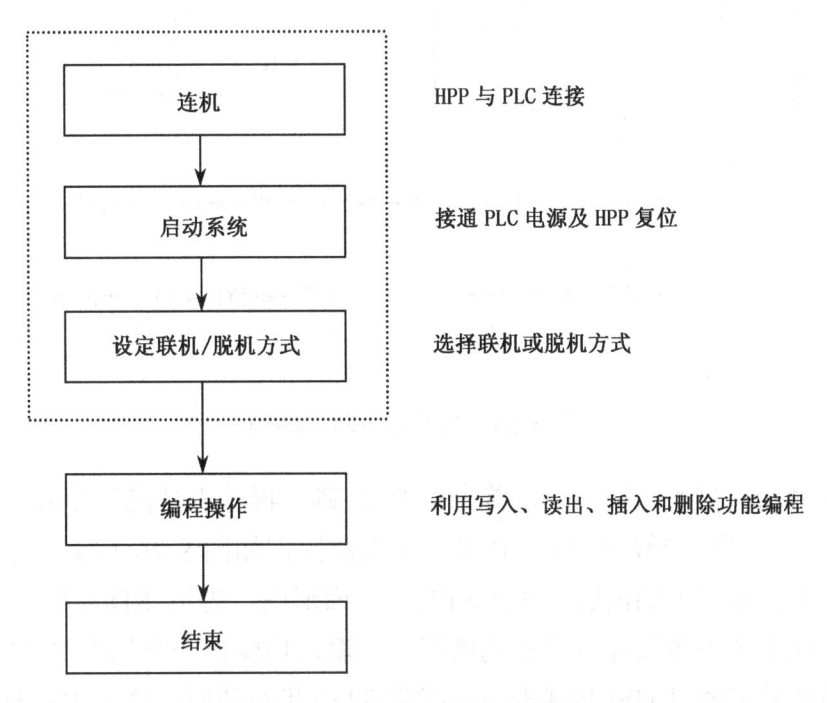

```
┌──────────────────────────┐
│      连机                 │   HPP 与 PLC 连接
│       ↓                   │
│     启动系统              │   接通 PLC 电源及 HPP 复位
│       ↓                   │
│   设定联机/脱机方式       │   选择联机或脱机方式
└──────────────────────────┘
          ↓
       编程操作              利用写入、读出、插入和删除功能编程
          ↓
        结束
```

图 9-21　编程全过程方框图

五、编程操作

1. 程序写入

在写入一个新程序前，要将 PLC 内存的程序全部消除，即清零，通常用 NOP 指令写入删除，其按键操作如图 9-22 所示。清零操作完成后，可进行程序的写入。

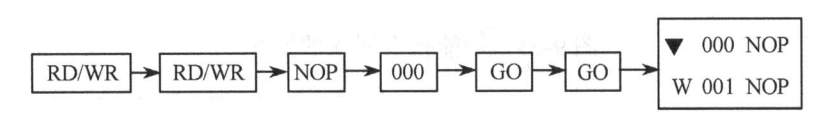

RD/WR → RD/WR → NOP → 000 → GO → GO → ▼ 000 NOP / W 001 NOP

图 9-22　清零操作

基本指令的写入：基本指令包括步进指令的写入有 3 种形式：一是直接输入指令助记符，如图 9-23（a）所示；二是输入指令助记符和一个元件符号及元件号，如图 9-23（b）所示；三是输入指令助记符和两个元件符号及元件号，如图 9-23（c）所示。例如，将图 9-24（a）所示的梯形图写入 PLC，其按键操作如图 9-24（c），图 9-24（b）是写入程序时液晶显示屏上的内容。

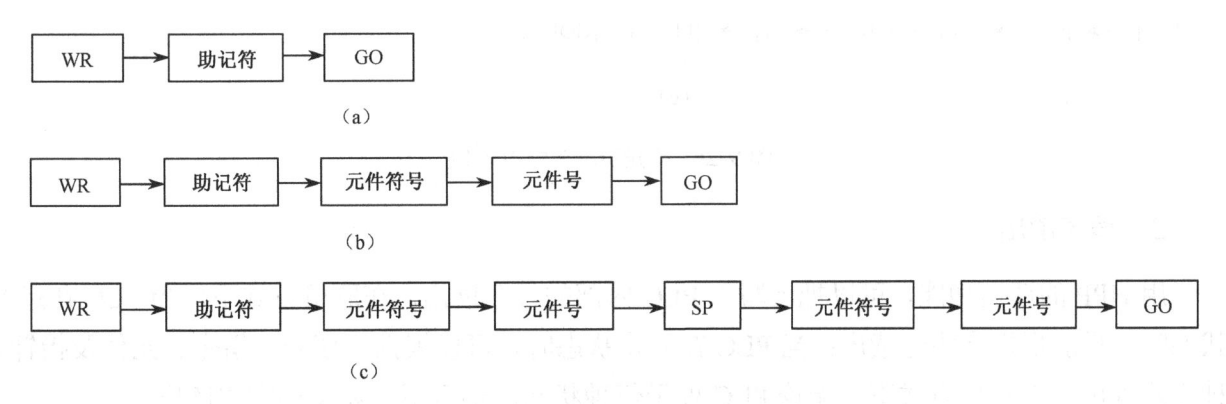

WR → 助记符 → GO

（a）

WR → 助记符 → 元件符号 → 元件号 → GO

（b）

WR → 助记符 → 元件符号 → 元件号 → SP → 元件符号 → 元件号 → GO

（c）

图 9-23　基本指令的 3 种写入形式

```
         X0    X1          Y0              W  00  LD   X000
        ─┤├───┤/├─────────( )─                01  ANI  X001
                                              02  OUT  Y000
                                            ▶ 03  NOP
```

(a)　　　　　　　　　　　　　　　(b)

[RD] → [WR] → [LD] → [X] → [0] → [GO] → [ANI]

→ [X] → [1] → [GO] → [OUT] → [Y] → [0] → [GO]

(c)

图 9-24　基本指令写入举例

功能指令的写入：写入功能指令，首先按 FNC 键，再输入功能指令号，如图 9-25 所示。例如，将图 9-26（a）所示梯形图写入 PLC，其按键操作如图 9-26（c）所示，图 9-26（b）是写入程序时液晶显示屏上的内容。写入功能指令梯形图，先按 RD/WR 键，进入写状态，然后按顺序键入梯形图中各元件符号及功能指令。输入功能指令时先按 FNC 键，再输入功能指令号，功能指令号可通过 HELP 键查出。指定 32 位指令值时，键入 D；指定脉冲指令时，键入 P。连续写入元件时，按 SP 键后，再依次键入元件符号和元件号。

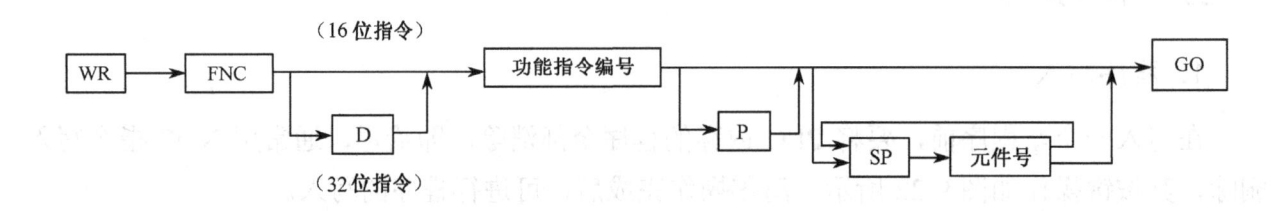

图 9-25　功能指令写入的操作

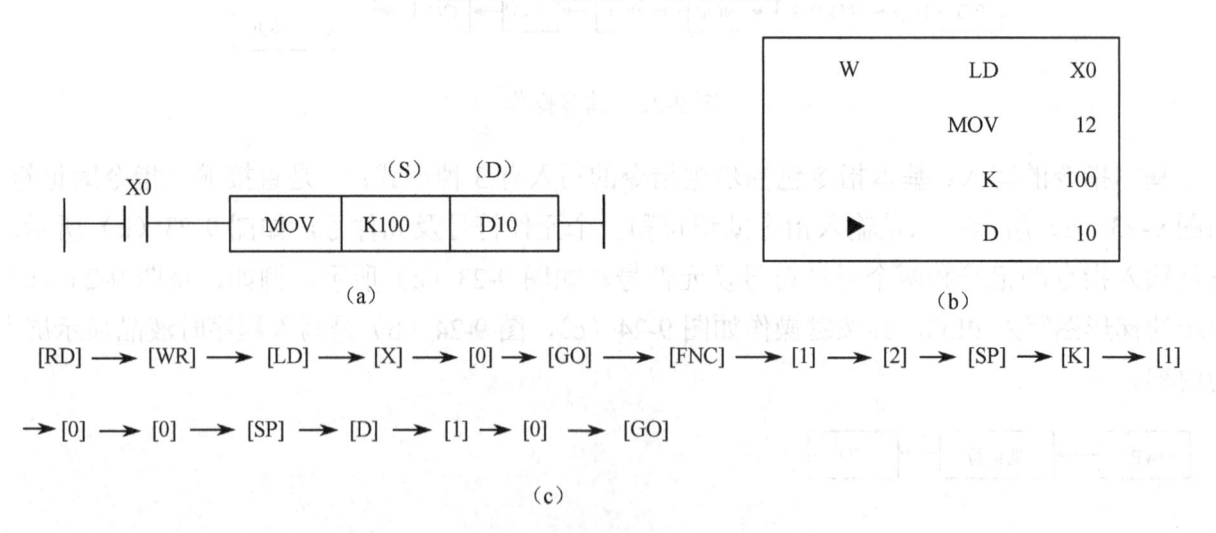

```
         X0       (S)   (D)           W        LD    X0
        ─┤├──────┬────┬────┬─                   MOV   12
                 │MOV │K100│D10│                 K    100
                 └────┴────┴────┘              ▶ D    10
```

(a)　　　　　　　　　　　　　　　(b)

[RD] → [WR] → [LD] → [X] → [0] → [GO] → [FNC] → [1] → [2] → [SP] → [K] → [1]

→ [0] → [0] → [SP] → [D] → [1] → [0] → [GO]

(c)

图 9-26　功能指令写入举例

2. 程序读出

用 HPP 的读出功能，可以把已写入 PLC 内部的程序读出。在联机方式下，当 PLC 在运行状态时，只能根据步序号读出；当 PLC 在停止状态时，可以根据步序号、指令、元件及指针 4 种方式读出。在脱机方式下，无论 PLC 处于何种状态，均可用上述 4 种方式读出。

根据指定步序号，从 PLC 用户程序存储器读出并显示程序，其操作如图 9-27（a）所示。例如，要读出第 55 步序号的程序，按键操作如图 9-27（b）所示。

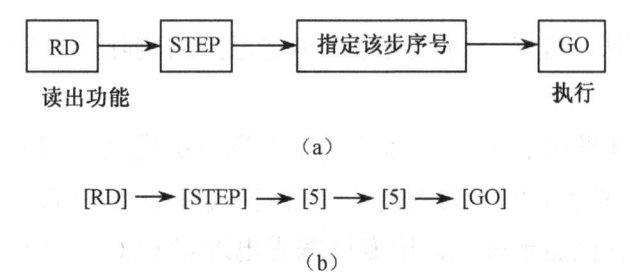

```
RD → STEP → 指定该步序号 → GO
读出功能                        执行
```
（a）

[RD] → [STEP] → [5] → [5] → [GO]

（b）

图 9-27　根据步序号读出程序的操作

根据指定指令，从 PLC 读出并显示程序，其操作如图 9-28（a）所示。例如，要读出指令 PLSM104，按键操作如图 9-28（b）所示。

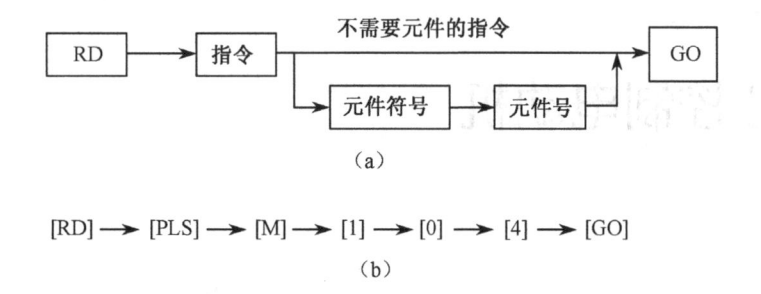

```
                   不需要元件的指令
RD → 指令 ─────────────────────→ GO
         └→ 元件符号 → 元件号 ─┘
```
（a）

[RD] → [PLS] → [M] → [1] → [0] → [4] → [GO]

（b）

图 9-28　根据指令读出程序的操作

根据指定指针，读出并显示程序，其操作如图 9-29（a）所示。例如，读出指针标号为 P3 的程序，按键操作如图 9-29（b）所示。

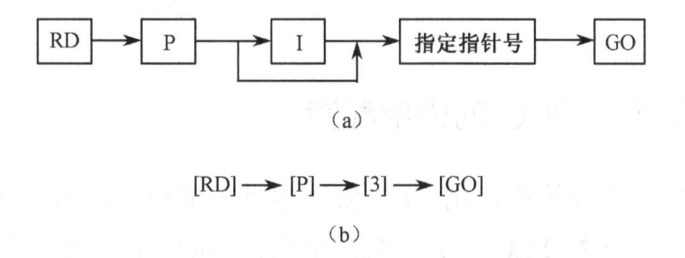

```
RD → P → I → 指定指针号 → GO
```
（a）

[RD] → [P] → [3] → [GO]

（b）

图 9-29　根据指针读出的操作

根据指定元件和元件号，从用户程序存储器读出并显示程序，其操作如图 9-30（a）所示。例如，读出 Y123 指令，按键操作如图 9-30（b）所示。

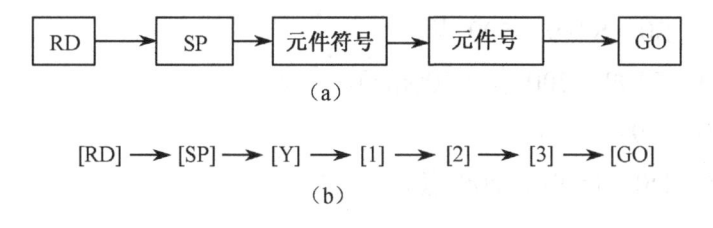

```
RD → SP → 元件符号 → 元件号 → GO
```
（a）

[RD] → [SP] → [Y] → [1] → [2] → [3] → [GO]

（b）

图 9-30　根据元件读出的操作

3．程序插入

程序插入操作先根据步序号读出程序，指定插入位置，按 INS 键后，插入指令或指针，即键入指令、元件符号和元件号，最后按 GO 键，完成插入操作。

4．程序删除

PLC 处于停止状态时，可采用逐条删除、指定范围的删除和 NOP 的成批删除 3 种方式，来完成程序删除。

需要说明的是，近期推出的 PLC，即使是小型机也都提供相应的编程软件，完善的编程软件给 PLC 的编程操作带来了极大的方便。使用编程软件，通过普通计算机，可以轻松绘制各种梯形图并呈现在计算机显示屏上。用专用编程电缆将 PLC 与计算机相连，将梯形图输入 PLC，便完成了编程操作。使用软件编程，其特点是简单、快捷，并能自动实现梯形图与指令表语言的转换。

目前 PLC 使用编程软件编程是一种普遍方式。

任务 3 用 PLC 控制电动机

任务目标

1. 通过实例了解使用 PLC 实现电动机控制的编程技巧。
2. 能读懂 PLC 接线电路图和梯形图。
3. 在合作学习过程中，学会合作，形成合作精神和竞争意识。

任务实施

一、FX2N-16M 型 PLC 的内部配置

单台电动机控制电路比较简单，用 PLC 实现电动机的控制，所需 PLC 的输入、输出点数较少。下面以 FX2N-16M 型 PLC 为例，组成电动机控制电路，来说明 PLC 的应用。

FX2N-16M 的内部配置如下。

（1）输入端子数　X000～X007，8 点。
（2）输出端子数　Y000～Y007，8 点。
（3）辅助继电器　M0～M499，500 点。
（4）状态寄存器　S0～S499，500 点。
（5）定时器　T0～T199，200 点（100ms）。
（6）计数器　C0～C99，100 点。
（7）数据寄存器　D0～D199，200 点。

二、用 PLC 实现电动机自锁控制

在项目 7 中讲述了电动机自锁控制线路的工作原理，图 7-14 为其控制线路图。该控制线路由 2 根相线提供 380V 交流电压。

1. PLC 的 I/O 点的分配

由 PLC 组成电动机控制电路，首先要分配 PLC 输入点、输出点，即进行 I/O 地址分配。

输入点

启动按钮 SB_2　　　　　　　　　　　　　X000

停止按钮 SB_1　　　　　　　　　　　　　X001

输出点

接触器 KM　　　　　　　　　　　　　　Y000

2. PLC 接线电路图

根据 PLC 的输入点、输出点画出 PLC 接线电路图如图 9-31（a）所示。图中，L、N 点接 PLC 供电电源，为交流 220V；左侧 COM 点为输入端公共点，由 PLC 内部提供直流 24V 电压，右侧 COM 点为输出端公共点，由电源提供交流 220V 电压；启动按钮 SB_2 是常开触点，即动合触点，停止按钮 SB_1 是常闭触点，即动断触点。

需要说明的是，对于输入继电器 X，通常选择"1"，即处于高电平时呈通态，继电器动作。这样采用常开触点按钮作为输入控制开关，引入输入信号，操作按钮之前继电器 X 处于低电平，呈断态，梯形图中常开触点用—||—符号表示，常闭触点用—|/|—符号表示。若采用常闭触点作输入控制开关，操作之前继电器 X 处于高电平，呈通态，继电器动作，其常闭触点切断，常开触点闭合，输入继电器常闭触点在梯形图中就要用—|\|—符号表示，这与继电器控制图的习惯画法相反。因此 PLC 设置输入端控制开关时，尽量采用常开触点引入 PLC 的输入信号。如图 9-31（b）所示是停止按钮由常闭触点改为常开触点的 PLC 接线电路图。

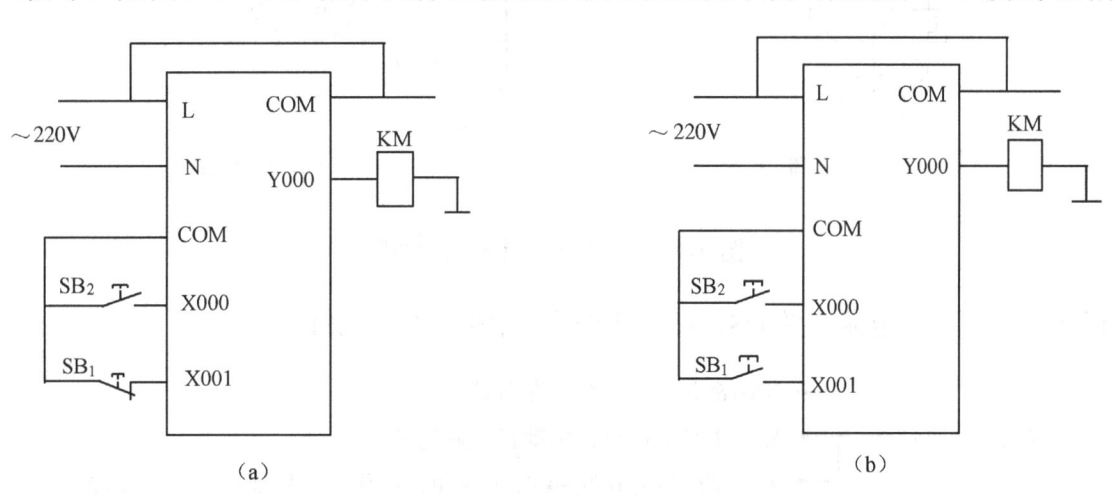

图 9-31　PLC 接线电路图

3. 梯形图

根据自锁控制线路的工作原理，绘制 PLC 梯形图，即进行编程，梯形图如图 9-32 所示。

其控制过程：按下启动按钮 SB_2，引入输入信号，继电器 X000 呈高电平，X000 常开触点闭合；X001 为低电平，其常闭触点保持闭合；Y000 线圈得电，Y000 常开触点闭合即自锁，接触器 KM 吸合，电动机启动运转。按下停止按钮 SB_1，引入输入信号，X001 呈高电平，其常闭触点切断，Y000 线圈断电，接触器 KM 释放，电动机停转。

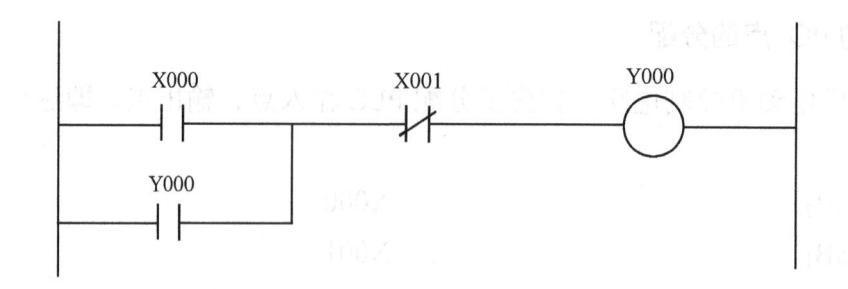

图 9-32 自锁控制线路的梯形图

使用编程软件,连接计算机与 PLC,使 FX2N-16M 型 PLC 机上运行(RUN)与停止(STOP)开关置于 STOP 位置,将梯形图输入 PLC,完成 PLC 编程。

三、用 PLC 实现电动机正反转控制

由接触器组成的电动机正反转控制线路如图 9-33 所示。

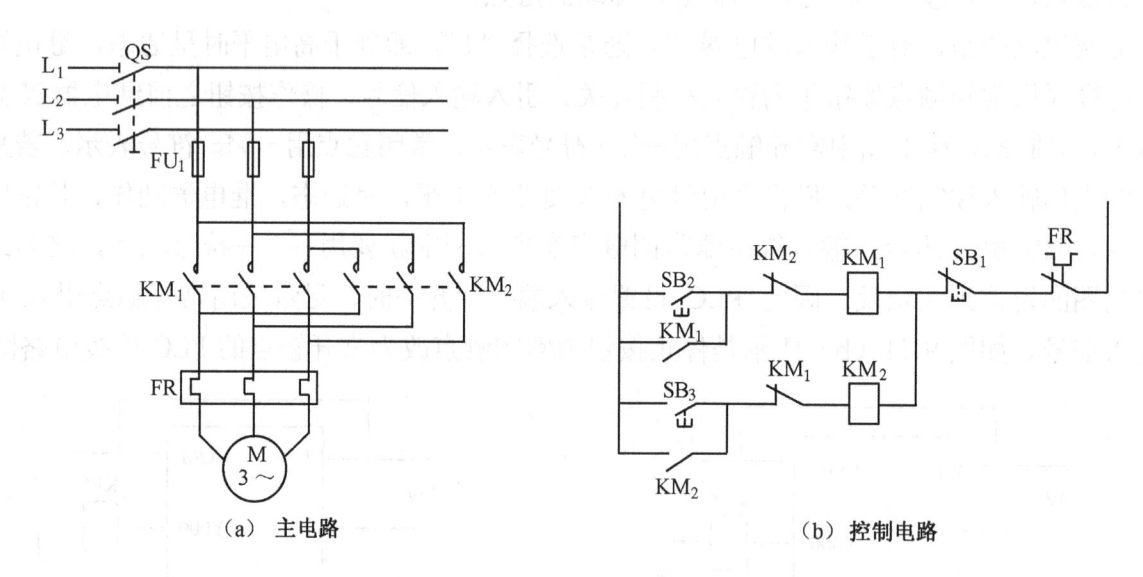

（a）主电路　　　　　　　　　　（b）控制电路

图 9-33 电动机正反转控制线路

正向启动：合上电源开关 QS，按下正向启动按钮 $SB_2 \rightarrow KM_1$

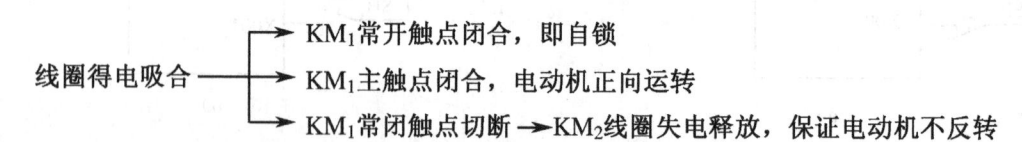

线圈得电吸合
- KM_1 常开触点闭合，即自锁
- KM_1 主触点闭合，电动机正向运转
- KM_1 常闭触点切断 → KM_2 线圈失电释放，保证电动机不反转

反向启动：按下反向启动按钮 $SB_3 \rightarrow KM_2$

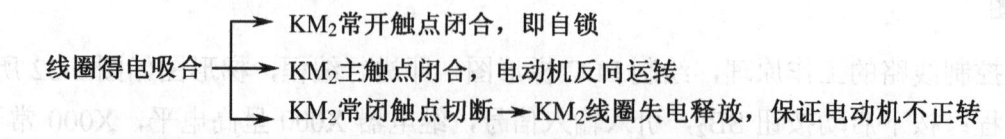

线圈得电吸合
- KM_2 常开触点闭合，即自锁
- KM_2 主触点闭合，电动机反向运转
- KM_2 常闭触点切断 → KM_2 线圈失电释放，保证电动机不正转

停止：按下停止按钮 SB_1，KM_1、KM_2 线圈都失电释放，主触点切断，电动机停转。

接入 KM_1、KM_2 常闭触点，可以避免因同时按下 SB_2、SB_3 误操作而发生相间短路；FR 是热继电器，具有过载保护作用，当电动机过载，经过一定时间，FR 常闭触点断开，同时 KM_1、KM_2 主触点切断，电动机停转。

需要说明的是，这种正反转控制电路，欲使电动机由正转变为反转，或由反转变为正转，都必须先按停止按钮 SB_1 停车，然后再进行正反转的转换。

1. PLC I/O 点的分配

输入点
停止按钮 SB_1　　　　　　　　　X000
正向启动按钮 SB_2　　　　　　　X001
反向启动按钮 SB_3　　　　　　　X002
热继电器 FR　　　　　　　　　　X003
输出点
正转接触器 KM_1　　　　　　　　Y000
反转接触器 KM_2　　　　　　　　Y001

2. PLC 接线电路图

PLC 正反转控制接线电路图如图 9-34 所示。需要说明的是，普通电动机控制电路的热继电器通常使用常闭触点开关，而 PLC 所用热继电器需要选择具有常开触点的开关引入输入信号，这与停止按钮采用常开触点的道理相同，使控制梯形图热继电器用常闭触点 —|/|— 表示，符合继电器控制电路的习惯画法。

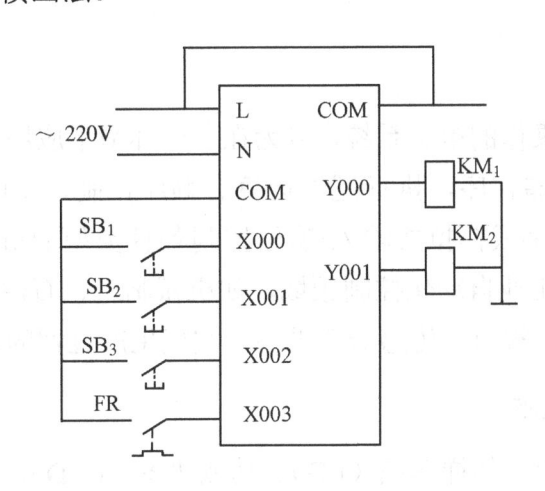

图 9-34　PLC 正反转控制接线电路图

3. 梯形图

正反转控制线路的梯形图如图 9-35 所示。

其控制过程：按下正向启动按钮 SB_2，X001 常开触点闭合接通，X000、Y001、X003 常闭触点保持闭合，Y000 线圈得电并自锁，电动机正向运转；按下停止按钮 SB_1，X000 常闭触点由闭合变切断，Y000 线圈失电，电动机停转。按下反向启动按钮 SB_3，X002 常开触点闭合，X000、Y000、X003 常闭触点保持闭合，Y001 线圈得电并自锁，电动机反向运转；同样按下停止按钮 SB_1，X000 常闭触点切断，Y001 线圈失电，电动机停转。若热继电器过载动作，通过常开触点引入输入信号，X003 常闭触点由闭合变切断，电动机停转。

将梯形图通过计算机输入 PLC，完成编程。

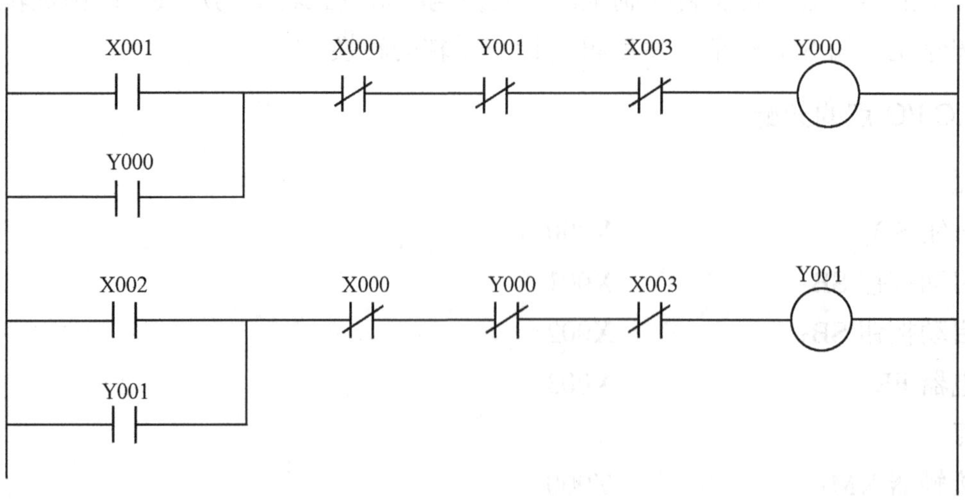

图 9-35　正反转控制线路的梯形图

项目总结

班级召开可编程控制器交流会，各小组可围绕以下主题进行发言。

一、主题讨论

1．什么是 PLC

PLC 是一种数字运算操作的电子系统，专为在工业环境下应用而设计。它采用了可编程的存储器，用于其内部存储程序，执行逻辑运算、顺序控制、定时、计数与算术操作等面向用户的指令，并通过数字或模拟式输入/输出控制各种类型的机械或生产过程。

PLC 广泛应用于各种工业自动化控制领域，如机械制造、石油化工、电力电子、交通运输等。它们可以控制电机、阀门、传感器等设备，实现生产过程的自动化和智能化。

2．PLC 编程语言与技术

PLC 支持多种编程语言，如梯形图（LD）、功能块图（FBD）、结构化文本（ST）等。这些语言各有特点，适用于不同的编程场景和工程师的编程习惯。此外，PLC 还支持多种通信技术，如 RS-232、RS-485、以太网等，方便与上位机或其他设备进行数据交换。

3．PLC 控制系统设计、调试与维护

PLC 控制系统的设计包括硬件选型和软件编程两个方面。硬件选型时需要考虑控制对象的特性和控制要求，选择合适的 PLC 型号和输入输出模块。软件编程时需要根据控制需求选择合适的编程语言和技术，编写满足要求的控制程序。

PLC 控制系统的调试包括硬件连接调试和软件程序调试两个方面。在调试过程中需要使用调试工具对系统进行测试和验证，确保系统能够正常工作。系统的维护包括定期检查和维护硬件设备、更新和修改软件程序等，以确保系统的稳定运行。

4．FX2 系列 PLC 的常见指令

LD（Load）：也称为取指令，用于从母线取用常开触点。

LDI（Load Inverse）：又称为取反指令，用于从母线上取用常闭触点。

OUT（Output）：输出指令，用于驱动输出继电器、辅助继电器、状态继电器、定时器、计数器的线圈。

AND（And）：与指令，用于单个触点的串联连接。

ANI（And Inverse）：与非指令，是 AND 指令的变种，用于常闭触点的串联连接。

OR（Or）：或指令，用于单个触点的并联连接。

ORI（Or Inverse）：或非指令，是 OR 指令的变种，用于常闭触点的并联连接。

ANB（And Block）：电路块与指令，用于多个触点的串联连接。

ORB（Or Block）：电路块或指令，用于多个触点的并联连接。

此外，还有一些与多路输出相关的指令如下。

MC（Master Control）：主控指令，用于设置多路输出的公共触点。

MCR（Master Control Reset）：主控复位指令，用于取消多路输出的公共触点设置。

MPS（Memory Push）：进栈指令，用于将当前的输出状态保存到堆栈中。

MRD（Memory Read）：读栈指令，用于从堆栈中恢复输出状态。

MPP（Memory Pop）：出栈指令，用于从堆栈中删除保存的输出状态。

二、抢答赛

（一）选择题

（1）PLC 的主要工作部件不包括（　　）。
  A．中央处理单元（CPU） B．输入/输出模块
  C．电源模块 D．电阻器

（2）在 PLC 编程中，（　　）指令用于实现循环控制。
  A．LD B．OUT
  C．FOR D．MCR

（3）PLC 的（　　）负责处理输入信号并控制输出。
  A．中央处理单元（CPU） B．输入模块
  C．输出模块 D．编程软件

（4）在 PLC 的输出类型中，（　　）类型可以直接驱动交流电机。
  A．晶体管输出 B．继电器输出
  C．模拟输出 D．高速输出

（二）判断题

（1）PLC 的编程软件通常只能在制造商提供的专用计算机上运行。（　　）

（2）PLC 的输出可以直接连接到高电压或高电流的负载上。（　　）

（3）在 PLC 的梯形图编程中，LD 指令和 OUT 指令必须成对出现。（　　）

（4）PLC 的输入模块负责将外部信号转换为 PLC 可以理解的数字信号。（　　）

（5）在 PLC 的梯形图编程中，多个 AND 或 OR 指令可以串联或并联使用以实现复杂的逻辑功能。（　　）

三、你问我答

1. PLC 的功能与特点有哪些？
2. 举例说明 PLC 的主要应用领域有哪些？

四、成果汇报

各小组展示实训成果，并进行交流汇报（用 PPT 或文字描述均可），回答师生现场提问。

项目评价

由小组内部、教师对小组成员任务完成情况进行评价，评价结果填入任务完成评价表。

可编程控制器项目完成情况评价表

任务评价指标		自评	小组评价	教师评价
		优☆ 良△ 中√ 差×		
职业素养（15分）	团队协作沟通与表达能力			
	工作态度与责任感			
	时间管理与效率			
	职业道德与操守			
知识与技能（65分）	基础知识掌握			
	技能操作能力			
	问题解决能力			
	创新思维与表现			
	安全与规范意识			
成果汇报（20分）	作品展示（成品展示、PPT汇报、简报、作业等形式）			
	汇报语言流畅，思路清晰			
评价等级（自评20%、组评30%、师评50%）				

拓展阅读

用 PLC 改造三相异步电动机点动与连续混合控制线路

扫码阅读